Springer-Lehrbuch

Springer-Verlag Berlin Heidelberg GmbH

A. Quarteroni   R. Sacco   F. Saleri

Numerische Mathematik 2

Übersetzt von L. Tobiska

Springer

Prof. Alfio Quarteroni
Ecole Polytéchnique Fédérale (EPFL)
Département de Mathématiques
1015 Lausanne, Schweiz
und
Politecnico di Milano
Dipartimento di Matematica
Piazza Leonardo da Vinci 32
20133 Milano, Italien
e-mail: Alfio.Quarteroni@epcl.ch
        Alfio.Quarteroni@polimi.it

Prof. Riccardo Sacco
Prof. Fausto Saleri
Politecnico di Milano
Dipartimento di Matematica
Piazza Leonardo da Vinci 32
20133 Milano, Italien
e-mail: Riccardo.Sacco@polimi.it
        Fausto.Saleri@polimi.it

Übersetzer
Prof. Dr. Lutz Tobiska
Otto-von Guericke-Universität
Institut für Numerik und Analysis
Universitätsplatz 2
39106 Magdeburg, Deutschland
e-mail: Lutz.Tobiska@mathematik.uni-magdeburg.de

Übersetzung des 2. Teils der englischen Ausgabe: *Numerical Mathematics* von A. Quarteroni, R. Sacco, F. Saleri, Texts in Applied Mathematics 37. Springer-Verlag New York 2000

Die Deutsche Bibliothek – CIP-Einheitsaufnahme

Quarteroni, Alfio:
Numerische Mathematik / A. Quarteroni; R. Sacco; F. Saleri. Aus dem Engl. übers. von L. Tobiska. - Berlin; Heidelberg; New York; Barcelona; Hongkong; London; Mailand; Paris; Tokio: Springer
(Springer-Lehrbuch)
Engl. Ausg. u.d.T.: Quarteroni, Alfio: Numerical mathematics
2 . - (2002)
ISBN 978-3-540-43616-4

Mathematics Subject Classification (2000): 15-01, 34-01, 35-01, 65-01

ISBN 978-3-540-43616-4   ISBN 978-3-642-56191-7 (eBook)
DOI 10.1007/978-3-642-56191-7

http://www.springer.de

© Springer-Verlag Berlin Heidelberg 2002
Ursprünglich erschienen bei Springer-Verlag Berlin Heidelberg New York 2002

Satz: Datenerstellung durch den Übersetzer unter Verwendung eines TeX-Makropakets
Einbandgestaltung: *design & production* GmbH, Heidelberg

Gedruckt auf säurefreiem Papier   SPIN: 10878138   46/3142ck - 5 4 3 2 1 0

Vorwort

Die Numerische Mathematik ist der Zweig der Mathematik, der Methoden aus dem wissenschaftlichen Rechnen auf verschiedenen Gebieten, einschließlich Analysis, linearer Algebra, Geometrie, Approximationstheorie, Funktionalgleichungen, Optimierung und Differentialgleichungen vorschlägt, entwickelt, analysiert und anwendet. In anderen Disziplinen, wie Physik, Natur- und Sozialwissenschaften, Technik, Ökonomie und Finanzwissenschaften treten häufig Probleme auf, die Methoden des wissenschaftlichen Rechnens zu ihrer Lösung erfordern.

Die Numerische Mathematik steht im Schnittpunkt verschiedener Disziplinen, die von großer Relevanz in den modernen angewandten Wissenschaften sind. Sie kann so zu einem entscheidenden Werkzeug für die qualitative und quantitative Analyse werden. Diese Rolle wird auch durch die ständige Weiterentwicklung von Computern und Algorithmen unterstrichen, die es heutzutage unter Verwendung des wissenschaftlichen Rechnens ermöglicht, Probleme solcher Größenordnung anzugehen, so dass bei vertretbarem numerischen Aufwand realitätsnahe Phänomene simuliert werden können.

Die entsprechende Verbreitung von numerischer Software stellt eine Bereicherung für den wissenschaftlichen Anwender dar. Dennoch muss er die richtige Methode (oder den richtigen Algorithmus) auswählen, die am besten seinem zu lösenden Problem entspricht. Tatsächlich existieren keine "Black-Box"-Methoden oder Algorithmen, mit denen alle Arten von Problemen schnell und präzise gelöst werden können.

Eines der Ziele dieses Buches ist es, die mathematischen Grundlagen der numerischen Methoden bereit zu stellen, ihre grundlegenden theoretischen Eigenschaften (Stabilität, Genauigkeit, Komplexität) zu analysieren, und ihre Leistungsfähigkeit an Beispielen und Gegenbeispielen zu demonstrieren, um so ihr für und wieder zu umreißen. Hierzu nutzen wir die Matlab®[1] Softwareumgebung, die zwei grundlegenden Erfordernissen gerecht wird: Nutzerfreundlichkeit und weite Verbreitung. Sie ist nahezu auf jedem Computer verfügbar.

Jedes Kapitel ist mit Beispielen, Übungen und Anwendungen der diskutierten Theorie für die Lösung von wirklichkeitsnahen Problemen versehen. Der Leser kann somit sich das erforderliche theoretische Wissen aneignen, um unter den numerischen Methodiken die richtige Auswahl zu treffen und die betreffenden Computerprogramme zu nutzen.

Dieses Buch ist primär an Studenten gerichtet, mit besonderem Blick auf die Kurse in den Ingenieurwissenschaften, der Mathematik, der Physik und der Informatik. Die Aufmerksamkeit, die den Anwendungen und den betreffenden Softwareentwicklungen gewidmet wurde, macht es auch für Studenten mit abgeschlossenem Studium, Wissenschaftler und Anwender des wissenschaftlichen Rechnens in allen Berufsfeldern wertvoll.

Dieses Buch ist die deutsche Übersetzung des Buches "Numerical Mathematics", das von Springer-Verlag New York im Jahr 2000 publiziert wurde. Die deutsche Ausgabe erscheint in zwei Bänden: Der erste Band umfasst die ersten sieben Kapitel der englischen Orginalausgabe, der zweite Band die übrigen sechs Kapitel.

Der Inhalt des ersten Bandes ist in drei Teile gegliedert.

Teil I stellt das Grundwissen zusammen und umfasst zwei Kapitel, in denen wir die Grundlagen der linearen Algebra wiederholen und die allgemeinen Konzepte von Konsistenz, Stabilität und Konvergenz einer numerischen Methode sowie die grundlegenden Elemente der Computerarithmetik einführen.

Teil II behandelt numerische lineare Algebra und ist der Lösung linearer Systeme (Kapitel 3 und 4) und der Berechnung von Eigenwerten und Eigenvektoren gewidmet (Kapitel 5).

Wir fahren mit Teil III fort, in dem wir die Lösung nichtlinearer Gleichungen (Kapitel 6) und die Lösung nichtlinearer Systeme und Optimierungsprobleme (Kapitel 7) behandeln.

Der zweite Band ist in drei Teile gegliedert. In Teil IV begegnen wir verschiedenen Fragen zu Funktionen und ihre Approximation. Wir behandeln Polynomapproximation (Kapitel 8) und numerische Integration (Kapitel 9).

Teil V beschäftigt sich mit der Approximation, der Integration und mit Transformationen, die auf orthogonalen Polynomen beruhen (Kapitel 10), sowie der Lösung von Anfangswertproblemen (Kapitel 11). Schließlich enthält Teil VI die grundlegenden Diskretisierungsmethoden für elliptische,

---

[1]MATLAB ist ein eingetragenes Warenzeichen der MathWorks, Inc.

parabolische und hyperbolische Differentialgleichungen in einer Raumdimension. Insbesondere behandeln wir Randwertprobleme für elliptische Gleichungen (Kapitel 12) und Anfangswertprobleme für parabolische und hyperbolische Gleichungen (Kapitel 13).
Band II ist wie der erste Band eigenständig. Er enthält die bibliographischen Angaben, das Sachwörterverzeichnis und die Liste der Matlab-Programme die sich auf die letzten sechs Kapitel der deutschen Übersetzung beziehen.

Eine Übersicht über die im Buch entwickelten, verschiedenen Matlab-Programme wird am Ende des Bandes gegeben. Jedem Programmcode ist eine kurze Beschreibung seiner Ein- und Ausgabeparameter beigefügt. Diese Programme sind auch unter der Webadresse

$http://www1.mate.polimi.it/\tilde{\ }calnum/programs.html.$

verfügbar.

Wir danken Professor Lutz Tobiska für die Übersetzung, das sorgältige Lesen und seine Vorschläge zur Verbesserung der Qualität dieses Buches.

Mailand und Lausanne   Alfio Quarteroni
Juni 2001   Riccardo Sacco
                                        Fausto Saleri

Inhaltsverzeichnis

TEIL VI: Diskretisierung partieller Differentialgleichungen

8
Polynominterpolation

Dieses Kapitel ist der Approximation einer Funktion gewidmet, die durch ihre Knotenwerte gegeben ist.

Präziser gesagt, besteht das Problem darin, für $m + 1$ Paare (x_i, y_i) eine Funktion $\Phi = \Phi(x)$ derart zu bestimmen, dass $\Phi(x_i) = y_i$ für $i = 0, \ldots, m$ gilt, wobei y_i gewisse gegebene Werte sind. Wir sagen, dass Φ die Werte $\{y_i\}$ in den Knoten $\{x_i\}$ *interpoliert*. Wir sprechen von *Polynominterpolation*, wenn Φ ein algebraisches Polynom ist, von *trigonometrischer Approximation*, wenn Φ ein trigonometrisches Polynom ist, oder von *stückweiser Polynominterpolation* (oder *Spline-Interpolation*), wenn Φ nur lokal ein Polynom ist.

Die Zahlen y_i könnten die Werte darstellen, die von einer Funktion f in den Knoten x_i angenommen werden, die in geschlossener Form oder auch durch experimentelle Daten bekannt ist. Im ersten Fall zielt der Approximationsprozess auf die Ersetzung von f durch eine einfacher zu handhabende Funktion, insbesondere im Hinblick auf ihre numerische Integration oder Differentiation. Im zweiten Fall ist das primäre Ziel der Approximation eine kompakte Darstellung der verfügbaren Daten zu liefern, deren Zahl oft sehr groß ist.

Polynominterpolation wird in den Abschnitten 8.1 und 8.2 behandelt, wohingegen stückweise Polynominterpolation in den Abschnitten 8.3, 8.4 und 8.5 eingeführt wird. Abschliessend betrachten wir univariate und parametrische Splines in den Abschnitten 8.6 und 8.7. Interpolationsprozesse, die auf trigonometrischen oder algebraischen orthogonalen Polynomen basieren, werden im Kapitel 10 studiert.

8.1   Polynominterpolation

Betrachten wir $n+1$ Paare (x_i, y_i). Das Problem besteht darin, ein Polynom $\Pi_m \in \mathbb{P}_m$, ein *sogenanntes Interpolationspolynom*, zu finden, so dass

$$\Pi_m(x_i) = a_m x_i^m + \ldots + a_1 x_i + a_0 = y_i, \quad i = 0, \ldots, n, \tag{8.1}$$

gilt. Die Punkte x_i heißen *Interpolationsknoten*. Wenn $n \neq m$ gilt, ist das Problem über- oder unterbestimmt und wird in Abschnitt 10.7.1 besprochen. Ist $n = m$, so gilt das folgende Resultat.

Theorem 8.1 *Seien $n+1$ verschiedene Punkte $x_0, \ldots, x_n$ und $n+1$ entsprechende Werte $y_0, \ldots, y_n$ gegeben. Dann existiert ein eindeutig bestimmtes Polynom $\Pi_n \in \mathbb{P}_n$, so dass $\Pi_n(x_i) = y_i$ für $i = 0, \ldots, n$ gilt.*

Beweis. Um die Existenz zu zeigen, benutzen wir einen konstruktiven Ansatz, der einen Ausdruck für Π_n liefert. Bezeichnet $\{l_i\}_{i=0}^n$ eine Basis in $\mathbb{P}_n$, so kann Π_n in der Form $\Pi_n(x) = \sum_{i=0}^n b_i l_i(x)$ dargestellt werden, wobei

$$\Pi_n(x_i) = \sum_{j=0}^n b_j l_j(x_i) = y_i, \quad i = 0, \ldots, n, \tag{8.2}$$

gilt. Definieren wir

$$l_i \in \mathbb{P}_n: \quad l_i(x) = \prod_{\substack{j=0 \\ j \neq i}}^n \frac{x - x_j}{x_i - x_j} \quad i = 0, \ldots, n, \tag{8.3}$$

so gilt $l_i(x_j) = \delta_{ij}$ und wir erhalten aus (8.2) unmittelbar $b_i = y_i$.
Die Polynome $\{l_i, i = 0, \ldots, n\}$ bilden eine Basis in $\mathbb{P}_n$ (siehe Übung 1). Somit gibt es ein Interpolationspolynom und es hat die (*Lagrangesche*) Form

$$\Pi_n(x) = \sum_{i=0}^n y_i l_i(x). \tag{8.4}$$

Um die Eindeutigkeit zu beweisen, nehmen wir an, dass ein weiteres Interpolationspolynom Ψ_m vom Grade $m \leq n$ existiert, so dass $\Psi_m(x_i) = y_i$ für $i = 0, ..., n$ gilt. Dann verschwindet das Polynom der Differenz $\Pi_n - \Psi_m$ in $n+1$ verschiedenen Punkten x_i und stimmt folglich mit dem Nullpolynom überein. Daher gilt $\Psi_m = \Pi_n$.

Ein anderer Zugang zum Beweis der Existenz und Einzigkeit von Π_n wird in Übung 2 gezeigt. $\diamond$

Es kann gezeigt werden (siehe Übung 3), dass

$$\Pi_n(x) = \sum_{i=0}^n \frac{\omega_{n+1}(x)}{(x - x_i)\omega'_{n+1}(x_i)} y_i \tag{8.5}$$

gilt, wobei ω_{n+1} die *Knotenpolynome* vom Grade $n+1$ sind, die durch

$$\omega_{n+1}(x) = \prod_{i=0}^{n}(x - x_i) \tag{8.6}$$

definiert sind. Formel (8.4) heißt die *Lagrangesche-Darstellung* des Interpolationspolynoms und die Polynome $l_i(x)$ die *Basis-Polynome*. In Abbildung 8.1 sind die Basis-Polynome $l_2(x)$, $l_3(x)$ und $l_4(x)$, im Fall $n=6$ auf dem Interval [-1,1] dargestellt, wobei äquidistante Knoten, die Endpunkte eingeschlossen, genommen wurden.

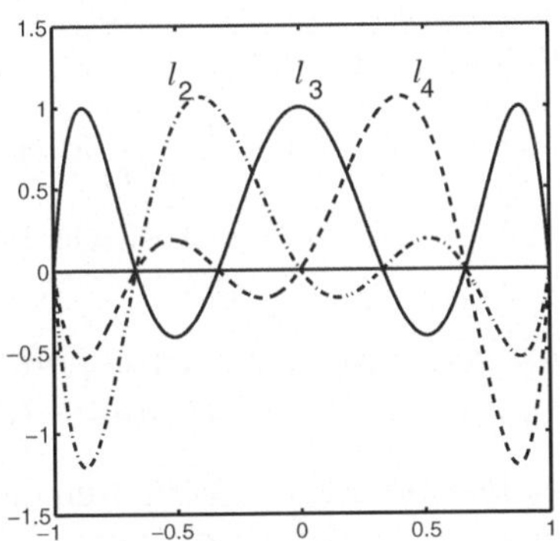

Abbildung 8.1. Basis-Polynome der Lagrange-Darstellung.

Beachte, dass $|l_i(x)|$ größer als 1 innerhalb des Interpolationsintervalles werden kann.

Gelten für eine gegebene Funktion f die Beziehungen $y_i = f(x_i)$, $i = 0, \ldots, n$, so wird das zugeordnete Interpolationspolynom $\Pi_n(x)$ durch $\Pi_n f(x)$ bezeichnet.

8.1.1 Der Interpolationsfehler

In diesem Abschnitt schätzen wir den Interpolationsfehler ab, der bei Ersetzung einer gegebenen Funktion f durch ihr Interpolationspolynom $\Pi_n f$ mit den Knoten $x_0, x_1, \ldots, x_n$ entsteht. Hinsichtlich weiterer Resultate verweisen wir auf [Wen66], [Dav63].

Theorem 8.2 *Seien $x_0, x_1, \ldots, x_n$ verschiedene Knoten und x ein Punkt aus dem Definitionsbereich einer gegebenen Funktion f. Wir nehmen an, dass $f \in C^{n+1}(I_x)$ gilt, wobei I_x das kleinste die Knoten $x_0, x_1, \ldots, x_n$ und x enthaltene Intervall ist. Dann ist der Interpolationsfehler im Punkt x durch*

$$E_n(x) = f(x) - \Pi_n f(x) = \frac{f^{(n+1)}(\xi)}{(n+1)!}\omega_{n+1}(x), \tag{8.7}$$

gegeben, wobei $\xi \in I_x$ und ω_{n+1} das Knotenpolynom vom Grade $n+1$ ist.

Beweis. Die Behauptung ist offensichtlich, wenn x mit irgendeinem Interpolationsknoten zusammenfällt. Andernfalls definieren wir für jedes $t \in I_x$ die Funktion $G(t) = E_n(t) - \omega_{n+1}(t)E_n(x)/\omega_{n+1}(x)$. Da $f \in C^{(n+1)}(I_x)$ und ω_{n+1} ein Polynom ist, ist $G \in C^{(n+1)}(I_x)$ und besitzt $n+2$ verschiedene Nullstellen in I_x, denn

$$G(x_i) = E_n(x_i) - \omega_{n+1}(x_i)E_n(x)/\omega_{n+1}(x) = 0, \quad i = 0, \ldots, n$$

$$G(x) = E_n(x) - \omega_{n+1}(x)E_n(x)/\omega_{n+1}(x) = 0.$$

Nach dem Mittelwertsatz besitzt G' $n+1$ verschiedene Nullstellen und mittels Rekursion $G^{(j)}$ $n+2-j$ verschiedene Nullstellen. Folglich hat $G^{(n+1)}$ genau eine Nullstelle, die wir mit ξ bezeichnen wollen. Andererseits bekommen wir wegen $E_n^{(n+1)}(t) = f^{(n+1)}(t)$ und $\omega_{n+1}^{(n+1)}(x) = (n+1)!$

$$G^{(n+1)}(t) = f^{(n+1)}(t) - \frac{(n+1)!}{\omega_{n+1}(x)}E_n(x),$$

was, ausgewertet in $t = \xi$, den gewünschten Ausdruck für $E_n(x)$ ergibt. $\qquad \diamond$

8.1.2 *Nachteile der polynomialen Interpolation auf äquidistanten Knoten und Runge's Gegenbeispiel*

In diesem Abschnitt analysieren wir das Verhalten des Interpolationsfehlers (8.7) wenn n gegen Unendlich strebt. Dazu definieren wir für jede Funktion $f \in C^0([a,b])$ ihre *Maximumnorm*

$$\|f\|_\infty = \max_{x \in [a,b]} |f(x)|. \tag{8.8}$$

Ferner führen wir eine untere Dreiecksmatrix X endlicher Dimension – die *Interpolationsmatrix* auf $[a,b]$ – ein, deren Einträge x_{ij}, für $i, j = 0, 1, \ldots$, die Punkte auf $[a,b]$ darstellen, wobei wir annehmen, dass in jeder Zeile alle Einträge voneinander verschieden sind.

Somit enthält für jedes $n \geq 0$, die $n+1$-te Zeile von X $n+1$ unterschiedliche Werte, die wir als Knoten identifizieren können, so dass wir für eine gegebene Funktion f ein Interpolationspolynom $\Pi_n f$ vom Grade n eindeutig in diesen Knoten bestimmen können (jedes Polynom $\Pi_n f$ hängt sowohl von X, als auch von f ab).

Nachdem wir f und eine Interpolationsmatrix X fest vorgegeben haben, definieren wir den Interpolationsfehler

$$E_{n,\infty}(X) = \|f - \Pi_n f\|_\infty, \quad n = 0, 1, \ldots \tag{8.9}$$

Als nächstes bezeichnen wir durch $p_n^* \in \mathbb{P}_n$ die *beste polynomiale Approximation*, für die

$$E_n^* = \|f - p_n^*\|_\infty \leq \|f - q_n\|_\infty \qquad \forall q_n \in \mathbb{P}_n$$

gilt.

Es gilt das folgende Vergleichsresultat (zum Beweis siehe [Riv74]).

Eigenschaft 8.1 *Seien $f \in C^0([a,b])$ und X eine Interpolationsmatrix auf $[a,b]$. Dann gilt*

$$E_{n,\infty}(X) \leq E_n^* \left(1 + \Lambda_n(X)\right), \qquad n = 0, 1, \ldots, \tag{8.10}$$

wobei $\Lambda_n(X)$ die Lebesguekonstante von X bezeichnet, die als

$$\Lambda_n(X) = \left\| \sum_{j=0}^{n} |l_j^{(n)}| \right\|_\infty, \tag{8.11}$$

definiert ist. Hierbei ist $l_j^{(n)} \in \mathbb{P}_n$ das j-te charakteristische Polynom, das zur $n+1$-ten Zeile von X gehört, das also $l_j^{(n)}(x_{nk}) = \delta_{jk}$, $j, k = 0, 1, \ldots$ genügt.

Da E_n^* nicht von X abhängt, müssen alle Informationen, die den Einfluss von X auf $E_{n,\infty}(X)$ betreffen in $\Lambda_n(X)$ gesucht werden. Obwohl eine Interpolationsmatrix X^* existiert, so dass $\Lambda_n(X)$ minimiert wird, ist es im Allgemeinen nicht einfach ihre Einträge explizit zu bestimmen. Wir werden in Abschnitt 10.3 sehen, dass die Nullstellen der Tschebyschew-Polynome eine Interpolationsmatrix auf dem Intervall $[-1, 1]$ mit einer sehr kleinen Lebesguekonstante liefern.

Andererseits gibt es für jede mögliche Wahl von X eine Konstante $C > 0$, so dass (siehe [Erd61])

$$\Lambda_n(X) > \frac{2}{\pi} \log(n+1) - C, \qquad n = 0, 1, \ldots.$$

Diese Eigenschaft zeigt, dass $\Lambda_n(X) \to \infty$ für $n \to \infty$. Diese Tatsache besitzt wichtige Folgerungen: insbesondere lässt sich beweisen (siehe [Fab14]), dass zu einer gegebenen Interpolationsmatrix X auf einem Intervall $[a, b]$, immer eine auf $[a, b]$ stetige Funktion f existiert, so dass $\Pi_n f$ nicht gleichmäßig (d.h. in der Maximumnorm) gegen f konvergiert. Folglich, eignet sich die polynomiale Interpolation nicht zur Approximation *jeder* stetigen Funktion, wie das folgende Beispiel zeigt.

Beispiel 8.1 (Runge's Gegenbeispiel) Angenommen wir approximieren die Funktion

$$f(x) = \frac{1}{1 + x^2}, \qquad -5 \leq x \leq 5 \tag{8.12}$$

mit Hilfe der Lagrange-Interpolation auf einem äquidistanten Gitter. Es kann gezeigt werden, dass es einige Punkte x innerhalb des Interpolationsintervalls gibt, so dass

$$\lim_{n \to \infty} |f(x) - \Pi_n f(x)| \neq 0.$$

Speziell divergiert die Lagrange-Interpolierende für $|x| > 3.63\ldots$. Dieses Phänomen ist, wie in Abbildung 8.2 ersichtlich, besonders deutlich in Umgebung der

Randpunkte des Interpolationsintervalls und ist auf die Verwendung äquidistanter Knoten zurückzuführen. Wir werden in Kapitel 10 sehen, dass durch geeignet gewählte Knoten die gleichmäßige Konvergenz der Interpolationspolynome gegen die Funktion f ermöglicht wird.

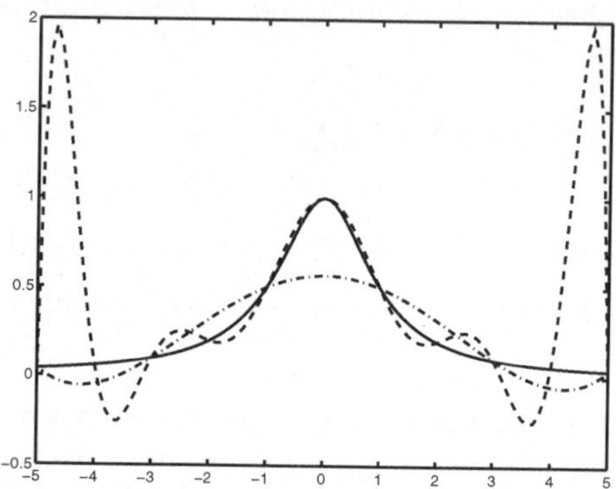

Abbildung 8.2. Lagrange-Interpolation der Funktion $f(x) = 1/(1 + x^2)$ auf äquidistanten Knoten: die Interpolationspolynome $\Pi_5 f$ und $\Pi_{10} f$ sind als gepunktete bzw. gestrichelte Kurve dargestellt.

8.1.3 Stabilität der Polynom-Interpolation

Betrachten wir eine Menge von Funktionswerten $\left\{ \widetilde{f}(x_i) \right\}$, die eine Störung der Daten $f(x_i)$ in den Knoten x_i, $i = 0, \ldots, n$, im Intervall $[a, b]$ sei. Die Störung kann beispielsweise durch Rundungsfehler oder durch Fehler bei der experimentellen Messung der Daten verursacht sein.

Indem wir durch $\Pi_n \widetilde{f}$ das Interpolationspolynom auf der Menge der Werte $\widetilde{f}(x_i)$ bezeichnen, erhalten wir

$$\|\Pi_n f - \Pi_n \widetilde{f}\|_\infty = \max_{a \le x \le b} \left| \sum_{j=0}^{n} (f(x_j) - \widetilde{f}(x_j)) l_j(x) \right|$$
$$\le \Lambda_n(X) \max_{i=0,\ldots,n} |f(x_i) - \widetilde{f}(x_i)|.$$

Folglich lassen kleine Änderungen der Daten nur dann kleine Änderungen des Interpolationspolynoms zu, wenn die Lebesguekonstante klein ist. Diese Konstante spielt die Rolle der *Konditionszahl* des Interpolationsproblems.

Wie zuvor bemerkt, wächst Λ_n mit $n \to \infty$ und speziell im Fall der Lagrange-Interpolation auf äquidistanten Knoten kann

$$\Lambda_n(X) \simeq \frac{2^{n+1}}{en \log n}$$

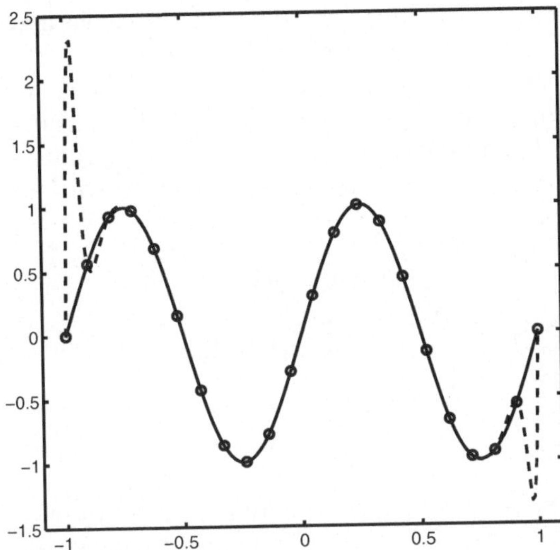

Abbildung 8.3. Instabilität der Lagrange-Interpolation. Durchgezogene Kurve $\Pi_{21}f$ mit den ungestörten Daten, gestrichelte Kurve $\Pi_{21}\widetilde{f}$ mit den gestörten Daten für das Beispiel 8.2.

bewiesen werden (siehe [Nat65]), wobei $e \simeq 2.7183$ die Nepersche Zahl ist. Dies zeigt, dass für große n diese Art der Interpolation instabil werden kann. Beachte, dass wir bis jetzt auch die Fehler vollständig vernachlässigt haben, die durch den Interpolationsprozess bei der Konstruktion der $\Pi_n f$ erzeugt werden. Es läßt sich jedoch zeigen, dass die Auswirkungen solcher Fehler im Allgemeinen vernachlässigbar sind (siehe [Atk89]).

Beispiel 8.2 Wir interpolieren auf dem Intervall $[-1, 1]$ die Funktion $f(x) = \sin(2\pi x)$ in 22 äquidistanten Knoten x_i. Danach erzeugen wir eine gestörte Menge von Werten $\widetilde{f}(x_i)$ der Funktionsauswertungen $f(x_i) = \sin(2\pi x_i)$ für deren Abweichung $\max_{i=0,\dots,21} |f(x_i) - \widetilde{f}(x_i)| \simeq 9.5 \cdot 10^{-4}$ gilt. In Abbildung 8.3 vergleichen wir die Polynome $\Pi_{21}f$ und $\Pi_{21}\widetilde{f}$: beachte, dass die Differenz zwischen den beiden Interpolationspolynomen in Umgebung der Endpunkte des Interpolationsintervalls viel größer als die aufgeprägte Störung ist (tatsächlich gilt $\|\Pi_{21}f - \Pi_{21}\widetilde{f}\|_\infty \simeq 2.1635$ und $\Lambda_{21} \simeq 24000$).   •

8.2   Newtonsche Darstellung des Interpolationspolynoms

Vom praktischen Standpunkt aus ist die Lagrangesche Darstellung (8.4) des Interpolationspolynoms nicht die geeigneteste. In diesem Abschnitt führen wir eine andere Darstellung ein, die sich durch geringeren numerischen Aufwand auszeichnet. Unser Ziel ist das Folgende:

Zu gegebenen $n + 1$ Paaren $\{x_i, y_i\}$, $i = 0, \ldots, n$, wollen wir Π_n (mit $\Pi_n(x_i) = y_i$ für $i = 0, \ldots, n$) als Summe von Π_{n-1} (mit $\Pi_{n-1}(x_i) = y_i$ für $i = 0, \ldots, n - 1$) und einem Polynom vom Grade n darstellen, das von den Knoten x_i und von nur einem unbekanntem Koeffizienten abhängt. Wir setzen folglich

$$\Pi_n(x) = \Pi_{n-1}(x) + q_n(x), \tag{8.13}$$

wobei $q_n \in \mathbb{P}_n$. Da $q_n(x_i) = \Pi_n(x_i) - \Pi_{n-1}(x_i) = 0$ für $i = 0, \ldots, n - 1$ gilt, muss notwendigerweise

$$q_n(x) = a_n(x - x_0) \ldots (x - x_{n-1}) = a_n \omega_n(x)$$

sein. Um den unbekannten Koeffizienten a_n zu bestimmen, nehmen wir an, dass $y_i = f(x_i)$, $i = 0, \ldots, n$ gilt. Hierbei ist f eine geeignete Funktion, die nicht in expliziter Form gegeben sein muss. Wegen $\Pi_n f(x_n) = f(x_n)$ folgt aus (8.13)

$$a_n = \frac{f(x_n) - \Pi_{n-1} f(x_n)}{\omega_n(x_n)}. \tag{8.14}$$

Der Koeffizient a_n heißt n-te *Newtonsche dividierte Differenz* und wird üblicherweise durch

$$a_n = f[x_0, x_1, \ldots, x_n] \tag{8.15}$$

für $n \geq 1$ bezeichnet. Damit kann (8.13) in der Form

$$\Pi_n f(x) = \Pi_{n-1} f(x) + \omega_n(x) f[x_0, x_1, \ldots, x_n] \tag{8.16}$$

dargestellt werden. Setzen wir $y_0 = f(x_0) = f[x_0]$ und $\omega_0 = 1$, so erhalten wir aus (8.16) durch Rekursion in n die Formel

$$\Pi_n f(x) = \sum_{k=0}^{n} \omega_k(x) f[x_0, \ldots, x_k]. \tag{8.17}$$

Die Eindeutigkeit des Interpolationspolynoms sichert, dass der obige Ausdruck das gleiche Interpolationspolynom ergibt, das durch die Lagrangesche Darstellung erzeugt wird. Die Darstellung (8.17) ist gemeinhin als die *Newtonsche dividierte Differenzenformel* des Interpolationspolynoms bekannt.

Das Programm 65 liefert eine Implementation der Newtonschen Formel. Die Eingabevektoren x und y enthalten die Interpolationsknoten bzw. die dazugehörigen Funktionswerte von f, wohingegen der Vektor $\mathbf{z}$ die Abszissen enthält an denen das Polynom $\Pi_n f$ ausgewertet werden soll. Dieses Polynom ist im Ausgabevektor $\mathbf{f}$ gespeichert.

Program 65 - interpol : Lagrangesches Polynom unter Verwendung der Newtonschen Darstellungsformel

```
function [f] = interpol (x,y,z)
[m n] = size(y);
for j = 1:m
  a (:,1) = y (j,:)';
  for i = 2:n
    a (i:n,i) = ( a(i:n,i-1)-a(i-1,i-1) )./(x(i:n)-x(i-1))';
  end
  f(j,:) = a(n,n).*(z-x(n-1)) + a(n-1,n-1);
  for i = 2:n-1
    f(j,:) = f(j,:).*(z-x(n-i))+a(n-i,n-i);
  end
end
end
```

8.2.1 Einige Eigenschaften der Newtonschen dividierten Differenzen

Die n-te dividierte Differenz $f[x_0, \ldots, x_n] = a_n$ kann auch dadurch charakterisiert werden, dass sie der Koeffizient von x^n in $\Pi_n f$ ist. Selektieren wir diesen Koeffizienten aus (8.5) und setzen ihn gleich dem entsprechenden Koeffizienten in der Newtonschen Darstellungsformel (8.17), so gewinnen wir die explizite Darstellung

$$f[x_0, \ldots, x_n] = \sum_{i=0}^{n} \frac{f(x_i)}{\omega'_{n+1}(x_i)}. \tag{8.18}$$

Diese Formel hat zwei bemerkenswerte Folgerungen:

1. der von der dividierten Differenz angenommene Wert ist invariant in Bezug auf Permutationen der Knotenindizes. Dieser Umstand kann vorteilhaft ausgenutzt werden, wenn Stabilitätsprobleme einen Wechsel der Indizes nahelegen (z.B. wenn x der Punkt ist, in dem das Polynom berechnet werden muss, ist es bequem eine Permutation der Indizes derart einzuführen, dass $|x - x_k| \leq |x - x_{k-1}|$ mit $k = 1, \ldots, n$);

2. gilt $f = \alpha g + \beta h$ für gewisse $\alpha, \beta \in \mathbb{R}$, so folgt

$$f[x_0, \ldots, x_n] = \alpha g[x_0, \ldots, x_n] + \beta h[x_0, \ldots, x_n];$$

3. ist $f = gh$, so gilt die folgende Formel (Leibniz-Formel genannt) (siehe [Die93])

$$f[x_0, \ldots, x_n] = \sum_{j=0}^{n} g[x_0, \ldots, x_j] h[x_j, \ldots, x_n];$$

4. eine algebraische Umformung von (8.18) (siehe Übung 7) liefert die *Rekursionsbeziehung* zur Berechnung der dividierten Differenzen

$$f[x_0, \ldots, x_n] = \frac{f[x_1, \ldots, x_n] - f[x_0, \ldots, x_{n-1}]}{x_n - x_0}, \quad n \geq 1. \quad (8.19)$$

Das Programm 66 implementiert die Rekursionsbeziehung (8.19). Die Funktionswerte von f in den Interpolationsknoten x werden im Vektor y gespeichert, die Ausgabematrix d (untere Dreiecksmatrix) enthält die dividierten Differenzen, die in der Form

$$
\begin{array}{c|lllll}
x_0 & f[x_0] \\
x_1 & f[x_1] & f[x_0, x_1] \\
x_2 & f[x_2] & f[x_1, x_2] & f[x_0, x_1, x_2] \\
\vdots & \vdots & & \vdots & \ddots \\
x_n & f[x_n] & f[x_{n-1}, x_n] & f[x_{n-2}, x_{n-1}, x_n] & \cdots & f[x_0, \ldots, x_n]
\end{array}
$$

gespeichert sind. Die in der Newtonschen Formel involvierten Koeffizienten sind die Diagonaleinträge der Matrix.

Program 66 - dividif : Newtonsche dividierte Differenzen

```
function [d]=dividif(x,y)
[n,m]=size(y);
if n == 1, n = m; end
n = n-1;    d = zeros (n+1,n+1);   d (:,1) = y';
for j = 2:n+1
  for i = j:n+1
    d (i,j) = ( d (i-1,j-1)-d (i,j-1))/(x (i-j+1)-x (i));
  end
end
```

Wenn man (8.19) nutzt, werden $n(n+1)$ Summationen und $n(n+1)/2$ Divisionen benötigt, um die Gesamtmatrix zu erzeugen. Wenn eine neue Auswertung von f in einem neuen Knoten x_{n+1} verfügbar wäre, würde nur die Berechnung einer neuen Zeile der Matrix erforderlich werden ($f[x_n, x_{n+1}]$, $\ldots, f[x_0, x_1, \ldots, x_{n+1}]$). Für die Konstruktion von $\Pi_{n+1} f$ aus $\Pi_n f$ genügt es somit, den Term $a_{n+1} \omega_{n+1}(x)$ mit einem Rechenaufwand von $(n+1)$ Divisionen und $2(n+1)$ Summationen zu $\Pi_n f$ zuaddieren. Zur Vereinfachung der Schreibweise nutzen wir unten $D^r f_i = f[x_i, x_{i+1}, \ldots, x_r]$.

Beispiel 8.3 In Tabelle 8.1 sind die dividierten Differenzen der Funktion $f(x) = 1 + \sin(3x)$ auf dem Intervall $(0,2)$ angegeben. Die Funktionswerte f und die entsprechenden dividierten Differenzen wurden unter Verwendung von 16 signifikanten Stellen berechnet, obgleich nur die ersten 5 Ziffern angegeben wurden. Wenn der Wert von f im Knoten $x = 0.2$ verfügbar wäre, würde eine Aktualisierung der Tabelle der dividierten Differenzen nur die Berechnung der in Tabelle 8.1 kursiv dargestellten Einträge erfordern. •

Tabelle 8.1. Dividierte Differenzen für die Funktion $f(x) = 1 + \sin(3x)$ im Fall, in dem die Auswertung von f in $x = 0.2$ auch verfügbar wird. Die neu berechneten Werte sind kursiv dargestellt.

x_i	$f(x_i)$	$f[x_i, x_{i-1}]$	$D^2 f_i$	$D^3 f_i$	$D^4 f_i$	$D^5 f_i$	$D^6 f_i$
0	1.0000						
0.2	*1.5646*	*2.82*					
0.4	1.9320	*1.83*	*-2.46*				
0.8	1.6755	-0.64	*-4.13*	*-2.08*			
1.2	0.5575	-2.79	-2.69	*1.43*	*2.93*		
1.6	0.0038	-1.38	1.76	3.71	*1.62*	*-0.81*	
2.0	0.7206	1.79	3.97	1.83	-1.17	*-1.55*	*-0.36*

Beachte, dass $f[x_0, \ldots, x_n] = 0$ für jedes $f \in \mathbb{P}_{n-1}$ gilt. Diese Eigenschaft ist jedoch nicht immer numerisch erfüllt, da die Berechnung der dividierten Differenzen stark durch Rundungsfehler beeinflußt sein kann.

Beispiel 8.4 Wir betrachten erneut die dividierten Differenzen für die Funktion $f(x) = 1 + \sin(3x)$ nun aber im Intervall $(0, 0.0002)$. In einer hinreichend kleinen Nachbarschaft von 0 verhält sich die Funktion wie $1 + 3x$, so dass wir bei wachsender Ordnung der dividierten Differenzen kleinere Zahlen erwarten. Jedoch weisen die mit dem Programm 66 erhaltenen Ergebnisse, die in Tabelle 8.2 in Exponentenschreibweise auf die ersten 4 Ziffern (obgleich zur Berechnung 16 Stellen verwendet wurden) dargestellt sind, ein grundlegend anderes Bild auf. Die bei der Berechnung der dividierten Differenzen niederer Ordnung auftretenden Rundungsfehler wirken sich dramatisch auf die dividierten Differenzen höherer Ordnung aus. •

8.2.2 *Der Interpolationsfehler bei der Verwendung dividierter Differenzen*

Betrachten wir die Knoten $x_0, \ldots, x_n$ und sei $\Pi_n f$ das Interpolationspolynom von f in diesen Knoten. Nun sei x ein von den bereits vorhandenen verschiedener Knoten. Wir setzen $x_{n+1} = x$ und bezeichnen durch $\Pi_{n+1} f$ das Interpolationspolynom von f in den Knoten $x_k, k = 0, \ldots, n+1$. Unter

Tabelle 8.2. Dividierte Differenzen der Funktion $f(x) = 1 + \sin(3x)$ auf dem Intervall $(0, 0.0002)$. Beachte den vollständig falschen Wert in der letzten Spalte (er müsste näherungsweise Null sein), der auf die Ausbreitung von Rundungsfehlern durch den Algorithmus zurückzuführen ist.

x_i	$f(x_i)$	$f[x_i, x_{i-1}]$	$D^2 f_i$	$D^3 f_i$	$D^4 f_i$	$D^5 f_i$
0	1.0000					
4.0e-5	1.0001	3.000				
8.0e-5	1.0002	3.000	-5.39e-4			
1.2e-4	1.0004	3.000	-1.08e-3	-4.50		
1.6e-4	1.0005	3.000	-1.62e-3	-4.49	1.80e+1	
2.0e-4	1.0006	3.000	-2.15e-3	-4.49	-7.23	$\boxed{-1.2e+5}$

Verwendung der Newtonschen dividierten Differenzen erhalten wir

$$\Pi_{n+1} f(t) = \Pi_n f(t) + (t - x_0) \ldots (t - x_n) f[x_0, \ldots, x_n, t].$$

Da $\Pi_{n+1} f(x) = f(x)$ gilt, ergibt sich die folgende Formel für den Interpolationsfehler im Punkt $t = x$

$$
\begin{aligned}
E_n(x) &= f(x) - \Pi_n f(x) = \Pi_{n+1} f(x) - \Pi_n f(x) \\
&= (x - x_0) \ldots (x - x_n) f[x_0, \ldots, x_n, x] \qquad (8.20) \\
&= \omega_{n+1}(x) f[x_0, \ldots, x_n, x].
\end{aligned}
$$

Die Annahme $f \in C^{(n+1)}(I_x)$ und der Vergleich von (8.20) mit (8.7) erbringt

$$f[x_0, \ldots, x_n, x] = \frac{f^{(n+1)}(\xi)}{(n+1)!} \qquad (8.21)$$

für ein geeignet gewähltes $\xi \in I_x$. Da (8.21) dem Restglied der Taylorentwicklung von f ähnelt, wird die Newtonsche Formel (8.17) für das Interpolationspolynom oft als abgebrochene Entwicklung um x_0 angesehen, vorausgesetzt, dass $|x_n - x_0|$ nicht zu gross ist.

8.3 Stückweise Lagrange-Interpolation

In Abschnitt 8.1.2 haben wir den Fakt erwähnt, dass für äquidistante Interpolationsknoten die gleichmäßige Konvergenz $\Pi_n f$ gegen f für $n \to \infty$ nicht gesichert ist. Andererseits sind äquidistante Knoten numerisch bedeutend einfacher zu handhaben und die Lagrange-Interpolation niederen Grades ausreichend genau, wenn hinreichend kleine Interpolationsintervalle betrachtet werden.

Daher ist es naheliegend, eine Partition $\mathcal{T}_h$ von $[a, b]$ in K Teilintervalle $I_j = [x_j, x_{j+1}]$ der Länge h_j, mit $h = \max_{0 \le j \le K-1} h_j$, einzuführen, so

Tabelle 8.3. Interpolationsfehler der stückweisen Lagrange-Interpolation vom Grade $k = 1$ und $k = 2$ im Fall der Runge-Funktion (8.12); p bezeichnet den Trend des Exponenten von h. Beachte, dass für $h \to 0$, wie durch (8.23) vorausgesagt, $p \to k + 1$ geht.

h	$\|f - \Pi_1^h\|_\infty$	p	$\|f - \Pi_2^h\|_\infty$	p
5	0.4153		0.0835	
2.5	0.1787	1.216	0.0971	-0.217
1.25	0.0631	1.501	0.0477	1.024
0.625	0.0535	0.237	0.0082	2.537
0.3125	0.0206	1.374	0.0010	3.038
0.15625	0.0058	1.819	1.3828e-04	2.856
0.078125	0.0015	1.954	1.7715e-05	2.964

dass $[a, b] = \cup_{j=0}^{K-1} I_j$ gilt und die Lagrange-Interpolation auf jedem I_j unter Verwendung von $n + 1$ äquidistanten Knoten $\left\{ x_j^{(i)}, \; 0 \le i \le k \right\}$ bei kleinem k anzuwenden.

Für $k \ge 1$ führen wir auf $\mathcal{T}_h$ den stückweise polynomialen Raum

$$X_h^k = \left\{ v \in C^0([a, b]) : v|_{I_j} \in \mathbb{P}_k(I_j) \, \forall I_j \in \mathcal{T}_h \right\} \tag{8.22}$$

als Raum der auf $[a, b]$ stetigen Funktionen, deren Einschränkungen auf jedem I_j Polynome vom Grade $\le k$ sind, ein.

Für eine beliebige, auf $[a, b]$ stetige Funktion f stimmt dann die *stückweise polynomiale Interpolation* $\Pi_h^k f$ auf jedem I_j mit dem Interpolationspolynom von $f_{|I_j}$ in den $k + 1$ Knoten $\left\{ x_j^{(i)}, \; 0 \le i \le k \right\}$ überein. Folglich erhalten wir für $f \in C^{k+1}([a, b])$ unter Verwendung von (8.7) in jedem Teilintervall die Fehlerabschätzung

$$\|f - \Pi_h^k f\|_\infty \le C h^{k+1} \, \|f^{(k+1)}\|_\infty. \tag{8.23}$$

Beachte, dass ein kleiner Interpolationsfehler auch für kleine k erzielt werden kann, wenn nur h genügend "klein" ist.

Beispiel 8.5 Kehren wir zu der Funktion des Gegenbeispiels von Runge zurück. Jetzt werden stückweise Polynome vom Grade $k = 1$ und $k = 2$ verwendet. Wir testen experimentell das Verhalten des Fehlers bei fallendem h. In Tabelle 8.3 sind die absoluten Fehler gemessen in der Maximumnorm über dem Intervall $[-5, 5]$ und die entsprechenden Abschätzungen der Konvergenzordnung p in Bezug auf h dargestellt. Abgesehen vom Fall der Verwendung einer extrem kleinen Zahl von Teilintervallen entsprechen die Resultate der theoretischen Abschätzung (8.23), d.h. $p = k + 1$.

Neben der Abschätzung (8.23) gibt es Konvergenzresultate in Integral-normen (siehe [QV94], [EEHJ96]). Hierzu führen wir den Raum

$$\mathrm{L}^2(a,b) = \left\{ f : (a,b) \to \mathbb{R},\ \int_a^b |f(x)|^2 dx < +\infty \right\}, \qquad (8.24)$$

mit

$$\|f\|_{\mathrm{L}^2(a,b)} = \left(\int_a^b |f(x)|^2 dx \right)^{1/2} \qquad (8.25)$$

ein. Die Formel (8.25) definiert eine Norm auf $\mathrm{L}^2(a,b)$. (Wir erinnern dar-an, dass Normen und Halbnormen von Funktionen auf gleiche Weise de-finiert werden können, wie dies in Definition 1.17 in Band 1 für Vektoren gemacht wurde.) Wir machen den Leser darauf aufmerksam, dass das In-tegral der Funktion $|f|^2$ in (8.24) im Lebesgue Sinne aufzufassen ist (siehe z.B. [Rud83]). Insbesondere muss f keineswegs überall stetig sein.

Theorem 8.3 *Sei* $0 \leq m \leq k+1$ *mit* $k \geq 1$ *und nehmen wir an, dass* $f^{(m)} \in \mathrm{L}^2(a,b)$ *für* $0 \leq m \leq k+1$. *Dann gibt es eine positive Konstante* C, *unabhängig von* h, *so dass*

$$\|(f - \Pi_h^k f)^{(m)}\|_{\mathrm{L}^2(a,b)} \leq Ch^{k+1-m}\|f^{(k+1)}\|_{\mathrm{L}^2(a,b)}. \qquad (8.26)$$

Für $k=1$ *und* $m=0$ *oder* $m=1$ *erhalten wir insbesondere*

$$\|f - \Pi_h^1 f\|_{\mathrm{L}^2(a,b)} \leq C_1 h^2 \|f''\|_{\mathrm{L}^2(a,b)},$$
$$\|(f - \Pi_h^1 f)'\|_{\mathrm{L}^2(a,b)} \leq C_2 h \|f''\|_{\mathrm{L}^2(a,b)}, \qquad (8.27)$$

mit positiven Konstanten C_1 *und* C_2.

Beweis. Wir beweisen nur (8.27) und verweisen auf [QV94], Kapitel 3 für den Beweis von (8.26) im allgemeinen Fall.

Setze $e = f - \Pi_h^1 f$. Da $e(x_j) = 0$ für alle $j = 0, \ldots, K$, folgt aus dem Satz von Rolle die Existenz von $\xi_j \in (x_j, x_{j+1})$ für $j = 0, \ldots, K-1$, so dass $e'(\xi_j) = 0$. $\Pi_h^1 f$ ist eine lineare Funktion auf jedem I_j, somit erhalten wir für $x \in I_j$

$$e'(x) = \int_{\xi_j}^x e''(s)ds = \int_{\xi_j}^x f''(s)ds,$$

woraus

$$|e'(x)| \leq \int_{x_j}^{x_{j+1}} |f''(s)|ds, \qquad \text{für } x \in [x_j, x_{j+1}]. \qquad (8.28)$$

Wir erinnern an die *Cauchy-Schwarzsche Ungleichung*

$$\left| \int_\alpha^\beta u(x)v(x)dx \right| \leq \left(\int_\alpha^\beta u^2(x)dx \right)^{1/2} \left(\int_\alpha^\beta v^2(x)dx \right)^{1/2}, \qquad (8.29)$$

die für $u, v \in L^2(\alpha, \beta)$ gilt. Wenden wir diese Ungleichung auf (8.28) an, bekommen wir

$$|e'(x)| \leq \left(\int_{x_j}^{x_{j+1}} 1^2 dx \right)^{1/2} \left(\int_{x_j}^{x_{j+1}} |f''(s)|^2 ds \right)^{1/2}$$

$$\leq h^{1/2} \left(\int_{x_j}^{x_{j+1}} |f''(s)|^2 ds \right)^{1/2} . \tag{8.30}$$

Um eine Schranke für $|e(x)|$ zu finden, erwähnen wir, dass

$$e(x) = \int_{x_j}^{x} e'(s) ds$$

gilt, woraus mittels (8.30)

$$|e(x)| \leq \int_{x_j}^{x_{j+1}} |e'(s)| ds \leq h^{3/2} \left(\int_{x_j}^{x_{j+1}} |f''(s)|^2 ds \right)^{1/2} \tag{8.31}$$

folgt. Weiter gilt

$$\int_{x_j}^{x_{j+1}} |e'(x)|^2 dx \leq h^2 \int_{x_j}^{x_{j+1}} |f''(s)|^2 ds \quad \text{und} \quad \int_{x_j}^{x_{j+1}} |e(x)|^2 dx \leq h^4 \int_{x_j}^{x_{j+1}} |f''(s)|^2 ds,$$

woraus wir durch Summation über den Index j von 0 bis $K-1$ und durch Ziehen der Quadratwurzel auf beiden Seiten

$$\left(\int_a^b |e'(x)|^2 dx \right)^{1/2} \leq h \left(\int_a^b |f''(x)|^2 dx \right)^{1/2},$$

und

$$\left(\int_a^b |e(x)|^2 dx \right)^{1/2} \leq h^2 \left(\int_a^b |f''(x)|^2 dx \right)^{1/2}$$

erhalten, die die gwünschte Abschätzung (8.27) mit $C_1 = C_2 = 1$ ist. $\diamond$

8.4 Hermite-Birkoff-Interpolation

Die polynomiale Lagrange-Interpolation kann auf den Fall verallgemeinert werden, in welchem auch die Werte der Ableitungen einer Funktion f in gewissen (oder allen) Knoten x_i bekannt sind.

Wir wollen nun annehmen, dass $(x_i, f^{(k)}(x_i))$, gegebene Daten sind, wobei $i = 0, \ldots, n$, $k = 0, \ldots, m_i$ und $m_i \in \mathbb{N}$. Sei ferner $N = \sum_{i=0}^{n}(m_i + 1)$. Es kann bewiesen werden (siehe [Dav63]), dass wenn alle Knoten $\{x_i\}$ verschieden sind, ein eindeutig bestimmtes Polynom, das *Hermitesche Interpolationspolynom*, $H_{N-1} \in \mathbb{P}_{N-1}$ existiert, so dass

$$H_{N-1}^{(k)}(x_i) = y_i^{(k)}, \quad i = 0, \ldots, n \quad k = 0, \ldots, m_i$$

gilt. Das Hermitesche Interpolationspolynom ist von der Form

$$H_{N-1}(x) = \sum_{i=0}^{n}\sum_{k=0}^{m_i} y_i^{(k)} L_{ik}(x) \tag{8.32}$$

mit $y_i^{(k)} = f^{(k)}(x_i)$, $i = 0, \ldots, n$, $k = 0, \ldots, m_i$.

Die Funktionen $L_{ik} \in \mathbb{P}_{N-1}$ werden die *Hermiteschen charakteristischen Polynome* genannt und sind durch die Beziehungen

$$\frac{d^p}{dx^p}(L_{ik})(x_j) = \begin{cases} 1 & \text{if } i = j \text{ und } k = p, \\ 0 & \text{andernfalls} \end{cases}$$

definiert. Führt man die Polynome

$$l_{ij}(x) = \frac{(x - x_i)^j}{j!} \prod_{\substack{k=0 \\ k \neq i}}^{n} \left(\frac{x - x_k}{x_i - x_k}\right)^{m_k+1}, \quad i = 0, \ldots, n, \ j = 0, \ldots, m_i,$$

ein und setzt $L_{im_i}(x) = l_{im_i}(x)$ für $i = 0, \ldots, n$, so erhalten wir für die Polynome L_{ij} die Rekursionsbeziehung

$$L_{ij}(x) = l_{ij}(x) - \sum_{k=j+1}^{m_i} l_{ij}^{(k)}(x_i) L_{ik}(x) \qquad j = m_i - 1, m_i - 2, \ldots, 0.$$

Was den Interpolationsfehler anbetrifft, gilt die folgende Abschätzung

$$f(x) - H_{N-1}(x) = \frac{f^{(N)}(\xi)}{N!}\Omega_N(x) \quad \forall x \in \mathbb{R},$$

wobei $\xi \in I(x; x_0, \ldots, x_n)$ und Ω_N das durch

$$\Omega_N(x) = (x - x_0)^{m_0+1}(x - x_1)^{m_1+1} \ldots (x - x_n)^{m_n+1} \tag{8.33}$$

definierte Polynom vom Grade N sind.

Beispiel 8.6 (Oskulierende Interpolation) Sei $m_i = 1$ für $i = 0, \ldots, n$ gesetzt. In diesem Fall ist $N = 2n + 2$ und das interpolierende Hermite-Polynom wird *oskulierendes Polynom*, genannt. Es ist durch

$$H_{N-1}(x) = \sum_{i=0}^{n} \left(y_i A_i(x) + y_i^{(1)} B_i(x)\right)$$

gegeben, wobei $A_i(x) = (1 - 2(x - x_i)l_i'(x_i))l_i(x)^2$ und $B_i(x) = (x - x_i)l_i(x)^2$, für $i = 0, \ldots, n$, mit

$$l_i'(x_i) = \sum_{k=0, k \neq i}^{n} \frac{1}{x_i - x_k}, \qquad i = 0, \ldots, n$$

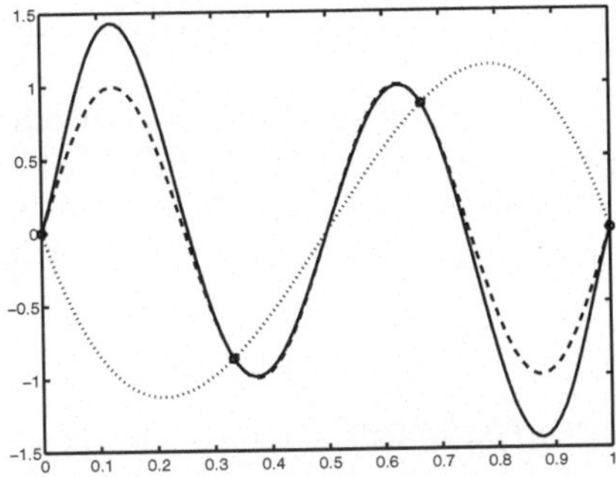

Abbildung 8.4. Lagrangesche und Hermitesche Interpolation der Funktion $f(x) = \sin(4\pi x)$ auf dem Intervall $[0, 1]$.

sind. Zum Vergleich verwenden wir die Programme 65 und 67, um das Lagrangesche bzw. das Hermitesche Interpolationspolynom der Funktion $f(x) = \sin(4\pi x)$ auf dem Intervall $[0, 1]$ mit vier äquidistanten Knoten ($n = 3$) zu berechnen. Abbildung 8.4 zeigt die Graphen der Funktion f (gestrichelte Kurve) und der beiden Polynome $\Pi_n f$ (gepunktete Kurve) und H_{N-1} (durchgezogene Kurve).   ●

Das Programm 67 berechnet die Werte des oskulierenden Polynoms in den Abszissen, die im Vektor z enthalten sind. Die Eingabevektoren x, y und dy enthalten die Interpolationsknoten und die entsprechenden Funktionswerte von f bzw. f'.

Program 67 - hermpol : Oskulierendes Polynom

```
function [herm] = hermite(x,y,dy,z)
n = max(size(x)); m = max(size(z)); herm = [];
for j = 1:m
  xx = z(j); hxv = 0;
  for i = 1:n,
    den = 1; num = 1; xn = x(i); derLi = 0;
    for k = 1:n,
      if k ~= i, num = num*(xx-x(k)); arg = xn-x(k);
        den = den*arg; derLi = derLi+1/arg;
      end
    end
    Lix2 = (num/den)^2; p = (1-2*(xx-xn)*derLi)*Lix2;
    q = (xx-xn)*Lix2; hxv = hxv+(y(i)*p+dy(i)*q);
  end
  herm = [herm, hxv];
end
```

8.5   Erweiterung auf den zweidimensionalen Fall

In diesem Abschnitt widmen wir uns kurz der Erweiterung der vorangegangenen Konzepte auf den zweidimensionalen Fall und verweisen auf [SL89], [CHQZ88], [QV94] für weitere Details. Wir bezeichnen durch Ω ein beschränktes Gebiet in $\mathbb{R}^2$ und durch $\mathbf{x} = (x, y)$ den Koordinatenvektor eines Punktes in Ω.

8.5.1   Polynominterpolation

Eine besonders einfache Situation tritt auf, wenn $\Omega = [a, b] \times [c, d]$, d.h. wenn das Interpolationsgebiet Ω das Tensorprodukt zweier Intervalle ist. In diesem Fall führen wir die Knoten $a = x_0 < x_1 < \ldots < x_n = b$ und $c = y_0 < y_1 < \ldots < y_m = d$ ein und das Interpolationspolynom $\Pi_{n,m}f$ kann in der Form $\Pi_{n,m}f(x, y) = \sum_{i=0}^{n} \sum_{j=0}^{m} \alpha_{ij} l_i(x) l_j(y)$ geschrieben werden, wobei $l_i \in \mathbb{P}_n$, $i = 0, \ldots, n$, und $l_j \in \mathbb{P}_m$, $j = 0, \ldots, m$, die charakteristischen eindimensionalen Lagrangeschen Polynome in Bezug auf die x bzw. y Variable und $\alpha_{ij} = f(x_i, y_j)$ sind.

Die Nachteile der eindimensionalen Lagrange-Interpolation sind auch dem zweidimensionalen Fall eigen, wie durch das Beispiel in Abbildung 8.5 bestätigt wird.

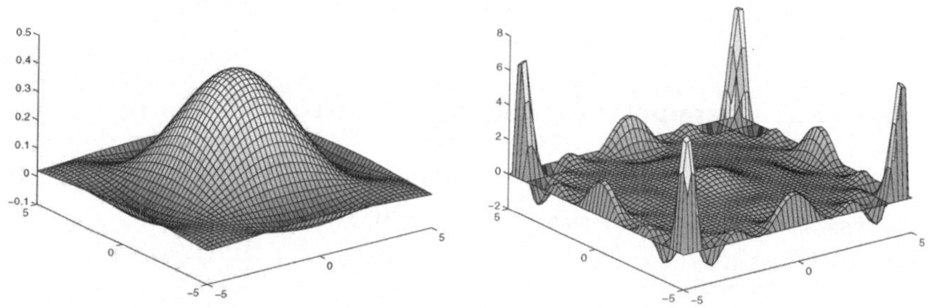

Abbildung 8.5. Runges Gegenbeispiel erweitert auf den zweidimensionalen Fall: Interpolationspolynom auf einem Gitter von 6×6 Knoten (links) und 11×11 Knoten (rechts). Beachte den Wechsel der senkrechten Skalierung in beiden Darstellungen.

Bemerkung 8.1 (Der allgemeine Fall) Ist Ω kein Rechteck oder sind die Interpolationsknoten nicht gleichförmig über ein kartesisches Gitter verteilt, ist das Interpolationsproblem schwierig zu lösen und es ist im Allgemeinen vorteilhafter, zur kleinste Quadratelösung zu greifen (siehe Abschnitt 10.7). Wir verweisen auch darauf, dass in d Dimensionen (mit $d \geq 2$)

das Problem der Bestimmung eines Interpolationspolynoms vom Grade n in Bezug auf jede Raumvariable auf $n + 1$ verschiedenen Knoten schlecht gestellt sein kann.

Betrachten wir beispielsweise ein Polynom vom Grade 1 in Bezug auf x und y der Gestalt $p(x, y) = a_3 xy + a_2 x + a_1 y + a_0$ um eine Funktion f in den Knoten $(-1, 0)$, $(0, -1)$, $(1, 0)$ und $(0, 1)$ zu interpolieren. Obwohl die Knoten verschieden sind, besitzt das Problem (das nichtlinear ist) im Allgemeinen keine eindeutig bestimmte Lösung; tatsächlich gelangen wir durch Auferlegung der Interpolationsbedingungen zu einem System, das für jeden Wert des Koeffizienten a_3 erfüllt ist. ∎

8.5.2 Stückweise polynomiale Interpolation

Im mehrdimensionalen Fall ermöglicht die grössere Flexibilität der stückweisen Interpolation Gebiete komplexer Struktur leichter zu handhaben. Nehmen wir an, dass Ω ein Polynom im $\mathbb{R}^2$ ist. Dann kann Ω in K nichtüberlappende Dreiecke (oder *Elemente*) T zerlegt werden. Diese sogenannte *Triangulation* des Gebietes werden wir durch $\mathcal{T}_h$ bezeichnen. Offensichtlich gilt $\overline{\Omega} = \bigcup_{T \in \mathcal{T}_h} T$. Nehmen wir an, dass die maximale Länge der Dreieckskanten kleiner als eine positive Zahl h ist. Wie in Abbildung 8.6 (links) dargestellt, sind nicht alle Zerlegungen erlaubt. Genauer gesagt, sind die zulässigen Zerlegungen jene, für die jedes Paar nicht disjunkter Dreiecke eine Ecke oder eine Kante gemeinsam haben.

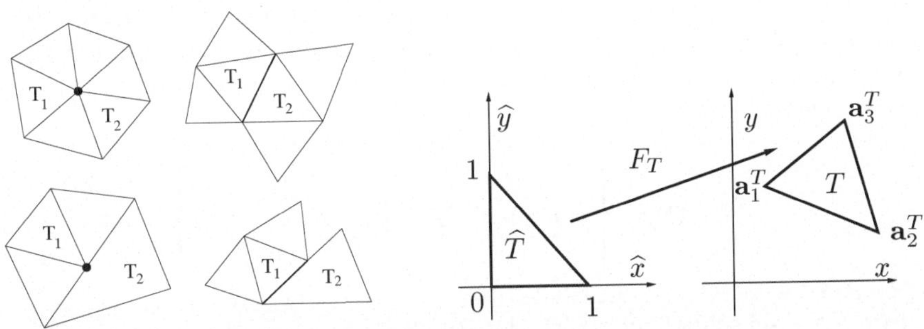

Abbildung 8.6. Die linke Seite des Bildes zeigt zulässige (oben) und nicht zulässige Triangulierungen, die rechte Seite die affine Abbildung des Referenzdreiecks $\widehat{T}$ auf das allgemeine Element $T \in \mathcal{T}_h$.

Jedes Element $T \in \mathcal{T}_h$ der Fläche $|T|$ ist das Bild der affinen Abbildung $\mathbf{x} = F_T(\widehat{\mathbf{x}}) = B_T \widehat{\mathbf{x}} + \mathbf{b}_T$ des *Referenzdreiecks* $\widehat{T}$ mit den Ecken $(0,0)$, $(1,0)$ und $(0,1)$ in der $\widehat{\mathbf{x}} = (\widehat{x}, \widehat{y})$ Ebene (siehe Abbildung 8.6, rechts), wobei die invertierbare Matrix B_T bzw. der rechte Seite Vektor $\mathbf{b}_T$ durch

$$B_T = \begin{bmatrix} x_2 - x_1 & x_3 - x_1 \\ y_2 - y_1 & y_3 - y_1 \end{bmatrix}, \quad \mathbf{b}_T = (x_1, y_1)^T, \tag{8.34}$$

gegeben sind und die Koordinaten der Ecken von T durch $\mathbf{a}_T^{(l)} = (x_l, y_l)^T$, $l = 1, 2, 3$, bezeichnet wurden.

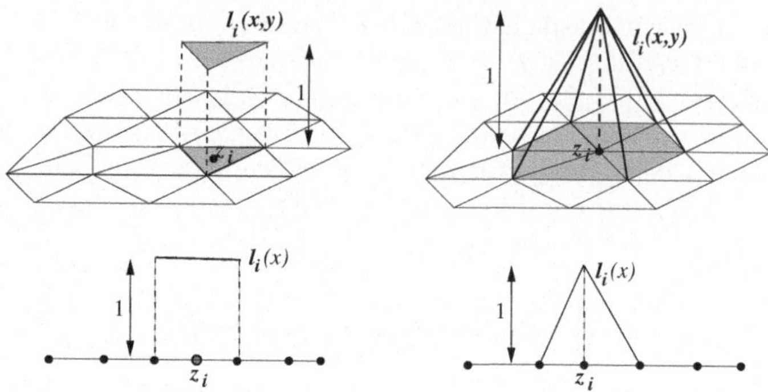

Abbildung 8.7. Charakteristisches stückweise Lagrangesche Polynom, in einer und zwei Raumdimensionen. Links $k = 0$; rechts $k = 1$.

Die affine Abbildung (8.34) ist bei praktischen Berechnungen von immenser Bedeutung, da, wenn einmal eine Basis zur Darstellung der stückweise polynomialen Interpolation auf $\hat{T}$ erzeugt wurde, es durch Koordinatenwechsel $\mathbf{x} = F_T(\hat{\mathbf{x}})$ möglich ist, das Polynom auf jedem Element T von $\mathcal{T}_h$ zu rekonstruieren. Wir sind daher interessiert, lokale Basisfunktionen zu finden, die auf jedem Dreieck vollständig ohne zusätzliche Informationen benachbarter Dreiecke beschrieben werden können.

Zu diesem Zweck führen wir auf $\mathcal{T}_h$ die Menge $\mathcal{Z}$ der *stückweisen Interpolationsknoten* $\mathbf{z}_i = (x_i, y_i)^T$, $i = 1, \ldots, N$, ein und bezeichnen durch $\mathbb{P}_k(\Omega)$, $k \geq 0$, den Raum der algebraischen Polynome vom Grade $\leq k$ in den räumlichen Variablen x, y

$$\mathbb{P}_k(\Omega) = \left\{ p(x,y) = \sum_{\substack{i,j=0 \\ i+j \leq k}}^{k} a_{ij} x^i y^j, \, x, y \in \Omega \right\}. \tag{8.35}$$

Für $k \geq 0$ sei schließlich $\mathbb{P}_k^c(\Omega)$ der Raum stückweiser Polynome vom Grade $\leq k$, so dass für jedes $p \in \mathbb{P}_k^c(\Omega)$ die Einschränkung $p|_T$ in $\mathbb{P}_k(T)$ für jedes $T \in \mathcal{T}_h$ liegt. Eine einfache Basis für $\mathbb{P}_k^c(\Omega)$ besteht aus den *Lagrangeschen charakteristischen Polynomen* $l_i = l_i(x,y)$, so dass $l_i \in \mathbb{P}_k^c(\Omega)$ und

$$l_i(\mathbf{z}_j) = \delta_{ij}, \qquad i, j = 1, \ldots, N, \tag{8.36}$$

mit dem Kroneckersymbol δ_{ij} gilt. Wir zeigen in Abbildung 8.7 die Funktionen l_i, $k = 0, 1$, gemeinsam mit den eindimensionalen Entsprechungen. Im Fall $k = 0$ sind die Interpolationsknoten in den *Schwerpunkten* der Dreiecke gelegen, wogegen die Knoten im Fall $k = 1$ mit den *Ecken* der Dreiecke übereinstimmen. Diese Wahl, die wir im Folgenden beibehalten wollen, ist nicht die einzig mögliche. Die Mittelpunkte der Dreieckskanten könnten ebenso verwendet werden, was zu einer unstetigen stückweise polynomialen Interpolation über Ω führen würde.

Für $k \geq 0$ ist das *Lagrangesche stückweise interpolierende Polynom* $\Pi_h^k f \in \mathbb{P}_k^c(\Omega)$ von f durch

$$\Pi_h^k f(x,y) = \sum_{i=1}^{N} f(\mathbf{z}_i) l_i(x,y) \tag{8.37}$$

definiert. Beachte, dass $\Pi_h^0 f$ eine stückweise konstante Funktion ist, wogegen $\Pi_h^1 f$ eine lineare Funktion auf jedem Dreieck darstellt, die in den Ecken stetig und damit auch global stetig ist.

Für jedes $T \in \mathcal{T}_h$ bezeichnen wir durch $\Pi_T^k f$ die Einschränkung des stückweise interpolierenden Polynoms von f auf dem Element T. Nach Definition ist $\Pi_T^k f \in \mathbb{P}_k(T)$; wegen $d_k = \dim \mathbb{P}_k(T) = (k+1)(k+2)/2$ können wir somit schreiben

$$\Pi_T^k f(x,y) = \sum_{m=0}^{d_k-1} f(\tilde{\mathbf{z}}_T^{(m)}) l_{m,T}(x,y), \qquad \forall T \in \mathcal{T}_h. \tag{8.38}$$

In (8.38) haben wir durch $\tilde{\mathbf{z}}_T^{(m)}$, $m = 0, \ldots, d_k - 1$, die stückweisen Interpolationsknoten auf T und durch $l_{m,T}(x,y)$ die Einschränkung des Lagrangeschen charakteristischen Polynoms auf T bezeichnet, das in (8.37) den Index i besitzt, der in der Liste der "globalen" Knoten $\mathbf{z}_i$ dem "lokalen" Knoten $\tilde{\mathbf{z}}_T^{(m)}$ entspricht.

Fahren wir mit dieser Notation fort, haben wir $l_{j,T}(\mathbf{x}) = \hat{l}_j \circ F_T^{-1}(\mathbf{x})$, wobei $\hat{l}_j = \hat{l}_j(\hat{\mathbf{x}})$, $j = 0, \ldots, d_k - 1$, die j-te Lagrangesche Basisfunktion für $\mathbb{P}_k(\hat{T})$ ist, die auf dem Referenzelement $\hat{T}$ erzeugt wurde. Wir vermerken, dass wenn $k = 0$ ist, $d_0 = 1$ gilt, d.h. es existiert nur ein lokaler Interpolationsknoten (der mit dem Schwerpunkt des Dreiecks T übereinstimmt). Wohingegen $d_1 = 3$ für $k = 1$ gilt, d.h. drei lokale Interpolationsknoten existieren, die mit den Ecken von T übereinstimmen. In Abbildung 8.8 sind die lokalen Interpolationsknoten auf $\hat{T}$ für $k = 0$, 1 und 2 dargestellt.

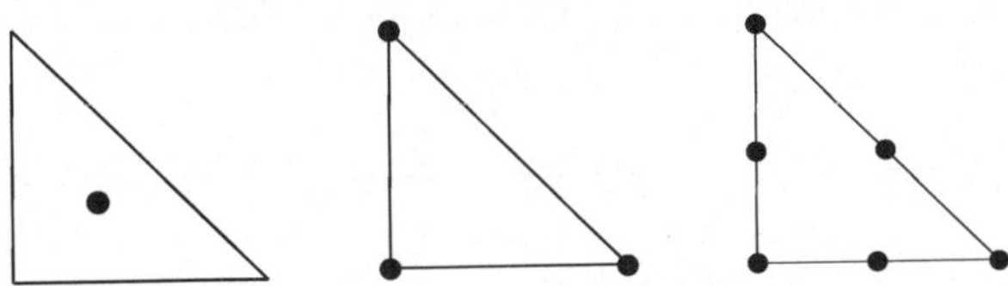

Abbildung 8.8. Lokale Interpolationsknoten auf $\hat{T}$; links $k = 0$, Mitte $k = 1$, rechts $k = 2$.

Hinsichtlich der Interpolationsfehlerabschätzung gilt das folgende Resultat (zum Beweis siehe [CL91], Theorem 16.1, S. 125-126 und [QV94], Bemerkung 3.4.2, S. 89-90)

$$\|f - \Pi_T^k f\|_{\infty,T} \leq C h_T^{k+1} \|f^{(k+1)}\|_{\infty,T}, \qquad k \geq 0. \tag{8.39}$$

Hierbei sei für jedes $T \in \mathcal{T}_h$ durch h_T die maximale Kantenlänge von T bezeichnet und für jedes $g \in C^0(T)$, $\|g\|_{\infty,T} = \max_{\mathbf{x} \in T} |g(\mathbf{x})|$. Ferner ist C in (8.39) eine positive Konstante unabhängig von h_T und f.

Wir wollen annehmen, dass die Triangulation $\mathcal{T}_h$ *regulär* ist, d.h. dass es eine positive Konstante σ gibt, so dass

$$\max_{T \in \mathcal{T}_h} \frac{h_T}{\rho_T} \leq \sigma$$

gilt. Hier sei ρ_T für alle $T \in \mathcal{T}_h$ der Durchmesser des T einbeschriebenen Kreises. Dann ist es möglich aus (8.39) die folgende Interpolationsfehlerabschätzung auf dem Gesamtgebiet Ω

$$\|f - \Pi_h^k f\|_{\infty,\Omega} \leq C h^{k+1} \|f^{(k+1)}\|_{\infty,\Omega}, \qquad k \geq 0, \qquad \forall f \in C^{k+1}(\Omega) \tag{8.40}$$

abzuleiten.

Die Theorie der stückweisen Interpolation ist ein grundlegendes Werkzeug der *finiten Elemente Methode*, einem numerischen Verfahren, das weit verbreitet bei der numerischen Approximation partieller Differentialgleichungen ist (siehe Kapitel 12 für den eindimensionalen Fall und [QV94] für eine vollständige Darstellung der Methode).

Beispiel 8.7 Wir vergleichen die Konvergenz der stückweisen polynomialen Interpolation vom Grade 0, 1 und 2, der Funktion $f(x,y) = e^{-(x^2+y^2)}$ auf $\Omega = (-1,1)^2$. In Tabelle 8.4 sind der Fehler $\mathcal{E}_k = \|f - \Pi_h^k f\|_{\infty,\Omega}$, für $k = 0,1,2$, und die Konvergenzordnung p_k als Funktion der Netzweite $h = 2/N$ für $N = 2,\ldots,32$ dargestellt. Deutlich kann man lineare Konvergenz für die Interpolation vom Grade 0 erkennen, wohingegen die Konvergenz in Bezug auf h quadratisch für die Interpolation vom Grade 1 und kubisch für die Interpolation vom Grade 2 ist. •

Tabelle 8.4. Konvergenzraten und Ordnungen für stückweise Interpolation vom Grade 0, 1 und 2.

h	$\mathcal{E}_0$	p_0	$\mathcal{E}_1$	p_1	$\mathcal{E}_2$	p_2
1	0.4384		0.2387		0.016	
$\frac{1}{2}$	0.2931	0.5809	0.1037	1.2028	$1.6678 \cdot 10^{-3}$	3.2639
$\frac{1}{4}$	0.1579	0.8924	0.0298	1.7990	$2.8151 \cdot 10^{-4}$	2.5667
$\frac{1}{8}$	0.0795	0.9900	0.0077	1.9524	$3.5165 \cdot 10^{-5}$	3.001
$\frac{1}{16}$	0.0399	0.9946	0.0019	2.0189	$4.555 \cdot 10^{-6}$	2.9486

8.6   Splineapproximation

In diesem Abschnitt widmen wir uns der Approximation einer gegebenen Funktion unter Verwendung von *Splines*, die eine stückweise Interpolation bei globaler Glattheit ermöglicht.

Definition 8.1 Seien $n + 1$ verschiedene Knoten $x_0, \ldots, x_n$ in $[a, b]$ mit $a = x_0 < x_1 < \ldots < x_n = b$ gegeben. Die auf dem Intervall [a,b] definierte Funktion $s_k(x)$ ist ein *Spline* vom Grade k bezüglich der Knoten x_j, wenn

$$s_{k|[x_j,x_{j+1}]} \in \mathbb{P}_k, \quad j = 0, 1, \ldots, n - 1, \tag{8.41}$$

$$s_k \in C^{k-1}[a, b]. \tag{8.42}$$

∎

Bezeichnen wir durch $\mathcal{S}_k$ den Raum der Splines s_k auf $[a, b]$ bezüglich $n + 1$ verschiedener Knoten, so ist $\dim \mathcal{S}_k = n + k$. Offensichtlich ist jedes Polynom vom Grade k auf $[a, b]$ ein Spline; in der Praxis wird jedoch ein Spline durch verschiedene Polynome auf jedem Teilintervall dargestellt und kann daher unstetig in der k-ten Ableitung in einem inneren Knoten $x_1, \ldots, x_{n-1}$ sein. Die Knoten, in denen dies tatsächlich der Fall ist, heißen *aktive* Knoten.

Es ist einfach zu sehen, dass die Bedingungen (8.41) und (8.42) nicht ausreichen, um einen Spline vom Grade k zu charakterisieren. Die Restriktion $s_{k,j} = s_{k|[x_j,x_{j+1}]}$ kann in der Form

$$s_{k,j}(x) = \sum_{i=0}^{k} s_{ij}(x - x_j)^i, \quad \text{wenn } x \in [x_j, x_{j+1}] \tag{8.43}$$

dargestellt werden, so dass tatsächlich $(k + 1)n$ Koeffizienten s_{ij} bestimmt werden müssen. Andererseits folgt aus (8.42)

$$s_{k,j-1}^{(m)}(x_j) = s_{k,j}^{(m)}(x_j), \quad j = 1, \ldots, n - 1, \quad m = 0, \ldots, k - 1$$

was das Stellen von $k(n - 1)$ Bedingungen beinhaltet. Folglich verbleiben $(k + 1)n - k(n - 1) = k + n$ Freiheitsgrade.

Auch wenn der Spline *interpolierend*, d.h. derart ist, dass $s_k(x_j) = f_j$ für $j = 0, \ldots, n$ gilt, wobei $f_0, \ldots, f_n$ gegebene Werte sind, würden immer noch $k - 1$ unbestimmte Freiheitsgrade auftreten. Aus diesem Grund werden weitere Bedingungen auferlegt, die auf

1. *periodische Splines* führen, wenn

$$s_k^{(m)}(a) = s_k^{(m)}(b), \quad m = 0, 1, \ldots, k - 1; \tag{8.44}$$

2. *natürliche Splines* führen, wenn für $k = 2l - 1$ mit $l \geq 2$

$$s_k^{(l+j)}(a) = s_k^{(l+j)}(b) = 0, \quad j = 0, 1, \ldots, l - 2, \tag{8.45}$$

gilt. Aus (8.43) ist ersichtlich, dass ein Spline bequem mit Hilfe von $k + n$ Spline-Basisfunktionen dargestellt werden kann, so dass (8.42) automatisch erfüllt ist. Die einfachste Wahl, die aus der Verwendung einer geeignet angereicherten monomialen Basis (siehe Übung 10) besteht, ist vom numerischen Standpunkt ungeeignet, da sie schlecht konditioniert ist. In den Abschnitten 8.6.1 und 8.6.2 werden mögliche Beispiele von Spline-Basisfunktionen angegeben: Kardinal-Splines für den Spezialfall $k = 3$ und B-Splines für ein allgemeines k.

8.6.1 *Interpolierende kubische Splines*

Interpolierende kubische Splines sind besonders wichtig, da: *i.* sie Splines minimalen Grades sind, die C^2 Approximationen liefern; *ii.* sie hinreichend glatt beim Vorhandensein kleiner Krümmungen sind.

Betrachten wir also in $[a, b]$ die $n + 1$ geordneten Knoten $a = x_0 < x_1 < \ldots < x_n = b$ und die entsprechenden Auswertungen f_i, $i = 0, \ldots, n$. Unser Ziel ist es, ein effizientes Verfahren zur Konstruktion kubischer Splines, die jene Werte interpolieren, zu liefern Da der Spline vom Grade 3 ist, müssen seine zweiten Ableitungen stetig sein. Wir wollen die folgende Notation einführen

$$f_i = s_3(x_i), \quad m_i = s_3'(x_i), \quad M_i = s_3''(x_i), \quad i = 0, \ldots, n.$$

Da $s_{3,i-1} \in \mathbb{P}_3$ ist $s_{3,i-1}''$ linear und

$$s_{3,i-1}''(x) = M_{i-1} \frac{x_i - x}{h_i} + M_i \frac{x - x_{i-1}}{h_i} \quad \text{für } x \in [x_{i-1}, x_i], \tag{8.46}$$

wobei $h_i = x_i - x_{i-1}$, $i = 1, \ldots, n$. Zweifache Integration von (8.46) ergibt

$$s_{3,i-1}(x) = M_{i-1} \frac{(x_i - x)^3}{6h_i} + M_i \frac{(x - x_{i-1})^3}{6h_i} + C_{i-1}(x - x_{i-1}) + \widetilde{C}_{i-1},$$

und die Konstanten C_{i-1} und $\widetilde{C}_{i-1}$ sind durch Aufprägen der Endpunktwerte $s_3(x_{i-1}) = f_{i-1}$ und $s_3(x_i) = f_i$ bestimmt. Dies ergibt für $i = 1, \ldots, n - 1$

$$\widetilde{C}_{i-1} = f_{i-1} - M_{i-1} \frac{h_i^2}{6}, \quad C_{i-1} = \frac{f_i - f_{i-1}}{h_i} - \frac{h_i}{6}(M_i - M_{i-1}).$$

Fordern wir nun die Stetigkeit der ersten Ableitungen in x_i, so erhalten wir

$$\begin{aligned}
s_3'(x_i^-) &= \frac{h_i}{6} M_{i-1} + \frac{h_i}{3} M_i + \frac{f_i - f_{i-1}}{h_i} \\
&= -\frac{h_{i+1}}{3} M_i - \frac{h_{i+1}}{6} M_{i+1} + \frac{f_{i+1} - f_i}{h_{i+1}} = s_3'(x_i^+),
\end{aligned}$$

wobei $s_3'(x_i^\pm) = \lim\limits_{t\to 0} s_3'(x_i \pm t)$. Dies führt zu dem linearen Gleichungssystem (M-Stetigkeitssystem genannt)

$$\mu_i M_{i-1} + 2M_i + \lambda_i M_{i+1} = d_i \quad i = 1,\ldots,n-1 \tag{8.47}$$

wobei wir

$$\mu_i = \frac{h_i}{h_i + h_{i+1}}, \qquad \lambda_i = \frac{h_{i+1}}{h_i + h_{i+1}},$$

$$d_i = \frac{6}{h_i + h_{i+1}} \left(\frac{f_{i+1} - f_i}{h_{i+1}} - \frac{f_i - f_{i-1}}{h_i} \right), \quad i = 1,\ldots,n-1,$$

gesetzt haben. Das System (8.47) hat $n+1$ Unbekannte und $n-1$ Gleichungen; somit sind noch $2(= k - 1)$ Bedingungen offen. Im Allgemeinen können diese Bedingungen von der Gestalt

$$2M_0 + \lambda_0 M_1 = d_0, \quad \mu_n M_{n-1} + 2M_n = d_n,$$

mit $0 \leq \lambda_0, \mu_n \leq 1$ und d_0, d_n gegebene Werte sein. Um zum Beispiel die natürlichen Splines zu erhalten, (die $s_3''(a) = s_3''(b) = 0$ genügen,) müssen wir die obigen Koeffizienten gleich Null setzen. Eine populäre Wahl ist $\lambda_0 = \mu_n = 1$ und $d_0 = d_1$, $d_n = d_{n-1}$, die der Fortsetzung der Splines über die Endpunkte des Intervalls hinaus und de Behandlung von a und b als innere Punkte entspricht. Diese Strategie führt zu einem Spline mit "glattem" Verhalten. In allgemeinen ist das resultierende lineare System tridiagonal von der Form

$$\begin{bmatrix} 2 & \lambda_0 & 0 & & \ldots & 0 \\ \mu_1 & 2 & \lambda_1 & & & \vdots \\ 0 & \ddots & \ddots & & \ddots & 0 \\ \vdots & & \mu_{n-1} & 2 & \lambda_{n-1} \\ 0 & \ldots & 0 & & \mu_n & 2 \end{bmatrix} \begin{bmatrix} M_0 \\ M_1 \\ \vdots \\ M_{n-1} \\ M_n \end{bmatrix} = \begin{bmatrix} d_0 \\ d_1 \\ \vdots \\ d_{n-1} \\ d_n \end{bmatrix} \tag{8.48}$$

und kann effizient mit dem Thomas-Verfahren (3.53) gelöst werden (vgl. Band 1).

Eine Abschlussbedingung für das System (8.48), die nützlich sein kann, wenn die Ableitungen $f'(a)$ und $f'(b)$ nicht bekannt sind, besteht darin, die Stetigkeit von $s_3'''(x)$ in x_1 und x_{n-1} zu fordern. Da die Knoten x_1 und x_{n-1} nicht wirklich zur Konstruktion des kubischen Spline beitragen, wird er als ein *nicht-ein-Knotenspline* bezeichnet. Dieser hat die "aktiven" Knoten $\{x_0, x_2, \ldots, x_{n-2}, x_n\}$ und interpoliert f in allen Knoten $\{x_0, x_1, x_2, \ldots, x_{n-2}, x_{n-1}, x_n\}$.

Bemerkung 8.2 (Spezielle Software) Verschiedene Pakete existieren für die Splineinterpolation. Im Fall kubischer Splines erwähnen wir den

Befehl `spline`, der die oben eingeführte *nicht-ein-Knoten* Bedingung verwendet, oder im Allgemeinen, die `Spline-Toolbox` von MATLAB [dB90] und die Bibliothek FITPACK [Die87a], [Die87b].   ∎

Ein völlig anderer Zugang zur Erzeugung von s_3 besteht in der Angabe einer Basis $\{\varphi_i\}$ für den Raum $\mathcal{S}_3$ kubischer Splines, dessen Dimension $n+3$ ist. Wir betrachten hier den Fall, in dem die $n+3$ Basisfunktionen φ_i globalen Träger im Intervall $[a, b]$ haben und verweisen auf Abschnitt 8.6.2 für den Fall einer Basis mit lokalem Träger.

Die Funktionen φ_i, $i, j = 0, \ldots, n$, werden durch die folgenden Interpolationsbedingungen festgelegt

$$\varphi_i(x_j) = \delta_{ij}, \qquad \varphi_i'(x_0) = \varphi_i'(x_n) = 0,$$

und zwei weitere Splines, φ_{n+1} und φ_{n+2}, müssen hinzugefügt werden. Wenn zum Beispiel der Spline gewissen vorgeschriebenen Ableitungsbedingungen in den Endpunkten genügen soll, fordern wir, dass

$$\varphi_{n+1}(x_j) = 0, \qquad j = 0, \ldots, n \quad \varphi_{n+1}'(x_0) = 1, \quad \varphi_{n+1}'(x_n) = 0,$$

$$\varphi_{n+2}(x_j) = 0, \qquad j = 0, \ldots, n \quad \varphi_{n+2}'(x_0) = 0, \quad \varphi_{n+2}'(x_n) = 1.$$

Auf diese Weise nimmt der Spline die Form

$$s_3(x) = \sum_{i=0}^{n} f_i \varphi_i(x) + f_0' \varphi_{n+1}(x) + f_n' \varphi_{n+2}(x)$$

an, wobei f_0' und f_n' zwei gegebene Werte sind. Die resultierende Basis $\{\varphi_i, \ i = 0, \ldots, n+2\}$ wird *kardinale Splinebasis* genannt und häufig bei der numerischen Lösung von Differential- oder Integralgleichungen verwendet.

Abbildung 8.9 zeigt einen allgemeinen Kardinal-Spline, der über praktisch unbeschränktes Intervall berechnet wurde, wobei die Interpolationsknoten x_j ganze Zahlen sind. Der Spline wechselt das Vorzeichen in jeweils benachbarten Intervallen $[x_{j-1}, x_j]$ und $[x_j, x_{j+1}]$ und klingt rasch auf Null ab.

Beschränken wir uns auf die positive Achse, so kann gezeigt werden (siehe [SL89]), dass die Extremante der Funktion auf dem Intervall $[x_j, x_{j+1}]$ gleich der Extremanten auf dem Intervall $[x_{j+1}, x_{j+2}]$ multipliziert mit einem Abklingfaktor $\lambda \in (0, 1)$ ist. Auf diese Weise werden mögliche auf einem Intervall auftretende Fehler schnell auf dem benachbarten gedämpft, was die Stabilität des Algorithmus sichert.

Wir wollen nun die Haupteigenschaften interpolierender kubischer Splines zusammenfassen und verweisen für die Beweise und allgemeinere Ergebnisse auf [Sch81] und [dB83].

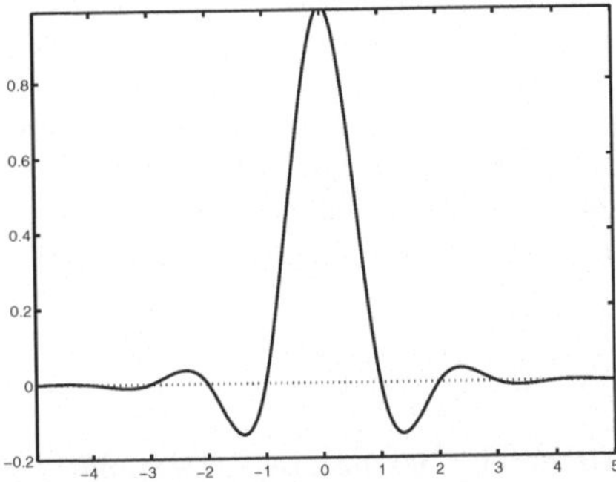

Abbildung 8.9. Kardinal-Spline.

Eigenschaft 8.2 *Seien $f \in C^2([a,b])$ und s_3 der f interpolierende natürliche kubische Spline. Dann ist*

$$\int_a^b [s_3''(x)]^2 dx \leq \int_a^b [f''(x)]^2 dx, \qquad (8.49)$$

wobei das Gleichheitszeichen genau für $f = s_3$ gilt.

Das obige Resultat ist als die *minimale Normeigenschaft* bekannt und hat die Bedeutung des minimalen Energieprinzips in der Mechanik. Die Eigenschaft (8.49) gilt auch, wenn die Bedingungen für die ersten Ableitungen des Splines in den Endpunkten anstelle der natürlichen Bedingungen auferlegt werden (in solch einem Fall heißt der Spline *gebunden*, siehe Übung 11)

Der interpolierende kubische Spline s_f einer Funktion $f \in C^2([a,b])$, mit $s_f'(a) = f'(a)$ und $s_f'(b) = f'(b)$, genügt auch der folgenden Eigenschaft

$$\int_a^b [f''(x) - s_f''(x)]^2 dx \leq \int_a^b [f''(x) - s''(x)]^2 dx, \ \forall s \in S_3.$$

In Bezug auf die Fehlerabschätzung gilt folgendes Ergebnis.

Eigenschaft 8.3 *Sei $f \in C^4([a,b])$ und fixiere eine Zerlegung von $[a,b]$ in Teilintervalle der Breite h_i derart, dass $h = \max_i h_i$ und $\beta = h/\min_i h_i$. Sei s_3 der f interpolierende kubische Spline. Dann gilt*

$$\|f^{(r)} - s_3^{(r)}\|_\infty \leq C_r h^{4-r} \|f^{(4)}\|_\infty, \qquad r = 0, 1, 2, 3, \qquad (8.50)$$

mit $C_0 = 5/384$, $C_1 = 1/24$, $C_2 = 3/8$ und $C_3 = (\beta + \beta^{-1})/2$.

Somit konvergieren für h gegen Null der Spline s_3 sowie seine ersten und zweiten Ableitungen gleichmässig gegen f und deren Ableitungen. Die dritten Ableitungen konvergieren ebenso, vorausgesetzt, dass β gleichmäßig beschränkt ist.

Beispiel 8.8 Abbildung 8.10 zeigt den kubischen Spline, der die Funktion im Runge-Beispiel approximiert, sowie seine Ableitungen erster, zweiter und dritter Ordnung auf einem Gitter von 11 äquidistanten Knoten. In Tabelle 8.5 wird der Fehler $\|s_3 - f\|_\infty$ als Funktion von h zusammen mit der berechneten Konvergenzordnung angegeben. Die Ergebnisse zeigen deutlich, dass p gegen 4 (der theoretischen Ordnung) konvergiert, wenn h gegen Null geht.   •

Tabelle 8.5. Experimentell bestimmter Interpolationsfehler für die Runge-Funktion unter Verwendung kubischer Splines.

h	1	0.5	0.25	0.125	0.0625
$\|s_3 - f\|_\infty$	0.022	0.0032	2.7741e-4	1.5983e-5	9.6343e-7
p	–	2.7881	3.5197	4.1175	4.0522

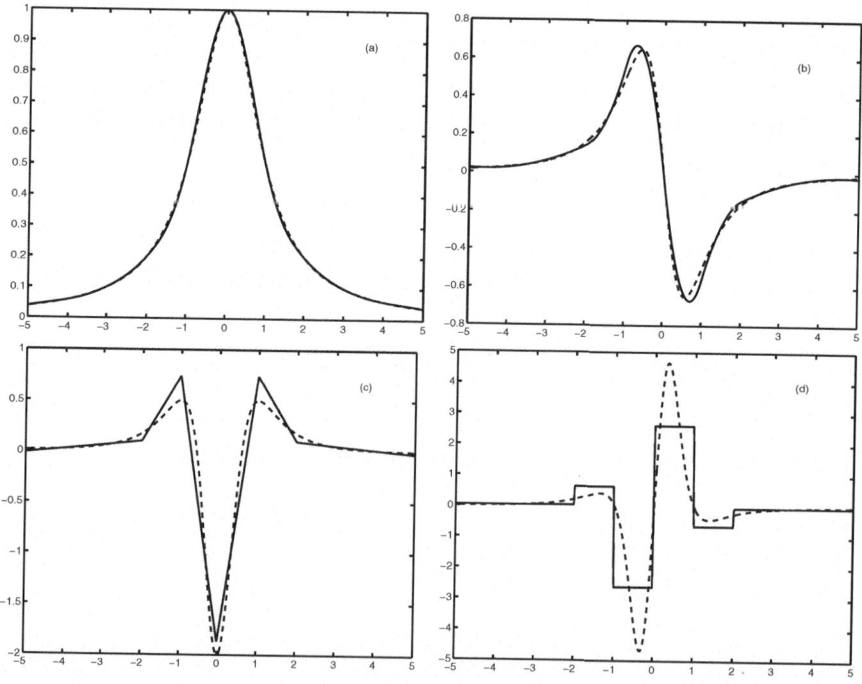

Abbildung 8.10. Interpolierender Spline (a) und seine Ableitung erster (b), zweiter (c) sowie dritter (d) Ordnung (als durchgezogene Kurve) für die Funktion des Beispiels von Runge (als gestrichelte Kurve).

8.6.2 B-Splines

Kehren wir zu Splines allgemeinen Grades k zurück und betrachten die B-Spline (oder engl.: *bell-spline*) Basis, die sich auf die in Abschnitt 8.2.1 eingeführten dividierten Differenzen bezieht.

Definition 8.2 Der *normalisierte B-Spline* $B_{i,k+1}$ vom Grade k bezogen auf die verschiedenen Knoten $x_i, \ldots, x_{i+k+1}$ ist definiert als

$$B_{i,k+1}(x) = (x_{i+k+1} - x_i)g[x_i, \ldots, x_{i+k+1}], \tag{8.51}$$

wobei

$$g(t) = (t - x)_+^k = \begin{cases} (t - x)^k & \text{wenn } x \leq t, \\ 0 & \text{andernfalls.} \end{cases} \tag{8.52}$$

∎

Substitution von (8.18) in (8.51) liefert die explizite Darstellung

$$B_{i,k+1}(x) = (x_{i+k+1} - x_i)\sum_{j=0}^{k+1} \frac{(x_{j+i} - x)_+^k}{\displaystyle\prod_{\substack{l=0 \\ l \neq j}}^{k+1}(x_{i+j} - x_{i+l})}. \tag{8.53}$$

Aus (8.53) folgt, dass die aktiven Knoten von $B_{i,k+1}(x)$ gerade die Punkte $x_i, \ldots, x_{i+k+1}$ sind, und dass $B_{i,k+1}(x)$ nur innerhalb des Intervalls $[x_i, x_{i+k+1}]$ von Null verschieden ist.

Tatsächlich kann gezeigt werden, dass es der einzige nicht verschwindende Spline mit minimalem Träger bezogen auf die Knoten $x_i, \ldots, x_{i+k+1}$ ist [Sch67]. Es kann auch gezeigt werden, dass $B_{i,k+1}(x) \geq 0$ [dB83] und $|B_{i,k+1}^{(l)}(x_i)| = |B_{i,k+1}^{(l)}(x_{i+k+1})|$ für $l = 0, \ldots, k - 1$ gilt [Sch81]. B-Splines erlauben die rekursive Darstellung ([dB72], [Cox72])

$$B_{i,1}(x) = \begin{cases} 1 & \text{wenn } x \in [x_i, x_{i+1}], \\ 0 & \text{andernfalls,} \end{cases} \tag{8.54}$$

$$B_{i,k+1}(x) = \frac{x - x_i}{x_{i+k} - x_i}B_{i,k}(x) + \frac{x_{i+k+1} - x}{x_{i+k+1} - x_{i+1}}B_{i+1,k}(x), \ k \geq 1,$$

die gewöhnlich gegenüber (8.53) favorisiert wird, wenn ein B-Spline in einem gegebenen Punkt auszuwerten ist.

Bemerkung 8.3 Es ist möglich, B-Splines sogar im Fall teilweise übereinstimmender Knoten zu definieren, wenn die Definition dividierter Differenzen geeignet erweitert wird. Dies führt auf eine neue rekursive Form

Newtonscher dividierter Differenzen, die gegeben ist durch (für weitere Details siehe [Die93])

$$
f[x_0, \ldots, x_n] = \begin{cases} \dfrac{f[x_1, \ldots, x_n] - f[x_0, \ldots, x_{n-1}]}{x_n - x_0} & \text{für } x_0 < x_1 < \ldots < x_n \\[2ex] \dfrac{f^{(n+1)}(x_0)}{(n+1)!} & \text{für } x_0 = x_1 = \ldots = x_n. \end{cases}
$$

Angenommen m (mit $1 < m < k+2$) der $k+2$ Knoten $x_i, \ldots, x_{i+k+1}$ stimmen überein und sind gleich λ, dann wird (8.46) eine Linearkombination der Funktionen $(\lambda - x)_+^{k+1-j}$, $j = 1, \ldots, m$, enthalten. Folglich kann der B-Spline stetige Ableitungen in λ nur bis zur Ordnung $k - m$ besitzen, und ist daher unstetig, wenn $m = k+1$ gilt. Es läßt sich zeigen [Die93], dass für $x_{i-1} < x_i = \ldots = x_{i+k} < x_{i+k+1}$

$$
B_{i,k+1}(x) = \begin{cases} \left(\dfrac{x_{i+k+1} - x}{x_{i+k+1} - x_i} \right)^k & \text{wenn } x \in [x_i, x_{i+k+1}], \\[2ex] 0 & \text{andernfalls,} \end{cases}
$$

während für $x_i < x_{i+1} = \ldots = x_{i+k+1} < x_{i+k+2}$

$$
B_{i,k+1}(x) = \begin{cases} \left(\dfrac{x - x_i}{x_{i+k+1} - x_i} \right)^k & \text{wenn } x \in [x_i, x_{i+k+1}], \\[2ex] 0 & \text{andernfalls} \end{cases}
$$

gilt. Die Kombination dieser Formeln mit der rekursiven Beziehung (8.54) ermöglicht die Konstruktion von B-Splines mit zusammenfallenden Knoten. ∎

Beispiel 8.9 Untersuchen wir den Spezialfall kubischer Splines auf äquidistanten Knoten $x_{i+1} = x_i + h$, $i = 0, \ldots, n-1$. Gleichung (8.53) wird

$$
6h^3 B_{i,4}(x) = \begin{cases} (x - x_i)^3, & \text{wenn } x \in [x_i, x_{i+1}], \\[1.5ex] h^3 + 3h^2(x - x_{i+1}) + 3h(x - x_{i+1})^2 - 3(x - x_{i+1})^3, & \text{wenn } x \in [x_{i+1}, x_{i+2}], \\[1.5ex] h^3 + 3h^2(x_{i+3} - x) + 3h(x_{i+3} - x)^2 - 3(x_{i+3} - x)^3, & \text{wenn } x \in [x_{i+2}, x_{i+3}], \\[1.5ex] (x_{i+4} - x)^3, & \text{wenn } x \in [x_{i+3}, x_{i+4}], \\[1.5ex] 0 & \text{andernfalls.} \end{cases}
$$

In Abbildung 8.11 ist der Graph von $B_{i,4}$ im Fall verschiedener und teilweise zusammenfallender Knoten dargestellt.

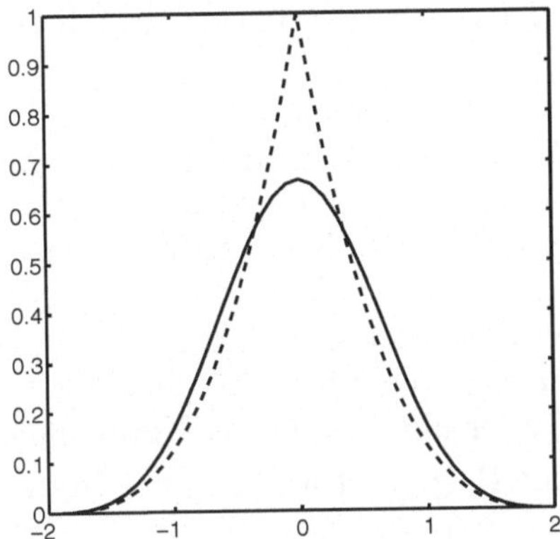

Abbildung 8.11. B-Spline mit verschiedenen Knoten (als durchgezogene Kurve) und mit drei im Ursprung zusammenfallenden Knoten (als gestrichelte Kurve). Beachte die Unstetigkeit der ersten Ableitung.

Sind $n+1$ verschiedene Knoten x_j, $j = 0, \ldots, n$ gegeben, so können $n - k$ linear unabhängige B-Splines vom Grade k konstruiert werden, obwohl $2k$ Freiheitsgrade noch verfügbar sind, um eine Basis für $\mathcal{S}_k$ zu erzeugen. Ein Weg des Vorgehens besteht darin, $2k$ fiktive Knoten

$$x_{-k} \leq x_{-k+1} \leq \cdots \leq x_{-1} \leq x_0 = a,$$
$$b = x_n \leq x_{n+1} \leq \cdots \leq x_{n+k} \tag{8.55}$$

einzuführen, denen die B-Splines $B_{i,k+1}$, mit $i = -k, \ldots, -1$ und $i = n - k, \ldots, n - 1$, zugeordnet sind. Auf diese Weise kann jeder Spline $s_k \in \mathcal{S}_k$ eindeutig in der Form

$$s_k(x) = \sum_{i=-k}^{n-1} c_i B_{i,k+1}(x) \tag{8.56}$$

dargestellt werden. Die reellen Zahlen c_i sind die *B-Splinekoeffizienten* von s_k. Die Knoten (8.55) werden gewöhnlich zusammenfallend oder periodisch gewählt.

1. *Zusammenfallend*: diese Wahl ist geeignet, um die Werte die ein Spline am Ende des Definitionsintervalls annimmt, zu erzwingen. In diesem Fall bekommen wir dank Bemerkung 8.3 über B-Splines mit zusammenfallenden Knoten in der Tat

$$s_k(a) = c_{-k}, \quad s_k(b) = c_{n-1}. \tag{8.57}$$

2. *Periodisch*, d.h.

$$x_{-i} = x_{n-i} - b + a, \quad x_{i+n} = x_i + b - a, \quad i = 1, \ldots, k.$$

Diese Wahl ist nützlich, wenn Periodizitätsbedingungen (8.44) auferlegt werden müssen.

Bemerkung 8.4 (Einfügen von Knoten) B-Splines anstelle von Kardinal-Splines zu verwenden ist vorteilhaft, wenn mit reduziertem Aufwand eine gegebene Konfiguration von Knoten, für die ein Spline s_k bekannt ist, verändert werden soll. Nehmen wir an, dass die Koeffizienten c_i von s_k (in der Form (8.56)) über den Knoten $x_{-k}, x_{-k+1}, \ldots, x_{n+k}$ bekannt sind, und dass wir zu diesen einen neuen Knoten $\widetilde{x}$ hinzufügen wollen.

Der Spline $\widetilde{s}_k \in \mathcal{S}_k$, der über der neuen Knotenmenge definiert ist, kann in Bezug auf eine neue B-Spline-Basis $\left\{ \widetilde{B}_{i,k+1} \right\}$ in der Form

$$\widetilde{s}_k(x) = \sum_{i=-k}^{n-1} d_i \widetilde{B}_{i,k+1}(x)$$

dargestellt werden. Die neuen Koeffizienten d_i lassen sich aus den bekannten Koeffizienten c_i unter Verwendung des folgenden Algorithmus berechnen [Boe80]:

sei $\widetilde{x} \in [x_j, x_{j+1})$; dann konstruiere eine neue Knotenmenge $\{y_i\}$, so dass

$$y_i = x_i \text{ für } i = -k, \ldots, j, \qquad y_{j+1} = \widetilde{x},$$
$$y_i = x_{i-1} \text{ für } i = j + 2, \ldots, n + k + 1;$$

definiere

$$\omega_i = \begin{cases} 1 & \text{für } i = -k, \ldots, j - k, \\[2mm] \dfrac{y_{j+1} - y_i}{y_{i+k+1} - y_i} & \text{für } i = j - k + 1, \ldots, j, \\[2mm] 0 & \text{für } i = j + 1, \ldots, n; \end{cases}$$

berechne

$$d_i = \omega_i c_i + (1 - \omega_i) c_i \qquad i = -k, \ldots, n - 1.$$

Dieser Algorithmus besitzt gute Stabilitätseigenschaften und kann auf den Fall verallgemeinert werden, in dem mehr als ein Knoten gleichzeitig eingefügt wird (siehe [Die93]). ∎

8.7   Splines in parametrischer Form

Die Verwendung interpolierender Splines besitzt die beiden nachfolgend genannten Nachteile:

1. die resultierende Approximation ist nur dann von guter Qualität, wenn die Funktion f keine großen Ableitungen besitzt (insbesondere fordern wir, dass $|f'(x)| < 1$ für jedes x). Anderenfalls kann oszillatorisches Verhalten im Spline auftreten, wie durch das in Abbildung 8.12 betrachtete Beispiel demonstriert wird. Diese Beispiel zeigt als durchgezogene Kurve den interpolierenden kubischen Spline auf der folgenden Datenmenge (aus [SL89])

x_i	8.125	8.4	9	9.845	9.6	9.959	10.166	10.2
f_i	0.0774	0.099	0.28	0.6	0.708	1.3	1.8	2.177

2. s_k hängt von der Wahl des Koordinatensystems ab. Führt man in dem obigen Beispiel eine Rotation des Koordinatensystems um 36 Grad in Uhrzeigerrichtung aus, würde man tatsächlich zu dem Spline ohne fadenscheinige Oszillationen gelangen, der in der umrahmten Box in Abbildung 8.12 dargestellt ist.

Alle Interpolationsverfahren, die bislang betrachtet wurden, hängen vom gewählten kartesischen Referenzsystem ab, was ein negatives Kennzeichen ist, wenn der Spline zur grafischen Darstellung einer gegebenen Figur (z.B. einer Ellipse) benutzt werden soll. Wir würden gern eine solche Darstellung haben, die unabhängig vom Referenzsystem ist, d.h. die einer geometrischen Invarianzeigenschaft genügt.

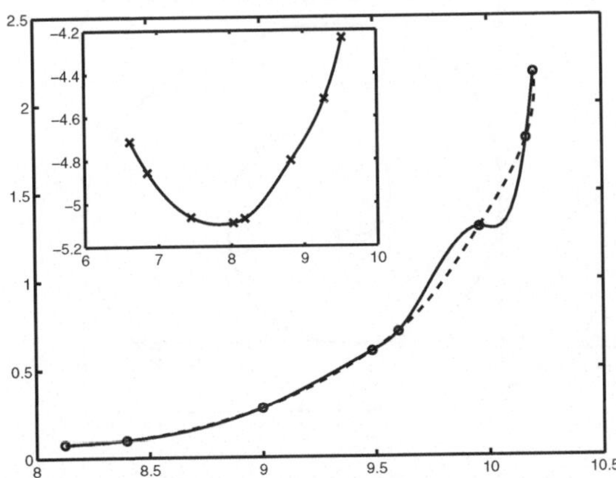

Abbildung 8.12. Geometrische Nichtinvarianz eines interpolierenden kubischen Splines s_3: die Datenmenge für s_3 in der gerahmten Box ist die gleiche wie im Hauptbild, rotiert um 36 Grad. Die Rotation verringert die Steigung der interpolierten Kurve und eliminiert jede Oszillation von s_3. Beachte, dass die Verwendung eines parametrischen Splines (gestrichelte Kurve) die Oszillationen in s_3 ohne jede Rotation des Referenzsystems entfernt.

Eine Lösung ist durch parametrische Splines gegeben, bei denen jede Komponente der in parametrischer Form geschriebenen Kurve durch eine Spline-Funktion approximiert wird. Betrachte eine ebene Kurve in parametrischer Form $\mathbf{P}(t) = (x(t), y(t))$, $t \in [0, T]$, nimm dann die Menge von Punkten in der Ebene der Koordinaten $\mathbf{P}_i = (x_i, y_i)$, $i = 0, \ldots, n$, und führe eine Zerlegung auf $[0, T]$: $0 = t_0 < t_1 < \ldots < t_n = T$ ein.

Verwenden wir die beiden Mengen von Werten $\{t_i, x_i\}$ und $\{t_i, y_i\}$ als Interpolationsdaten, erhalten wir die beiden Splines $s_{k,x}$ und $s_{k,y}$, in Abhängigkeit von der unabhängigen Variablen t, die $x(t)$ bzw. $y(t)$ interpolieren. Die parametrische Kurve $\mathbf{S}_k(t) = (s_{k,x}(t), s_{k,y}(t))$ wird *parametrischer Spline* genannt. Offensichtlich liefern verschiedene Parametrisierungen des Intervalls $[0, T]$ verschiedene Splines (siehe Abbildung 8.13).

Eine vernünftige Wahl der Parametrisierung verwendet die Länge jedes Segmentes $\mathbf{P}_{i-1}\mathbf{P}_i$,

$$l_i = \sqrt{(x_i - x_{i-1})^2 + (y_i - y_{i-1})^2}, \quad i = 1, \ldots, n.$$

Setzt man $t_0 = 0$ und $t_i = \sum_{k=1}^{i} l_k$ für $i = 1, \ldots, n$, so stellt jedes t_i die aufsummierte Länge des Polygonzuges dar, der die Punkte von $\mathbf{P}_0$ nach $\mathbf{P}_i$ verbindet. Diese Funktion heißt *kumulativer Längenspline* und approximiert sogar Kurven mit großer Krümmung zufriedenstellend.

Darüber hinaus kann auch bewiesen werden (siehe [SL89]), dass er geometrisch invariant ist.

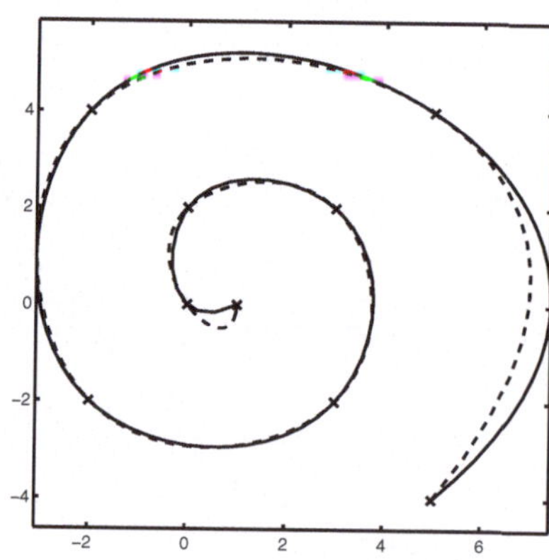

Abbildung 8.13. Parametrische Splines für eine spiralförmige Knotenverteilung. Der Spline kumulativer Länge ist als durchgezogene Kurve dargestellt.

Das Programm 68 implementiert die Konstruktion kumulativer parametrischer kubischer Splines in zwei Dimensionen (und kann leicht auf den dreidimensionalen Fall verallgemeinert werden). Zusammengesetzte parametrische Splines können ebenso durch Aufprägen geeigneter Stetigkeitsbedingungen erzeugt werden (siehe [SL89]).

Program 68 - par_spline : Parametrische Splines

```
function [xi,yi] = par_spline (x, y)
t (1) = 0;
for i = 1:length (x)-1
  t (i+1) = t (i) + sqrt ( (x(i+1)-x(i))^2 + (y(i+1)-y(i))^2 );
end
z = [t(1):(t(length(t))-t(1))/100:t(length(t))];
xi = spline (t,x,z);
yi = spline (t,y,z);
```

8.7.1 Bézier-Kurven und parametrische B-Splines

Die Bézier-Kurven und parametrische B-Splines sind bei grafischen Anwendungen weit verbreitet, wobei die Lage der Knoten durch gewisse Unsicherheiten beeinflusst sein kann.

Seien $\mathbf{P}_0, \mathbf{P}_1, \ldots, \mathbf{P}_n$, $n+1$ geordnete Punkte in der Ebene. Das durch sie gebildete orientierte Polygon heißt das *charakteristische Polygon* oder *Bézier-Polygon*. Wir wollen die Bernstein-Polynome auf dem Intervall $[0,1]$ einführen, die als

$$b_{n,k}(t) = \binom{n}{k} t^k (1-t)^{n-k} = \frac{n!}{k!(n-k)!} t^k (1-t)^{n-k},$$

für $n = 0,1,\ldots$ und $k = 0,\ldots,n$ definiert sind. Sie können durch die Rekursionsformeln

$$\begin{cases} b_{n,0}(t) = (1-t)^n \\ b_{n,k}(t) = (1-t)b_{n-1,k}(t) + tb_{n-1,k-1}(t), \quad k = 1,\ldots,n, \ t \in [0,1] \end{cases}$$

erhalten werden. Es ist leicht zu sehen, dass $b_{n,k} \in \mathbb{P}_n$ für $k = 0,\ldots,n$ gilt. Ferner stellt $\{b_{n,k}, \ k = 0,\ldots,n\}$ eine Basis für $\mathbb{P}_n$ dar. Die Bézier-Kurve ist wie folgt definiert

$$B_n(\mathbf{P}_0, \mathbf{P}_1, \ldots, \mathbf{P}_n, t) = \sum_{k=0}^{n} \mathbf{P}_k b_{n,k}(t), \qquad 0 \le t \le 1. \tag{8.58}$$

Dieser Ausdruck kann als gewichtetes Mittel der Punkte $\mathbf{P}_k$ mit den Gewichten $b_{n,k}(t)$ aufgefasst werden.

Die Bézier-Kurven können auch durch einen rein geometrischen Zugang beginnend mit dem charakteristischen Polygon erhalten werden. Für jedes feste $t \in [0,1]$ definieren wir $\mathbf{P}_{i,1}(t) = (1-t)\mathbf{P}_i + t\mathbf{P}_{i+1}$ für $i = 0,\ldots,n-1$ und, für festes t, bilden die stückweise, die neuen Knoten $\mathbf{P}_{i,1}(t)$ verbindenden Linien eine Polygonzug von $n-1$ Ecken. Wir können nun dieses

Verfahren durch die Erzeugung neuer Ecken $\mathbf{P}_{i,2}(t)$ $(i = 0, \ldots, n - 2)$ wiederholen und brechen ab, sobald das Polygon nur aus den Ecken $\mathbf{P}_{0,n-1}(t)$ und $\mathbf{P}_{1,n-1}(t)$ besteht. Es lässt sich zeigen, dass

$$\mathbf{P}_{0,n}(t) = (1 - t)\mathbf{P}_{0,n-1}(t) + t\mathbf{P}_{1,n-1}(t) = B_n(\mathbf{P}_0, \mathbf{P}_1, \ldots, \mathbf{P}_n, t),$$

d.h. $\mathbf{P}_{0,n}(t)$ ist gleich dem Funktionswert der Bézier-Kurve B_n in den Punkten, die festen Werten von t entsprechen. Wiederholung dieses Prozesses für verschiedene Werte des Parameters t ergibt die Konstruktion der Kurve in dem betrachteten Bereich der Ebene.

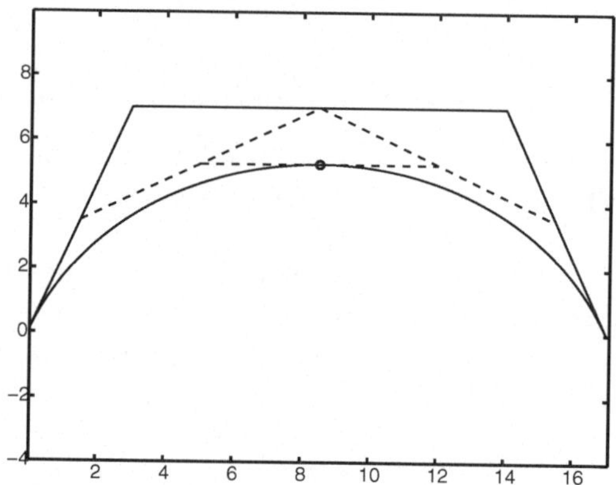

Abbildung 8.14. Berechnung des Wertes von B_3 bezüglich der Punkte $(0,0)$, $(3,7)$, $(14,7)$, $(17,0)$ für $t = 0.5$ unter Verwendung der im Text beschriebenen grafischen Methode.

Beachte, dass bei gegebener Knotenkonfiguration entsprechend der Reihenfolge der Punkte $\mathbf{P}_i$ verschiedene Kurven konstruiert werden können. Darüber hinaus stimmt die Bézier-Kurve $B_n(\mathbf{P}_0, \mathbf{P}_1, \ldots, \mathbf{P}_n, t)$ abgesehen von der Orientierung mit $B_n(\mathbf{P}_n, \mathbf{P}_{n-1}, \ldots, \mathbf{P}_0, t)$ überein.

Das Programm 69 berechnet $b_{n,k}$ im Punkt x für $x \in [0, 1]$.

Program 69 - bernstein : Bernstein-Polynome

```
function [bnk]=bernstein (n,k,x)
if k == 0,
   C = 1;
else,
   C = prod ([1:n])/( prod([1:k])*prod([1:n-k]));
end
bnk = C * x^k * (1-x)^(n-k);
```

Das Programm 70 zeichnet die Bézier-Kurve die sich auf die Menge von Punkten (x, y) bezieht.

Program 70 - bezier : Bézier-Kurven

```
function [bezx,bezy] = bezier (x, y, n)
i = 0; k = 0;
for t = 0:0.01:1,
   i = i + 1; bnk = bernstein (n,k,t); ber(i) = bnk;
end
bezx = ber * x (1); bezy = ber * y (1);
for k = 1:n
  i = 0;
  for t = 0:0.01:1
     i = i + 1; bnk = bernstein (n,k,t); ber(i) = bnk;
  end
 bezx = bezx + ber * x (k+1); bezy = bezy + ber * y (k+1);
end
plot(bezx,bezy)
```

In der Praxis werden die Bézier-Kurven selten verwendet, da sie keine genügend genaue Approximation des charakteristischen Polygons liefern. Aus diesem Grunde wurden in den 70er Jahren die *parametrischen B-Splines* eingeführt und in (8.58) anstelle der Bernstein-Polynome verwendet. Parametrische B-Splines sind in Paketen für Computer Grafiken weit verbreitet, da sie die folgenden Eigenschaften besitzen:

1. die Störung einer einzelnen Ecke des charakteristischen Polygons liefert nur eine lokale Störung der Kurve um die Ecke selbst;

2. der parametrische B-Spline approximiert das Kontrollpolygon besser als die entsprechende Bézier-Kurve es tut, und er ist stets in der konvexen Hülle des Polygon enthalten.

In Abbildung 8.15 werden Bézier-Kurven und parametrische B-Splines für die Approximation eines gegebenen charakteristischen Polygons verglichen.

Wir beenden diesen Abschnitt mit der Bemerkung, dass parametrische kubische B-Splines durch die geradlinige Ausrichtung von vier aufeinanderfolgenden Punkten lokal gerade Linien ermöglichen (siehe Abbildung 8.16), und dass ein parametrischer B-Spline durch einen speziellen Punkt des charakteristischen Polygons geht, wenn drei aufeinanderfolgende Punkte des Polygons mit dem gewünschten Punkt übereinstimmen.

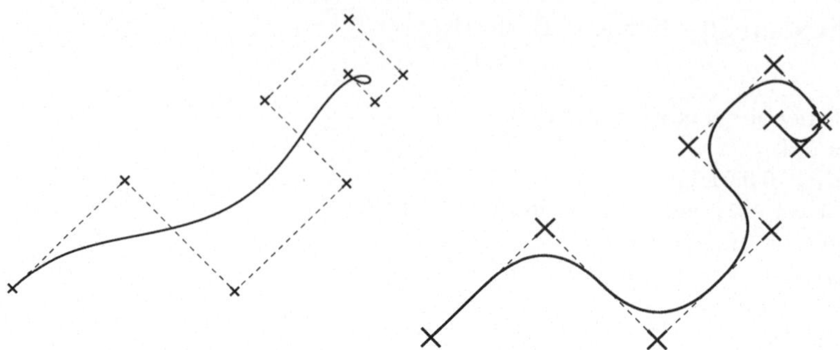

Abbildung 8.15. Vergleich einer Bézier-Kurve (links) mit einem parametrischen B-Spline (rechts). Die Ecken des charakteristischen Polygons sind durch × markiert.

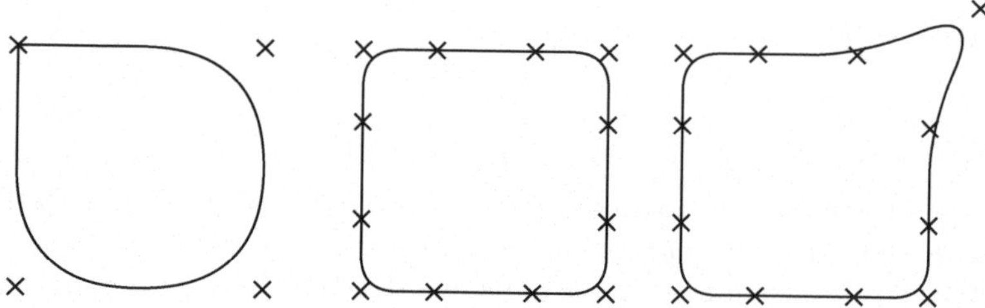

Abbildung 8.16. Einige parametrische B-splines als Funktion der Anzahl und der Lage der Ecken des charakteristischen Polygons. Beachte in der letzten Abbildung (rechts) die Lokalisierungseffekte, die durch die Bewegung eines einzelnen Knotens verursacht werden.

8.8 Anwendungen

In diesem Abschnitt betrachten wir zwei Probleme, die bei der Lösung von Differentialgleichungen vierter Ordnung und bei der Rekonstruktion von Bildern bei der axialen Tomografie auftreten.

8.8.1 Finite Elemente Analyse eines eingespannten Balkens

Wir wollen stückweise Hermitesche Polynome (siehe Abschnitt 8.4) für die numerische Approximation der Querbiegung eines eingespannten Balkens verwenden. Dieses Problem wurde bereits in Abschnitt 4.7.2 betrachtet, in dem finite Differenzen verwendet wurden.

Das mathematische Modell ist das Randwertproblem (4.74) (vgl. Band 1) vierter Ordnung, hier in der allgemeinen Formulierung

$$\begin{cases} (\alpha(x)u''(x))'' = f(x), & 0 < x < \mathcal{L} \\ u(0) = u(\mathcal{L}) = 0, & u'(0) = u'(\mathcal{L}) = 0 \end{cases} \tag{8.59}$$

präsentiert. Im Spezialfall (4.74) (vgl. Band 1) haben wir $\alpha = EJ$ und $f = P$; für das Folgende nehmen wir an, dass α eine positive und beschränkte Funktion auf $(0, \mathcal{L})$ ist, und dass $f \in \mathrm{L}^2(0, \mathcal{L})$.

Wir multiplizieren (8.59) mit einer beliebigen, hinreichend glatten Funktion v und integrieren zweimal partiell, um

$$\int_0^{\mathcal{L}} \alpha u'' v'' dx - [\alpha u''' v]_0^{\mathcal{L}} + [\alpha u'' v']_0^{\mathcal{L}} = \int_0^{\mathcal{L}} f v dx$$

zu erhalten. Das Problem (8.59) wird nun durch das folgende Problem in Integralform ersetzt

$$\text{finde } u \in V, \text{ so dass} \quad \int_0^{\mathcal{L}} \alpha u'' v'' dx = \int_0^{\mathcal{L}} f v dx, \qquad \forall v \in V, \qquad (8.60)$$

wobei

$$V = \left\{ v : v^{(k)} \in \mathrm{L}^2(0, \mathcal{L}), \, k = 0, 1, 2, \, v^{(k)}(0) = v^{(k)}(\mathcal{L}) = 0, \, k = 0, 1 \right\}.$$

Das Problem (8.60) besitzt eine eindeutige Lösung, die die deformierte Konfiguration beschreibt, die die Gesamtenergie des Balkens über den Raum V minimiert (siehe beispielsweise [Red86], S. 156)

$$J(u) = \int_0^{\mathcal{L}} \left(\frac{1}{2} \alpha (u'')^2 - f u \right) dx.$$

Zur numerischen Lösung des Problems (8.60), führen wir eine Zerlegung $\mathcal{T}_h$ von $[0, \mathcal{L}]$ in K Teilintervalle $T_k = [x_{k-1}, x_k]$, $k = 1, \ldots, K$, von gleicher Länge $h = \mathcal{L}/K$ mit $x_k = kh$ durch und den endlich dimensionalen Raum

$$V_h = \quad \left\{ v_h \in C^1([0, \mathcal{L}]), \, v_h|_T \in \mathbb{P}_3(T) \right.$$
$$\left. \forall T \in \mathcal{T}_h, v_h^{(k)}(0) = v_h^{(k)}(\mathcal{L}) = 0, \, k = 0, 1 \right\} \qquad (8.61)$$

ein. Wir versehen V_h mit einer Basis. Hierzu ordnen wir jedem inneren Knoten x_i $(i = 1, \ldots, K - 1)$ einen Träger $\sigma_i = T_i \cup T_{i+1}$ und *zwei* Funktionen φ_i, ψ_i zu, die wie folgt definiert sind: für jedes k gilt $\varphi_i|_{T_k} \in \mathbb{P}_3(T_k)$, $\psi_i|_{T_k} \in \mathbb{P}_3(T_k)$ und für jedes $j = 0, \ldots, K$,

$$\begin{cases} \varphi_i(x_j) = \delta_{ij}, & \varphi_i'(x_j) = 0, \\ \psi_i(x_j) = 0, & \psi_i'(x_j) = \delta_{ij}. \end{cases} \qquad (8.62)$$

Beachte, dass die obigen Funktionen in V_h liegen und eine Basis

$$B_h = \{ \varphi_i, \psi_i, i = 1, \ldots, K - 1 \} \qquad (8.63)$$

bilden. Diese Basisfunktionen können auf das Referenzintervall $\hat{T} = [0, 1]$ für $0 \leq \hat{x} \leq 1$ durch die affine Abbildung $x = h\hat{x} + x_{k-1}$ zwischen $\hat{T}$ und T_k, für $k = 1, \ldots, K$, transformiert werden.

Wir können daher auf dem Intervall $\hat{T}$ die Basisfunktionen $\hat{\varphi}_0^{(0)}$ und $\hat{\varphi}_0^{(1)}$ einführen, die dem Knoten $\hat{x} = 0$ entsprechen, sowie $\hat{\varphi}_1^{(0)}$ und $\hat{\varphi}_1^{(1)}$, die dem Knoten $\hat{x} = 1$ zugeordnet sind. Jede dieser Basisfunktionen hat die Gestalt $\hat{\varphi} = a_0 + a_1\hat{x} + a_2\hat{x}^2 + a_3\hat{x}^3$; insbesondere müssen die Funktionen mit der hochgestellten "0" den ersten beiden Bedingungen von (8.62) und die mit der hochgestellten "1" den restlichen beiden Bedingungen genügen. Die Lösung des dazugehörigen (4×4) Systems liefert

$$
\begin{aligned}
\hat{\varphi}_0^{(0)}(\hat{x}) &= 1 - 3\hat{x}^2 + 2\hat{x}^3, \quad &\hat{\varphi}_0^{(1)}(\hat{x}) &= \hat{x} - 2\hat{x}^2 + \hat{x}^3, \\
\hat{\varphi}_1^{(0)}(\hat{x}) &= 3\hat{x}^2 - 2\hat{x}^3, \quad &\hat{\varphi}_1^{(1)}(\hat{x}) &= -\hat{x}^2 + \hat{x}^3.
\end{aligned}
\tag{8.64}
$$

Die Graphen der Funktionen (8.64) sind in Abbildung 8.17 (links) dargestellt, wobei (0), (1), (2) und (3) die Funktionen $\hat{\varphi}_0^{(0)}$, $\hat{\varphi}_1^{(0)}$, $\hat{\varphi}_0^{(1)}$ bzw. $\hat{\varphi}_1^{(1)}$ bezeichnen.

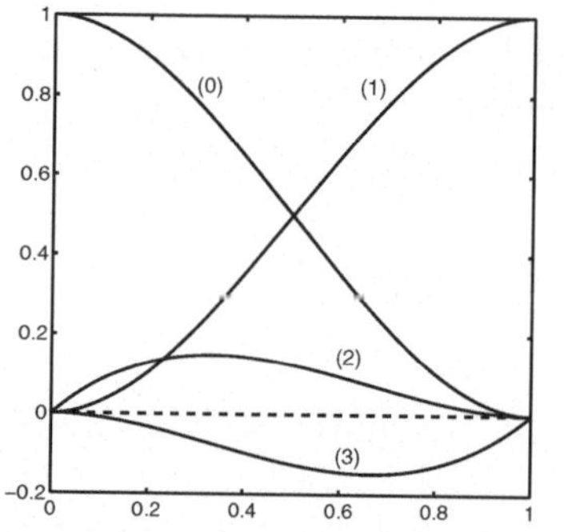
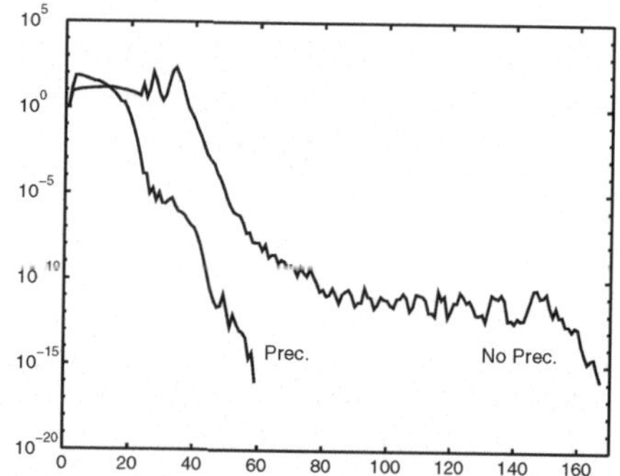

Abbildung 8.17. Natürliche Hermite-Basis auf dem Referenzintervall $0 \leq \hat{x} \leq 1$ (links); Konvergenzverlauf für die Methode der konjugierten Gradienten bei der Lösung des Systems (8.69) (rechts). Auf der x-Achse ist die Iterationszahl k angegeben, auf der y-Achse die Größe $\|\mathbf{r}^{(k)}\|_2/\|\mathbf{b}_1\|_2$ dargestellt, wobei $\mathbf{r}$ das Residuum des Systems (8.69) ist.

Die Funktion $u_h \in V_h$ kann dargestellt werden als

$$
u_h(x) = \sum_{i=1}^{K-1} u_i \varphi_i(x) + \sum_{i=1}^{K-1} u_i^{(1)} \psi_i(x).
\tag{8.65}
$$

Hierbei haben die Koeffizienten und die *Freiheitsgrade* von u_h die folgende Bedeutung: $u_i = u_h(x_i)$, $u_i^{(1)}(x_i) = u_h'(x_i)$ für $i = 1, \ldots, K - 1$. Beachte, dass (8.65) ein Spezialfall von (8.32) ist, nämlich $m_i = 1$ in (8.32) gesetzt wurde.

Die Diskretisierung des Problem (8.60) lautet

$$\text{finde } u_h \in V_h, \text{ so dass} \quad \int_0^{\mathcal{L}} \alpha u_h'' v_h'' dx = \int_0^{\mathcal{L}} f v_h dx, \qquad \forall v_h \in B_h. \quad (8.66)$$

Sie wird *Galerkin finite Elemente* Approximation des Randwertproblems (8.59) genannt. Hinsichtlich einer ausführlicheren Diskussion und Analyse der Methode verweisen wir auf Kapitel 12, Abschnitte 12.4 und 12.4.5.

Unter Verwendung der Darstellung (8.65) gelangen wir zu folgendem System in den $2K - 2$ Unbekannten $u_1, u_2, \ldots, u_{K-1}, u_1^{(1)}, u_2^{(1)}, \ldots u_{K-1}^{(1)}$

$$\begin{cases} \displaystyle\sum_{j=1}^{K-1} \left\{ u_j \int_0^{\mathcal{L}} \alpha \varphi_j'' \varphi_i'' dx + u_j^{(1)} \int_0^{\mathcal{L}} \alpha \psi_j'' \varphi_i'' dx \right\} = \int_0^{\mathcal{L}} f \varphi_i dx, \\[3mm] \displaystyle\sum_{j=1}^{K-1} \left\{ u_j \int_0^{\mathcal{L}} \alpha \varphi_j'' \psi_i'' dx + u_j^{(1)} \int_0^{\mathcal{L}} \alpha \psi_j'' \psi_i'' dx \right\} = \int_0^{\mathcal{L}} f \psi_i dx, \end{cases} \quad (8.67)$$

für $i = 1, \ldots, K - 1$. Nehmen wir der Einfachheit halber an, dass der Balken die Einheitslänge $\mathcal{L}$ habe, und dass α sowie f zwei Konstanten sind. Berechnen wir die in (8.67) auftretenden Integrale, lautet das zu lösende System in Matrixform

$$\begin{cases} A\mathbf{u} + B\mathbf{p} = \mathbf{b}_1 \\ B^T\mathbf{u} + C\mathbf{p} = \mathbf{0}, \end{cases} \quad (8.68)$$

wobei die Vektoren $\mathbf{u}, \mathbf{p} \in \mathbb{R}^{K-1}$ die unbekannten Knotenwerte u_i und $u_i^{(1)}$ enthalten, $\mathbf{b}_1 \in \mathbb{R}^{K-1}$ der Vektor mit den Komponenten gleich $h^4 f/\alpha$ ist, und

$$A = \text{tridiag}_{K-1}(-12, 24, -12),$$

$$B = \text{tridiag}_{K-1}(-6, 0, 6),$$

$$C = \text{tridiag}_{K-1}(2, 8, 2).$$

Das System (8.68) hat die Größe $2(K - 1)$; durch Elimination der Unbekannten $\mathbf{p}$ aus der zweiten Gleichung kann es auf das System (der Größe $K - 1$)

$$\left(A - BC^{-1}B^T\right)\mathbf{u} = \mathbf{b}_1. \quad (8.69)$$

reduziert werden. Da B anti-symmetrisch und A symmetrisch, positiv definit sind (s.p.d.), ist auch die Matrix $M = A - BC^{-1}B^T$ s.p.d.. Die Cholesky-Faktorisierung ist zur Lösung des Systems (8.69) ungeeignet, da C^{-1} eine vollbesetzte Matrix ist. Alternativ bietet sich das Verfahren der konjugierten Gradienten (CG) in Kombination mit einen geeigneten Vorkonditionierer an, denn die spektrale Konditionszahl von M ist von der Ordnung $h^{-4} = K^4$.

Wir bemerken, dass die Berechnung des Residuum in jedem Schritt $k \geq 0$ die Lösung eines linearen Gleichungssystems erfordert, dessen rechte Seite der Vektor $B^T \mathbf{u}^{(k)}$ mit der aktuellen Iterierten $\mathbf{u}^{(k)}$ ist und dessen Koeffizientenmatrix die Matrix C ist. Dieses System kann mit dem Thomas-Algorithmus (3.53) (vgl. Band 1) mit einem Aufwand von K flops gelöst werden.

Das CG-Verfahren bricht mit dem kleinsten Wert von k ab, für den $\|\mathbf{r}^{(k)}\|_2 \leq \mathsf{u}\|\mathbf{b}_1\|_2$ gilt, wobei $\mathbf{r}^{(k)}$ das Residuum des System (8.69) und u die *Rundungseinheit* bezeichnen.

Die mit dem CG-Verfahren im Fall einer gleichmäßigen Zerlegung von $[0,1]$ in $K = 50$ Elemente und $\alpha = f = 1$ erzielten Ergebnisse wurden in Abbildung 8.17 (rechts) zusammengefasst. Sie zeigt den Konvergenzverlauf sowohl für die nichtvorkonditionierte Form (durch "Non Prec." gekennzeichnet), als auch für den SSOR-Vorkonditionierer (durch "Prec." gekennzeichnet) bei einem gesetzten Relaxitionsparameter von $\omega = 1.95$.

Wir bemerken, dass das CG-Verfahren aufgrund von Rundungsfehlern nicht innerhalb von $K - 1$ Schritten konvergiert. Beachte auch die Effizienz des SSOR-Vorkonditionierers in Bezug auf die Reduktion der Iterationszahlen. Jedoch veranlassen uns die hohen numerischen Kosten dieses Vorkonditionierers einen anderen Vorkonditionierer zu wählen. Ausgehend von der Struktur der Matrix M ist ein natürlicher Kandidat für einen Vorkonditionierer $\mathcal{M} = A - B\widetilde{C}^{-1}B^T$, wobei $\widetilde{C}$ die Diagonalmatrix mit den Einträgen $\widetilde{c}_{ii} = \sum_{j=1}^{K-1} |c_{ij}|$ ist. Die Matrix $\mathcal{M}$ ist eine Bandmatrix, so dass Ihre Inversion wesentlich geringere Kosten verursacht als der SSOR-Vorkonditionierer. Darüber hinaus führt die Verwendung von $\mathcal{M}$ zu einem dramatischen Absinken der Iterationszahl wie aus der Tabelle 8.6 ersichtlich ist.

Tabelle 8.6. Iterationszahl als Funktion von K.

K	Ohne Vorkond.	SSOR	$\mathcal{M}$
25	51	27	12
50	178	61	25
100	685	118	33
200	2849	237	34

8.8.2 Geometrische Rekonstruktion mittels Computertomographie

Eine typische Anwendung der in Abschnitt 8.7 vorgestellten Algorithmen ist die Rekonstruktion einer dreidimensionalen Struktur der inneren Organe des menschlichen Körpers mit Hilfe der *Computertomographie* (CT).
Die Computertomographie (CT) liefert üblicherweise eine Folge von Bildern, die die Bereiche eines Organs in verschiedenen horizontalen Ebenen

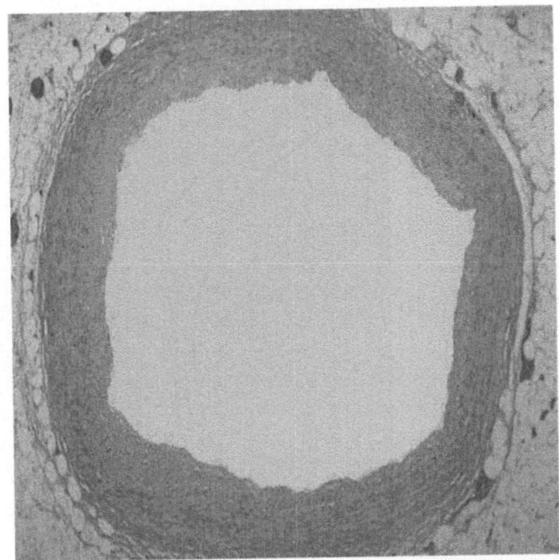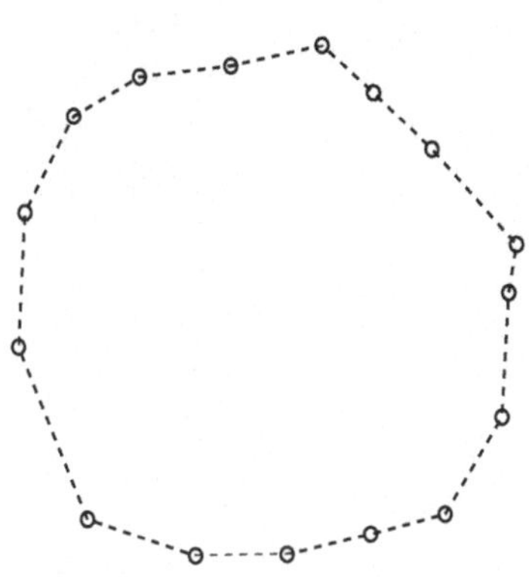

Abbildung 8.18. Querschnitt eines Blutgefäßes (links) und ein entsprechendes 16 Punkte $\mathbf{P}_i$ benutzendes charakteristisches Polygon (rechts).

darstellen; als Vereinbarung legen wir fest, dass eine CT Querschnitte in der x, y Ebene zu verschiedenen Werten von z liefert. Das Ergebnis ist analog zu dem, was man durch schichtenweises Zerlegen des Organs bei verschiedenen Werten von z und Fotografieren der Querschnitte bekommen würde. Offensichtlich besteht der große Vorteil bei der Anwendung der CT darin, dass das zu untersuchende Organ visualisiert werden kann ohne hinter benachbarten versteckt zu sein, wie es bei anderen Arten medizinischer Bilder, z.B. bei Angiogrammen, passieren kann.

Das für jeden Querschnitt erhaltene Bild wird in eine Matrix von *Pixeln* (abgekürzt: von *Bildelementen*) in der x, y Ebene kodiert; ein bestimmter Wert ist mit jedem Pixel verbunden und drückt die Graustufe des Bildes in diesem Punkt aus. Diese Stufe wird aus der Dichte der Röntgenstrahlung bestimmt, die von einem Detektor nach dem Durchgang durch den menschlichen Körper aufgefangen wird. In der Praxis wird die in einem CT enthaltene Information in einem gegebenen Wert z als Menge von Punkten (x_i, y_i), die den Rand des Organs bei z identifizieren, ausgedrückt.

Zur Verbesserung der Diagnostik ist es oftmals nützlich die dreidimensionale Struktur des zu untersuchenden Organs ausgehend von den vom CT gelieferten Querschnitten zu rekonstruieren. Für dieses Ziel ist es erforderlich, die pixelkodierte Information in eine parametrische Darstellung zu überführen, die durch geeignete Funktionen ausgedrückt werden kann, die das Bild in einigen wichtigen Punkten seines Randes interpolieren. Diese Rekonstruktion kann unter Verwendung der im Abschnitt 8.7 beschriebenen Methoden ausgeführt werden, wie Abbildung 8.19 zeigt.

Eine Menge von Kurven, wie die in Abbildung 8.19 kann geeignet geschichtet werden, um eine Gesamtansicht des untersuchten Organs zu erzeugen.

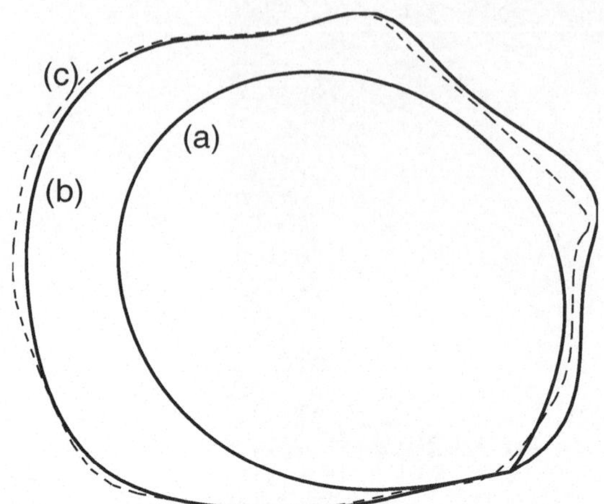

Abbildung 8.19. Rekonstruktion des inneren Gefäßes von Abbildung 8.18 unter Verwendung verschiedener interpolierender Splines mit dem gleichen charakteristischen Polynoms: (a) Bézier-Kurven, (b) parametrische Splines und (c) Parametrische B-Splines.

8.9 Übungen

1. Beweise, dass die in (8.3) definierten charakteristischen Polynome $l_i \in \mathbb{P}_n$ eine Basis für $\mathbb{P}_n$ bilden.

2. Ein anderer Zugang zu der Methode von Theorem 8.1, der Konstruktion des Interpolationspolynoms, besteht darin, direkt die $n+1$ Interpolationsbedingungen auf Π_n aufzuprägen und die Koeffizienten a_i zu berechnen. Wenn wir so verfahren, erhalten wir ein lineares Gleichungssystem $\mathrm{X}\mathbf{a}=\mathbf{y}$, wobei $\mathbf{a} = (a_0, \dots, a_n)^T$, $\mathbf{y} = (y_0, \dots, y_n)^T$ und $\mathrm{X} = [x_i^j]$. X wird *Vandermondesche Matrix* genannt. Beweise, dass X nichtsingulär ist, wenn die Knoten x_i verschieden sind.

   [*Hinweis*: Zeige durch Rekursion in n, dass $\det(\mathrm{X}) = \displaystyle\prod_{0 \le j < i \le n} (x_i - x_j)$.]

3. Beweise, dass $\omega'_{n+1}(x_i) = \displaystyle\prod_{\substack{j=0 \\ j \neq i}}^{n} (x_i - x_j)$ wobei ω_{n+1} das Knotenpolynom (8.6) ist. Überprüfe dann (8.5).

4. Gib eine Abschätzung von $\|\omega_{n+1}\|_\infty$ in den Fällen $n = 1$ und $n = 2$ für äquidistante Knoten an.

5. Beweise, dass

$$
\begin{aligned}
(n-1)! \, h^{n-1} |(x - x_{n-1})(x - x_n)| &\le |\omega_{n+1}(x)| \\
|\omega_{n+1}(x)| &\le n! \, h^{n-1} |(x - x_{n-1})(x - x_n)|,
\end{aligned}
$$

wobei n gerade, $-1 = x_0 < x_1 < \dots < x_{n-1} < x_n = 1$, $x \in (x_{n-1}, x_n)$ und $h = 2/n$ sind.

[*Hinweis* : Setze $N = n/2$ und zeige zunächst, dass

$$\omega_{n+1}(x) = (x + Nh)(x + (N - 1)h) \ldots (x + h)x$$
$$(x - h) \ldots (x - (N - 1)h)(x - Nh). \tag{8.70}$$

Nimm dann $x = rh$ mit $N - 1 < r < N$.]

6. Zeige unter den Annahmen von Übung 5, dass $|\omega_{n+1}|$ für $x \in (x_{n-1}, x_n)$ maximal wird (beachte, dass $|\omega_{n+1}|$ eine gerade Funktion ist).

   [*Hinweis* : Verwende (8.70) um zu zeigen, dass $|\omega_{n+1}(x+h)/\omega_{n+1}(x)| > 1$ für jedes $x \in (0, x_{n-1})$ und x kein Interpolationsknoten ist.]

7. Beweise die Rekursionsbeziehung (8.19) für die Newtonschen dividierten Differenzen.

8. Bestimme ein Interpolationspolynom $Hf \in \mathbb{P}_n$ derart, dass

$$(Hf)^{(k)}(x_0) = f^{(k)}(x_0), \qquad k = 0, \ldots, n,$$

   und zeige, dass

$$Hf(x) = \sum_{j=0}^{n} \frac{f^{(j)}(x_0)}{j!}(x - x_0)^j$$

   gilt. Dies bedeutet, dass das Hermitesche Interpolationspolynom auf einem Knoten mit dem *Taylorpolynom* übereinstimmt.

9. Beweise, dass für die gegebene Menge von Daten

$$\{f_0 = f(-1) = 1, \ f_1 = f'(-1) = 1, \ f_2 = f'(1) = 2, \ f_3 = f(2) = 1\}$$

   das Hermite-Birkoff-Interpolationspolynom H_3 nicht existiert.

   [*Lösung* : Für den Ansatz $H_3(x) = a_3x^3 + a_2x^2 + a_1x + a_0$ muss man zeigen, dass die Matrix des linearen Gleichungssystems $H_3(x_i) = f_i$, $i = 0, \ldots, 3$, singulär ist.]

10. Zeigen Sie, dass jedes $s_k \in \mathcal{S}_k[a, b]$ eine Darstellung der Form

$$s_k(x) = \sum_{i=0}^{k} b_i x^i + \sum_{i=1}^{g} c_i(x - x_i)_+^k$$

    besitzt, d.h. $1, x, x^2, \ldots, x^k, (x - x_1)_+^k, \ldots, (x - x_g)_+^k$ bilden eine Basis für $\mathcal{S}_k[a, b]$.

11. Beweise die Eigenschaft 8.2 und zeige die Gültigkeit auch in dem Fall, wenn der Spline s Bedingungen der Form $s'(a) = f'(a)$, $s'(b) = f'(b)$ genügt.

    [*Hinweis*: Beginne mit

$$\int_a^b \left[f''(x) - s''(x)\right] s''(x)dx = \sum_{i=1}^{n} \int_{x_{i-1}}^{x_i} \left[f''(x) - s''(x)\right] s'' dx$$

    und integriere zweimal partiell.]

12. Sei $f(x) = \cos(x) = 1 - \frac{x^2}{2!} + \frac{x^4}{4!} - \frac{x^6}{6!} + \ldots$. Betrachte die folgende rationale Approximation

$$r(x) = \frac{a_0 + a_2 x^2 + a_4 x^4}{1 + b_2 x^2}, \tag{8.71}$$

die *Padé Approximation* genannt wird. Bestimme die Koeffizienten von r derart, dass

$$f(x) - r(x) = \gamma_8 x^8 + \gamma_{10} x^{10} + \ldots$$

[*Lösung*: $a_0 = 1$, $a_2 = -7/15$, $a_4 = 1/40$, $b_2 = 1/30$.]

13. Angenommen, die Funktion f des vorigen Beispiels sei auf einer Menge von n äquidistanten Punkten $x_i \in (-\pi/2, \pi/2)$, $i = 0, \ldots, n$, bekannt. Wiederhole Übung 12, indem die Koeffizienten von r mittels MATLAB auf solche Weise bestimmt werden, dass die Größe $\sum_{i=0}^{n} |f(x_i) - r(x_i)|^2$ minimiert wird. Betrachte die Fälle $n = 5$ und $n = 10$.

9
Numerische Integration

In diesem Kapitel stellen wir die gebräuchlichsten Methoden zur numerischen Integration vor. Hauptsächlich werden wir eindimensionale Integrale über beschränkte Intervalle betrachten, obgleich in den Abschnitten 9.8 und 9.9 auch die Erweiterung der Techniken auf Integration über unbeschränkte Intervalle (oder Integration von Funktionen mit Singularitäten) und auf den mehrdimensionalen Fall behandelt wird.

9.1 Quadraturformeln

Sei f eine reelle auf dem Intervall $[a, b]$ integrierbare Funktion. Die explizite Berechnung des bestimmten Integrals $I(f) = \int_a^b f(x)dx$ kann schwierig oder sogar unmöglich sein. Jede explizite Formel, die geeignet ist, eine Näherung von $I(f)$ zu liefern, wird *Quadraturformel* oder *numerische Integrationsformel* genannt.

Ein Beispiel kann erhalten werden, indem man f durch eine Approximation f_n, die von $n \geq 0$ abhängt, ersetzt und dann $I(f_n)$ anstelle von $I(f)$ berechnet. Setzen wir $I_n(f) = I(f_n)$, so folgt

$$I_n(f) = \int_a^b f_n(x)dx, \qquad n \geq 0. \tag{9.1}$$

Die Abhängigkeit von den Randpunkten a, b wird immer stillschweigend vorausgesetzt, wir schreiben daher $I_n(f)$ anstelle von $I_n(f; a, b)$.

Ist $f \in C^0([a,b])$, so genügt der *Quadraturfehler* $E_n(f) = I(f) - I_n(f)$ der Abschätzung

$$|E_n(f)| \leq \int_a^b |f(x) - f_n(x)|dx \leq (b-a)\|f - f_n\|_\infty.$$

Wenn für ein gewisses n daher $\|f - f_n\|_\infty < \varepsilon$ gilt, so folgt $|E_n(f)| \leq \varepsilon(b-a)$.

Die Approximation f_n muss leicht integrierbar sein, was zum Beispiel der Fall ist, wenn $f_n \in \mathbb{P}_n$. In dieser Hinsicht ist es natürlich, als Approximation $f_n = \Pi_n f$, das interpolierende Lagrange-Polynom von f über einer Menge von $n+1$ verschiedenen Knoten $\{x_i\}$, $i = 0, \ldots, n$, zu nehmen. Wenn wir dies tun, so folgt aus (9.1)

$$I_n(f) = \sum_{i=0}^{n} f(x_i) \int_a^b l_i(x)dx, \tag{9.2}$$

wobei l_i das charakteristische Lagrange-Polynom vom Grade n bezeichnet das zum Knoten x_i gehört (siehe Abschnitt 8.1). Wir bemerken, dass (9.2) ein spezielles Beispiel der Quadraturformel

$$I_n(f) = \sum_{i=0}^{n} \alpha_i f(x_i) \tag{9.3}$$

ist, wobei die Koeffizienten α_i der Linearkombination durch $\int_a^b l_i(x)dx$ gegeben sind. Formel (9.3) ist eine gewichtete Summe von Werten von f in den Punkten x_i, für $i = 0, \ldots, n$. Diese Punkte heißen *Knoten* der Quadraturformel, die Zahlen $\alpha_i \in \mathbb{R}$ sind ihre *Koeffizienten* oder *Gewichte*. Sowohl die Gewichte als auch die Knoten hängen im Allgemeinen von n ab; auch hier werden wir diese Abhängigkeit zur Vereinfachung der Schreibweise stillschweigend annehmen.

Die Formel (9.2), die *Lagrangesche* Quadraturformel genannt wird, kann auf den Fall verallgemeinert werden, in dem auch die Werte der Ableitungen von f verfügbar sind. Dies führt auf die *Hermitesche* Quadraturformel (siehe Abschnitt 9.5)

$$I_n(f) = \sum_{k=0}^{1} \sum_{i=0}^{n} \alpha_{ik} f^{(k)}(x_i) \tag{9.4}$$

wobei die Gewichte durch α_{ik} bezeichnet wurden.

Sowohl (9.2) als auch (9.4) sind *Quadraturformeln vom Interpolationstyp*, da die Funktion f durch ihr Interpolationspolynom (Lagrangesches bzw. Hermitesches Polynom) ersetzt wurde. Wir definieren den *Grad der Exaktheit* einer Quadraturformel als die größte ganze Zahl $r \geq 0$, für die

$$I_n(f) = I(f), \qquad \forall f \in \mathbb{P}_r$$

gilt. Jede Quadraturformel vom Interpolationstyp, die $n+1$ verschiedene Knoten benutzt, hat mindestens den Grad der Exaktheit n. In der Tat, für $f \in \mathbb{P}_n$ haben wir $\Pi_n f = f$ und folglich $I_n(\Pi_n f) = I(\Pi_n f)$. Auch die Umkehrung gilt, d.h. dass eine Quadraturformel, die $n+1$ verschiedene Knoten verwendet und mindestens den Exaktheitsgrad n besitzt, notwendigerweise vom Interpolationstyp sein muss (zum Beweis siehe [IK66], S. 316).

Wie wir in Abschnitt 10.2 sehen werden, kann der Exaktheitsgrad einer Lagrangeschen Quadraturformel größer als $2n+1$ sein. Dies ist der Fall bei den sogenannten Gaußschen Quadraturformeln.

9.2 Quadraturen vom Interpolationstyp

Wir betrachten drei bemerkenswerte Beispiele der Formel (9.2), die den Werten $n = 0$, 1 und 2 entsprechen.

9.2.1 Die Mittelpunkts- oder Rechteckregel

Diese Formel wird erhalten, indem man f auf $[a,b]$ durch die konstante Funktion, die gleich dem Wert von f im Mittelpunkt des Intervalls $[a,b]$ ist, ersetzt (siehe Abbildung 9.1, links). Dies ergibt

$$I_0(f) = (b-a)f\left(\frac{a+b}{2}\right) \tag{9.5}$$

mit dem Gewicht $\alpha_0 = b - a$ und dem Knoten $x_0 = (a+b)/2$. Ist $f \in C^2([a,b])$, so ist der Quadraturfehler

$$E_0(f) = \frac{h^3}{3}f''(\xi), \quad h = \frac{b-a}{2}, \tag{9.6}$$

wobei ξ im Innern des Intervalls (a,b) liegt.

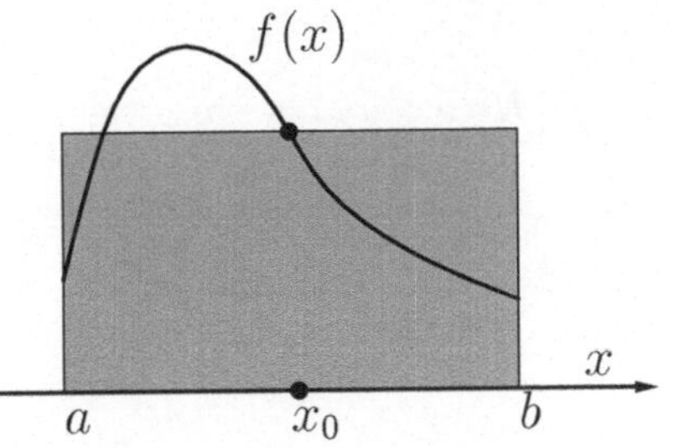
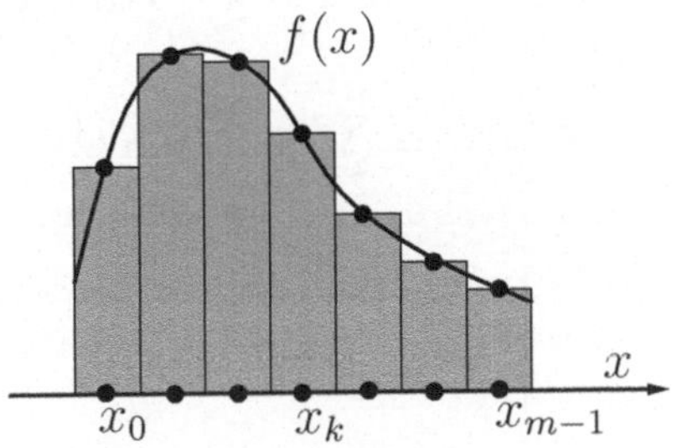

Abbildung 9.1. Die Mittelpunktsformel (links); die zusammengesetzte Mittelpunktsformel (rechts).

Tatsächlich bekommen wir durch Entwicklung von f in eine Taylorreihe um $c = (a+b)/2$ bis zum zweiten Glied

$$f(x) = f(c) + f'(c)(x - c) + f''(\eta(x))(x - c)^2/2,$$

woraus durch Integration über (a, b) und Anwendung des Mittelwertsatzes (9.6) folgt. Hieraus ergibt sich unmittelbar, dass (9.5) exakt für konstante und affine Funktionen ist (in beiden Fällen ist $f''(\xi) = 0$ für jedes $\xi \in (a, b)$), so dass die Mittelpunktsregel den *Exaktheitsgrad* 1 besitzt.

Es sollte erwähnt werden, dass der Quadraturfehler (9.6) ziemlich groß werden kann, wenn die Breite des Integrationsintervalls $[a, b]$ nicht genügend klein ist. Dieser Nachteil ist typisch für alle numerischen Integrationsformeln, die wir in den folgenden drei Abschnitten beschreiben werden. Er kann überwunden werden, wenn man, wie in Abschnitt 9.4 erläutert, zu den zusammengesetzten Versionen der Integrationsregeln greift.

Nehmen wir nun an, dass wir das Integral $I(f)$ approximieren, indem wir f über $[a, b]$ durch zusammengesetzte Interpolationspolynome vom Grade Null ersetzen, die auf m Teilintervallen der Breite $H = (b-a)/m$, für $m \geq 1$ konstruiert wurden (siehe Abbildung 9.1, rechts). Durch Einführung der Quadraturknoten $x_k = a + (2k + 1)H/2$, für $k = 0, \ldots, m - 1$, erhalten wir die zusammengesetzte Mittelpunktsformel

$$I_{0,m}(f) = H \sum_{k=0}^{m-1} f(x_k), \qquad m \geq 1. \tag{9.7}$$

Der Quadraturfehler $E_{0,m}(f) = I(f) - I_{0,m}(f)$ kann unter der Voraussetzung $f \in C^2([a, b])$ in der Form

$$E_{0,m}(f) = \frac{b - a}{24} H^2 f''(\xi), \quad H = \frac{b - a}{m} \tag{9.8}$$

dargestellt werden, wobei $\xi \in (a, b)$. Aus (9.8) schliessen wir, dass (9.7) den Exaktheitsgrad 1 hat; (9.8) kann mit Hilfe von (9.6) unter Verwendung der Additivität des Integrals gezeigt werden. Für $k = 0, \ldots, m - 1$ und $\xi_k \in (a + kH, a + (k + 1)H)$ erhalten wir tatsächlich

$$E_{0,m}(f) = \sum_{k=0}^{m-1} f''(\xi_k)(H/2)^3/3 = \sum_{k=0}^{m-1} f''(\xi_k) \frac{H^2}{24} \frac{b - a}{m} = \frac{b - a}{24} H^2 f''(\xi).$$

Die letzte Gleichheit ergibt sich aus dem folgenden Satz, angewandt auf den Fall $u = f''$ und $\delta_j = 1$ für $j = 0, \ldots, m - 1$.

Theorem 9.1 (diskreter Mittelwertsatz) *Seien $u \in C^0([a, b])$, x_j $s+1$ Punkte in $[a, b]$ und δ_j $s + 1$ Konstanten, die alle das gleiche Vorzeichen besitzen. Dann gibt es ein $\eta \in [a, b]$, so dass*

$$\sum_{j=0}^{s} \delta_j u(x_j) = u(\eta) \sum_{j=0}^{s} \delta_j. \tag{9.9}$$

Beweis. Seien $u_m = \min_{x \in [a,b]} u(x) = u(\bar{x})$ und $u_M = \max_{x \in [a,b]} u(x) = u(\bar{\bar{x}})$, wobei $\bar{x}$ und $\bar{\bar{x}}$ zwei Punkte aus $[a, b]$ sind. Dann gilt

$$u_m \sum_{j=0}^{s} \delta_j \leq \sum_{j=0}^{s} \delta_j u(x_j) \leq u_M \sum_{j=0}^{s} \delta_j. \qquad (9.10)$$

Sei $\sigma_s = \sum_{j=0}^{s} \delta_j u(x_j)$ und betrachte die stetige Funktion $U(x) = u(x) \sum_{j=0}^{s} \delta_j$. Wegen (9.10), haben wir $U(\bar{x}) \leq \sigma_s \leq U(\bar{\bar{x}})$. Wir wenden den Mittelwertsatz an und erhalten die Existenz eines Punktes η zwischen a und b, so dass $U(\eta) = \sigma_s$. Letzteres ist aber gerade (9.9). Ein analoger Beweis kann im Fall, dass die Koeffizienten δ_j negativ sind, geführt werden. $\diamond$

Die zusammengesetzte Mittelpunktsformel ist im Programm 71 implementiert. Wir werden in diesem Kapitel immer durch a und b die Endpunkte des Integrationsintervalls und mit m die Zahl der Quadraturintervalle bezeichnen. Die Variable `fun` enthält den Funktionsausdruck f, die Ausgangsvariable `int` den Wert des approximierten Integrals.

Program 71 - midpntc : Zusammengesetzte Mittelpunktsformel

```
function int = midpntc(a,b,m,fun)
h=(b-a)/m; x=[a+h/2:h:b]; dim = max(size(x)); y=eval(fun);
if size(y)==1, y=diag(ones(dim))*y; end; int=h*sum(y);
```

9.2.2 Die Trapezregel

Diese Formel erhalten wir, wenn f durch $\Pi_1 f$, sein Lagrangesches Interpolationspolynom vom Grade 1, in Bezug auf die Knoten $x_0 = a$ und $x_1 = b$ (siehe Abbildung 9.2, links) ersetzt wird. Die sich daraus ergebende Quadratur ist

$$I_1(f) = \frac{b-a}{2}\left[f(a) + f(b)\right] \qquad (9.11)$$

mit den Knoten $x_0 = a$, $x_1 = b$ und den Gewichten $\alpha_0 = \alpha_1 = (b-a)/2$. Ist $f \in C^2([a,b])$, so ist der Quadraturfehler gegeben durch

$$E_1(f) = -\frac{h^3}{12}f''(\xi), \quad h = b - a, \qquad (9.12)$$

wobei ξ ein Punkt im Innern des Integrationsintervalls ist.

Tatsächlich erhält man aus dem Ausdruck des Interpolationsfehlers (8.7) zunächst

$$E_1(f) = \int_a^b (f(x) - \Pi_1 f(x))dx = -\frac{1}{2}\int_a^b f''(\xi(x))(x - a)(b - x)dx.$$

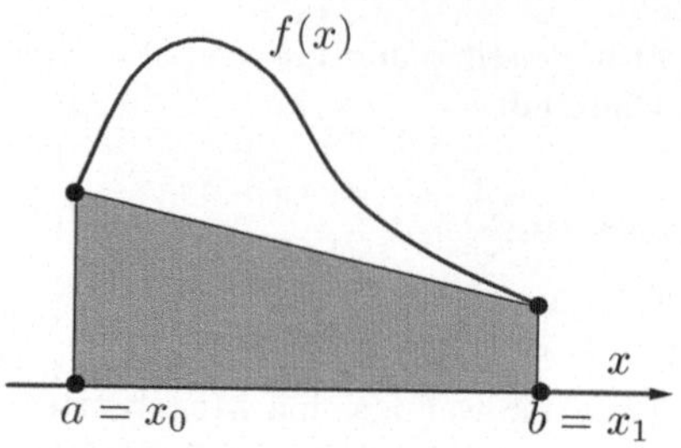

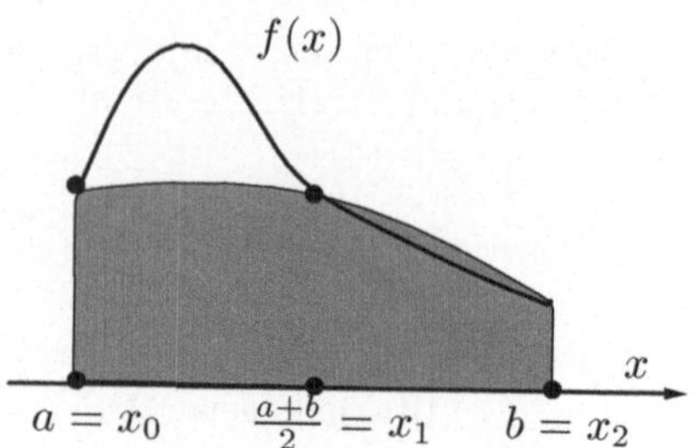

Abbildung 9.2. Trapezregel (links) und Cavalieri-Simpson-Formel (rechts).

Da $\omega_2(x) = (x-a)(x-b) < 0$ in (a,b), folgt aus dem Mittelwertsatz

$$E_1(f) = (1/2)f''(\xi) \int_a^b \omega_2(x)dx = -f''(\xi)(b-a)^3/12,$$

für ein gewisses $\xi \in (a,b)$, was (9.12) zeigt. Somit hat die Trapezregel, wie auch die Mittelpunktsregel, den Exaktheitsgrad 1.

Um die zusammengesetzte Trapezregel zu erhalten, verfahren wir wie im Fall $n = 0$ und ersetzen f auf $[a,b]$ durch sein zusammengesetztes Lagrangesches Polynom vom Grade 1 auf m Teilintervallen, mit $m \geq 1$. Führen wir die Quadraturknoten $x_k = a+kH$, für $k = 0,\ldots,m$ und $H = (b-a)/m$, ein, erhalten wir

$$I_{1,m}(f) = \frac{H}{2} \sum_{k=0}^{m-1} (f(x_k) + f(x_{k+1})), \qquad m \geq 1. \tag{9.13}$$

Jeder Term in (9.13) wird doppelt gezählt, mit Ausnahme des ersten und letzten Terms, so dass die Formel in der Form

$$I_{1,m}(f) = H \left[\frac{1}{2}f(x_0) + f(x_1) + \ldots + f(x_{m-1}) + \frac{1}{2}f(x_m) \right] \tag{9.14}$$

geschrieben werden kann. Ebenso wie für (9.8) kann gezeigt werden, dass unter der Voraussetzung $f \in C^2([a,b])$ für den mit (9.14) verbundenen Quadraturfehler

$$E_{1,m}(f) = -\frac{b-a}{12}H^2 f''(\xi)$$

gilt, wobei $\xi \in (a,b)$. Der Exaktheitsgrad ist wieder gleich 1.

Die zusammengesetzte Trapezregel ist im Programm 72 implementiert.

Program 72 - trapezc : Zusammengesetzte Trapezregel

```
function int = trapezc(a,b,m,fun)
h=(b-a)/m; x=[a:h:b]; dim = max(size(x)); y=eval(fun);
if size(y)==1, y=diag(ones(dim))*y; end;
int=h*(0.5*y(1)+sum(y(2:m))+0.5*y(m+1));
```

9.2.3 Die Cavalieri-Simpson-Formel

Die Cavalieri-Simpson-Formel kann erhalten werden, wenn man f auf $[a,b]$ durch sein Interpolationspolynom vom Grade 2 in den Knoten $x_0 = a$, $x_1 = (a+b)/2$ und $x_2 = b$ ersetzt (siehe Abbildung 9.2, rechts). Die Gewichte sind $\alpha_0 = \alpha_2 = (b-a)/6$ sowie $\alpha_1 = 4(b-a)/6$, und die resultierende Formel lautet

$$I_2(f) = \frac{b-a}{6}\left[f(a) + 4f\left(\frac{a+b}{2}\right) + f(b)\right]. \tag{9.15}$$

Unter der Voraussetzung $f \in C^4([a,b])$ kann gezeigt werden, dass für den Quadraturfehler

$$E_2(f) = -\frac{h^5}{90}f^{(4)}(\xi), \quad h = \frac{b-a}{2} \tag{9.16}$$

gilt, wobei ξ im Innern von (a,b) liegt. Aus (9.16) schliessen wir, dass (9.15) den Exaktheitsgrad 3 besitzt.

Die Ersetzung von f auf $[a,b]$ durch sein zusammengesetztes Polynom vom Grade 2 ergibt die (9.15) entsprechende zusammengesetzte Formel. Führen wir die Quadraturknoten $x_k = a + kH/2$, für $k = 0,\ldots,2m$ ein, und setzen $H = (b-a)/m$, mit $m \geq 1$, so erhalten wir

$$I_{2,m} = \frac{H}{6}\left[f(x_0) + 2\sum_{r=1}^{m-1} f(x_{2r}) + 4\sum_{s=0}^{m-1} f(x_{2s+1}) + f(x_{2m})\right]. \tag{9.17}$$

Der mit (9.17) verbundene Quadraturfehler ist unter der Voraussetzung $f \in C^4([a,b])$ durch

$$E_{2,m}(f) = -\frac{b-a}{180}(H/2)^4 f^{(4)}(\xi)$$

gegeben, wobei $\xi \in (a,b)$, und der Exaktheitsgrad der Formel ist 3.
Die zusammengesetzte Cavalieri-Simpson-Quadratur ist im Programm 73 implementiert.

Program 73 - simpsonc : Zusammengesetzte Cavalieri-Simpson-Formel

```
function int = simpsonc(a,b,m,fun)
h=(b-a)/m; x=[a:h/2:b]; dim = max(size(x)); y=eval(fun);
if size(y)==1, y=diag(ones(dim))*y; end;
int=(h/6)*(y(1)+2*sum(y(3:2:2*m-1))+4*sum(y(2:2:2*m))+y(2*m+1));
```

Beispiel 9.1 Wir wollen die zusammengesetzte Mittelpunkts-, Trapez- und Cavalieri-Simpson-Formel verwendet, um das Integral

$$\int\limits_0^{2\pi} xe^{-x}\cos(2x)dx = \frac{\left[3(e^{-2\pi}-1)-10\pi e^{-2\pi}\right]}{25} \simeq -0.122122 \tag{9.18}$$

zu berechnen. Tabelle 9.1 zeigt in den geradzahligen Spalten das Verhalten des Absolutwertes des Fehlers bei Halbierung von H (und somit Verdoppelung von m), während in den ungeradzahligen Spalten das Verhältnis $\mathcal{R}_m = |E_m|/|E_{2m}|$ zwischen zwei aufeinanderfolgenden Fehlern angegeben ist. Wie von der vorangegangenen Theorie vorausgesagt, strebt $\mathcal{R}_m$ gegen 4 im Fall der Mittelpunkts- und Trapezregel und gegen 16 im Fall der Cavalieri-Simpson-Formel.   •

Tabelle 9.1. Absoluter Fehler für die zusammengesetzte Mittelpunkts-, Trapez- und Cavalieri-Simpson-Formel bei der approximativen Berechnung des Integrals (9.18).

m	$|E_{0,m}|$	$\mathcal{R}_m$	$|E_{1,m}|$	$\mathcal{R}_m$	$|E_{2,m}|$	$\mathcal{R}_m$
1	0.9751		1.589e-01		7.030e-01	
2	1.037	0.9406	0.5670	0.2804	0.5021	1.400
4	0.1221	8.489	0.2348	2.415	$3.139 \cdot 10^{-3}$	159.96
8	$2.980 \cdot 10^{-2}$	4.097	$5.635 \cdot 10^{-2}$	4.167	$1.085 \cdot 10^{-3}$	2.892
16	$6.748 \cdot 10^{-3}$	4.417	$1.327 \cdot 10^{-2}$	4.245	$7.381 \cdot 10^{-5}$	14.704
32	$1.639 \cdot 10^{-3}$	4.118	$3.263 \cdot 10^{-3}$	4.068	$4.682 \cdot 10^{-6}$	15.765
64	$4.066 \cdot 10^{-4}$	4.030	$8.123 \cdot 10^{-4}$	4.017	$2.936 \cdot 10^{-7}$	15.946
128	$1.014 \cdot 10^{-4}$	4.008	$2.028 \cdot 10^{-4}$	4.004	$1.836 \cdot 10^{-8}$	15.987
256	$2.535 \cdot 10^{-5}$	4.002	$5.070 \cdot 10^{-5}$	4.001	$1.148 \cdot 10^{-9}$	15.997

9.3   Newton-Cotes-Formeln

Diese Formeln basieren auf Lagrange-Interpolation mit in $[a, b]$ *äquidistanten* Knoten. Für ein festes $n \geq 0$ werden wir die Quadraturknoten durch $x_k = x_0 + kh$, $k = 0, \ldots, n$, bezeichnen. Die Mittelpunkts-, Trapez- und Simpson-Formel sind Spezialfälle der Newton-Cotes-Formeln, wenn man $n = 0$, $n = 1$ bzw. $n = 2$ wählt. Im allgemeinen Fall definieren wir:

- *geschlossene Formeln*, bei denen $x_0 = a$, $x_n = b$ und $h = \dfrac{b-a}{n}$ $(n \geq 1)$;

- *offene Formeln*, bei denen $x_0 = a+h$, $x_n = b-h$ und $h = \dfrac{b-a}{n+2}$ $(n \geq 0)$.

Die Newton-Cotes-Formeln besitzen die wichtige Eigenschaft, dass die Quadraturgewichte α_i explizit nur von n und h, aber nicht vom Integrationsintervall $[a, b]$ abhängen. Um diese Eigenschaft im Fall abgeschlossener Formeln zu überprüfen, führen wir einen Variablenwechsel $x = \Psi(t) = x_0 + th$ durch. Unter Berücksichtigung von $\Psi(0) = a$, $\Psi(n) = b$ und $x_k = a + kh$ erhalten wir

$$\frac{x - x_k}{x_i - x_k} = \frac{a + th - (a + kh)}{a + ih - (a + kh)} = \frac{t - k}{i - k}.$$

Somit gilt für $n \geq 1$

$$l_i(x) = \prod_{k=0, k\neq i}^{n} \frac{t - k}{i - k} = \varphi_i(t), \qquad 0 \leq i \leq n.$$

Für die Quadraturgewichte erhalten wir den Ausdruck

$$\alpha_i = \int_a^b l_i(x)dx = \int_0^n \varphi_i(t)h\,dt = h\int_0^n \varphi_i(t)dt,$$

woraus die Formel

$$I_n(f) = h\sum_{i=0}^{n} w_i f(x_i), \qquad w_i = \int_0^n \varphi_i(t)dt$$

folgt. Offene Formeln können in ähnlicher Weise behandelt werden. Verwenden wir nämlich wieder die Abbildung $x = \Psi(t)$, bekommen wir $x_0 = a+h$, $x_n = b-h$ und $x_k = a + h(k+1)$ für $k = 1, \ldots, n-1$. Seien der Kohärenz wegen $x_{-1} = a$ und $x_{n+1} = b$ gesetzt, und verfahren wir wie im Fall geschlossener Formeln, so ergibt sich $\alpha_i = h\int_{-1}^{n+1} \varphi_i(t)dt$, und folglich

$$I_n(f) = h\sum_{i=0}^{n} w_i f(x_i), \qquad w_i = \int_{-1}^{n+1} \varphi_i(t)dt.$$

Im Spezialfall $n = 0$ bekommen wir $w_0 = 2$ wegen $l_0(x) = \varphi_0(t) = 1$.

Die Koeffizienten w_i hängen nicht von a, b, h und f ab, sondern nur von n, und können somit *a-priori* tabelliert werden. Im Fall geschlossener Formeln haben die Polynome φ_i und φ_{n-i}, für $i = 0, \ldots, n-1$, aus Symmetriegründen das gleiche Integral, so dass die entsprechenden Gewichte

w_i und w_{n-i} für $i = 0, \ldots, n-1$ gleich sind. Im Fall offener Formeln sind die Gewichte w_i und w_{n-i} für $i = 0, \ldots, n$ gleich. Deshalb geben wir in der Tabelle 9.2 nur die erste Hälfte der Gewichte an.

Beachte das Vorhandensein *negativer Gewichte* bei den offenen Formeln für $n \geq 2$. Dies kann eine Quelle numerischer Instabilitäten, insbesondere infolge von Rundungsfehlern sein.

Tabelle 9.2. Gewichte geschlossener (links) und offener (rechts) Newton-Cotes-Formeln.

n	1	2	3	4	5	6
w_0	$\frac{1}{2}$	$\frac{1}{3}$	$\frac{3}{8}$	$\frac{14}{45}$	$\frac{95}{288}$	$\frac{41}{140}$
w_1	0	$\frac{4}{3}$	$\frac{9}{8}$	$\frac{64}{45}$	$\frac{375}{288}$	$\frac{216}{140}$
w_2	0	0	0	$\frac{24}{45}$	$\frac{250}{288}$	$\frac{27}{140}$
w_3	0	0	0	0	0	$\frac{272}{140}$

n	0	1	2	3	4	5
w_0	2	$\frac{3}{2}$	$\frac{8}{3}$	$\frac{55}{24}$	$\frac{66}{20}$	$\frac{4277}{1440}$
w_1	0	0	$-\frac{4}{3}$	$\frac{5}{24}$	$-\frac{84}{20}$	$-\frac{3171}{1440}$
w_2	0	0	0	0	$\frac{156}{20}$	$\frac{3934}{1440}$

Neben ihrem Grad der Exaktheit kann eine Quadraturformel auch durch ihre *Ordnung* in Bezug auf die Integrationsschrittweite h charakterisiert werden. Diese ist definiert als die größte ganze Zahl p, so dass $|I(f) - I_n(f)| = \mathcal{O}(h^p)$ gilt. In dieser Hinsicht gilt das folgende Resultat

Theorem 9.2 *Für jede Newton-Cotes-Formel, die einer geraden Zahl n entspricht, gilt unter der Voraussetzung $f \in C^{n+2}([a,b])$ die Fehlerdarstellung*

$$E_n(f) = \frac{M_n}{(n+2)!} h^{n+3} f^{(n+2)}(\xi), \qquad (9.19)$$

mit $\xi \in (a,b)$ und

$$M_n = \begin{cases} \displaystyle\int_0^n t\,\pi_{n+1}(t)\,dt < 0 & \text{für geschlossene Formeln,} \\[2ex] \displaystyle\int_{-1}^{n+1} t\,\pi_{n+1}(t)\,dt > 0 & \text{für offene Formeln.} \end{cases}$$

Dabei wurde zur Abkürzung $\pi_{n+1}(t) = \prod_{i=0}^{n}(t-i)$ benutzt. Aus (9.19) ergibt sich, dass der Exaktheitsgrad gleich $n+1$ und die Ordnung $n+3$ betragen.

Unter der Voraussetzung $f \in C^{n+1}([a,b])$ gilt für ungerade Zahlen n die analoge Fehlerdarstellung

$$E_n(f) = \frac{K_n}{(n+1)!} h^{n+2} f^{(n+1)}(\eta), \qquad (9.20)$$

mit $\eta \in (a, b)$ und

$$K_n = \begin{cases} \displaystyle\int_0^n \pi_{n+1}(t)dt < 0 & \textit{für geschlossene Formeln,} \\[2em] \displaystyle\int_{-1}^{n+1} \pi_{n+1}(t)dt > 0 & \textit{für offene Formeln.} \end{cases}$$

Der Exaktheitsgrad ist somit gleich n und die Ordnung $n + 2$.

Beweis. Wir führen den Beweis in dem speziellen Fall geschlossener Formeln und geraden n und verweisen für einen vollständigen Nachweis des Satzes auf [IK66], S. 308-314.

Wegen (8.20) haben wir

$$E_n(f) = I(f) - I_n(f) = \int_a^b f[x_0, \ldots, x_n, x]\omega_{n+1}(x)dx. \tag{9.21}$$

Sei $W(x) = \int_a^x \omega_{n+1}(t)dt$. Dann ist $W(a) = 0$; darüber hinaus ist $\omega_{n+1}(t)$ eine gerade Funktion in Bezug auf den Mittelpunkt $(a + b)/2$, so dass $W(b) = 0$. Partielle Integration von (9.21) ergibt

$$\begin{aligned} E_n(f) &= \int_a^b f[x_0, \ldots, x_n, x]W'(x)dx = -\int_a^b \frac{d}{dx}f[x_0, \ldots, x_n, x]W(x)dx \\ &= -\int_a^b \frac{f^{(n+2)}(\xi(x))}{(n+2)!}W(x)dx. \end{aligned}$$

Bei der Ableitung der obigen Formel haben wir die Identität

$$\frac{\mathrm{d}}{\mathrm{d}x}f[x_0, \ldots, x_n, x] = f[x_0, \ldots, x_n, x, x] \tag{9.22}$$

verwendet (siehe Übung 4). Da $W(x) > 0$ für $a < x < b$ (siehe [IK66], S. 309), erhalten wir aus dem Mittelwertsatz

$$E_n(f) = -\frac{f^{(n+2)}(\xi)}{(n+2)!}\int_a^b W(x)dx = -\frac{f^{(n+2)}(\xi)}{(n+2)!}\int_a^b\int_a^x \omega_{n+1}(t)\ dt\ dx, \tag{9.23}$$

wobei ξ in (a, b) liegt. Indem wir die Integrationsreihenfolge ändern, $s = x_0 + \tau h$ für $0 \leq \tau \leq n$ setzen, und $a = x_0$, $b = x_n$ beachten, erhalten wir

$$\begin{aligned} \int_a^b W(x)dx &= \int_a^b\int_s^b (s - x_0)\ldots(s - x_n)dxds \\ &= \int_{x_0}^{x_n} (s - x_0)\ldots(s - x_{n-1})(s - x_n)(x_n - s)ds \\ &= -h^{n+3}\int_0^n \tau(\tau - 1)\ldots(\tau - n + 1)(\tau - n)^2 d\tau. \end{aligned}$$

Setzen wir schliesslich $t = n - \tau$ und kombinieren dieses Ergebnis mit (9.23), so bekommen wir (9.19).
$\diamond$

Die Beziehungen (9.19) und (9.20) sind *a-priori Abschätzungen* für den Quadraturfehler (siehe Kapitel 2, Abschnitt 2.3, Band 1). Ihre Verwendung bei der Generierung von *a-posteriori Abschätzungen* des Fehlers im Rahmen adaptiver Algorithmen wird in Abschnitt 9.7 untersucht werden.

Für den Fall geschlossener Newton-Cotes-Formeln geben wir in Tabelle 9.3, für $1 \leq n \leq 6$, den Exaktheitsgrad (den wir fortan durch r_n bezeichnen) und den Absolutbetrag der Konstanten $\mathcal{M}_n = M_n/(n+2)!$ (falls n gerade ist) oder $\mathcal{K}_n = K_n/(n+1)!$ (wenn n ungerade ist) an.

Tabelle 9.3. Exaktheitsgrad und Fehlerkonstanten für geschlossene Newton-Cotes-Formeln.

n	r_n	$\mathcal{M}_n$	$\mathcal{K}_n$	n	r_n	$\mathcal{M}_n$	$\mathcal{K}_n$	n	r_n	$\mathcal{M}_n$	$\mathcal{K}_n$
1	1		$\frac{1}{12}$	3	3		$\frac{3}{80}$	5	5		$\frac{275}{12096}$
2	3	$\frac{1}{90}$		4	5	$\frac{8}{945}$		6	7	$\frac{9}{1400}$	

Beispiel 9.2 Ziel dieses Beispiels ist es, die Bedeutung der Regularitätsannahme an f für die Fehlerabschätzungen (9.19) und (9.20) zu beurteilen. Zur Approximation des Integrals $\int_0^1 x^{5/2}dx = 2/7 \simeq 0.2857$ betrachten wir die geschlossenen Newton-Cotes-Formeln für $1 \leq n \leq 6$. Da f nur in $C^2([0,1])$ liegt, erwarten wir kein substantielles Anwachsen der Genauigkeit wenn n größer wird. Tatsächlich wird dies in Tabelle 9.4 bestätigt, in der die Ergebnisse des ausgeführten Programms 74 dargestellt sind.

Für $n = 1,\ldots,6$ haben wir durch $E_n^c(f)$ den Betrag des absoluten Fehlers, durch q_n^c die berechnete Ordnung und durch q_n^s den entsprechenden theoretischen Wert bezeichnet, der nach (9.19) und (9.20) unter optimalen Regularitätsannahmen an f vorhergesagt werden kann. Wie aus der Tabelle klar ersichtlich ist, ist q_n^c mit Sicherheit kleiner als der potentiell theoretische Wert q_n^s. •

Tabelle 9.4. Fehler bei der Approximation von $\int_0^1 x^{5/2}dx$.

n	$E_n^c(f)$	q_n^c	q_n^s	n	$E_n^c(f)$	q_n^c	q_n^s
1	0.2143	3	3	4	$5.009 \cdot 10^{-5}$	4.7	7
2	$1.196 \cdot 10^{-3}$	3.2	5	5	$3.189 \cdot 10^{-5}$	2.6	7
3	$5.753 \cdot 10^{-4}$	3.8	5	6	$7.857 \cdot 10^{-6}$	3.7	9

Beispiel 9.3 Nach einem kurzen Blick auf die Fehlerabschätzungen (9.19) und (9.20) sind wir geneigt zu glauben, dass nur nichtglatte Funktionen die Ursache von Schwierigkeiten sind, wenn wir es mit Newton-Cotes-Formeln zu tun haben.

Somit ist es ein wenig überraschend, Ergebnisse wie die in Tabelle 9.5 zu sehen, die die Approximation des Integrals

$$I(f) = \int_{-5}^{5} \frac{1}{1 + x^2}\, dx = 2 \arctan 5 \simeq 2.747 \qquad (9.24)$$

betreffen, bei der der Integrand $f(x) = 1/(1 + x^2)$ die Runge-Funktion ist (siehe Abschnitt 8.1.2), die zu $C^\infty(\mathbb{R})$ gehört. Die Ergebnisse zeigen deutlich, dass der Fehler fast unverändert bleibt, wenn n wächst. Dies ist darauf zurückzuführen, dass die Singularitäten auf der imaginären Achse auch die Konvergenzeigenschaften einer Quadraturformel beeinflussen. Dies ist bei der betrachteten Funktion, die zwei Singularitäten in $\pm\sqrt{-1}$ besitzt, tatsächlich der Fall (siehe [DR75], S. 64-66).

Tabelle 9.5. Relativer Fehler $E_n(f) = [I(f) - I_n(f)]/I_n(f)$ bei der näherungsweisen Berechnung von (9.24) unter Verwendung geschlossener Newton-Cotes-Formeln.

n	$E_n(f)$	n	$E_n(f)$	n	$E_n(f)$
1	0.8601	3	0.2422	5	0.1599
2	-1.474	4	0.1357	6	-0.4091

Um die Genauigkeit einer Quadraturformel zu erhöhen ist es keineswegs günstig die Zahl n zu vergrößern. Würde man dies tun, so würden die gleichen Nachteile wie bei der Lagrange-Interpolation auf äquidistanten Knoten auftreten. Beispielsweise haben die Gewichte der geschlossenen Newton-Cotes-Formeln für $n = 8$ nicht das gleiche Vorzeichen (siehe Tabelle 9.6 und beachte, dass $w_i = w_{n-i}$ für $i = 0, \ldots, n - 1$).

Tabelle 9.6. Gewichte der geschlossenen Newton-Cotes-Formeln mit 9 Knoten.

n	w_0	w_1	w_2	w_3	w_4	r_n	M_n
8	$\frac{3956}{14175}$	$\frac{23552}{14175}$	$-\frac{3712}{14175}$	$\frac{41984}{14175}$	$-\frac{18160}{14175}$	9	$\frac{2368}{467775}$

Dies kann der Anlass für numerische Instabilitäten sein, die auf Rundungsfehler zurückgehen (siehe Kapitel 2, Band 1), und macht diese Formel praktisch nutzlos, wie es auch für alle Newton-Cotes-Formeln mit mehr als 8 Knoten der Fall ist. Alternativ kann man zu zusammengesetzten Formeln greifen, deren Fehleranalyse in Abschnitt 9.4 betrachtet wird, oder zu Gauß-Formeln, die in Kapitel 10 behandelt werden und die einen maximalen Exaktheitsgrad auf einer nichtgleichverteilten Knotenmenge liefern.

Die geschlossenen Newton-Cotes Formeln, für $1 \leq n \leq 6$, sind in Programm 74 implementiert.

Program 74 - newtcot : Geschlossene Newton-Cotes-Formeln

```
function int = newtcot(a,b,n,fun)
h=(b-a)/n; n2=fix(n/2);
if n > 6, disp('maximum value of n equal to 6  '); return; end
a03=1/3; a08=1/8; a45=1/45; a288=1/288; a140=1/140;
alpha=[0.5      0        0      0; ...
       a03    4*a03      0      0; ...
       3*a08  9*a08      0      0; ...
       14*a45 64*a45   24*a45   0; ...
       95*a288 375*a288 250*a288 0; ...
       41*a140 216*a140 27*a140  272*a140];
x=a; y(1)=eval(fun);
for j=2:n+1,    x=x+h; y(j)=eval(fun); end;    int=0;
for j=1:n2+1,   int=int+y(j)*alpha(n,j);      end;
for j=n2+2:n+1, int=int+y(j)*alpha(n,n-j+2); end; int=int*h;
```

9.4   Zusammengesetzte Newton-Cotes-Formeln

Die Beispiele in Abschnitt 9.2 haben bereits gezeigt, dass zusammengesetzte Newton-Cotes-Formeln aus der Ersetzung von f durch sein zusammengesetztes Lagrange-Interpolationspolynom, das in Abschnitt 8.1 eingeführt wurde, entstehen.

Das allgemeine Verfahren besteht in der Zerlegung des Integrationsintervalls $[a, b]$ in m Teilintervalle $T_j = [y_j, y_{j+1}]$, so dass $y_j = a + jH$, mit $H = (b - a)/m$, für $j = 0, \ldots, m$ gilt. Dann wird auf jedem Teilintervall eine Interpolationsformel mit den Knoten $\{x_k^{(j)}, 0 \leq k \leq n\}$ und Gewichten $\{\alpha_k^{(j)}, 0 \leq k \leq n\}$ verwendet. Da

$$I(f) = \int_a^b f(x)dx = \sum_{j=0}^{m-1} \int_{T_j} f(x)dx$$

gilt, erhält man eine zusammengesetzte Quadraturformel für $I(f)$

$$I_{n,m}(f) = \sum_{j=0}^{m-1} \sum_{k=0}^{n} \alpha_k^{(j)} f(x_k^{(j)}) \tag{9.25}$$

Der Quadraturfehler ist dann als $E_{n,m}(f) = I(f) - I_{n,m}(f)$ definiert. Insbesondere kann man in jedem Teilintervall T_j zu einer Newton-Cotes-Formel mit $n+1$ äquidistanten Knoten greifen: in diesem Fall bleiben die Gewichte $\alpha_k^{(j)} = hw_k$ unabhängig von T_j.

Unter Verwendung der in Theorem 9.2 benutzten Notation gilt für die zusammengesetzte Formel das folgende Konvergenzergebnis.

Theorem 9.3 *Sei eine zusammengesetzte Newton-Cotes-Formel mit geradem n verwendet. Dann gilt für $f \in C^{n+2}([a,b])$*

$$E_{n,m}(f) = \frac{b-a}{(n+2)!} \frac{M_n}{\gamma_n^{n+3}} H^{n+2} f^{(n+2)}(\xi) \qquad (9.26)$$

mit $\xi \in (a,b)$. Somit ist der Quadraturfehler bezüglich H von $n+2$-ter Ordnung und die Formel hat den Exaktheitsgrad $n+1$.

Für eine zusammengesetzte Newton-Cotes-Formel mit ungeradem n gilt unter der Voraussetzung $f \in C^{n+1}([a,b])$

$$E_{n,m}(f) = \frac{b-a}{(n+1)!} \frac{K_n}{\gamma_n^{n+2}} H^{n+1} f^{(n+1)}(\eta), \qquad (9.27)$$

wobei $\eta \in (a,b)$. Folglich ist der Quadraturfehler bezüglich H von $n+1$-ter Ordnung und die Formel hat den Exaktheitsgrad n.

In (9.26) und (9.27) ist $\gamma_n = (n+2)$ wenn die Formel offen und $\gamma_n = n$ wenn sie geschlossen ist.

Beweis. Wir betrachten nur den Fall, dass n gerade ist. Unter Verwendung von (9.19) und Berücksichtigung, dass M_n nicht vom Integrationsintervall abhängt, erhalten wir

$$E_{n,m}(f) = \sum_{j=0}^{m-1} \left[I(f)|_{T_j} - I_n(f)|_{T_j} \right] = \frac{M_n}{(n+2)!} \sum_{j=0}^{m-1} h_j^{n+3} f^{(n+2)}(\xi_j),$$

wobei $h_j = |T_j|/(n+2) = (b-a)/(m(n+2))$ und ξ_j ein geeigneter Punkt in T_j, für $j = 0, \ldots, (m-1)$, sind. Da $(b-a)/m = H$ gilt, bekommen wir

$$E_{n,m}(f) = \frac{M_n}{(n+2)!} \frac{b-a}{m(n+2)^{n+3}} H^{n+2} \sum_{j=0}^{m-1} f^{(n+2)}(\xi_j),$$

woraus durch Anwendung von Theorem 9.1 mit $u(x) = f^{(n+2)}(x)$ und $\delta_j = 1$ für $j = 0, \ldots, m-1$ (9.26) unmittelbar folgt. Ein ähnliches Verfahren kann verwendet werden um (9.27) zu beweisen. $\diamond$

Wir bemerken, dass für feste Zahlen n der Quadraturfehler $E_{n,m}(f)$ gegen Null geht, wenn $m \to \infty$ (d.h. wenn $H \to 0$). Diese Eigenschaft sichert die Konvergenz des numerisch berechneten Integrals gegen den exakten Wert $I(f)$. Wir bemerken auch, dass der Grad der Exaktheit der zusammengesetzten Formel mit dem der einfachen Formel übereinstimmt, wohingegen ihre Ordnung (bezüglich H) gegenüber der Ordnung der einfachen Formel (in h) um Eins reduziert ist.

In praktischen Berechnungen ist es zweckmässig zu einer lokalen Interpolation geringen Grades (typischerweise $n \leq 2$, wie es in Abschnitt 9.2 gemacht wurde) zu greifen. Dies führt auf zusammengesetzte Quadraturregeln mit positiven Gewichten und einer Minimierung von Rundungsfehlern.

Beispiel 9.4 Für das bereits in Beispiel 9.3 betrachtete Integral (9.24) geben wir in Tabelle 9.7 das Verhalten des absoluten Fehlers als Funktion der Anzahl der Teilintervalle m an, und zwar für die zusammengesetzte Mittelpunkts-, Trapez- und Cavalieri-Simpson-Formel. Die Konvergenz von $I_{n,m}(f)$ gegen $I(f)$ mit wachsendem m ist klar ersichtlich. Darüber hinaus bemerken wir, dass $E_{0,m}(f) \simeq E_{1,m}(f)/2$ für $m \geq 32$ (siehe Übung 1).

Tabelle 9.7. Absoluter Fehler für zusammengesetzte Quadraturen bei der Berechnung von (9.24).

m	$|E_{0,m}|$	$|E_{1,m}|$	$|E_{2,m}|$
1	7.253	2.362	4.04
2	1.367	2.445	$9.65 \cdot 10^{-2}$
8	$3.90 \cdot 10^{-2}$	$3.77 \cdot 10^{-2}$	$1.35 \cdot 10^{-2}$
32	$1.20 \cdot 10^{-4}$	$2.40 \cdot 10^{-4}$	$4.55 \cdot 10^{-8}$
128	$7.52 \cdot 10^{-6}$	$1.50 \cdot 10^{-5}$	$1.63 \cdot 10^{-10}$
512	$4.70 \cdot 10^{-7}$	$9.40 \cdot 10^{-7}$	$6.36 \cdot 10^{-13}$

Die Konvergenz von $I_{n,m}(f)$ gegen $I(f)$ kann unter schwächeren Regularitätsannahmen an f, als jene die im Theorem 9.3 gefordert wurden, nachgewiesen werden. In dieser Hinsicht gilt das folgende Resultat (zum Beweis siehe [IK66], S. 341-343).

Eigenschaft 9.1 *Seien* $f \in C^0([a,b])$ *und die Gewichte* $\alpha_k^{(j)}$ *in* (9.25) *nicht negativ. Dann gilt*

$$\lim_{m \to \infty} I_{n,m}(f) = \int_a^b f(x)dx, \qquad \forall n \geq 0.$$

Darüber hinaus haben wir

$$\left| \int_a^b f(x)dx - I_{n,m}(f) \right| \leq 2(b-a)\Omega(f;H),$$

wobei

$$\Omega(f;H) = \sup\{|f(x) - f(y)|, \, x,y \in [a,b], \, x \neq y, \, |x-y| \leq H\}$$

der Stetigkeitsmodul der Funktion f *ist.*

9.5 Hermite-Quadraturformel

Bisher haben wir Quadraturformeln betrachtet, die auf der (einfachen oder zusammengesetzten) Lagrange-Interpolation basierten. Genauere Formeln können abgeleitet werden, wenn man die Hermite-Interpolation (siehe Abschnitt 8.4) verwendet.

Angenommen, $2(n+1)$ Werte $f(x_k)$, $f'(x_k)$ sind an $n+1$ verschiedenen Punkten $x_0, \ldots, x_n$ gegeben. Dann ist das Hermite-Interpolationspolynom von f

$$H_{2n+1}f(x) = \sum_{i=0}^{n} f(x_i)\mathcal{L}_i(x) + \sum_{i=0}^{n} f'(x_i)\mathcal{M}_i(x), \qquad (9.28)$$

wobei die Polynome $\mathcal{L}_k, \mathcal{M}_k \in \mathbb{P}_{2n+1}$ für $k = 0, \ldots, n$ durch

$$\mathcal{L}_k(x) = \left[1 - \frac{\omega''_{n+1}(x_k)}{\omega'_{n+1}(x_k)}(x - x_k)\right] l_k^2(x), \qquad \mathcal{M}_k(x) = (x - x_k)l_k^2(x)$$

definiert sind. Durch Integration von (9.28) über $[a,b]$ erhalten wir die Quadraturformel vom Typ (9.4)

$$I_n(f) = \sum_{k=0}^{n} \alpha_k f(x_k) + \sum_{k=0}^{n} \beta_k f'(x_k) \qquad (9.29)$$

mit

$$\alpha_k = I(\mathcal{L}_k), \quad \beta_k = I(\mathcal{M}_k), \quad k = 0, \ldots, n.$$

Formel (9.29) hat den Exaktheitsgrad $2n + 1$. Für $n = 1$ ergibt sich die sogenannte *korrigierte Trapezregel*

$$I_1^{corr}(f) = \frac{b-a}{2}\left[f(a) + f(b)\right] + \frac{(b-a)^2}{12}\left[f'(a) - f'(b)\right] \qquad (9.30)$$

mit den Gewichten $\alpha_0 = \alpha_1 = (b-a)/2$, $\beta_0 = (b-a)^2/12$ und $\beta_1 = -\beta_0$. $f \in C^4([a,b])$ vorausgesetzt ist der mit (9.30) verbundene Quadraturfehler

$$E_1^{corr}(f) = \frac{h^5}{720}f^{(4)}(\xi), \qquad h = b - a, \qquad (9.31)$$

wobei $\xi \in (a,b)$. Beachte das Anwachsen der Genauigkeit von $\mathcal{O}(h^3)$ auf $\mathcal{O}(h^5)$ bezüglich des entsprechenden Ausdrucks (9.12) (von gleicher Ordnung wie die Cavalieri-Simpson-Formel (9.15)). Die zusammengesetzte Formel kann analog erzeugt werden und führt auf

$$I_{1,m}^{corr}(f) = \frac{b-a}{m}\left\{\frac{1}{2}\left[f(x_0) + f(x_m)\right]\right.$$
$$\left. + f(x_1) + \ldots + f(x_{m-1})\right\} + \frac{(b-a)^2}{12}\left[f'(a) - f'(b)\right], \qquad (9.32)$$

wobei die Voraussetzung $f \in C^1([a,b])$ Anlass zum Verschwinden der ersten Ableitungen in den Knoten x_k, $k = 1, \ldots, m-1$, gibt.

Die korrigierte zusammengesetzte Trapezregel ist im Programm 75 implementiert, wobei `dfun` den Ausdruck für die Ableitung von f enthält.

Program 75 - trapmodc : Zusammengesetzte korrigierte Trapezregel

```
function int = trapmodc(a,b,m,fun,dfun)
h=(b-a)/m; x=[a:h:b]; y=eval(fun);
f1a=feval(dfun,a); f1b=feval(dfun,b);
int=h*(0.5*y(1)+sum(y(2:m))+0.5*y(m+1))+(h^2/12)*(f1a-f1b);
```

Beispiel 9.5 Wir wollen experimentell die Fehlerabschätzung (9.31) im einfachen ($m = 1$) und zusammengesetzten ($m > 1$) Fall überprüfen. Hierzu berechnen wir näherungsweise das Integral (9.18) mit dem Programm 75. Tabelle 9.8 zeigt das Verhalten des Betrages des absoluten Fehlers, wenn H halbiert wird (d.h. m wird verdoppelt), und des Verhältnisses $\mathcal{R}_m$ zwischen zwei aufeinanderfolgenden Fehlern. Dieses Verhältnis strebt wie im Fall der Cavalieri-Simpson-Formel gegen 16, was zeigt, dass die Formel (9.32) die Ordnung 4 besitzt. wenn wir die Tabelle 9.8 mit der entsprechenden Tabelle 9.1 vergleichen, stellen wir auch fest, dass $|E_{1,m}^{corr}(f)| \simeq 4|E_{2,m}(f)|$ gilt (siehe Übung 9). $\bullet$

Tabelle 9.8. Absoluter Fehler für die korrigierte Trapezregel bei der Berechnung von $I(f) = \int_0^{2\pi} xe^{-x}\cos(2x)dx$.

m	$E_{1,m}^{corr}(f)$	$\mathcal{R}_m$	m	$E_{1,m}^{corr}(f)$	$\mathcal{R}_m$	m	$E_{1,m}^{corr}(f)$	$\mathcal{R}_m$
1	3.4813		8	$4.4 \cdot 10^{-3}$	6.1	64	$1.1 \cdot 10^{-6}$	15.957
2	1.398	2.4	16	$2.9 \cdot 10^{-4}$	14.9	128	$7.3 \cdot 10^{-8}$	15.990
4	$2.72 \cdot 10^{-2}$	51.4	32	$1.8 \cdot 10^{-5}$	15.8	256	$4.5 \cdot 10^{-9}$	15.997

9.6   Richardson-Extrapolation

Die *Richardson-Extrapolationsmethode* ist ein Verfahren, das verschiedene Approximationen einer bestimmten Größe α_0 in eleganter Weise kombiniert, um eine genauere Approximation von α_0 zu erhalten. Schauen wir uns dies genauer an. Angenommen wir haben eine Methode, um α_0 durch eine Größe $\mathcal{A}(h)$ zu approximieren, die für jeden Wert des Parameters $h \neq 0$ berechenbar ist. Nehmen wir darüberhinaus an, dass für ein geeignetes $k \geq 0$, $\mathcal{A}(h)$ wie folgt entwickelt werden kann

$$\mathcal{A}(h) = \alpha_0 + \alpha_1 h + \ldots + \alpha_k h^k + \mathcal{R}_{k+1}(h), \tag{9.33}$$

wobei $|\mathcal{R}_{k+1}(h)| \leq C_{k+1} h^{k+1}$ gelte. Die Konstanten C_{k+1} und die Koeffizienten $\alpha_i, i = 0, \ldots, k$, seien unabhängig von h. Dann gilt $\alpha_0 = \lim_{h \to 0} \mathcal{A}(h)$.

Notieren wir (9.33) mit δh anstelle von h für ein $\delta \in (0, 1)$ (üblich ist $\delta = 1/2$), so erhalten wir

$$\mathcal{A}(\delta h) = \alpha_0 + \alpha_1(\delta h) + \ldots + \alpha_k(\delta h)^k + \mathcal{R}_{k+1}(\delta h).$$

Subtrahieren wir die mit δ multiplizierte Beziehung (9.33) von diesem Ausdruck, dann ergibt sich

$$\mathcal{B}(h) = \frac{\mathcal{A}(\delta h) - \delta \mathcal{A}(h)}{1 - \delta} = \alpha_0 + \widetilde{\alpha}_2 h^2 + \ldots + \widetilde{\alpha}_k h^k + \widetilde{\mathcal{R}}_{k+1}(h),$$

wobei wir für $k \geq 2$ die Notationen $\widetilde{\alpha}_i = \alpha_i(\delta^i - \delta)/(1 - \delta)$ für $i = 2, \ldots, k$ und $\widetilde{\mathcal{R}}_{k+1}(h) = [\mathcal{R}_{k+1}(\delta h) - \delta\mathcal{R}_{k+1}(h)]/(1 - \delta)$ verwendet haben. Beachte, dass $\widetilde{\alpha}_i \neq 0$ genau dann gilt, wenn $\alpha_i \neq 0$. Ist insbesondere $\alpha_1 \neq 0$, so ist $\mathcal{A}(h)$ eine Approximation erster Ordnung von α_0, während $\mathcal{B}(h)$ mindestens von zweiter Ordnung genau ist. Ist allgemeiner $\mathcal{A}(h)$ eine Approximation von α_0 der Ordnung p, so approximmiert die Größe $\mathcal{B}(h) = [\mathcal{A}(\delta h) - \delta^p \mathcal{A}(h)]/(1 - \delta^p)\, \alpha_0$ (zumindest) mit der Ordnung $p + 1$. Fahren wir induktiv fort, wird der folgende Richardson-Extrapolationsalgorithmus erzeugt: Setze $n \geq 0$, $h > 0$ und $\delta \in (0, 1)$ und konstruiere die Folgen

$$\mathcal{A}_{m,0} = \mathcal{A}(\delta^m h), \qquad\qquad m = 0, \ldots, n,$$

$$\mathcal{A}_{m,q+1} = \frac{\mathcal{A}_{m,q} - \delta^{q+1}\mathcal{A}_{m-1,q}}{1 - \delta^{q+1}}, \quad q = 0, \ldots, n-1, \qquad (9.34)$$

$$m = q+1, \ldots, n,$$

die in Form des Diagramms

$$
\begin{array}{ccccccccc}
\mathcal{A}_{0,0} \\
& \searrow \\
\mathcal{A}_{1,0} & \to & \mathcal{A}_{1,1} \\
& \searrow & & \searrow \\
\mathcal{A}_{2,0} & \to & \mathcal{A}_{2,1} & \to & \mathcal{A}_{2,2} \\
& \searrow & & \searrow & & \searrow \\
\mathcal{A}_{3,0} & \to & \mathcal{A}_{3,1} & \to & \mathcal{A}_{3,2} & \to & \mathcal{A}_{3,3} \\
& \searrow & & \searrow & & \searrow & & \searrow \\
\vdots & & \ddots & & \ddots & & \ddots & & \ddots \\
& \searrow & & \searrow & & \searrow & & & \searrow \\
\mathcal{A}_{n,0} & \to & \mathcal{A}_{n,1} & \to & \mathcal{A}_{n,2} & \to & \mathcal{A}_{n,3} & \cdots & \to & \mathcal{A}_{n,n}
\end{array}
$$

dargestellt werden können. Die Pfeile zeigen dabei den Weg an, auf dem die bereits berechneten Terme zur Konstruktion eines "neuen" Terms beitragen.

Folgendes Resultat kann bewiesen werden (siehe [Com95], Aussage 4.1).

Eigenschaft 9.2 *Für $n \geq 0$ und $\delta \in (0, 1)$ gilt*

$$\mathcal{A}_{m,n} = \alpha_0 + \mathcal{O}((\delta^m h)^{n+1}), \qquad m = 0, \ldots, n. \qquad (9.35)$$

Insbesondere ist die Konvergenzrate gegen α_0 für die Terme in der ersten Spalte ($n = 0$) $\mathcal{O}((\delta^m h))$, während sie für die in der letzten $\mathcal{O}((\delta^m h)^{n+1})$, d.h. n-mal höher ist.

Beispiel 9.6 Die Richardson-Extrapolation ist verwendet worden, um in $\overline{x} = 0$ die Ableitung der in Beispiel 9.1 eingeführten Funktion $f(x) = xe^{-x}\cos(2x)$ zu approximieren. Dazu wurde der Algorithmus (9.34) mit $\delta = 0.5$, $n = 5$, $h = 0.1$ und $\mathcal{A}(h) = \left[f(\overline{x} + h) - f(\overline{x})\right]/h$ ausgeführt. Die Folge der absoluten Fehler $E_{m,k} = |\alpha_0 - \mathcal{A}_{m,k}|$ ist in Tabelle 9.9 ersichtlich. Die Ergebnisse zeigen, dass der Fehler in Übereinstimmung mit (9.35) fällt.

Tabelle 9.9. Fehler bei der Richardson-Extrapolation für die genäherte Berechnung von $f'(0)$, wobei $f(x) = xe^{-x}\cos(2x)$.

$E_{m,0}$	$E_{m,1}$	$E_{m,2}$	$E_{m,3}$	$E_{m,4}$	$E_{m,5}$
0.113	–	–	–	–	–
$5.3 \cdot 10^{-2}$	$6.1 \cdot 10^{-3}$	–	–	–	–
$2.6 \cdot 10^{-2}$	$1.7 \cdot 10^{-3}$	$2.2 \cdot 10^{-4}$	–	–	–
$1.3 \cdot 10^{-2}$	$4.5 \cdot 10^{-4}$	$2.8 \cdot 10^{-5}$	$5.5 \cdot 10^{-7}$	–	–
$6.3 \cdot 10^{-3}$	$1.1 \cdot 10^{-4}$	$3.5 \cdot 10^{-6}$	$3.1 \cdot 10^{-8}$	$3.0 \cdot 10^{-9}$	–
$3.1 \cdot 10^{-3}$	$2.9 \cdot 10^{-5}$	$4.5 \cdot 10^{-7}$	$1.9 \cdot 10^{-9}$	$9.9 \cdot 10^{-11}$	$4.9 \cdot 10^{-12}$

9.6.1 Romberg-Integration

Die *Rombergsche Integrationsmethode* ist eine Anwendung der Richardson-Extrapolation auf die zusammengesetzte Trapezregel. Im Folgenden werden wir ein Resultat, das als Euler-MacLaurin-Formel bekannt ist, benötigen (zum Beweis siehe z.B. [Ral65], S. 131-133 und [DR75], S. 106-111).

Eigenschaft 9.3 *Seien $f \in C^{2k+2}([a,b])$, für $k \geq 0$, und $\alpha_0 = \int_a^b f(x)dx$ durch die zusammengesetzte Trapezregel (9.14) approximiert. Dann gilt mit $h_m = (b-a)/m$ für $m \geq 1$*

$$I_{1,m}(f) = \alpha_0 \quad + \sum_{i=1}^{k} \frac{B_{2i}}{(2i)!} h_m^{2i} \left(f^{(2i-1)}(b) - f^{(2i-1)}(a) \right)$$
$$+ \frac{B_{2k+2}}{(2k+2)!} h_m^{2k+2}(b-a) f^{(2k+2)}(\eta), \tag{9.36}$$

wobei $\eta \in (a,b)$ und $B_{2j} = (-1)^{j-1}\left[\sum_{n=1}^{+\infty} 2/(2n\pi)^{2j}\right](2j)!$, für $j \geq 1$ die Bernoulli-Zahlen sind.

Die Gleichung (9.36) ist ein Spezialfall von (9.33), in dem $h = h_m^2$ und $\mathcal{A}(h) = I_{1,m}(f)$ ist; beachte, dass *nur gerade Potenzen* des Parameters h in der Entwicklung auftreten.

Angewandt auf (9.36) ergibt der Algorithmus der Richardson-Extrapolation (9.34)

$$\mathcal{A}_{m,0} = \mathcal{A}(\delta^m h), \qquad\qquad m = 0, \ldots, n,$$

$$\mathcal{A}_{m,q+1} = \frac{\mathcal{A}_{m,q} - \delta^{2(q+1)}\mathcal{A}_{m-1,q}}{1 - \delta^{2(q+1)}}, \quad q = 0, \ldots, n-1, \qquad (9.37)$$

$$m = q + 1, \ldots, n.$$

Setzen wir in (9.37) $h = b - a$ und $\delta = 1/2$ und bezeichnen durch $T(h_s) = I_{1,s}(f)$ die zusammengesetzte Trapezregel (9.14) über $s = 2^m$ Teilintervalle der Breite $h_s = (b-a)/2^m$, $m \geq 0$, geht der Algorithmus (9.37) über in

$$\mathcal{A}_{m,0} = T((b-a)/2^m), \qquad\qquad m = 0, \ldots, n,$$

$$\mathcal{A}_{m,q+1} = \frac{4^{q+1}\mathcal{A}_{m,q} - \mathcal{A}_{m-1,q}}{4^{q+1} - 1}, \quad q = 0, \ldots, n-1,$$

$$m = q + 1, \ldots, n.$$

Dies ist der Algorithmus der numerischen Romberg-Integration. Gemäss (9.35) gilt für die Romberg-Integration folgendes Konvergenzresultat:

$$\mathcal{A}_{m,n} = \int_a^b f(x)dx + \mathcal{O}(h_s^{2(n+1)}), \quad n \geq 0.$$

Der Romberg-Algorithmus ist im Programm 76 implementiert.

Program 76 - romberg : Romberg-Integration

```
function [A]=romberg(a,b,n,fun);
for i=1:(n+1), A(i,1)=trapezc(a,b,2^(i-1),fun); end;
for j=2:(n+1), for i=j:(n+1),
A(i,j)=(4^(j-1)*A(i,j-1)-A(i-1,j-1))/(4^(j-1)-1); end; end;
```

Beispiel 9.7 Tabelle 9.10 zeigt die Ergebnisse, die mit dem Programm 76 bei der Berechnung der Größe α_0 in den beiden Fällen $\alpha_0^{(1)} = \int_0^\pi e^x \cos(x)dx = -(e^\pi + 1)/2$ und $\alpha_0^{(2)} = \int_0^1 \sqrt{x}dx = 2/3$ erzielt wurden.

Die maximale Größe n wurde auf 9 gesetzt. In der zweiten und dritten Spalte sind die Beträge der absoluten Fehler $E_k^{(r)} = |\alpha_0^{(r)} - \mathcal{A}_{k+1,k+1}^{(r)}|$, für $r = 1, 2$ und $k = 0, \ldots, 6$ angegeben.

Die Konvergenz gegen Null ist für $E_k^{(1)}$ wesentlich schneller als für $E_k^{(2)}$. Während die erste zu integrierende Funktion unendlich oft differenzierbar ist, ist die zweite nur stetig.

Tabelle 9.10. Romberg-Integration zur näherungsweisen Berechnung von $\int_0^\pi e^x \cos(x)dx$ (Fehler $E_k^{(1)}$) und $\int_0^1 \sqrt{x}dx$ (Fehler $E_k^{(2)}$).

k	$E_k^{(1)}$	$E_k^{(2)}$	k	$E_k^{(1)}$	$E_k^{(2)}$
0	22.71	0.1670	4	$8.923 \cdot 10^{-7}$	$1.074 \cdot 10^{-3}$
1	0.4775	$2.860 \cdot 10^{-2}$	5	$6.850 \cdot 10^{-11}$	$3.790 \cdot 10^{-4}$
2	$5.926 \cdot 10^{-2}$	$8.910 \cdot 10^{-3}$	6	$5.330 \cdot 10^{-14}$	$1.340 \cdot 10^{-4}$
3	$7.410 \cdot 10^{-5}$	$3.060 \cdot 10^{-3}$	7	0	$4.734 \cdot 10^{-5}$

9.7 Automatische Integration

Ein Programm zur *automatischen numerischen Integration* oder ein *automatischer Integrator* ist ein Satz von Algorithmen, der eine Approximation des Integrals $I(f) = \int_a^b f(x)dx$ innerhalb einer gegebenen Toleranz ε_a oder relativen Toleranz ε_r, die vom Nutzer vorgeschrieben wird, liefert.

Zu diesem Zweck erzeugt das Programm eine Folge $\{\mathcal{I}_k, \mathcal{E}_k\}$, $k = 1, \ldots, N$, wobei $\mathcal{I}_k$ die Approximation von $I(f)$ im k-ten Schritt des Rechenprozesses, $\mathcal{E}_k$ eine Schätzung des Fehlers $I(f) - \mathcal{I}_k$, und N eine geeignete feste Zahl sind.

Die Folge bricht in der s-ten Stufe, $s \leq N$, ab, falls der automatische Integrierer der Genauigkeitsanforderung

$$\max \left\{ \varepsilon_a, \varepsilon_r |\widetilde{I}(f)| \right\} \geq |\mathcal{E}_s| (\simeq |I(f) - \mathcal{I}_s|) \tag{9.38}$$

genügt, wobei $\widetilde{I}(f)$ eine vernünftige Startnäherung des Integrals $I(f)$ ist, die als Input vom Nutzer zur Verfügung zu stellen ist. Andernfalls gibt der Integrator die zuletzt berechnete Approximation $\mathcal{I}_N$ mit einer geeigneten Fehlernachricht zurück, die dem Nutzer Konvergenzprobleme des Algorithmus signalisiert.

Im Idealfall sollte ein automatischer Integrator:

(a) ein verlässliches Kriterium zur Bestimmung von $|\mathcal{E}_s|$ liefern, das eine Beobachtung des Konvergenztests (9.38) erlaubt;

(b) eine *effiziente Implementation* ermöglichen, die die Anzahl der Funktionsaufrufe für die gewünschte Approximation $\mathcal{I}_s$ minimiert.

In der numerischen Praxis kann bei der automatischen Integration der Übergang von der Stufe k zur Stufe $k + 1$, für jedes $k \geq 1$, auf zwei verschiedenen Arten erfolgen, die wir als *nicht adaptive* oder *adaptive* Strategie bezeichnen.

Im nicht adaptiven Fall ist die Vorschrift der Verteilung der Quadraturknoten *a-priori* fest und die Qualität der Schätzung $\mathcal{I}_k$ wird durch das Anwachsen der Zahl von Knoten verbessert, entsprechend der jeweiligen Stufe des Rechenprozesses. Ein Beispiel eines hierauf basierenden automatischen Integrators ist durch die zusammengesetzten Newton-Cotes-Formeln auf m

bzw. $2m$ Teilintervallen, die den Stufen k und $k+1$ entsprechen, gegeben. Er wird in Abschnitt 9.7.1 beschrieben.

Im adaptiven Fall wird die Lage der Knoten nicht *a-priori* festgelegt, sondern hängt in jeder Stufe k des Prozesses von der Information ab, die in den vorangegangenen $k-1$ Stufen gespeichert wurde. Eine adaptive automatische Integration wird durch sukzessive Zerlegung des Intervalls $[a, b]$ in Teilintervalle, die sich durch eine variable Dichte der Knotenpunkte auszeichnen, gebildet. Diese Dichte ist üblicherweise in der Umgebung steiler Gradienten oder Singularitäten von f höher. Ein Beispiel eines adaptiven Integrators, der auf der Cavalieri-Simpson-Formel beruht, wird in Abschnitt 9.7.2 beschrieben.

9.7.1 Nicht-adaptive Integrationsalgorithmen

In diesem Abschnitt verwenden wir die zusammengesetzten Newton-Cotes-Formeln. Unser Ziel ist es, ein Kriterium zur Abschätzung des Absolutfehlers $|I(f) - \mathcal{I}_k|$ mittels der Richardson-Extrapolation, zu gewinnen. Aus (9.26) und (9.27) folgt, dass für $m \geq 1$ und $n \geq 0$ die Approximation $I_{n,m}(f)$ die Ordnung H^{n+p} besitzt, wobei $p = 2$ für gerades n und $p = 1$ für ungerades n ist. Hierbei sind m, n und $H = (b-a)/m$ die Anzahl der Zerlegungen von $[a, b]$, die Zahl der Quadraturpunkte in jedem Teilintervall bzw. die konstante Länge eines jeden Teilintervalls. Durch Verdoppelung des Wertes m (d.h. Halbierung der Schrittweite H) und Extrapolation erhalten wir

$$I(f) - I_{n,2m}(f) \simeq \frac{1}{2^{n+p}} \left[I(f) - I_{n,m}(f) \right]. \tag{9.39}$$

Die Verwendung des Zeichens $\simeq$ anstelle von $=$ gründet sich darauf, dass der Punkt ξ oder η, in dem die Ableitung in (9.26) und (9.27) ausgewertet werden muss, sich ändert, wenn wir von m zu $2m$ Teilintervallen übergehen. Lösen wir (9.39) nach $I(f)$ auf, so erhalten wir die *Schätzung des absoluten Fehlers* für $I_{n,2m}(f)$

$$I(f) - I_{n,2m}(f) \simeq \frac{I_{n,2m}(f) - I_{n,m}(f)}{2^{n+p} - 1}. \tag{9.40}$$

Wird die zusammengesetzte Simpson-Regel betrachtet (d.h. $n = 2$), so sagt (9.40) eine Reduktion des absoluten Fehlers beim Übergang von m auf $2m$ um einen Faktor von 15 voraus. Beachte auch, dass nur 2^{m-1} zusätzliche Funktionsauswertungen benötigt werden, um die neue Approximation $I_{1,2m}(f)$ ausgehend von $I_{1,m}(f)$ zu berechnen. Die Beziehung (9.40) ist ein Beispiel einer *a-posteriori Fehlerabschätzung* (siehe Kapitel 2, Abschnitt 2.3, Band 1). Sie basiert auf der gemeinsamen Verwendung einer *a-priori Abschätzung* (in vorliegenden Fall auf (9.26) oder (9.27)) und auf zwei Auswertungen der zu approximierenden Größe (das Integral $I(f)$) für zwei verschiedene Werte des Dikretisierungsparameters (d.h. $H = (b-a)/m$).

Beispiel 9.8 Wir wollen die *a-posteriori* Abschätzung (9.40) im Fall der zusammengesetzten Simpson-Regel ($n = p = 2$) zur Approximation des Integrals

$$\int_0^\pi (e^{x/2} + \cos 4x)dx = 2(e^\pi - 1) \simeq 7.621$$

verwenden, wobei wir einen absoluten Fehler kleiner als 10^{-4} fordern. Für $k = 0, 1, \ldots$ sei $h_k = (b - a)/2^k$ gesetzt und durch $I_{2,m(k)}(f)$ das Integral von f bezeichnet, das unter Verwendung der zusammengesetzten Simpson-Regel auf einem Gitter der Feinheit h_k mit $m(k) = 2^k$ Intervallen berechnet wurde. Wir können somit die Größe

$$|E_k| = |I(f) - I_{2,m(k)}(f)| \simeq \frac{1}{10}|I_{2,2m(k)}(f) - I_{2,m(k)}(f)| = |\mathcal{E}_k|, \qquad k \geq 1,$$
$$(9.41)$$

als eine vorsichtige Schätzung des Quadraturfehlers annehmen. Die Tabelle 9.11 zeigt die Folge der geschätzten Fehler $|\mathcal{E}_k|$ und der zugehörigen absoluten Fehler $|E_k|$, die *tatsächlich* durch den Integrationsprozess auftraten. Beachte, dass wenn Konvergenz erreicht ist, der durch (9.41) geschätzte Fehler definitiv größer als der tatsächliche Fehler ist. •

Tabelle 9.11. Nicht-adaptive automatische Simpson-Regel für die Approximation von $\int_0^\pi (e^{x/2} + \cos 4x)dx$.

k	$|\mathcal{E}_k|$	$|E_k|$	k	$|\mathcal{E}_k|$	$|E_k|$
0		3.156	2	0.10	$4.52 \cdot 10^{-5}$
1	0.42	1.047	3	$5.8 \cdot 10^{-6}$	$2 \cdot 10^{-9}$

Ein alternativer Zugang zur Erfüllung der Forderungen (a) und (b) besteht in der Verwendung einer *geschachtelten Folge* spezieller Gauß-Quadraturen $I_k(f)$ (siehe Kapitel 10), die einen wachsenden Exaktheitsgrad für $k = 1, \ldots, N$ besitzen. Diese Formeln werden derart konstruiert, dass, wenn wir die Menge der Quadraturknoten bezüglich der Quadratur $I_k(f)$ durch $\mathcal{S}_{n_k} = \{x_1, \ldots, x_{n_k}\}$ bezeichnen, $\mathcal{S}_{n_k} \subset \mathcal{S}_{n_{k+1}}$ für jedes $k = 1, \ldots, N - 1$ gilt. Folglich verwendet die Formel in der Stufe $k+1$, $k \geq 1$, *alle* Knoten der Formel auf Stufe k. Dies macht geschachtelte Formeln besonders attraktiv für eine Implementation auf dem Rechner.

Als Beispiel erinnern wir an die Gauß-Kronrod-Formel mit 10, 21, 43 und 87 Punkten, die in [PdKÜK83] vorhanden sind (in diesem Fall gilt $N = 4$). Die Gauß-Kronrod-Formeln haben einen Exaktheitsgrad r_{n_k} (optimal) der gleich $2n_k - 1$ ist, wobei n_k die Knotenanzahl für jede Formel bezeichnet, mit $n_1 = 10$ und $n_{k+1} = 2n_k + 1$ für $k = 1, 2, 3$. Das Kriterium zur Ableitung einer Fehlerabschätzung basiert auf dem Vergleich der erhaltenen Ergebnisse zweier aufeinanderfolgender Formeln $I_{n_k}(f)$ und $I_{n_{k+1}}(f)$ mit $k = 1, 2, 3$, und dem Abbruch des Rechenprozesses in der Stufe k, so dass (siehe auch [DR75], S. 321)

$$|\mathcal{I}_{k+1} - \mathcal{I}_k| \leq \max\{\varepsilon_a, \varepsilon_r |\mathcal{I}_{k+1}|\}.$$

9.7.2 Adaptive Integrationsalgorithmen

Das Ziel eines adaptiven Integrators ist eine Approximation von $I(f)$ in einer gegebenen Toleranz ε durch eine *nichtgleichmässige* Verteilung der Integrationschrittweiten entlang des Intervalls $[a, b]$. Ein optimaler Algorithmus ist in der Lage, die Schrittweiten dem Verhalten des Integranden automatisch anzupassen, indem die Dichte der Quadraturknoten dort erhöht wird, wo die Funktion starke Variationen aufweist.

Im Hinblick auf die Beschreibung der Methode ist es zweckmässig, unsere Aufmerksamkeit auf ein allgemeines Teilintervall $[\alpha, \beta] \subseteq [a, b]$ zu richten. Ausgehend von den Fehlerabschätzungen für die Newton-Cotes-Formeln sehen wir, dass die Auswertung der Ableitungen von f bis zu einer bestimmten Ordnung erforderlich ist, um eine Schrittweite h derart zu bestimmen, dass eine gegebene Genauigkeit, etwa $\varepsilon(\beta - \alpha)/(b - a)$, gewährleistet ist. Dieses Verfahren, das praktisch so nicht durchführbar ist, wird durch einen automatischen Integrator wie folgt realisiert. In diesem Abschnitt betrachten wir durchweg die Cavalieri-Simpson-Regel (9.15), obgleich die Methode auch auf andere Quadraturregeln erweitert werden kann.

Setze $I_f(\alpha, \beta) = \int_\alpha^\beta f(x)dx$, $h = h_0 = (\beta - \alpha)/2$ und

$$S_f(\alpha, \beta) = (h_0/3)\left[f(\alpha) + 4f(\alpha + h_0) + f(\beta)\right].$$

Aus (9.16) bekommen wir

$$I_f(\alpha, \beta) - S_f(\alpha, \beta) = -\frac{h_0^5}{90}f^{(4)}(\xi), \tag{9.42}$$

wobei ξ ein Punkt in (α, β) bezeichnet. Um den Fehler $I_f(\alpha, \beta) - S_f(\alpha, \beta)$ *ohne* explizite Verwendung der Funktion $f^{(4)}$ abzuschätzen, verwenden wir wieder die Cavalieri-Simpson-Regel über die Vereinigung zweier Teilintervalle $[\alpha, (\alpha + \beta)/2]$ und $[(\alpha + \beta)/2, \beta]$. Für $h = h_0/2 = (\beta - \alpha)/4$ erhalten wir

$$I_f(\alpha, \beta) - S_{f,2}(\alpha, \beta) = -\frac{(h_0/2)^5}{90}\left(f^{(4)}(\xi) + f^{(4)}(\eta)\right),$$

mit $\xi \in (\alpha, (\alpha + \beta)/2)$, $\eta \in ((\alpha + \beta)/2, \beta)$ und $S_{f,2}(\alpha, \beta) = S_f(\alpha, (\alpha + \beta)/2) + S_f((\alpha + \beta)/2, \beta)$.

Machen wir nun die Annahme, dass $f^{(4)}(\xi) \simeq f^{(4)}(\eta)$ (die im Allgemeinen nur wahr ist, wenn die Funktion $f^{(4)}$ nicht "zu stark" auf $[\alpha, \beta]$) variiert. Dann folgt

$$I_f(\alpha, \beta) - S_{f,2}(\alpha, \beta) \simeq -\frac{1}{16}\frac{h_0^5}{90}f^{(4)}(\xi), \tag{9.43}$$

mit einer Reduktion des Fehlers um den Faktor 16 verglichen mit Gleichung (9.42), die der Wahl einer doppelten Schrittweite entspricht. Vergleichen wir (9.42) und (9.43), so erhalten wir die Schätzung

$$\frac{h_0^5}{90}f^{(4)}(\xi) \simeq \frac{16}{15}\mathcal{E}_f(\alpha, \beta),$$

wobei $\mathcal{E}_f(\alpha, \beta) = S_f(\alpha, \beta) - S_{f,2}(\alpha, \beta)$ bezeichnet. Dann haben wir infolge (9.43)

$$|I_f(\alpha, \beta) - S_{f,2}(\alpha, \beta)| \simeq \frac{|\mathcal{E}_f(\alpha, \beta)|}{15}. \tag{9.44}$$

Somit haben wir eine Formel erhalten, die es uns ermöglicht den bei Verwendung der zusammengesetzten Cavalieri-Simpson-Formel auf dem allgemeinen Intervall $[\alpha, \beta]$ gemachten Fehler leicht *zu berechnen*. Die Beziehung (9.44) ist, ebenso wie (9.40), ein weiteres Beispiel einer *a-posteriori Fehlerschätzung*. Sie kombiniert die Verwendung einer *a-priori Schätzung* (in diesem Fall (9.16)) und zwei Auswertungen der zu approximierenden Größe (das Integral $I(f)$) für zwei verschiedene Werte des Diskretisierungsparameters h.

In der Praxis kann es zweckmässig sein, eine vorsichtigere Fehlerschätzung, genauer

$$|I_f(\alpha, \beta) - S_{f,2}(\alpha, \beta)| \simeq |\mathcal{E}_f(\alpha, \beta)|/10$$

zu verwenden. Um darüber hinaus eine globale Genauigkeit auf $[a, b]$ zu sichern, die gleich einer vorgegebenen Toleranz ε ist, genügt es zu fordern, dass der Fehler $\mathcal{E}_f(\alpha, \beta)$ auf jedem einzelnen Teilintervall $[\alpha, \beta] \subseteq [a, b]$ der Bedingung

$$\frac{|\mathcal{E}_f(\alpha, \beta)|}{10} \le \varepsilon \frac{\beta - \alpha}{b - a} \tag{9.45}$$

genügt. Der adaptive Algorithmus zur automatischen Integration kann nun wie folgt beschrieben werden. Wir bezeichnen mit

1. A: das *aktive* Integrationsintervall, d.h. das Intervall, wo das Integral gerade berechnet wird;

2. S: das schon untersuchte Integrationsintervall, das den Fehlertest (9.45) erfolgreich bestanden hat;

3. N: das Integrationsintervall, das noch zu untersuchen ist.

Zu Beginn des Integrationsverfahrens haben wir $N = [a, b]$, $A = N$ und $S = \emptyset$, während die Situation in einem allgemeinen Schritt des Algorithmus in Abbildung 9.3 dargestellt ist. Setze $J_S(f) \simeq \int_a^\alpha f(x)dx$, mit $J_S(f) = 0$ zu Beginn des Prozesses; bricht der Algorithmus erfolgreich ab, liefert $J_S(f)$ die gewünschte Approximation von $I(f)$. Wir bezeichnen durch $J_{(\alpha,\beta)}(f)$ auch das approximierte Integral von f über dem "aktiven" Intervall $[\alpha, \beta]$. Dieses Intervall ist in Abbildung 9.3 dick dargestellt. In jedem Schritt der adaptiven Integrationsmethode werden die folgenden Entscheidungen getroffen:

1. Ist der lokale Fehlertest (9.45) erfüllt, so:

    (i) wird $J_S(f)$ durch $J_{(\alpha,\beta)}(f)$ vergrössert, d.h. $J_S(f) \leftarrow J_S(f) + J_{(\alpha,\beta)}(f)$;

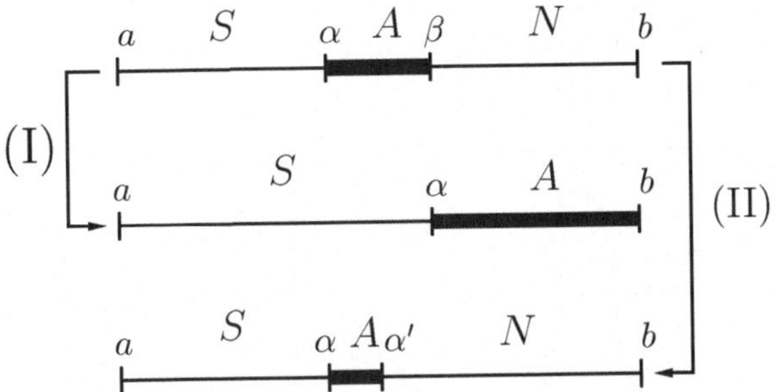

Abbildung 9.3. Verteilung der Integrationsintervalle in einem allgemeinen Schritt des adaptiven Algorithmus und Aktualisierung des Integrationsgitters.

> (ii) wir setzen $S \leftarrow S \cup A$, $A = N$ (entspricht Weg (I) in Abbildung 9.3), $\beta = b$.

2. Ist der lokale Fehlertest (9.45) nicht erfüllt, so:

> (j) wird A halbiert und das neue aktive Intervall wird auf $A = [\alpha, \alpha']$ mit $\alpha' = (\alpha + \beta)/2$ gesetzt (entspricht Weg (II) in Abbildung 9.3);
>
> (jj) wir setzen $N \leftarrow N \cup [\alpha', \beta]$, $\beta \leftarrow \alpha'$;
>
> (jjj) eine neue Fehlerschätzung wird bereitgestellt.

Um den Algorithmus vor der Erzeugung zu kleiner Schrittweiten zu bewahren, ist es zweckmässig, die Breite von A zu beobachten und den Anwender im Fall einer übermässigen Reduktion der Schrittweite über das Auftreten einer möglichen Singularität im Integranden zu warnen (siehe Abschnitt 9.8).

Beispiel 9.9 Wir verwenden die adaptive Cavalieri-Simpson-Integration zur Berechnung des Integrals

$$I(f) = \int_{-3}^{4} \tan^{-1}(10x)\,dx$$
$$= 4\tan^{-1}(40) + 3\tan^{-1}(-30) - (1/20)\log(16/9) \simeq 1.54201193.$$

Die Ausführung des Programmes 77 mit $\texttt{tol} = 10^{-4}$ und $\texttt{hmin} = 10^{-3}$ liefert eine Approximation des Integrals mit einem absoluten Fehler von $2.104 \cdot 10^{-5}$. Der Algorithmus führt 77 Funktionsauswertungen durch, die der Zerlegung des Intervalls $[a, b]$ in 38 nichtgleichmässige Teilintervalle entspricht. Wir bemerken, dass die entsprechende zusammengesetzte Formel bei äquidistanter Schrittweite 128 Teilintervalle erfordern würde bei einem absoluten Fehler von $2.413 \cdot 10^{-5}$.

In Abbildung 9.4 (links) zeigen wir zusammen mit der Darstellung des Integranden die Verteilung der Quadarturknoten als Funktion von x, während rechts die Dichte der Integrationsschrittweite (stückweise konstant) $\Delta_h(x)$ aufgetragen ist, die als das Inverse der Schrittweite h über jedes aktive Intervall A definiert ist. Beachte den hohen Wert von Δ_h in $x = 0$, wo die Ableitung des Integranden maximal ist.

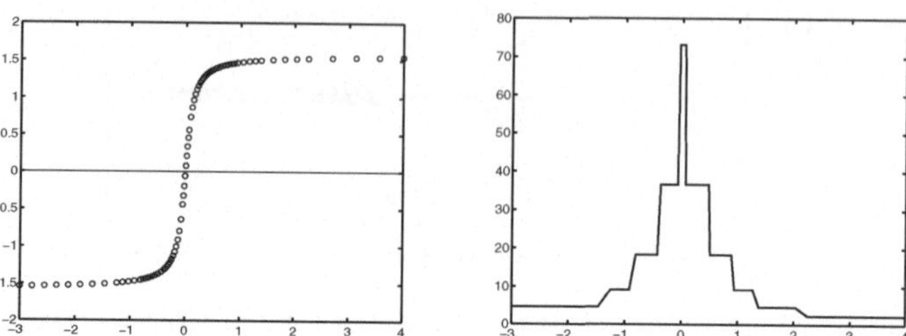

Abbildung 9.4. Verteilung der Quadraturknoten (links); Dichte der Integrations-schrittweite (rechts) bei der Approximation des Integrals in Beispiel 9.9.

Der oben beschriebene adaptive Algorithmus ist im Programm 77 implementiert. Von den Eingabeparametern ist hmin der minimal zulässige Wert der Integrationsschrittweite. Bei der Ausgabe gibt das Programm den Näherungswert des Integrals integ, die Gesamtzahl der Funktionsauswertungen nfv und die Menge der Integrationspunkte xfv zurück.

Program 77 - simpadpt : Adaptive Cavalieri-Simpson-Formel

```
function [integ,xfv,nfv]=simpadpt(a,b,tol,fun,hmin);
integ=0; level=0; i=1; alfa(i)=a; beta(i)=b;
step=(beta(i)-alfa(i))/4; nfv=0;
for k=1:5, x=a+(k-1)*step; f(i,k)=cval(fun); nfv=nfv+1; end
while (i > 0),
 S=0; S2=0; h=(beta(i)-alfa(i))/2; S=(h/3)*(f(i,1)+4*f(i,3)+f(i,5));
 h=h/2; S2=(h/3)*(f(i,1)+4*f(i,2)+f(i,3));
 S2=S2+(h/3)*(f(i,3)+4*f(i,4)+f(i,5));
 tolrv=tol*(beta(i)-alfa(i))/(b-a); errrv=abs(S-S2)/10;
 if (errrv > tolrv)
  i=i+1; alfa(i)=alfa(i-1); beta(i)=(alfa(i-1)+beta(i-1))/2;
  f(i,1)=f(i-1,1);f(i,3)=f(i-1,2);f(i,5)=f(i-1,3);len=abs(beta(i)-alfa(i));
  if (len >= hmin),
   if (len <= 11*hmin)
    disp(' Steplength close to hmin  '),
    str=sprintf('The approximate integral is %12.7e',integ);disp(str),end;
    step=len/4; x=alfa(i)+step; f(i,2)=eval(fun);
    nfv=nfv+1; x=beta(i)-step; f(i,4)=eval(fun); nfv=nfv+1;
  else, xfv=xfv'; disp(' Too small steplength   ')
   str=sprintf('The approximate integral is %12.7e',integ);
   disp(str), return
 end, else
 integ=integ+S2; level=level+1; if (level==1),
  for k=1:5, xfv(k)=alfa(i)+(k-1)*h; end; ist=5;
 else, for k=1:4, xfv(ist+k)=alfa(i)+k*h; end; ist=ist+4; end;
```

```
if (beta(i)==b), xfv=xfv';
str=sprintf('The approximate integral is %12.7e',integ);
disp(str), return, end; i=i-1; alfa(i)=beta(i+1);
f(i,1)=f(i+1,5); f(i,3)=f(i,4); step=abs(beta(i)-alfa(i))/4;
x=alfa(i)+step; f(i,2)=eval(fun); nfv=nfv+1; x=beta(i)-step;
f(i,4)=eval(fun); nfv=nfv+1;
end
end
```

9.8   Singuläre Integrale

In diesem Abschnitt erweitern wir unsere Analysis auf den Fall *singulärer Integrale*, die auftreten, wenn f endliche Sprünge besitzt oder in einem Punkt sogar Unendlich wird. Daneben werden wir den Fall von Integralen von beschränkten Funktionen über unbeschränkten Intervallen betrachten. Wir widmen uns kurz den betreffenden numerischen Techniken zur geeigneten Behandlung solcher Integrale.

9.8.1   *Integrale von Funktionen mit endlichen Sprüngen*

Sei c ein *bekannter* Punkt im Intervall $[a, b]$ und nehmen wir an, dass die Funktion f auf $[a, c)$ und $(c, b]$ stetig und beschränkt ist, sowie in c den endlichen Sprung $f(c^+) - f(c^-)$ besitzt. Da

$$I(f) = \int_a^b f(x)dx = \int_a^c f(x)dx + \int_c^b f(x)dx \qquad (9.46)$$

gilt, kann jede Integrationsformel der vorangegangenen Abschnitte auf den Intervallen $[a, c^-]$ und $[c^+, b]$ verwendet werden, um eine Approximation von $I(f)$ zu erhalten. Wir gehen ähnlich vor, wenn f eine *endliche* Anzahl von Sprüngen innerhalb des Intervalles $[a, b]$ hat.

Ist die Position der Unstetigkeitsstellen von f *nicht a-priori* bekannt, sollte vorbereitend eine Analyse des Graphen der Funktion durchgeführt werden. Alternativ kann man zu einem adaptiven Integrator greifen, der in der Lage ist, Unstetigkeiten zu erkennen, wenn die Integrationsschrittweiten unter eine gegebene Toleranz fallen (siehe Abschnitt 9.7.2).

9.8.2   *Integrale unbeschränkter Funktionen*

Widmen wir uns dem Fall $\lim_{x \to a^+} f(x) = \infty$; analoge Betrachtungen gelten für den Fall, wenn f mit $x \to b^-$ Unendlich wird, während der Fall eines inneren Punktes c im Intervall $[a, b]$, in dem f unbeschränkt wächst, wegen (9.46) auf die beiden vorangegangenen Fälle zurückgeführt werden kann. Angenommen der Integrand ist von der Form

$$f(x) = \frac{\phi(x)}{(x-a)^\mu}, \qquad 0 \le \mu < 1,$$

wobei ϕ eine dem Betrage nach durch M beschränkte Funktion ist. Dann folgt

$$|I(f)| \le M \lim_{t \to a^+} \int_t^b \frac{1}{(x-a)^\mu}dx = M\frac{(b-a)^{1-\mu}}{1-\mu}.$$

Angenommen, wir wollen $I(f)$ auf eine vorgegebene Toleranz δ approximieren. Dazu beschreiben wir die folgenden beiden Methoden (zu weiteren Details siehe [IK66], Abschnitt 7.6, und [DR75], Abschnitt 2.12 und Anhang 1).

Methode 1. Für jedes ε, $0 < \varepsilon < (b-a)$, schreiben wir das singuläre Integral in der Form $I(f) = I_1 + I_2$ mit

$$I_1 = \int_a^{a+\varepsilon} \frac{\phi(x)}{(x-a)^\mu}dx, \qquad I_2 = \int_{a+\varepsilon}^b \frac{\phi(x)}{(x-a)^\mu}dx.$$

Die Berechnung von I_1 ist nicht schwierig. Nach Ersetzung von ϕ durch ihre Taylor-Entwicklung der Ordnung p um $x = a$ erhalten wir

$$\phi(x) = \Phi_p(x) + \frac{(x-a)^{p+1}}{(p+1)!}\phi^{(p+1)}(\xi(x)), \qquad p \ge 0 \qquad (9.47)$$

wobei $\Phi_p(x) = \sum_{k=0}^p \phi^{(k)}(a)(x-a)^k/k!$ ist. Dann gilt

$$I_1 = \varepsilon^{1-\mu}\sum_{k=0}^p \frac{\varepsilon^k \phi^{(k)}(a)}{k!(k+1-\mu)} + \frac{1}{(p+1)!}\int_a^{a+\varepsilon} (x-a)^{p+1-\mu}\phi^{(p+1)}(\xi(x))dx.$$

Wird I_1 durch die endliche Summe ersetzt, kann der entsprechende Fehler E_1 beschränkt werden durch

$$|E_1| \le \frac{\varepsilon^{p+2-\mu}}{(p+1)!(p+2-\mu)} \max_{a \le x \le a+\varepsilon} |\phi^{(p+1)}(x)|, \qquad p \ge 0. \qquad (9.48)$$

Für festes p, ist die rechte Seite von (9.48) eine wachsende Funktion von ε. Nehmen wir andererseits $\varepsilon < 1$ und ferner an, dass die aufeinanderfolgenden Ableitungen von ϕ nicht zu stark mit p wachsen, fällt die gleiche Funktion mit wachsendem p.

Als nächstes approximieren wir I_2 unter Verwendung einer zusammenhängenden Newton-Cotes-Formel mit m Teilintervallen und n Quadraturknoten in jedem Teilintervall (sei eine gerade ganze Zahl). Rufen wir uns

(9.26) in Erinnerung und zielen auf eine Gleichverteilung des Fehlers δ zwischen I_1 und I_2, so erhalten wir

$$|E_2| \le \mathcal{M}^{(n+2)}(\varepsilon)\frac{b-a-\varepsilon}{(n+2)!}\frac{|M_n|}{n^{n+3}}\left(\frac{b-a-\varepsilon}{m}\right)^{n+2} = \delta/2, \qquad (9.49)$$

wobei

$$\mathcal{M}^{(n+2)}(\varepsilon) = \max_{a+\varepsilon\le x\le b}\left|\frac{d^{n+2}}{dx^{n+2}}\left(\frac{\phi(x)}{(x-a)^\mu}\right)\right|.$$

Der Wert der Konstanten $\mathcal{M}^{(n+2)}(\varepsilon)$ wächst stark für ε gegen Null; folglich könnte (9.49) eine derart große Zahl $m_\varepsilon = m(\varepsilon)$ an Teilintervallen erfordern, dass die vorliegende Methode wenig praktikabel ist.

Beispiel 9.10 Betrachte das singuläre Integral (bekannt als *Fresnel-Integral*)

$$I(f) = \int\limits_0^{\pi/2} \frac{\cos(x)}{\sqrt{x}}dx. \qquad (9.50)$$

Entwickeln wir den Integranden in eine Taylorreihe um $x = 0$ und wenden wir den Integrationssatz für Reihen an, bekommen wir

$$I(f) = \sum_{k=0}^{\infty} \frac{(-1)^k}{(2k)!}\frac{1}{(2k+1/2)}(\pi/2)^{2k+1/2}.$$

Brechen wir die Reihe nach den ersten 10 Glieder ab, so erhalten wir einen Näherungswert des Integrals von 1.9549.

Bei Verwendung der zusammengesetzten Cavalieri-Simpson-Formel ergibt die *a-priori* Abschätzung (9.49) für ε gegen Null und $n = 2$, $|M_2| = 4/15$,

$$m_\varepsilon \simeq \left[\frac{0.018}{\delta}\left(\frac{\pi}{2}-\varepsilon\right)^5\varepsilon^{-9/2}\right]^{1/4}.$$

Sei $\delta = 10^{-4}$. Nehmen wir $\varepsilon = 10^{-2}$, so sind 1140 (gleichlange) Teilintervalle erforderlich, während für $\varepsilon = 10^{-4}$ und $\varepsilon = 10^{-6}$ die Anzahl der Teilintervalle $2\cdot 10^5$ bzw. $3.6\cdot 10^7$ ist.

Zum Vergleich erhalten wir bei Ausführung des Programmes 77 (adaptive Integration mit der Cavalieri-Simpson-Formel) mit $\mathtt{a} = \varepsilon = 10^{-10}$, $\mathtt{hmin} = 10^{-12}$ und $\mathtt{tol} = 10^{-4}$ für das Integral den Näherungswert 1.955 zum Preis von 1057 Funktionsauswertungen, die 528 nichtgleichmässige Unterteilungen des Intervalles $[0, \pi/2]$ erfordern.

Methode 2. Unter Verwendung der Taylorentwicklung (9.47) erhalten wir

$$I(f) = \int\limits_a^b \frac{\phi(x)-\Phi_p(x)}{(x-a)^\mu}dx + \int\limits_a^b \frac{\Phi_p(x)}{(x-a)^\mu}dx = I_1 + I_2.$$

Die exakte Berechnung von I_2 ergibt

$$I_2 = (b-a)^{1-\mu} \sum_{k=0}^{p} \frac{(b-a)^k \phi^{(k)}(a)}{k!(k+1-\mu)}. \tag{9.51}$$

Das Integral I_1 ist für $p \geq 0$

$$I_1 = \int_a^b (x-a)^{p+1-\mu} \frac{\phi^{(p+1)}(\xi(x))}{(p+1)!} dx = \int_a^b g(x)dx. \tag{9.52}$$

Im Unterschied zur Methode 1 wächst die Funktion g in $x = a$ *nicht* unbeschränkt an, da ihre ersten p Ableitungen in $x = a$ endlich sind. Angenommen wir approximieren I_1 unter Verwendung einer zusammengesetzten Newton-Cotes-Formel, so ist es möglich, eine Abschätzung des Quadraturfehlers anzugeben, vorausgesetzt, dass $p \geq n+2$ für $n \geq 0$ gerade oder $p \geq n+1$ für n ungerade gilt.

Beispiel 9.11 Betrachten wir erneut das singuläre Fresnel-Integral (9.50) und nehmen an, wir nutzen die zusammengesetzte Cavalieri-Simpson-Formel zur Approximation von I_1. Wir werden in (9.51) und (9.52) $p = 4$ nehmen. Die Berechnung von I_2 ergibt den Wert $(\pi/2)^{1/2}(2 - (1/5)(\pi/2)^2 + (1/108)(\pi/2)^4) \simeq 1.9588$. Die Anwendung der Fehlerabschätzung (9.26) mit $n = 2$ zeigt, dass bereits 2 Teilzerlegungen von $[0, \pi/2]$ zur Approximation von I_1 bis auf einen Fehler von $\delta = 10^{-4}$ ausreichen, was den Wert $I_1 \simeq -0.0173$ ergibt. Insgesamt liefert Methode 2 für (9.50) den Näherungswert 1.9415. ●

9.8.3 *Integrale über unbeschränkte Intervalle*

Sei $f \in C^0([a, +\infty))$; sollte er existieren und endlich sein, so wird der Grenzwert

$$\lim_{t \to +\infty} \int_a^t f(x)dx$$

als Wert des singulären Integrals

$$I(f) = \int_a^\infty f(x)dx = \lim_{t \to +\infty} \int_a^t f(x)dx \tag{9.53}$$

definiert. Eine analoge Definition gilt, wenn f auf $(-\infty, b]$ stetig ist, während wir für eine Funktion $f : \mathbb{R} \to \mathbb{R}$, die auf jedem beschränkten Intervall integrierbar ist,

$$\int_{-\infty}^\infty f(x)dx = \int_{-\infty}^c f(x)dx + \int_c^{+\infty} f(x)dx \tag{9.54}$$

setzen, wobei c irgendeine reelle Zahl ist und die beiden singulären Integrale auf der rechten Seite von (9.54) konvergent sind. Diese Definition ist korrekt, denn der Wert von $I(f)$ hängt *nicht* von der Wahl von c ab.

Eine hinreichende Bedingung für die Integrierbarkeit von f über $[a, +\infty)$ ist die folgende

$$\exists \rho > 0, \text{ so dass } \lim_{x \to +\infty} x^{1+\rho} f(x) = 0,$$

d.h. wir fordern, dass f von höherer als erster Ordnung in Bezug auf $1/x$ für $x \to \infty$ verschwindet. Für die numerische Approximation von (9.53) bis auf eine Toleranz δ betrachten wir die folgenden Methoden und verweisen hinsichtlich weiterer Details auf [DR75], Kapitel 3.

Methode 1. Um (9.53) zu berechnen, können wir $I(f)$ in der Form $I(f) = I_1 + I_2$ mit $I_1 = \int_a^c f(x)dx$ und $I_2 = \int_c^\infty f(x)dx$ zerlegen.

Der Endpunkt c, der beliebig gewählt werden kann, wird so festgelegt, dass der Beitrag von I_2 vernachlässigbar ist. Genauer gesagt, nutzen wir das asymptotische Verhalten von f aus und wählen c so, dass I_2 gleich dem Bruchteil eines Anteiles der festen Toleranz, sagen wir etwa $I_2 = \delta/2$ ist.

Danach wird I_1 bis auf einen absoluten Fehler von $\delta/2$ berechnet. Dies sichert, dass der Gesamtfehler bei der Berechnung von $I_1 + I_2$ kleiner als die Toleranz δ ist.

Beispiel 9.12 Berechne bis auf einen Fehler $\delta = 10^{-3}$ das Integral

$$I(f) = \int_0^\infty \cos^2(x)e^{-x}dx = 3/5.$$

Für jedes gegebene $c > 0$ haben wir $I_2 = \int_c^\infty \cos^2(x)e^{-x}dx \leq \int_c^\infty e^{-x}dx = e^{-c}$;

aus der Forderung $e^{-c} = \delta/2$, erhält man $c \simeq 7.6$. Angenommen, wir nutzen dann die zusammengesetzte Trapezregel zur Approximation von I_1, so erhalten wir aufgrund von (9.27) mit $n = 1$ und $M = \max_{0 \leq x \leq c}|f''(x)| \simeq 1.04$ die Abschätzung $m \geq \left(Mc^3/(6\delta)\right)^{1/2} = 277$.

Das Programm 72 liefert den Wert $\mathcal{I}_1 \simeq 0.599905$, anstelle des exakten Wertes $I_1 = 3/5 - e^{-c}(\cos^2(c) - (\sin(2c) + 2\cos(2c))/5) \simeq 0.599842$, bei einem Fehler von ungefähr $6.27 \cdot 10^{-5}$. Der numerisch berechnete Gesamtwert ist folglich $\mathcal{I}_1 + I_2 \simeq 0.600405$ bei einem absoluten Fehler in Bezug auf $I(f)$ von $4.05 \cdot 10^{-4}$. $\qquad \bullet$

Methode 2. Für jede reelle Zahl c sei $I(f) = I_1 + I_2$ wie im Fall der Methode 1. Danach führen wir einen Variablenwechsel $x = 1/t$ durch, um I_2 in ein Integral über das *beschränkte* Intervall $[0, 1/c]$ zu transformieren,

$$I_2 = \int_0^{1/c} f(t)t^{-2}dt = \int_0^{1/c} g(t)dt. \qquad (9.55)$$

Ist $g(t)$ nicht singulär in $t = 0$, so kann (9.55) durch jede in diesem Kapitel eingeführte Quadraturformel ausgewertet werden. Andernfalls kann man zu den in Abschnitt 9.8.2 betrachteten Integrationsmethoden greifen.

Methode 3. Verwende Gauß-Interpolationsformeln, bei denen die Integrationsknoten die Nullstellen orthogonaler Laguerre- und Hermite-Polynome sind (siehe Abschnitt 10.5).

9.9   Mehrdimensionale numerische Integration

Sei Ω ein beschränktes Gebiet im $\mathbb{R}^2$ mit einem hinreichend glatten Rand. Wir betrachten das Problem der Approximation des Integrals

$$I(f) = \int_\Omega f(x, y)\,dx\,dy,$$

wobei f eine stetige Funktion auf $\overline{\Omega}$ ist. Hierfür geben wir in den Abschnitten 9.9.1 und 9.9.2 zwei Methoden an.

Die erste Methode ist anwendbar, wenn Ω ein *normales* Gebiet in Bezug auf eine Koordinatenachse ist. Sie basiert auf der Reduktionsformel für Doppelintegrale und verwendet eindimensionale Quadraturen entlang beider Koordinatenrichtungen. Die zweite Methode, die angewandt werden kann, wenn Ω ein Polygon ist, besteht in der Verwendung zusammengesetzter Quadraturen niedrigen Grades auf einer Dreieckszerlegung des Gebietes Ω. Abschnitt 9.9.3 widmet sich kurz der Monte-Carlo-Methode, die besonders gut zur Integration in höheren Dimensionen geeignet ist.

9.9.1   Die Methode der Reduktionsformel

Sei Ω ein Normalgebiet in Bezug auf die x-Achse, wie in Abbildung 9.5 dargestellt, und nehmen wir der Einfachheit halber an, dass $\phi_2(x) > \phi_1(x)$, $\forall x \in [a, b]$.
Die Reduktionsformel für Doppelintegrale ergibt (mit offensichtlicher Wahl der Bezeichnungen)

$$I(f) = \int_a^b \int_{\phi_1(x)}^{\phi_2(x)} f(x, y)\,dy\,dx = \int_a^b F_f(x)\,dx. \tag{9.56}$$

Das Integral $I(F_f) = \int_a^b F_f(x)\,dx$ kann durch eine zusammengesetzte Quadraturregel unter Verwendung von M_x Teilintervallen $\{J_k, k = 1, \ldots, M_x\}$, der Breite $H = (b - a)/M_x$, und in jedem Teilintervall $n_x^{(k)} + 1$ Knoten

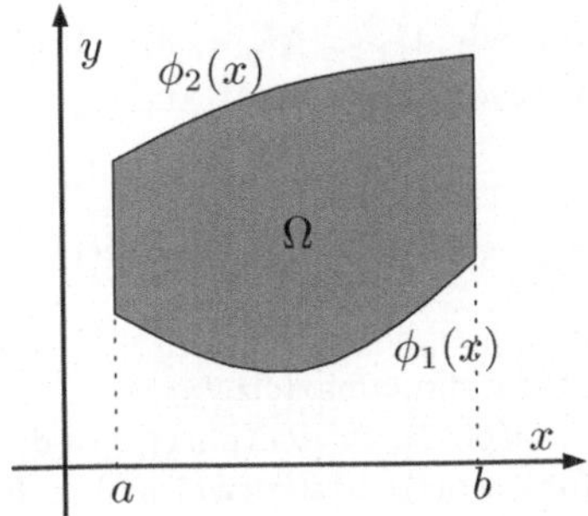

Abbildung 9.5. Normalgebiet in Bezug auf die x-Achse.

$\{x_i^k,\ i = 0, \ldots, n_x^{(k)}\}$, approximiert werden. Somit können wir in x-Richtung

$$I_{n_x}^c(f) = \sum_{k=1}^{M_x} \sum_{i=0}^{n_x^{(k)}} \alpha_i^k F_f(x_i^k)$$

schreiben, wobei die Koeffizienten α_i^k die Quadraturgewichte auf jedem Teilintervall J_k sind. Für jeden Knoten x_i^k wird dann die approximative Berechnung des Integrals $F_f(x_i^k)$ durch eine zusammengesetzte Quadratur unter Verwendung von M_y Teilintervallen $\{J_m,\ m = 1, \ldots, M_y\}$, der Breite $h_i^k = (\phi_2(x_i^k) - \phi_1(x_i^k))/M_y$ und in jedem Teilintervall $n_y^{(m)} + 1$ Knoten $\{y_{j,m}^{i,k},\ j = 0, \ldots, n_y^{(m)}\}$ ausgeführt.

Im Spezialfall $M_x = M_y = M$, $n_x^{(k)} = n_y^{(m)} = 0$, für $k, m = 1, \ldots, M$, ist die resultierende Quadraturformel die *Mittelpunktreduktionsformel*

$$I_{0,0}^c(f) = H \sum_{k=1}^{M} h_0^k \sum_{m=1}^{M} f(x_0^k, y_{0,m}^{0,k})$$

bei der $H = (b - a)/M$, $x_0^k = a + (k - 1/2)H$ für $k = 1, \ldots, M$ und $y_{0,m}^{0,k} = \phi_1(x_0^k) + (m - 1/2)h_0^k$ für $m = 1, \ldots, M$ gelten. Mit einen ähnlichen Verfahren kann die *Trapezreduktionsformel* entlang der Koordinatenrichtungen konstruiert werden (in diesem Fall gilt $n_x^{(k)} = n_y^{(m)} = 1$, für $k, m = 1, \ldots, M$).

Offensichtlich kann die Wirksamkeit des Verfahrens durch Einsatz der in Abschnitt 9.7.2 beschriebenen adaptiven Methode, die Quadraturknoten x_i^k und $y_{j,m}^{i,k}$ in Abhängigkeit von der Variation von f auf dem Gebiet Ω zu verteilen, erhöht werden. Die Verwendung der obigen Reduktionsformeln wird, wegen des anwachsenden numerischen Aufwandes, mit zunehmender Dimension des Gebietes $\Omega \subset \mathbb{R}^d$ immer weniger sinnvoll. Tatsächlich fallen, wenn jedes einfache Integral N Funktionsaufrufe erfordert, Gesamtkosten von N^d Funktionsaufrufen an.

Die Mittelpunkt- und Trapezreduktionsformeln zur Approximation des Integrals (9.56) sind in den Programmen 78 und 79 implementiert. Der

Einfachheit halber setzen wir $M_x = M_y = M$. Die Variablen `phi1` und `phi2` enthalten die Funktionsausdrücke von ϕ_1 und ϕ_2, die das Integrationsgebiet begrenzen.

Program 78 - redmidpt : Mittelpunktreduktionsformel

```
function inte=redmidpt(a,b,phi1,phi2,m,fun)
H=(b-a)/m; xx=[a+H/2:H:b]; dim=max(size(xx));
for i=1:dim, x=xx(i); d=eval(phi2); c=eval(phi1); h=(d-c)/m;
y=[c+h/2:h:d]; w=eval(fun); psi(i)=h*sum(w(1:m)); end;
inte=H*sum(psi(1:m));
```

Program 79 - redtrap : Trapezreduktionsformel

```
function inte=redtrap(a,b,phi1,phi2,m,fun)
H=(b-a)/m; xx=[a:H:b]; dim=max(size(xx));
for i=1:dim, x=xx(i); d=eval(phi2); c=eval(phi1); h=(d-c)/m;
 y=[c:h:d]; w=eval(fun); psi(i)=h*(0.5*w(1)+sum(w(2:m))+0.5*w(m+1));
end; inte=H*(0.5*psi(1)+sum(psi(2:m))+0.5*psi(m+1));
```

9.9.2 Zweidimensionale zusammengesetzte Quadraturen

In diesem Abschnitt erweitern wir die in Abschnitt 9.4 betrachteten zusammengesetzten Interpolations-Quadraturen auf den zweidimensionalen Fall. Wir nehmen an, dass Ω ein konvexes Polygon ist und führen eine *Triangulierung* $\mathcal{T}_h$ von N_T Dreiecken oder *Elementen* ein, so dass $\overline{\Omega} = \bigcup_{T \in \mathcal{T}_h} T$, wobei der Parameter $h > 0$ die maximale Kantenlänge in $\mathcal{T}_h$ bezeichnen möge (siehe Abschnitt 8.5.2).

Genauso wie im eindimensionalen Fall können die zusammengesetzten Interpolationsquadraturen auf Dreiecken durch Ersetzung von $\int_\Omega f(x,y)dxdy$ mit $\int_\Omega \Pi_h^k f(x,y)dxdy$ gewonnen werden, wobei für $k \geq 0$, $\Pi_h^k f$ das in Abschnitt 8.5.2 eingeführte, zusammengesetzte Interpolationspolynom von f auf der Triangulierung $\mathcal{T}_h$ ist.

Für eine effiziente Auswertung des letzten Integrals verwenden wir die Additivität des Integrals, was mit (8.38) kombiniert auf die zusammengesetzte Interpolationsregel

$$
\begin{aligned}
I_k^c(f) &= \int_\Omega \Pi_h^k f(x,y)dxdy = \sum_{T \in \mathcal{T}_h} \int_T \Pi_T^k f(x,y)dxdy = \sum_{T \in \mathcal{T}_h} I_k^T(f) \\
&= \sum_{T \in \mathcal{T}_h} \sum_{j=0}^{d_k-1} f(\tilde{\mathbf{z}}_j^T) \int_T l_j^T(x,y)dxdy = \sum_{T \in \mathcal{T}_h} \sum_{j=0}^{d_k-1} \alpha_j^T f(\tilde{\mathbf{z}}_j^T)
\end{aligned}
\tag{9.57}
$$

führt. Die Koeffizienten $\alpha_T^{(j)}$ und die Punkte $\tilde{\mathbf{z}}_T^{(j)}$ heißen *lokale* Gewichte bzw. Knoten der Quadraturformel (9.57).

Die Gewichte $\alpha_T^{(j)}$ können auf dem Referenzdreieck $\hat{T}$ mit den Ecken $(0,0)$, $(1,0)$ und $(0,1)$, wie folgt berechnet werden:

$$\alpha_T^{(j)} = \int\limits_{T} l_{j,T}(x,y)dxdy = 2|T| \int\limits_{\hat{T}} \hat{l}_j(\hat{x},\hat{y})d\hat{x}d\hat{y}, \qquad j = 0,\ldots,d_k - 1,$$

wobei $|T|$ die Fläche von T bezeichnet. Ist $k = 0$, so erhalten wir $\alpha_T^{(0)} = |T|$, während wir für $k = 1$ die Gewichte $\alpha_T^{(j)} = |T|/3$, für $j = 0,1,2$, erhalten. Wenn wir mit $\mathbf{a}_T^{(j)}$ für $j = 1,2,3$ die Ecken und mit $\mathbf{a}_T = \sum_{j=1}^{3}(\mathbf{a}_T^{(j)})/3$ den Schwerpunkt des Dreiecks $T \in \mathcal{T}_h$ bezeichnen, erhalten wir folgende Formeln:

Zusammengesetzte Mittelpunktformel

$$I_0^c(f) = \sum_{T\in\mathcal{T}_h} |T|f(\mathbf{a}_T). \tag{9.58}$$

Zusammengesetzte Trapezformel

$$I_1^c(f) = \frac{1}{3} \sum_{T\in\mathcal{T}_h} |T|\sum_{j=1}^{3} f(\mathbf{a}_T^{(j)}). \tag{9.59}$$

In Hinblick auf die Analyse des Quadraturfehlers $E_k^c(f) = I(f) - I_k^c(f)$ führen wir folgende Definition ein.

Definition 9.1 Die Quadraturformel (9.57) hat den *Exaktheitsgrad* n, $n \geq 0$, wenn $I_k^{\hat{T}}(p) = \int_{\hat{T}} pdxdy$ für jedes $p \in \mathbb{P}_n(\hat{T})$, wobei $\mathbb{P}_n(\hat{T})$ in (8.35) definiert wurde. ∎

Folgende Resultate lassen sich beweisen (siehe [IK66], S. 361–362).

Eigenschaft 9.4 *Angenommen die Quadraturformel (9.57) habe auf Ω den Exaktheitsgrad n, $n \geq 0$, und alle ihre Gewichte seien nicht negativ. Dann gibt es eine positive Konstante K_n, unabhängig von h derart, dass*

$$|E_k^c(f)| \leq K_n h^{n+1}|\Omega|M_{n+1},$$

für jede Funktion $f \in C^{n+1}(\Omega)$ gilt, wobei M_{n+1} der Maximalwert des Betrages der $n + 1$-ten Ableitung von f ist und $|\Omega|$ den Flächeninhalt von Ω bezeichnen.

Die zusammengesetzten Formeln (9.58) und (9.59) haben beide den Exaktheitsgrad 1; infolge von Eigenschaft 9.4 sind sie bezüglich h von zweiter Ordnung.

Eine andere Familie von Quadraturregeln auf Dreiecken wird durch die sogenannten *symmetrischen Formeln* gegeben. Sie sind Gauß-Formeln mit n Knoten und hohem Exaktheitsgrad und sind dadurch gekennzeichnet, dass die Quadraturknoten in Bezug auf alle Ecken des Referenzdreieckes $\widehat{T}$ symmetrische Positionen einnehmen, oder wie es der Fall bei den Gauß-Radau-Formeln ist, in Bezug auf die Gerade $\widehat{y} = \widehat{x}$.

Betrachten wir das allgemeine Dreieck $T \in \mathcal{T}_h$ und bezeichnen wir durch $\mathbf{a}_{(j)}^T$, $j = 1, 2, 3$, die Mittelpunkte der Kanten von T, so sind zwei Beispiele symmetrischer Formeln

$$I_3(f) = \frac{|T|}{3} \sum_{j=1}^{3} f(\mathbf{a}_{(j)}^T), \qquad n = 3,$$

$$I_7(f) = \frac{|T|}{60} \left(3 \sum_{i=1}^{3} f(\mathbf{a}_T^{(i)}) + 8 \sum_{j=1}^{3} f(\mathbf{a}_{(j)}^T) + 27 f(\mathbf{a}_T) \right), \qquad n = 7.$$

Sie besitzen den Exaktheitsgrad 2 bzw. 3. Hinsichtlich einer Beschreibung und Analyse symmetrischer Formeln für Dreiecke verweisen wir auf [Dun85], für die Erweiterung auf Tetraeder und Würfel auf [Kea86] und [Dun86].

Die zusammengesetzten Quadraturregeln (9.58) und (9.59) für die approximative Berechnung des Integrals von $f(x, y)$ über ein einzelnes Dreieck $T \in \mathcal{T}_h$ sind in den Programmen 80 und 81 implementiert. Um das Integral über Ω zu berechnen genügt es, die einzelnen Beiträge, die das Programm über ein Dreieck der Zerlegung $\mathcal{T}_h$ liefert, aufzusummieren. Die Koordinaten der Ecken des Dreiecks T sind in den Feldern xv und yv gespeichert.

Program 80 - midptr2d : Mittelpunktregel auf einem Dreieck

```
function inte=midptr2d(xv,yv,fun)
y12=yv(1)-yv(2); y23=yv(2)-yv(3); y31=yv(3)-yv(1);
areat=0.5*abs(xv(1)*y23+xv(2)*y31+xv(3)*y12);
x=sum(xv)/3; y=sum(yv)/3; inte=areat*eval(fun);
```

Program 81 - traptr2d : Trapezregel auf einem Dreieck

```
function inte=traptr2d(xv,yv,fun)
y12=yv(1)-yv(2); y23=yv(2)-yv(3); y31=yv(3)-yv(1);
areat=0.5*abs(xv(1)*y23+xv(2)*y31+xv(3)*y12); inte=0;
for i=1:3, x=xv(i); y=yv(i); inte=inte+eval(fun); end;
inte=inte*areat/3;
```

9.9.3 *Monte-Carlo-Methode zur Numerischen Integration*

Numerische Integrationsmethoden, die auf Monte-Carlo-Techniken beruhen, sind ein begründetes Werkzeug zur Approximation mehrdimensionaler

Integrale, wenn die Raumdimension n groß wird. Diese Methoden unterscheiden sich von den bislang betrachteten Methoden, da die Wahl der Quadraturknoten *statistisch* nach den erreichten Werten einer Zufallsvariablen mit bekannter Wahrscheinlichkeitsverteilung erfolgt.

Die grundlegende Idee der Methode besteht darin, das Integral als einen *statistischen Mittelwert*

$$\int_{\Omega} f(\mathbf{x})d\mathbf{x} = |\Omega| \int_{\mathbb{R}^n} |\Omega|^{-1} \chi_{\Omega}(\mathbf{x}) f(\mathbf{x}) d\mathbf{x} = |\Omega| \mu(f)$$

zu interpretieren, wobei $\mathbf{x} = (x_1, x_2, \ldots, x_n)^T$ und $|\Omega|$ das n-dimensionale Volumen von Ω sind, $\chi_{\Omega}(\mathbf{x})$ die charakteristische Funktion der Menge Ω (die 1 für $\mathbf{x} \in \Omega$ und 0 sonst ist) bezeichnet, und $\mu(f)$ der Mittelwert der Funktion $f(X)$ ist, wobei X eine Zufallsvariable mit gleichmässiger Wahrscheinlichkeitsdichte $|\Omega|^{-1}\chi_{\Omega}$ über $\mathbb{R}^n$ ist.

Wir erinnern daran, dass die *Zufallsvariable* $X \in \mathbb{R}^n$ (oder richtiger der *Zufallsvektor*) ein n-Tupel reeller Zahlen $X_1(\zeta), \ldots, X_n(\zeta)$ ist, das jedem Ausgang ζ eines Zufallsexperiment zugewiesen ist (siehe [Pap87], Kapitel 4).

Haben wir einen Vektor $\mathbf{x} \in \mathbb{R}^n$ festgelegt, so ist die Wahrscheinlichkeit $\mathcal{P}\{X \leq \mathbf{x}\}$ des zufälligen Ereignisses $\{X_1 \leq x_1, \ldots, X_n \leq x_n\}$ durch

$$\mathcal{P}\{X \leq \mathbf{x}\} = \int_{-\infty}^{x_1} \ldots \int_{-\infty}^{x_n} f(X_1, \ldots, X_n) dX_1 \ldots dX_n$$

gegeben, wobei $f(X) = f(X_1, \ldots, X_n)$ die *Wahrscheinlichkeitsdichte* der Zufallsvariablen $X \in \mathbb{R}^n$ ist, so dass

$$f(X_1, \ldots, X_n) \geq 0, \qquad \int_{\mathbb{R}^n} f(X_1, \ldots, X_n) dX = 1.$$

Die numerische Berechnung des Mittelwerts $\mu(f)$ wird durch N unabhängige Versuche $\mathbf{x}_1, \ldots, \mathbf{x}_N \in \mathbb{R}^n$ mit der Wahrscheinlichkeitsdichte $|\Omega|^{-1}\chi_{\Omega}$ durchgeführt und ihr *Mittel*

$$\overline{f}_N = \frac{1}{N} \sum_{i=1}^{N} f(\mathbf{x}_i) = I_N(f) \tag{9.60}$$

ausgewertet. Vom statistischem Standpunkt können die Versuche $\mathbf{x}_1, \ldots, \mathbf{x}_N$ als die Realisierungen einer Folge von N Zufallsvariablen $\{X_1, \ldots, X_N\}$ angesehen werden, die paarweise unabhängig sind und jede die Wahrscheinlichkeitsdichte $|\Omega|^{-1}\chi_{\Omega}$ hat.

Für eine solche Folge sichert das Gesetz der großen Zahlen mit Wahrscheinlichkeit 1 die Konvergenz der Mittel $I_N(f) = \left(\sum_{i=1}^{N} f(X_i)\right)/N$ gegen den Mittelwert $\mu(f)$ für $N \to \infty$. In der numerischen Praxis wird die

Folge der Versuche $\mathbf{x}_1, \ldots, \mathbf{x}_N$ deterministisch von einem Zufallsgenerator produziert, was zu den sogenannten *pseudo-zufälligen Integrationsformeln* führt.

Der Quadraturfehler $E_N(f) = \mu(f) - I_N(f)$ als Funktion von N kann durch die *Varianz*

$$\sigma(I_N(f)) = \sqrt{\mu\left(I_N(f) - \mu(f)\right)^2}$$

charakterisiert werden. Interpretieren wir wieder f als eine Funktion der Zufallsvariablen X, verteilt mit gleichmässiger Wahrscheinlichkeitsdichte $|\Omega|^{-1}$ in $\Omega \subseteq \mathbb{R}^n$ und der Varianz $\sigma(f)$, so haben wir

$$\sigma(I_N(f)) = \frac{\sigma(f)}{\sqrt{N}}, \tag{9.61}$$

woraus für die statistische Abschätzung des Fehlers $\sigma(I_N(f))$ für $N \to \infty$ eine Konvergenzrate von $\mathcal{O}(N^{-1/2})$ folgt. Diese Konvergenzrate hängt *nicht* von der Dimension n des Integrationsgebietes ab, was das wichtigste Merkmal der Monte-Carlo-Methode ist. Jedoch sollte vermerkt werden, dass die Konvergenzrate unabhängig von der *Regularität* von f ist; folglich liefern Monte-Carlo-Methoden im Unterschied zu Interpolationsquadraturen *keine* genaueren Ergebnisse, wenn man es mit glatten Integranden zu tun hat.

Die Abschätzung (9.61) ist extrem schwach und in der Praxis erhält man oft sehr ungenaue Resultate. Eine effizientere Implementation von Monte-Carlo-Methoden basiert auf zusammengesetzten Ansätzen oder halb-analytischen Methoden; ein Beispiel dieser Techniken wird in [NAG95] gegeben, wo eine zusammengesetzte Monte-Carlo-Methode zur Berechnung von Integralen über Hypercubes im $\mathbb{R}^n$ verwendet wurde.

9.10   Anwendungen

In den folgenden Abschnitten betrachten wir die Berechnung zweier Integrale, die sich aus Anwendungen in Geometrie und in der Mechanik starrer Körper ergeben.

9.10.1   *Berechnung der Oberfläche eines Ellipsoids*

Sei E ein Ellipsoid, der durch Rotation der in Abbildung 9.6 dargestellten Ellipse um die x-Achse entsteht. Der Radius ρ als Funktion der axialen Koordinate wird durch die Gleichung

$$\rho^2(x) = \alpha^2(1 - \beta^2 x^2), \qquad -\frac{1}{\beta} \leq x \leq \frac{1}{\beta}$$

beschrieben, wobei α und β gegebene Konstanten mit $\alpha^2\beta^2 < 1$ sind.

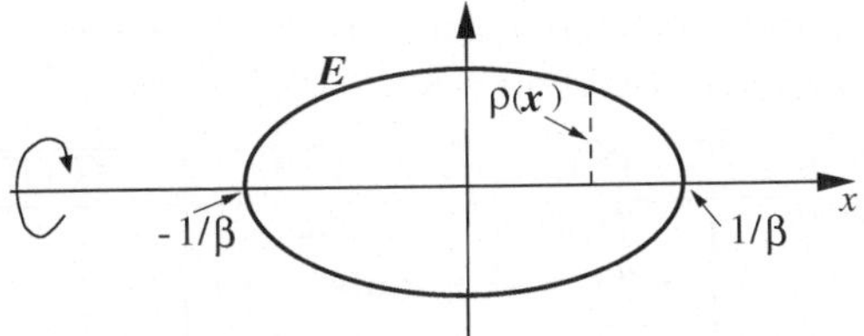

Abbildung 9.6. Querschnitt des Ellipsoids.

Wir setzen folgende Parameterwerte: $\alpha^2 = (3 - 2\sqrt{2})/100$ und $\beta^2 = 100$. Weiter seien $K^2 = \beta^2\sqrt{1 - \alpha^2\beta^2}$, $f(x) = \sqrt{1 - K^2x^2}$ und $\theta = \cos^{-1}(K/\beta)$. Die Berechnung der Oberfläche von E erfordert die Auswertung des Integrals

$$I(f) = 4\pi\alpha \int_0^{1/\beta} f(x)dx = \frac{2\pi\alpha}{K}\left[(\pi/2 - \theta) + \sin(2\theta)/2\right]. \qquad (9.62)$$

Beachte, dass $f'(1/\beta) = -100$; dies legt uns nahe eine adaptive numerische Formel zu verwenden, die in der Lage ist, eine ungleichmässige Verteilung der Quadraturknoten mit lokaler Verfeinerung in Umgebung von $x = 1/\beta$ zu liefern.

Die Tabelle 9.12 fasst die mit der zusammengesetzten Mittelpunkt-, Trapez- , und Cavalieri-Simpson-Regel erhaltenen Ergebnisse (bezeichnet durch (MP), (TR) bzw. (CS)) zusammen. Sie werden mit der Romberg-Integration (RO) und mit der adaptiven Cavalieri-Simpson-Quadratur, die im Abschnitt 9.7.2 eingeführt und durch (AD) bezeichnet wurde, verglichen.

In der Tabelle sind m die Anzahl der Teilintervalle, Err der absolute Quadraturfehler und `flops` die Zahl der für jeden Algorithmus erforderlichen Gleitpunktoperationen. Im Fall der AD Methode haben wir Programm 77 mit `hmin=`10^{-5} und `tol=`10^{-8} ausgeführt. Für das Romberg-Verfahren wurde das Programm 76 mit `n=9` benutzt.

Die Ergebnisse belegen die Vorteile der Verwendung der zusammengesetzten adaptiven Cavalieri-Simpson-Formel, sowohl bezüglich der numerischen Effizienz als auch der Genauigkeit, wie aus den Kurven in Abbildung 9.7 ersichtlich ist, die es ermöglichen, das erfolgreiche Arbeiten des adaptiven Algorithmus zu überprüfen. Im linken Teil der Abbildung 9.7 zeigen wir mit dem Graphen von f die ungleichmässige Verteilung der Quadraturknoten auf der x-Achse, im rechten tragen wir die (stückweise konstante) Integrationsschrittweitendichte $\Delta_h(x)$ in logarithmischer Skalierung auf, die als das Inverse des Wertes der Schrittweite h auf jedem aktiven Intervall definiert ist (siehe Abschnitt 9.7.2).

Beachte den großen Wert von Δ_h bei $x = 1/\beta$, wo die Ableitung des Integranden maximal wird.

Tabelle 9.12. Methoden zur Approximation von $I(f) = 4\pi\alpha \int_0^{1/\beta} \sqrt{1 - K^2 x^2}\, dx$ mit $\alpha^2 = (3 - 2\sqrt{2})/100$, $\beta = 10$ und $K^2 = \sqrt{\beta^2(1 - \alpha^2\beta^2)}$.

	(PM)	(TR)	(CS)	(RO)	(AD)
m	4000	5600	250		50
Err	$3.24e - 10$	$3.30e - 10$	$2.98e - 10$	$3.58e - 11$	$3.18e - 10$
`flops`	20007	29013	2519	5772	3540

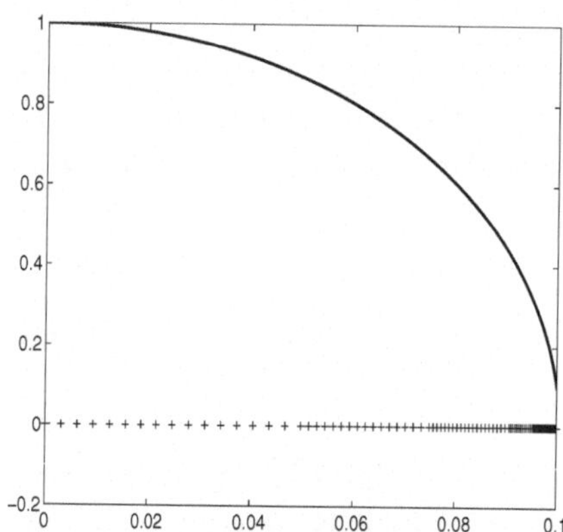 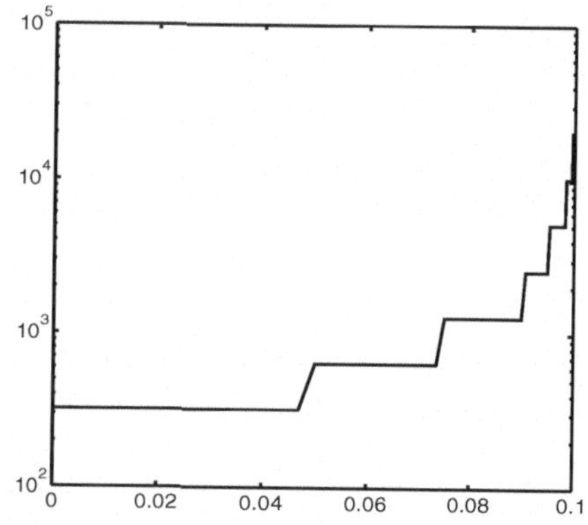

Abbildung 9.7. Verteilung der Quadraturknoten (links); Integrationsschrittweitendichte bei der Approximation des Integrals (9.62) (rechts).

9.10.2 Berechnung der Windwirkung auf einen Segelbootmast

Wir betrachten das in Abbildung 9.8 (links) schematisch dargestellte Segelboot, das der Windkraft ausgesetzt ist. Der Mast der Länge L wurde durch die Strecke AB, eine der beiden Wanten (Seile zur seitlichen Absteifung des Mastes) durch die Strecke BO bezeichnet. Jedes infinitesimale Flächenelement des Segels überträgt auf das entsprechende Längenelement dx des Mastes eine Kraft der Größe $f(x)dx$. Die Änderung von f entlang der Höhe x, gemessen vom Punkt A (Fuss des Mastes), ist durch das Gesetz

$$f(x) = \frac{\alpha x}{x + \beta} e^{-\gamma x}$$

beschreibbar, wobei α, β und γ gegebene Konstanten sind.

Die Resultierende R der Kraft f ist definiert als

$$R = \int_0^L f(x)dx \equiv I(f), \tag{9.63}$$

und wirkt auf einen Punkt im Abstand b (der bestimmt werden soll) vom Fuss des Mastes.

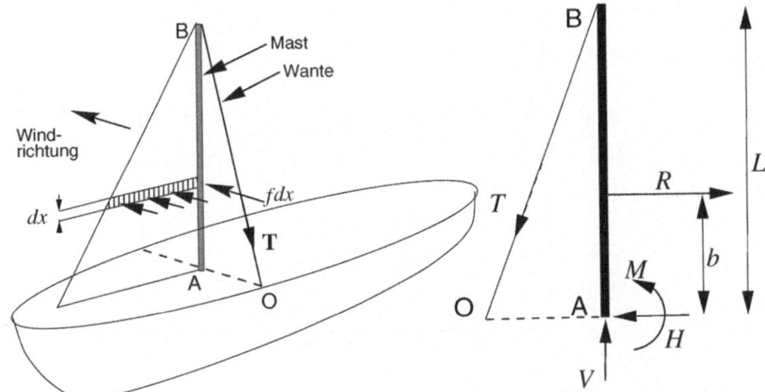

Abbildung 9.8. Schematische Darstellung eines Segelbootes (links); auf den Mast wirkende Kräfte (rechts).

Die Berechnung von R und des Abstands b, gegeben durch $b = I(xf)/I(f)$, ist entscheidend für die konstruktive Auslegung des Mastes und der Wantenabschnitte. Sind die Werte von R und b bekannt, so ist es tatsächlich möglich, die statisch unbestimmte Mast-Wanten-Struktur (z.B. unter Verwendung der Kraftmethode), zu analysieren und damit die Berechnung der in Abbildung 9.8 (rechts) eingezeichneten Gegenwirkungen V, H und M am Fuss des Mastes und der Zugkraft T, die von den Wanten übertragen wird, zu ermöglichen. Dann können die inneren Wirkungen in der Struktur ebenso gefunden werden, wie die maximalen Belastungen, die im Mast AB und in der Wante BO auftreten, aus denen man schliesslich, unter der Annahme erfüllter Sicherheitsbestimmungen, die geometrischen Parameter der Abschnitte AB und BO entwerfen kann.

Zur näherungsweisen Berechnung von R haben wir die zusammengesetzte Mittelpunkt-, Trapez- und Cavalieri-Simpson-Regel betrachtet, die wir nachfolgend durch (MP), (TR) und (CS) bezeichnen. Zum Vergleich wird auch die in Abschnitt 9.7.2 eingeführte und hier durch (AD) bezeichnete adaptive Cavalieri-Simpson-Quadraturformel herangezogen. Da ein geschlossener Ausdruck für das Integral (9.63) nicht verfügbar ist, wurden die zusammengesetzten Formeln mit $m_k = 2^k$, $k = 0, \ldots, 15$, gleichen Zerlegungen von $[0, L]$ angewandt.

Bei den numerischen Experimenten haben wir $\alpha = 50$, $\beta = 5/3$ und $\gamma = 1/4$ angenommen und das Programm 77 mit `tol=`10^{-4} und `hmin=`10^{-3} ausgeführt.

Die Folge der mit Hilfe der zusammengesetzten Formeln berechneten Formeln wurde bei $k = 12$ gestoppt (entspricht $m_k = 2^{12} = 4096$), da die restlichen Elemente sich im Fall der Formel CS untereinander nur in der letzten Ziffer unterscheiden. Deshalb haben wir als exakten Wert von $I(f)$ das Ergebnis $I_{12}^{(CS)} = 100.0613683179612$ des durch die Formel CS gelieferten Wertes angenommen.

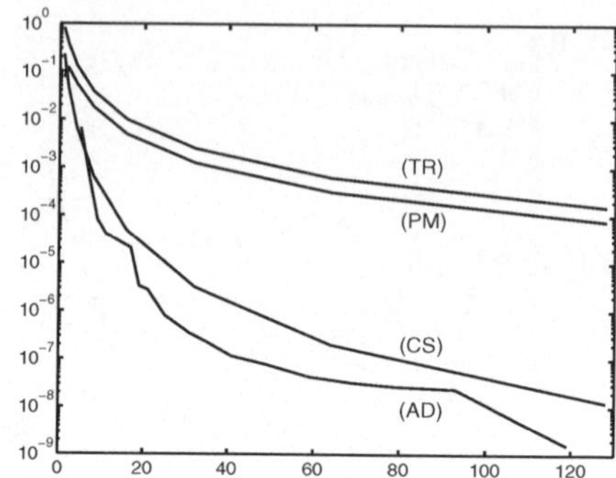

Abbildung 9.9. Relative Fehler bei der Approximation des Integrals $\int_0^L (\alpha x e^{-\gamma x})/(x+\beta)dx$.

Wir haben in Abbildung 9.9 die relativen Fehler $|I_{12}^{(CS)} - I_k|/I_{12}$ in logarithmischer Darstellung für $k = 0, \ldots, 7$ aufgezeichnet, wobei I_k für ein allgemeines Element der Folge für die drei betrachteten Formeln steht. Zum Vergleich wurde auch der Graph des relativen Fehlers im Fall der Formel AD eingezeichnet, angewandt auf eine Zahl (nicht gleichmässiger) Zerlegungen, die äquivalent zu der den zusammengesetzten Regeln ist.
Beachte, wie bei gleicher Anzahl der Zerlegungen die Formel AD mit einem relativen Fehler von $2.06 \cdot 10^{-7}$ genauer ist, der unter Verwendung von 37 (nicht gleichmässigen) Zerlegungen von $[0, L]$ erreicht wurde. Die Methoden PM und TR erreichen eine vergleichbare Genauigkeit bei 2048 bzw. 4096 gleichmässigen Teilintervallen, wohingegen die Formel CS ungefähr 64 Zerlegungen erfordert. Die Wirksamkeit des adaptiven Verfahrens wird durch Abbildung 9.10 deutlich. In ihr sind mit dem Graphen von f die Verteilung der Quadraturknoten (links) und die Funktion $\Delta_h(x)$ (rechts) dargestellt, die die (stückweise konstante) Dichte der Integrationsschrittweite h ausdrückt und die als das Inverse des Wertes h über jedes aktive Intervall A definiert ist (siehe Abschnitt 9.7.2).

Beachte auch den großen Wert von Δ_h bei $x = 0$, wo die Ableitungen von f maximal werden.

9.11 Übungen

1. Seien $E_0(f)$ und $E_1(f)$ die Quadraturfehler in (9.6) und (9.12). Beweise, dass $|E_1(f)| \simeq 2|E_0(f)|$.

2. Überprüfe, dass die in (9.6), (9.12) und (9.16) gegebenen Fehlerabschätzungen für die Mittelpunkt-, Trapez- bzw. Cavalieri-Simpson-Regel spezielle Beispiele von (9.19) oder (9.20) sind. Zeige insbesondere, dass $M_0 = 2/3$, $K_1 = -1/6$ und $M_2 = -4/15$ gilt, und bestimme unter Verwendung der Definition den Exaktheitsgrad r einer jeden Formel.

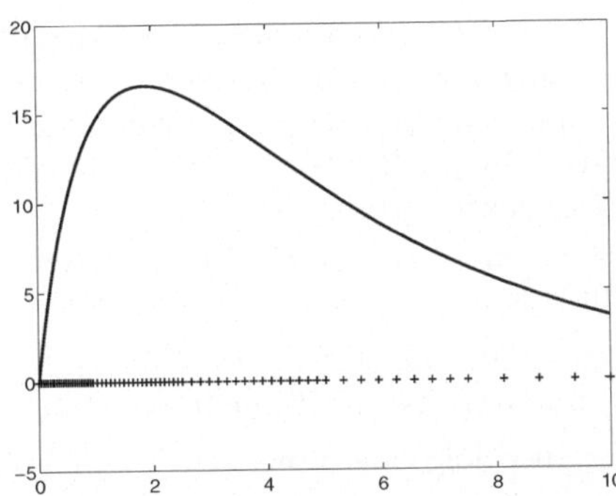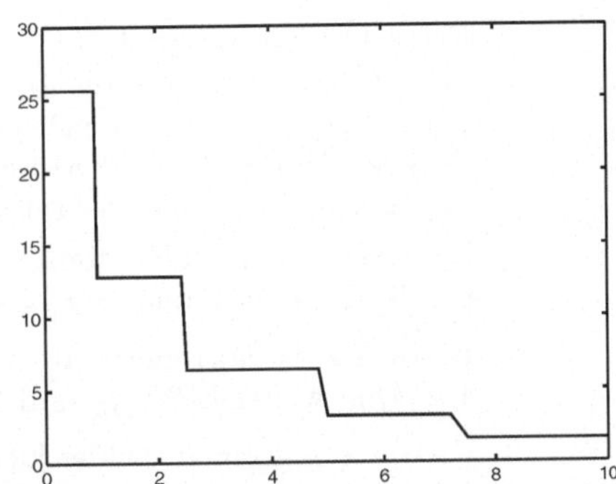

Abbildung 9.10. Verteilung der Quadraturknoten (links); Dichte der Integrations-schrittweite bei der Approximation des Integrals $\int_0^L (\alpha x e^{-\gamma x})/(x+\beta)dx$ (rechts).

[*Hinweis*: Finde r derart, dass $I_n(x^k) = \int_a^b x^k dx$, für $k = 0, \ldots, r$, und $I_n(x^j) \neq \int_a^b x^j dx$, für $j > r$.]

3. Sei $I_n(f) = \sum_{k=0}^n \alpha_k f(x_k)$ eine Lagrange-Quadraturformel auf $n+1$ Knoten. Berechne den Exaktheitsgrad der Formeln:

   (a) $I_2(f) = (2/3)[2f(-1/2) - f(0) + 2f(1/2)]$,

   (b) $I_4(f) = (1/4)[f(-1) + 3f(-1/3) + 3f(1/3) + f(1)]$.

   Von welcher Ordnung p sind (a) und (b)?

   [*Lösung*: $r = 3$ und $p = 5$ sowohl für $I_2(f)$ als auch für $I_4(f)$.]

4. Berechne $df[x_0, \ldots, x_n, x]/dx$ durch Verifizieren von (9.22).

   [*Hinweis*: Beginne durch direkte Berechnung der Ableitung in x mit dem Fall, in dem nur ein Knoten x_0 existiert, und erhöhe fortschreitend die Ordnung der dividierten Differenzen.]

5. Sei $I_w(f) = \int_0^1 w(x)f(x)dx$ mit $w(x) = \sqrt{x}$ und betrachte die Quadraturformel $Q(f) = af(x_1)$. Finde a und x_1, so dass Q maximalen Exaktheitsgrad r besitzt.

   [*Lösung*: $a = 2/3$, $x_1 = 3/5$ und $r = 1$.]

6. Betrachte die Quadraturformel $Q(f) = \alpha_1 f(0) + \alpha_2 f(1) + \alpha_3 f'(0)$ zur Approximation von $I(f) = \int_0^1 f(x)dx$, wobei $f \in C^1([0,1])$ vorausgesetzt sei. Bestimme die Koeffizienten α_j, für $j = 1, 2, 3$ derart, dass Q den Exaktheitsgrad $r = 2$ besitzt.

   [*Lösung*: $\alpha_1 = 2/3$, $\alpha_2 = 1/3$ und $\alpha_3 = 1/6$.]

7. Verwende die zusammengesetzte Mittelpunkt-, Trapez- und Cavalieri-Simpson-Regel zur Approximation des Integrals

$$\int_{-1}^1 |x|e^x dx.$$

Diskutiere das Konvergenzverhalten als Funktion der Größe H der Teilintervalle.

8. Betrachte das Integral $I(f) = \int_0^1 e^x dx$ und schätze die minimale Anzahl m von Teilintervallen, die zur Berechnung von $I(f)$ bis auf einen absoluten Fehler $\leq 5 \cdot 10^{-4}$ benötigt wird, und zwar für die zusammengesetzte Trapez-(TR) und Cavalieri-Simpson-(CS)Regel. Bewerte in beiden Fällen den absoluten Fehler, der tatsächlich gemacht wird.

   [*Lösung*: Für die TR haben wir $m = 17$ und $Err = 4.95 \cdot 10^{-4}$, während für die CS $m = 2$ und $Err = 3.70 \cdot 10^{-5}$ ist.]

9. Betrachte die korrigierte Trapez-Regel (9.30) und zeige, dass $|E_1^{corr}(f)| \simeq 4|E_2(f)|$, wobei $E_1^{corr}(f)$ und $E_2(f)$ in (9.31) bzw. (9.16) definiert sind.

10. Berechne mit einem Fehler kleiner als 10^{-4} folgende Integrale:

    (a) $\int_0^\infty \sin(x)/(1 + x^4)dx$;

    (b) $\int_0^\infty e^{-x}(1 + x)^{-5}dx$;

    (c) $\int_{-\infty}^\infty \cos(x)e^{-x^2}dx$.

11. Verwende die Mittelpunkt- und Trapez-Reduktionsformeln zur Berechnung des Doppelintegrals $I(f) = \int_\Omega \dfrac{y}{(1 + xy)}dxdy$ über dem Gebiet $\Omega = (0,1)^2$.

    Führe die Programme 78 und 79 mit $M = 2^i$, für $i = 0, \ldots, 10$, aus und stelle in logarithmischer Skala den absoluten Fehler in beiden Fällen als Funktion von M dar. Welche Methode ist die genauere? Wieviele Funktionsaufrufe werden benötigt, um eine (absolute) Genauigkeit der Ordnung 10^{-6} zu erhalten?

    [*Lösung*: Das exakte Integral ist $I(f) = \log(4) - 1$ und fast $200^2 = 40000$ Funktionsauswertungen werden benötigt.]

10
Orthogonale Polynome in der Approximationstheorie

Trigonometrische Polynome, als auch andere orthogonale Polynome wie Legendre- und Tschebyscheff-Polynome finden in der Approximationstheorie weite Anwendung.

Dieses Kapitel ist den wichtigsten Eigenschaften orthogonaler Polynome gewidmet und führt in die mit ihnen verbundenen Transformationen ein, insbesondere die diskrete Fourier-Transformation und die FFT, aber auch die Zeta- und Wavelet-Transformationen.

Anwendungen auf Interpolation, kleinste Quadrateapproximation, numerische Differentiation und Gaußsche Integration werden besprochen.

10.1 Approximation von Funktionen mittels verallgemeinerter Fourierreihen

Sei $w = w(x)$ eine Gewichtsfunktions auf dem Intervall $(-1, 1)$, d.h. eine nichtnegative integrierbare Funktion auf $(-1, 1)$. Wir bezeichnen durch $\{p_k,\ k = 0, 1, \ldots\}$ ein System algebraischer Polynome, wobei p_k vom Grade k für jedes k, paarweise orthogonal auf dem Intervall $(-1, 1)$ in Bezug auf w sei. Dies bedeutet, dass

$$\int_{-1}^{1} p_k(x) p_m(x) w(x) dx = 0 \qquad \text{für } k \neq m.$$

Setze $(f, g)_w = \int_{-1}^{1} f(x)g(x)w(x)dx$ und $\|f\|_w = (f, f)_w^{1/2}$; $(\cdot, \cdot)_w$ bzw. $\|\cdot\|_w$ sind das Skalarprodukt und die Norm im Funktionenraum

$$L_w^2 = L_w^2(-1, 1) = \left\{ f : (-1, 1) \to \mathbb{R}, \int_{-1}^{1} f^2(x)w(x)dx < \infty \right\}. \qquad (10.1)$$

Für jede Funktion $f \in L_w^2$ heißen die Reihen

$$Sf = \sum_{k=0}^{+\infty} \widehat{f}_k p_k, \qquad \text{mit } \widehat{f}_k = \frac{(f, p_k)_w}{\|p_k\|_w^2},$$

verallgemeinerte Fourierreihen von f, und $\widehat{f}_k$ der *k-te Fourierkoeffizient*. Bekanntlich konvergiert Sf *im Mittel* (oder *im Sinne des* L_w^2) gegen f. Dies bedeutet, dass für die durch

$$f_n(x) = \sum_{k=0}^{n} \widehat{f}_k p_k(x) \qquad (10.2)$$

definierte Folge ($f_n \in \mathbb{P}_n$ ist der abgebrochene Teil n-ter Ordnung der verallgemeinerten Fourierreihe von f) das folgende Konvergenzergebnis gilt.

$$\lim_{n \to +\infty} \|f - f_n\|_w = 0.$$

Darüber hinaus gilt die Parsevalsche Gleichung

$$\|f\|_w^2 = \sum_{k=0}^{+\infty} \widehat{f}_k^2 \|p_k\|_w^2$$

und für jedes n ist $\|f - f_n\|_w^2 = \sum_{k=n+1}^{+\infty} \widehat{f}_k^2 \|p_k\|_w^2$ das Quadrat des Rests der verallgemeinerten Fourierreihe.

Das Polynom $f_n \in \mathbb{P}_n$ genügt der folgenden Minimaleigenschaft

$$\|f - f_n\|_w = \min_{q \in \mathbb{P}_n} \|f - q\|_w. \qquad (10.3)$$

Da $f - f_n = \sum_{k=n+1}^{+\infty} \widehat{f}_k p_k$ gilt, folgt aus der Orthogonalitätseigenschaft der Polynome $\{p_k\}$, dass $(f - f_n, q)_w = 0 \ \forall q \in \mathbb{P}_n$. Nun liefert die Cauchy-Schwarzsche Ungleichung (8.29)

$$\begin{aligned}
\|f - f_n\|_w^2 &= (f - f_n, f - f_n)_w = (f - f_n, f - q)_w + (f - f_n, q - f_n)_w \\
&= (f - f_n, f - q)_w \leq \|f - f_n\|_w \|f - q\|_w, \quad \forall q \in \mathbb{P}_n,
\end{aligned}$$

und (10.3) folgt, denn q ist beliebig in $\mathbb{P}_n$. In diesem Fall sagen wir, dass f_n die Orthogonalprojektion von f auf $\mathbb{P}_n$ im Sinne von L_w^2 ist. Es ist daher interessant, die Koeffizienten $\widehat{f}_k$ von f_n zu berechnen. Wie wir in späteren Abschnitten sehen werden, wird dies durch Approximation der in der

Definition von $\widehat{f}_k$ erscheinenden Integrale mit Hilfe Gaußscher Quadraturen realisiert. Gehen wir auf diese Weise vor, erhalten wir die sogenannten *diskreten Koeffizienten* $\tilde{f}_k$ von f, und folglich das neue Polynom

$$f_n^*(x) = \sum_{k=0}^{n} \tilde{f}_k p_k(x), \qquad (10.4)$$

das *diskreter Abbruch der Ordnung* n der Fourierreihe von f genannt wird. Es gilt

$$\tilde{f}_k = \frac{(f, p_k)_n}{\|p_k\|_n^2}, \qquad (10.5)$$

wobei $(f, g)_n$ für jedes Paar stetiger Funktionen f und g die Approximation des Skalarproduktes $(f, g)_w$ und $\|g\|_n = \sqrt{(g, g)_n}$ die zu $(\cdot, \cdot)_w$ gehörende Halbnorm bezeichnen. In Analogie zu den Eigenschaften von f_n gilt

$$\|f - f_n^*\|_n = \min_{q \in \mathbb{P}_n} \|f - q\|_n. \qquad (10.6)$$

Wir sagen, dass f_n^* die Approximation von f in $\mathbb{P}_n$ *im Sinne der kleinsten Quadrate* ist (der Grund für die Bezeichnung wird später klar werden).

Wir beenden diesen Abschnitt mit einer Eigenschaft, die für jede Familie normalisierter orthogonaler Polynome $\{p_k\}$ gilt, der folgenden Dreitermrekursion (zum Beweis siehe zum Beispiel [Gau96])

$$\begin{cases} p_{k+1}(x) = (x - \alpha_k)p_k(x) - \beta_k p_{k-1}(x) & k \geq 0, \\ p_{-1}(x) = 0, \quad p_0(x) = 1, \end{cases} \qquad (10.7)$$

wobei

$$\alpha_k = \frac{(xp_k, p_k)_w}{(p_k, p_k)_w}, \qquad \beta_{k+1} = \frac{(p_{k+1}, p_{k+1})_w}{(p_k, p_k)_w}, \qquad k \geq 0. \qquad (10.8)$$

Da $p_{-1} = 0$ ist der Koeffizient β_0 beliebig und wird entsprechend der gerade betrachteten Familie orthogonaler Polynome gewählt. Die Dreitermrekursion ist ziemlich stabil und kann, wie wir in Abschnitt 10.6 sehen werden, vorteilhaft bei der numerischen Berechnung orthogonaler Polynome, verwendet werden.

In den kommenden Abschnitten führen wir zwei wichtige Familien orthogonaler Polynome ein.

10.1.1 Tschebyscheff-Polynome

Wir betrachten die Tschebyscheffsche Gewichtsfunktion $w(x) = (1-x^2)^{-1/2}$ auf dem Intervall $(-1, 1)$ und führen gemäß (10.1) den Raum der quadratisch-integrierbaren Funktionen in Bezug auf das Gewicht w

$$\mathrm{L}_w^2(-1, 1) = \left\{ f : (-1, 1) \to \mathbb{R} : \int_{-1}^{1} f^2(x)(1 - x^2)^{-1/2} dx < \infty \right\}$$

ein. Ein Skalarprodukt und eine Norm sind auf diesem Raum durch

$$(f,g)_w = \int\limits_{-1}^{1} f(x)g(x)(1-x^2)^{-1/2}dx,$$

$$\|f\|_w = \left\{ \int\limits_{-1}^{1} f^2(x)(1-x^2)^{-1/2}dx \right\}^{1/2} \tag{10.9}$$

gegeben. Die Tschebyscheff-Polynome sind wie folgt definiert

$$T_k(x) = \cos k\theta, \quad \theta = \arccos x, \quad k = 0, 1, 2, \ldots \tag{10.10}$$

Sie können rekursiv durch die Formeln

$$\begin{cases} T_{k+1}(x) = 2xT_k(x) - T_{k-1}(x) & k = 1, 2, \ldots \\ \\ T_0(x) = 1, \quad T_1(x) = x, \end{cases} \tag{10.11}$$

erzeugt werden (eine Folgerung aus (10.7), siehe [DR75], S. 25-26). Man beachte, dass für jedes $k \geq 0$ tatsächlich $T_k \in \mathbb{P}_k$, d.h. $T_k(x)$ ist ein algebraisches Polynom vom Grade k bezüglich x. Unter Verwendung der gut bekannten trigonometrischen Beziehungen können wir zeigen, dass

$$(T_k, T_n)_w = 0 \text{ wenn } k \neq n, \quad (T_n, T_n)_w = \begin{cases} c_0 = \pi & \text{wenn } n = 0, \\ \\ c_n = \pi/2 & \text{wenn } n \neq 0, \end{cases}$$

die Tschebyscheff-Polynome also in Bezug auf das Skalarprodukt $(\cdot, \cdot)_w$ orthogonal sind. Daher nimmt die Tschebyscheff-Reihe der Funktion $f \in L_w^2$ die Form

$$Cf = \sum_{k=0}^{\infty} \widehat{f}_k T_k, \quad \text{mit} \quad \widehat{f}_k = \frac{1}{c_k} \int\limits_{-1}^{1} f(x)T_k(x)(1-x^2)^{-1/2}dx$$

an. Wir vermerken, dass $\|T_n\|_\infty = 1$ für jedes n und die folgende *Minimaxeigenschaft* gilt

$$\|2^{1-n}T_n\|_\infty \leq \min_{p \in \mathbb{P}_n^1} \|p\|_\infty, \text{ wenn } n \geq 1,$$

wobei $\mathbb{P}_n^1 = \{p(x) = \sum_{k=0}^{n} a_k x^k, a_n = 1\}$ die Teilmenge von Polynomen vom Grade n bezeichnet, deren führender Koeffizient gleich 1 ist.

10.1.2 Legendre-Polynome

Die Legendre-Polynome sind orthogonale Polynome über dem Intervall $(-1, 1)$ in Bezug auf die Gewichtsfunktion $w(x) = 1$. Für diese Polynome ist

L_w^2 der übliche $L^2(-1,1)$-Raum, der in (8.25) eingeführt wurde und $(\cdot,\cdot)_w$ sowie $\|\cdot\|_w$ stimmen mit dem Skalarprodukt bzw. der Norm in $L^2(-1,1)$ überein, die durch

$$(f,g) = \int_{-1}^{1} f(x)g(x)\, dx, \quad \|f\|_{L^2(-1,1)} = \left(\int_{-1}^{1} f^2(x)\, dx\right)^{\frac{1}{2}}$$

gegeben sind. Die Legendre-Polynome sind durch

$$L_k(x) = \frac{1}{2^k} \sum_{l=0}^{[k/2]} (-1)^l \binom{k}{l} \binom{2k-2l}{k} x^{k-2l} \qquad k = 0,1,\ldots \quad (10.12)$$

wobei $[k/2]$ der ganze Teil von $k/2$ bezeichne, oder rekursiv durch die Dreitermrekursion

$$\begin{cases} L_{k+1}(x) = \dfrac{2k+1}{k+1} x L_k(x) - \dfrac{k}{k+1} L_{k-1}(x) & k = 1,2\ldots \\[2mm] L_0(x) = 1, \qquad L_1(x) = x, \end{cases}$$

definiert. Für jedes $k = 0,1\ldots$ gilt $L_k \in \mathbb{P}_k$ und für $k,m = 0,1,2,\ldots$ ist $(L_k, L_m) = \delta_{km}(k+1/2)^{-1}$. Die Legendre-Reihe nimmt für jede Funktion $f \in L^2(-1,1)$ die folgende Form

$$Lf = \sum_{k=0}^{\infty} \widehat{f}_k L_k, \quad \text{mit} \quad \widehat{f}_k = \left(k + \frac{1}{2}\right)^{-1} \int_{-1}^{1} f(x) L_k(x) dx$$

an.

Bemerkung 10.1 (Jacobi-Polynome) Die zuvor eingeführten Polynome gehören der größeren Klasse der Jacobi-Polynome $\{J_k^{\alpha\beta}, k = 0,\ldots,n\}$, die orthogonal in Bezug auf das Gewicht $w(x) = (1-x)^\alpha(1+x)^\beta$, $\alpha,\beta > -1$, sind, an. Setzen wir $\alpha = \beta = 0$ so gewinnen wir tatsächlich die Legendre-Polynome zurück, wohingegen die Wahl $\alpha = \beta = -1/2$ zu den Tschebyscheff-Polynomen führt. $\blacksquare$

10.2   Gaußsche Integration und Interpolation

Orthogonale Polynome spielen eine entscheidende Rolle bei der Konstruktion von Quadraturformeln mit maximalem Exaktheitsgrad. Seien $n+1$ verschiedene Punkte $x_0,\ldots,x_n$ auf dem Intervall $[-1,1]$ gegeben. Zur Approximation des gewichteten Integrals $I_w(f) = \int_{-1}^1 f(x)w(x)dx$, mit $f \in$

$C^0([-1,1])$, betrachten wir Quadraturformeln des Typs

$$I_{n,w}(f) = \sum_{i=0}^{n} \alpha_i f(x_i),$$

(10.13)

wobei α_i geeignet zu bestimmende Koeffizienten sind. Offensichtlich hängen sowohl die Knoten, als auch die Gewichte von n ab, jedoch werden wir diese Abhängigkeit stillschweigend voraussetzen. Den Fehler zwischen dem exakten Integral und seiner Approximation (10.13) bezeichnen wir mit

$$E_{n,w}(f) = I_w(f) - I_{n,w}(f).$$

Ist $E_{n,w}(p) = 0$ für jedes $p \in \mathbb{P}_r$ (für ein geeignetes $r \geq 0$), so sagen wir, dass die Formel (10.13) den Exaktheitsgrad r in Bezug auf das Gewicht w hat. Diese Definition verallgemeinert die für die übliche Integration mit dem Gewicht $w = 1$ gegebene.

Natürlich können wir einen Exaktheitsgrad von (zumindest) n erhalten, wenn wir

$$I_{n,w}(f) = \int_{-1}^{1} \Pi_n f(x) w(x) dx$$

nehmen, wobei $\Pi_n f \in \mathbb{P}_n$ das in (8.4) definierte Lagrangesche Interpolationspolynom der Funktion f in den Knoten $\{x_i, i = 0, \ldots, n\}$, ist. Damit hat (10.13) zumindest den Exaktheitsgrad n, wenn wir

$$\alpha_i = \int_{-1}^{1} l_i(x) w(x) dx, \qquad i = 0, \ldots, n,$$

(10.14)

nehmen, wobei $l_i \in \mathbb{P}_n$ das i-te charakteristische Lagrangesche Polynom mit $l_i(x_j) = \delta_{ij}$ für $i, j = 0, \ldots, n$ bezeichnet.

Die Frage ist, ob es geeignete Knotenauswahlen gibt, für die der Exaktheitsgrad größer als n, sagen wir $r = n + m$ für gewisses $m > 0$, ist. Die Antwort wird durch den folgenden auf Jacobi zurückgehenden Satz gegeben [Jac26].

Theorem 10.1 *Für gegebenes $m > 0$ hat die Quadraturformel (10.13) genau dann den Exaktheitsgrad $n + m$, wenn sie vom Interpolationstyp ist und das zu den Knoten $\{x_i\}$ gehörende Knotenpolynom ω_{n+1} (8.6) der folgenden Beziehung genügt*

$$\int_{-1}^{1} \omega_{n+1}(x) p(x) w(x) dx = 0, \qquad \forall p \in \mathbb{P}_{m-1}.$$

(10.15)

Beweis. Wir wollen zeigen, dass diese Bedingungen hinreichend sind. Ist $f \in \mathbb{P}_{n+m}$, so existieren ein Quotient $\pi_{m-1} \in \mathbb{P}_{m-1}$ und ein Rest $q_n \in \mathbb{P}_n$, so dass $f = \omega_{n+1}\pi_{m-1} + q_n$. Da der Exaktheitsgrad einer Interpolationsformel mit $n+1$ Knoten (zumindest) n ist, bekommen wir

$$\sum_{i=0}^{n}\alpha_i q_n(x_i) = \int_{-1}^{1} q_n(x)w(x)dx = \int_{-1}^{1} f(x)w(x)dx - \int_{-1}^{1} \omega_{n+1}(x)\pi_{m-1}(x)w(x)dx.$$

Wegen (10.15) verschwindet das letzte Integral, so dass

$$\int_{-1}^{1} f(x)w(x)dx = \sum_{i=0}^{n}\alpha_i q_n(x_i) = \sum_{i=0}^{n}\alpha_i f(x_i).$$

Da f beliebig war, schliessen wir, dass $E_{n,w}(f) = 0$ für jedes $f \in \mathbb{P}_{n+m}$ gilt. Der Beweis, dass die Bedingungen auch notwendig sind, sei dem Leser als Übung überlassen. $\diamond$

Folgerung 10.1 *Der maximale Grad der Exaktheit der Quadraturformel* (10.13) *ist* $2n + 1$.

Beweis. Wenn dies nicht wahr wäre, könnte man im letzten Theorem $m \geq n+2$ wählen. Dies würde uns folglich ermöglichen in (10.15) $p = \omega_{n+1}$ zu wählen, woraus das identische Verschwinden von ω_{n+1} folgen würde, was jedoch nicht zutrifft. $\diamond$

Setzen wir $m = n + 1$ (den maximal zulässigen Wert), so erhalten wir aus (10.15), dass das Knotenpolynom ω_{n+1} der Beziehung

$$\int_{-1}^{1} \omega_{n+1}(x)p(x)w(x)dx = 0, \qquad \forall p \in \mathbb{P}_n$$

genügt. Somit ist ω_{n+1} ein Polynom vom Grade $n + 1$, das zu allen Polynomen von geringerem Grad orthogonal ist. Folglich ist ω_{n+1} das einzige normalisierte Polynom, das ein Vielfaches von p_{n+1} ist (es sei daran erinnert, dass $\{p_k\}$ das in Abschnitt 10.1 eingeführte System orthogonaler Polynome ist). Insbesondere stimmen seine Wurzeln $\{x_j\}$ mit denen von p_{n+1} überein, d.h.

$$p_{n+1}(x_j) = 0, \qquad j = 0,\ldots,n. \tag{10.16}$$

Die Abszissen $\{x_j\}$ sind die *Gaußknoten*, die zur Gewichtsfunktion $w(x)$ gehören. Wir können somit schlussfolgern, dass die Quadraturformel (10.13) mit den durch (10.14) und (10.16) gegebenen Koeffizienten bzw. Knoten den Exaktheitsgrad $2n + 1$, den maximal unter Verwendung einer Interpolationsquadratur mit $n + 1$ Knoten erreichbaren Wert, hat. Sie heißt *Gaußsche Quadraturformel*.

Ihre Gewichte sind sämtlich positiv und die Knoten liegen im *Innern* des Intervalls $(-1, 1)$ (siehe z.B. [CHQZ88], S. 56). Jedoch ist es oft nützlich, wenn auch die Endpunkte des Intervalls zu den Quadraturknoten gehören. Wenn man dies fordert, ist die Gaußsche Formel mit dem höchsten Exaktheitsgrad jene, die als Knoten die $n + 1$ Wurzeln des Polynoms

$$\overline{\omega}_{n+1}(x) = p_{n+1}(x) + a p_n(x) + b p_{n-1}(x) \tag{10.17}$$

verwendet, wobei die Konstanten a und b derart ausgewählt werden, dass $\overline{\omega}_{n+1}(-1) = \overline{\omega}_{n+1}(1) = 0$.

Werden diese Wurzeln durch $\overline{x}_0 = -1, \overline{x}_1, \ldots, \overline{x}_n = 1$ bezeichnet, können die Koeffizienten $\{\overline{\alpha}_i, i = 0, \ldots, n\}$ aus den üblichen Formeln (10.14) erhalten werden, d.h.

$$\overline{\alpha}_i = \int\limits_{-1}^{1} \overline{l}_i(x) w(x) dx, \qquad i = 0, \ldots, n,$$

wobei $\overline{l}_i \in \mathbb{P}_n$ das i-te charakteristische Lagrangesche Polynom ist, für das $\overline{l}_i(\overline{x}_j) = \delta_{ij}$, $i, j = 0, \ldots, n$. Die Quadraturformel

$$I_{n,w}^{GL}(f) = \sum_{i=0}^{n} \overline{\alpha}_i f(\overline{x}_i) \tag{10.18}$$

heißt *Gauß-Lobatto-Formel* mit $n + 1$ Knoten und hat den Exaktheitsgrad $2n - 1$. Für jedes $f \in \mathbb{P}_{2n-1}$ gibt es ein Polynom $\pi_{n-2} \in \mathbb{P}_{n-2}$ und einen Rest $q_n \in \mathbb{P}_n$, so dass $f = \overline{\omega}_{n+1} \pi_{n-2} + q_n$.

Die Quadraturformel (10.18) besitzt zumindest den Exaktheitsgrad n (da sie vom Interpolationstyp mit $n + 1$ Knoten ist), somit bekommen wir

$$\begin{aligned}
\sum_{j=0}^{n} \overline{\alpha}_j q_n(x_j) &= \int\limits_{-1}^{1} q_n(x) w(x) dx \\
&= \int\limits_{-1}^{1} f(x) w(x) dx - \int\limits_{-1}^{1} \overline{\omega}_{n+1}(x) \pi_{n-2}(x) w(x) dx.
\end{aligned}$$

Aus (10.17) schliessen wir, dass $\overline{\omega}_{n+1}$ orthogonal zu allen Polynomen vom Grade $\leq n - 2$ ist, so dass das letzte Integral verschwindet. Darüber hinaus folgt wegen $f(\overline{x}_j) = q_n(\overline{x}_j)$, $j = 0, \ldots, n$, dass

$$\int\limits_{-1}^{1} f(x) w(x) dx = \sum_{i=0}^{n} \overline{\alpha}_i f(\overline{x}_i), \qquad \forall f \in \mathbb{P}_{2n-1}.$$

Indem wir durch $\Pi_{n,w}^{GL} f$ das Polynom vom Grade n bezeichnen, das f in den Knoten $\{\overline{x}_j, j = 0, \ldots, n\}$ interpoliert, erhalten wir

$$\Pi_{n,w}^{GL} f(x) = \sum_{i=0}^{n} f(\overline{x}_i) \overline{l}_i(x) \tag{10.19}$$

und folglich $I_{n,w}^{GL}(f) = \int_{-1}^{1} \Pi_{n,w}^{GL} f(x) w(x) dx$.

Bemerkung 10.2 Im Spezialfall, in dem die Gauß-Lobatto-Quadratur in Bezug auf die Jacobi-Gewichte $w(x) = (1-x)^\alpha (1-x)^\beta$, $\alpha, \beta > -1$, betrachtet wird, können die inneren Knoten $\overline{x}_1, \ldots, \overline{x}_{n-1}$ als die Nullstellen des Polynoms $(J_n^{(\alpha,\beta)})'$, d.h. als die Extremstellen des n-ten Jacobipolynoms $J_n^{(\alpha,\beta)}$ bestimmt werden (siehe [CHQZ88], S. 57-58). ∎

Für die Gaußsche Integration gilt das folgende Konvergenzresultat (siehe [Atk89], Kapitel 5)

$$\lim_{n \to +\infty} \left| \int_{-1}^{1} f(x) w(x) dx - \sum_{j=0}^{n} \alpha_j f(x_j) \right| = 0, \qquad \forall f \in C^0([-1,1]).$$

Ein ähnliches Ergebnis gilt auch für die Gauß-Lobatto-Integration. Ist der Integrand nicht nur stetig sondern auch bis zur Ordnung $p \geq 1$ differenzierbar, werden wir sehen, dass die Gaußsche Integration mit einer Ordnung in Bezug auf $1/n$ konvergiert, die größer wird, wenn p größer ist. In den folgenden Abschnitten werden wir die Ergebnisse auf den Fall von Tschebyscheff– und Legendre-Polynomen spezifizieren.

Bemerkung 10.3 (Integration über ein beliebiges Intervall) Eine Quadraturformel auf dem Intervall $[-1,1]$ mit den Knoten ξ_j und Koeffizienten β_j, $j = 0, \ldots, n$ kann auf ein beliebiges Intervall $[a,b]$ transformiert werden. Sei $\varphi : [-1,1] \to [a,b]$ die affine Abbildung $x = \varphi(\xi) = \frac{b-a}{2}\xi + \frac{a+b}{2}$. Dann gilt

$$\int_{a}^{b} f(x) dx = \frac{b-a}{2} \int_{-1}^{1} (f \circ \varphi)(\xi) d\xi.$$

Deshalb können wir auf dem Intervall $[a,b]$ die Quadraturformel mit den Knoten $x_j = \varphi(\xi_j)$ und den Gewichten $\alpha_j = \frac{b-a}{2}\beta_j$ verwenden. Beachte, dass diese Formel auf dem Intervall $[a,b]$ den gleichen Exaktheitsgrad wie die über dem Intervall $[-1,1]$ erzeugende Formel hat. Tatsächlich bekommen wir unter der Annahme, dass

$$\int_{-1}^{1} p(\xi) d\xi = \sum_{j=0}^{n} p(\xi_j) \beta_j$$

für jedes Polynom p vom Grade r über $[-1,1]$ (für eine geeignete ganze Zahl r) gilt, für jedes Polynom q gleichen Grades auf $[a,b]$

$$\sum_{j=0}^{n} q(x_j)\alpha_j = \frac{b-a}{2}\sum_{j=0}^{n}(q\circ\varphi)(\xi_j)\beta_j = \frac{b-a}{2}\int_{-1}^{1}(q\circ\varphi)(\xi)d\xi = \int_{a}^{b}q(x)dx,$$

wobei wir ausgenutzt haben, dass $(q\circ\varphi)(\xi)$ auf $[-1,1]$ ein Polynom vom Grade r ist.   ∎

10.3   Tschebyscheffsche Integration und Interpolation

Wenn Gaußschen Quadraturen in Bezug auf die Tschebyscheff-Gewichte $w(x) = (1-x^2)^{-1/2}$ betrachtet werden, ergeben sich die Gaußknoten und Koeffizienten aus

$$x_j = -\cos\frac{(2j+1)\pi}{2(n+1)}, \quad \alpha_j = \frac{\pi}{n+1}, \quad 0 \leq j \leq n, \tag{10.20}$$

und die Gauß-Lobatto-Knoten und Gewichte zu

$$\overline{x}_j = -\cos\frac{\pi j}{n}, \quad \overline{\alpha}_j = \frac{\pi}{d_j n}, \quad 0 \leq j \leq n, \quad n \geq 1, \tag{10.21}$$

wobei $d_0 = d_n = 2$ und $d_j = 1$ für $j = 1,\ldots,n-1$. Beachte, das die Gauß-Knoten (10.20) für ein festes $n \geq 0$ die Nullstellen des Tschebyscheff-Polynoms $T_{n+1} \in \mathbb{P}_{n+1}$ sind, während die inneren Knoten, wie in Bemerkung 10.2 vorweggenommen, $\{\overline{x}_j, \; j = 1,\ldots,n-1\}$ für $n \geq 1$ die Nullstellen von T_n' sind.

Bezeichnen wir durch $\Pi_{n,w}^{GL}f$ das Polynom vom Grade $n+1$, das f in den Knoten (10.21) interpoliert, so kann gezeigt werden, dass der Interpolationsfehler durch

$$\|f - \Pi_{n,w}^{GL}f\|_w \leq Cn^{-s}\|f\|_{s,w}, \qquad \text{für } s \geq 1, \tag{10.22}$$

abgeschätzt werden kann, wobei $\|\cdot\|_w$ die in (10.9) definierte Norm ist, vorausgesetzt dass für ein $s \geq 1$ die Funktion f Ableitungen $f^{(k)}$ der Ordnung $k = 0,\ldots,s$ in L_w^2 besitzt. In diesem Fall ist

$$\|f\|_{s,w} = \left(\sum_{k=0}^{s}\|f^{(k)}\|_w^2\right)^{\frac{1}{2}}. \tag{10.23}$$

Hier und im Folgenden bezeichnet C eine von n unabhängige Konstante, die unterschiedliche Werte an verschiedenen Stellen annehmen kann. Für jede stetige Funktion f kann insbesondere die punktweise Fehlerabschätzung (siehe Übung 3) hergeleitet werden:

$$\|f(x) - \Pi_{n,w}^{GL}f(x)\|_\infty \leq Cn^{1/2-s}\|f\|_{s,w}. \tag{10.24}$$

Somit konvergiert $\Pi_{n,w}^{GL}f$ für $n \to \infty$ punktweise gegen f, für jedes $f \in C^1([-1,1])$. Die Ergebnisse (10.22) und (10.24) gelten in gleicher Weise, wenn $\Pi_{n,w}^{GL}f$ durch das Polynom $\Pi_n^G f$ vom Grade n ersetzt wird, das f in den $n + 1$ Gaußknoten x_j aus (10.20) interpoliert. (Zum Beweis dieser Ergebnisse siehe z.B. [CHQZ88], S. 298, oder [QV94], S. 112). Wir haben auch das folgende Ergebnis (siehe [Riv74], S. 13)

$$\|f - \Pi_n^G f\|_\infty \leq (1 + \Lambda_n)E_n^*(f), \quad \text{mit } \Lambda_n \leq \frac{2}{\pi}\log(n + 1) + 1, \tag{10.25}$$

wobei $\forall n, E_n^*(f) = \inf_{p \in \mathbb{P}_n} \|f - p\|_\infty$ der Fehler der besten Approximation für f in $\mathbb{P}_n$ ist und Λ_n die Lebesgue-Konstante, die zu den Tschebyscheff-Knoten (10.20) gehört, bezeichnet. Was den numerischen Integrationsfehler anbetrifft, wollen wir als Beispiel die Gauß-Lobatto-Quadratur (10.18) mit den in (10.21) gegebenen Knoten und Gewichten betrachten. Zunächst notieren wir, dass

$$\int_{-1}^{1} f(x)(1 - x^2)^{-1/2}dx = \lim_{n \to \infty} I_{n,w}^{GL}(f)$$

für jede Funktion f gilt, für die das auf der linken Seite stehende Integral endlich ist (siehe [Sze67], S. 342). Ist zusätzlich $\|f\|_{s,w}$ für ein gewisses $s \geq 1$ endlich, so haben wir

$$\left| \int_{-1}^{1} f(x)(1 - x^2)^{-1/2}dx - I_{n,w}^{GL}(f) \right| \leq Cn^{-s}\|f\|_{s,w}. \tag{10.26}$$

Diese Ergebnis folgt aus dem allgemeineren Resultat

$$|(f, v_n)_w - (f, v_n)_n| \leq Cn^{-s}\|f\|_{s,w}\|v_n\|_w, \quad \forall v_n \in \mathbb{P}_n, \tag{10.27}$$

wobei das sogenannte *diskrete Skalarprodukt* eingeführt wurde

$$(f, g)_n = \sum_{j=0}^{n} \overline{\alpha}_j f(\overline{x}_j)g(\overline{x}_j) = I_{n,w}^{GL}(fg). \tag{10.28}$$

Tatsächlich folgt (10.26) aus (10.27), indem man $v_n \equiv 1$ setzt und $\|v_n\|_w = \left(\int_{-1}^{1}(1 - x^2)^{-1/2}dx\right)^{1/2} = \sqrt{\pi}$ berücksichtigt. Infolge von (10.26) können wir schliessen, dass die (Tschebyschewsche) Gauß-Lobatto-Formel den Exaktheitsgrad $2n - 1$ und die Genauigkeit (in Bezug auf n^{-1}) gleich s besitzt, vorausgesetzt dass $\|f\|_{s,w} < \infty$ gilt. Deshalb ist die Ordnung der Genauigkeit nur durch die Regularitätsschranke s der zu integrierenden Funktion begrenzt. Vollständig analoge Betrachtungen können für die (Tschebyschewsche) Gauß-Formel mit $n+1$ Knoten angestellt werden.

Zum Schluss bestimmen wir die Koeffizienten $\tilde{f}_k$, $k = 0, \ldots, n$, des in den $n+1$ Gauß-Lobatto-Knoten interpolierenden Polynoms $\Pi_{n,w}^{GL} f$ in der Entwicklung nach den Tschebyschew-Polynomen (10.10)

$$\Pi_{n,w}^{GL} f(x) = \sum_{k=0}^{n} \tilde{f}_k T_k(x). \qquad (10.29)$$

Beachte, dass $\Pi_{n,w}^{GL} f$ mit dem diskreten Abbruch der Tschebyscheff Reihe f_n^*, der in (10.4) definiert wurde, übereinstimmt. Die Gleichheit von $\Pi_{n,w}^{GL} f(\overline{x}_j) = f(\overline{x}_j)$, $j = 0, \ldots, n$, fordernd finden wir

$$f(\overline{x}_j) = \sum_{k=0}^{n} \cos\left(\frac{kj\pi}{n}\right) \tilde{f}_k, \qquad j = 0, \ldots, n. \qquad (10.30)$$

Rufen wir uns die Exaktheit der Gauß-Lobatto-Quadratur in Erinnerung, so können wir zeigen, dass (siehe Übung 2)

$$\tilde{f}_k = \frac{2}{nd_k} \sum_{j=0}^{n} \frac{1}{d_j} \cos\left(\frac{kj\pi}{n}\right) f(\overline{x}_j), \qquad k = 0, \ldots, n, \qquad (10.31)$$

wobei $d_j = 2$ für $j = 0, n$, und $d_j = 1$ für $j = 1, \ldots, n-1$ gilt. Die Beziehung (10.31) liefert die diskreten Koeffizienten $\{\tilde{f}_k, k = 0, \ldots, n\}$ in Abhängigkeit von den Knotenwerten $\{f(\overline{x}_j), j = 0, \ldots, n\}$. Aus diesem Grund wird sie *diskrete Tschebyscheff-Transformation* (CDT) (engl.: Chebyshev discrete transform) genannt, und kann Dank ihrer trigonometrischen Struktur effizient unter Verwendung des FFT-Algorithmus (schnelle Fouriertransformation, engl: Fast Fourier transform) mit einer Zahl von $\mathcal{O}(n\log_2 n)$ Gleitpunktoperationen (siehe Abschnitt 10.9.2) berechnet werden. (10.30) ist natürlich die *Inverse* der CDT und kann ebenfalls mit der FFT berechnet werden.

10.4   Legendresche Integration und Interpolation

Wie bereits erwähnt ist das Legendre-Gewicht $w(x) \equiv 1$. Für $n \geq 0$ sind die Gauß-Knoten und die zugehörigen Koeffizienten durch

$$x_j \text{ Nullstellen von } L_{n+1}(x),$$
$$\alpha_j = \frac{2}{(1 - x_j^2)[L'_{n+1}(x_j)]^2}, \quad j = 0, \ldots, n, \qquad (10.32)$$

gegeben, die Gauß-Lobatto-Knoten und Koeffizienten sind für $n \geq 1$

$$\overline{x}_0 = -1, \quad \overline{x}_n = 1, \quad \overline{x}_j \text{ Nullstellen von } L_n'(x), \quad j = 1, \ldots, n - 1 \quad (10.33)$$

$$\overline{\alpha}_j = \frac{2}{n(n+1)} \frac{1}{[L_n(x_j)]^2}, \qquad j = 0, \ldots, n. \qquad (10.34)$$

Hierbei ist L_n das in (10.12) definierte n-te Legendre-Polynom. Es kann gezeigt werden, dass mit einer geeigneten, von n unabhängigen Konstanten

$$\frac{2}{n(n+1)} \leq \overline{\alpha}_j \leq \frac{C}{n}, \qquad \forall j = 0, \ldots, n$$

gilt (siehe [BM92], S. 76). Bezeichne $\Pi_n^{GL} f$ das Polynom vom Grade n, das f in den $n + 1$ Knoten $\overline{x}_j$, die durch (10.33) gegebenen sind, interpoliert. Dann kann gezeigt werden, dass $\Pi_n^{GL} f$ den gleichen Fehlerabschätzungen genügt, die in (10.22) und (10.24) im Fall der entsprechenden Tschebyscheff-Polynome angegeben wurden.

Natürlich muss dabei die Norm $\|\cdot\|_w$ durch die Norm $\|\cdot\|_{L^2(-1,1)}$ ersetzt werden und $\|f\|_{s,w}$ wird

$$\|f\|_s = \left(\sum_{k=0}^{s} \|f^{(k)}\|_{L^2(-1,1)}^2 \right)^{\frac{1}{2}}. \qquad (10.35)$$

Die gleichen Ergebnisse können gesichert werden, wenn $\Pi_n^{GL} f$ durch das Polynom vom Grade n ersetzt wird, das f in den $n + 1$ Knoten x_j, die durch (10.32) gegeben sind, interpoliert wird.

Beziehen wir uns auf das in (10.28) definierte diskrete Skalarprodukt, nehmen aber nun die durch (10.33) und (10.34) gegebenen Knoten bzw. Koeffizienten, sehen wir, dass $(\cdot, \cdot)_n$ eine Approximation des gewöhnlichen Skalarproduktes $(\cdot, \cdot)$ von $L^2(-1,1)$ ist. In der Tat lautet die zu (10.27) äquivalente Beziehung nun

$$|(f, v_n) - (f, v_n)_n| \leq Cn^{-s}\|f\|_s\|v_n\|_{L^2(-1,1)}, \qquad \forall v_n \in \mathbb{P}_n. \qquad (10.36)$$

Sie gilt für jedes $s \geq 1$, für das $\|f\|_s < \infty$. Setzen wir insbesondere $v_n \equiv 1$, so bekommen wir $\|v_n\| = \sqrt{2}$, und aus (10.36) folgt

$$\left| \int_{-1}^{1} f(x)dx - I_n^{GL}(f) \right| \leq Cn^{-s}\|f\|_s, \qquad (10.37)$$

was die Konvergenz der Gauß-Legendre-Lobatto-Quadratur gegen das exakte Integral von f mit einer Genauigkeitsordnung s in Bezug auf n^{-1} zeigt, vorausgesetzt dass $\|f\|_s < \infty$. Ein ähnliches Ergebnis gilt für die Gauß-Legendre-Quadraturformel.

Beispiel 10.1 Betrachte die approximative Berechnung des Integrals von $f(x) = |x|^{\alpha+\frac{3}{5}}$ über $[-1,1]$ für $\alpha = 0, 1, 2$. Beachte, dass f "stückweise" Ableitungen bis zur Ordnung $s = s(\alpha) = \alpha + 1$ in $L^2(-1,1)$ hat. Abbildung 10.1 zeigt das Verhalten des Fehlers als Funktion von n für die Gauß-Legendre-Quadraturformel. Gemäß (10.37) erhöht sich die Konvergenzrate um Eins, wenn α um Eins wächst.

•

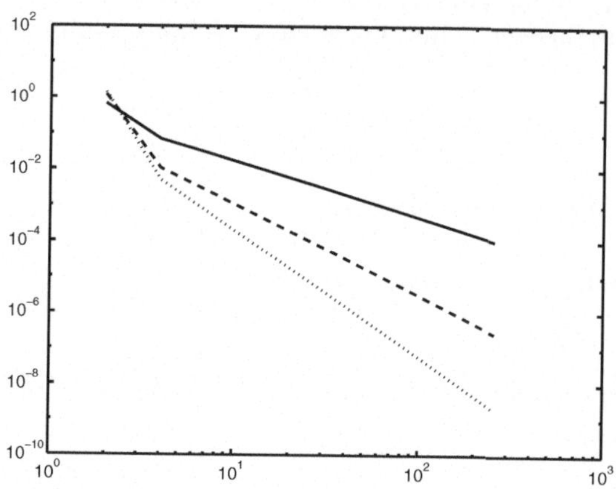

Abbildung 10.1. Quadraturfehler in logarithmischer Darstellung in Abhängigkeit von n für eine Funktion mit den ersten s Ableitungen in $L^2(-1,1)$ für $s = 1$ (durchgezogene Kurve), $s = 2$ (gestrichelte Kurve), $s = 3$ (gepunktete Kurve).

Das in den Knoten (10.33) interpolierende Polynom ist durch

$$\Pi_n^{GL} f(x) = \sum_{k=0}^{n} \tilde{f}_k L_k(x) \tag{10.38}$$

gegeben. Beachte, dass auch in diesem Fall $\Pi_n^{GL} f$ mit der abgebrochenen diskreten Legendre-Reihe f_n^* übereinstimmt, die in (10.4) definiert wurde. Verfahren wir wie im vorigen Abschnitt bekommen wir

$$f(\overline{x}_j) = \sum_{k=0}^{n} \tilde{f}_k L_k(\overline{x}_j), \qquad j = 0, \dots, n, \tag{10.39}$$

und auch

$$\tilde{f}_k = \begin{cases} \dfrac{2k+1}{n(n+1)} \displaystyle\sum_{j=0}^{n} L_k(\overline{x}_j) \dfrac{1}{L_n^2(\overline{x}_j)} f(\overline{x}_j), & k = 0, \dots, n-1, \\[2em] \dfrac{1}{n+1} \displaystyle\sum_{j=0}^{n} \dfrac{1}{L_n(\overline{x}_j)} f(\overline{x}_j), & k = n \end{cases} \tag{10.40}$$

(siehe Übung 6). Die Formeln (10.40) bzw. (10.39) liefern die *diskrete Legendre-Transformation* (DLT) und ihrer Inversen.

10.5   Gaußsche Integration über unbeschränkte Intervalle

Wir betrachten sowohl die Integration auf der halben als auch auf der gesamten reellen Achse. In beiden Fällen verwendet wir die interpolatorischen Gaußschen Formeln, deren Knoten die Nullstellen der Laguerreschen bzw. der Hermiteschen Orthogonalpolynome sind.

Laguerresche Polynome. Die Laguerresche Polynome sind algebraische Polynome, die auf dem Intervall $[0, +\infty)$ orthogonal in Bezug auf die Gewichtsfunktion $w(x) = e^{-x}$ sind. Sie sind durch

$$\mathcal{L}_n(x) = e^x \frac{d^n}{dx^n}(e^{-x}x^n), \qquad n \geq 0,$$

gegeben und erfüllen folgende Dreitermrekursion

$$\begin{cases} \mathcal{L}_{n+1}(x) = (2n + 1 - x)\mathcal{L}_n(x) - n^2\mathcal{L}_{n-1}(x) & n \geq 0, \\ \mathcal{L}_{-1} = 0, \qquad \mathcal{L}_0 = 1. \end{cases}$$

Für irgendeine Funktion f, sei $\varphi(x) = f(x)e^x$. Dann ist $I(f) = \int_0^\infty f(x)dx = \int_0^\infty e^{-x}\varphi(x)dx$, so dass es genügt, auf das letzte Integral die Gauß-Laguerre-Quadratur anzuwenden, um für $n \geq 1$ und $f \in C^{2n}([0, +\infty))$

$$I(f) = \sum_{k=1}^n \alpha_k\varphi(x_k) + \frac{(n!)^2}{(2n)!}\varphi^{(2n)}(\xi), \qquad 0 < \xi < +\infty, \tag{10.41}$$

zu bekommen, wobei die Knoten x_k, $k = 1,\ldots,n$, die Nullstellen von $\mathcal{L}_n$ sind und die Gewichte sich aus $\alpha_k = (n!)^2 x_k/[\mathcal{L}_{n+1}(x_k)]^2$ ergeben. Aus (10.41) schliesst man, dass Gauß-Laguerre-Formeln für Funktionen f des Typs φe^{-x}, $\varphi \in \mathbb{P}_{2n-1}$, exakt sind. Wir können dann in einem verallgemeinerten Sinn davon sprechen, dass sie den optimalen Exaktheitsgrad $2n - 1$ besitzen.

Beispiel 10.2 Unter Verwendung einer Gauß-Laguerre-Quadraturformel mit $n = 12$ für die Berechnung des Integrals in Beispiel 9.12 erhalten wir den Wert 0.5997 bei einem absoluten Fehler von $2.96 \cdot 10^{-4}$. Zum Vergleich würde die zusammengesetzte Trapezregel bei gleicher Genauigkeit 277 Knoten erfordern.   •

Hermitesche Polynome. Die Hermitesche Polynome sind orthogonale Polynome auf der reellen Achse in Bezug auf die Gewichtsfunktion $w(x) = e^{-x^2}$. Sie sind durch

$$\mathcal{H}_n(x) = (-1)^n e^{x^2} \frac{d^n}{dx^n}(e^{-x^2}), \qquad n \geq 0,$$

definiert und können rekursiv aus

$$\begin{cases} \mathcal{H}_{n+1}(x) = 2x\mathcal{H}_n(x) - 2n\mathcal{H}_{n-1}(x) \quad n \geq 0, \\ \mathcal{H}_{-1} = 0, \qquad \mathcal{H}_0 = 1, \end{cases}$$

erzeugt werden. Wie im Fall zuvor, haben wir mit $\varphi(x) = f(x)e^{x^2}$ die Darstellung $I(f) = \int_{-\infty}^{\infty} f(x)dx = \int_{-\infty}^{\infty} e^{-x^2}\varphi(x)dx$. Durch Anwendung der Gauß-Hermite-Quadratur erhalten wir für $n \geq 1$ und $f \in C^{2n}(\mathbb{R})$

$$I(f) = \int_{-\infty}^{\infty} e^{-x^2}\varphi(x)dx = \sum_{k=1}^{n} \alpha_k\varphi(x_k) + \frac{(n!)\sqrt{\pi}}{2^n(2n)!}\varphi^{(2n)}(\xi), \qquad \xi \in \mathbb{R},$$

(10.42)

wobei die Knoten x_k, $k = 1, \ldots, n$, die Nullstellen von $\mathcal{H}_n$ sind und die Gewichte durch $\alpha_k = 2^{n+1}n!\sqrt{\pi}/[\mathcal{H}_{n+1}(x_k)]^2$ gegeben sind. Wie es für Gauß-Laguerre-Quadraturen der Fall war, sind auch die Gauß-Hermite-Regeln für Funktionen f der Form φe^{-x^2} exakt, wobei $\varphi \in \mathbb{P}_{2n-1}$; daher haben sie den optimalen Exaktheitsgrad $2n - 1$.

Weitere Details zu diesem Gegenstand kann man in [DR75], S. 173-174 finden.

10.6 Programme zur Implementation Gaußscher Quadraturen

Die Programme 82, 83 und 84 berechnen die in (10.8) eingeführten Koeffizienten $\{\alpha_k\}$ in den Fällen der Legendre-, Laguerre- und Hermite-Polynome. Diese Programme werden dann für die Berechnung der Knoten und Gewichte (10.32) im Fall der Gauß-Legendre-Formel durch das Programm 85 aufgerufen, als auch durch die Programme 86, 87 für die Berechnung der Knoten und Gewichte in den Gauß-Laguerre- bzw. Gauß-Hermite-Quadraturregeln (10.41) und (10.42). Alle Codes, die in diesem Abschnitt angegeben wurden, sind Auszüge aus der Bibliothek ORTHPOL [Gau94].

Program 82 - coeflege : Koeffizienten der Legendre-Polynome

```
function [a, b] = coeflege(n)
if (n <= 1), disp(' n must be > 1 '); return; end
for k=1:n, a(k)=0; b(k)=0; end; b(1)=2;
for k=2:n, b(k)=1/(4-1/(k-1)^2); end
```

Program 83 - coeflagu : Koeffizienten der Laguerre-Polynome

```
function [a, b] = coeflagu(n)
if (n <= 1), disp(' n must be > 1 '); return; end
```

```
a=zeros(n,1); b=zeros(n,1); a(1)=1; b(1)=1;
for k=2:n, a(k)=2*(k-1)+1; b(k)=(k-1)^2; end
```

Program 84 - coefherm : Koeffizienten der Hermite-Polynome

```
function [a, b] = coefherm(n)
if (n <= 1), disp(' n must be > 1 '); return; end
a=zeros(n,1); b=zeros(n,1); b(1)=sqrt(4.*atan(1.));
for k=2:n, b(k)=0.5*(k-1); end
```

Program 85 - zplege : Koeffizienten der Gauß-Legendre-Formel

```
function [x,w]=zplege(n)
if (n <= 1), disp(' n must be > 1 '); return; end
[a,b]=coeflege(n);
JacM=diag(a)+diag(sqrt(b(2:n)),1)+diag(sqrt(b(2:n)),-1);
[w,x]=eig(JacM); x=diag(x); scal=2; w=w(1,:)'.^2*scal;
[x,ind]=sort(x); w=w(ind);
```

Program 86 - zplagu : Koeffizienten der Gauß-Laguerre-Formel

```
function [x,w]=zplagu(n)
if (n <= 1), disp(' n must be > 1 '); return; end
[a,b]=coeflagu(n);
JacM=diag(a)+diag(sqrt(b(2:n)),1)+diag(sqrt(b(2:n)),-1);
[w,x]=eig(JacM); x=diag(x); w=w(1,:)'.^2;
```

Program 87 - zpherm : Koeffizienten der Gauß-Hermite-Formel

```
function [x,w]=zpherm(n)
if (n <= 1), disp(' n must be > 1 '); return; end
[a,b]=coefherm(n);
JacM=diag(a)+diag(sqrt(b(2:n)),1)+diag(sqrt(b(2:n)),-1);
[w,x]=eig(JacM); x=diag(x); scal=sqrt(pi); w=w(1,:)'.^2*scal;
[x,ind]=sort(x); w=w(ind);
```

10.7 Approximation einer Funktion im Sinne kleinster Quadrate

Für eine gegebene Funktion $f \in \mathrm{L}_w^2(a, b)$, suchen wir ein Polynom r_n vom Grade $\leq n$ dass

$$\|f - r_n\|_w = \min_{p_n \in \mathbb{P}_n} \|f - p_n\|_w$$

genügt, wobei w ein festes Gewicht auf (a, b) ist. Wenn es existiert, heißt r_n ein *kleinstes Quadratepolynom*. Der Name ist von der Tatsache abgeleitet, dass im Fall $w \equiv 1$ das Polynom r_n dasjenige ist, welches den kleinste Quadratefehler $E = \|f - r_n\|_{L^2(a,b)}$ (siehe Übung 8) minimiert.

Wie in Abschnitt 10.1 zu sehen war, stimmt r_n mit der abgebrochenen Fourierreihe f_n der Ordnung n überein (siehe (10.2) und (10.3)). In Abhängigkeit von der Wahl des Gewichtes $w(x)$ ergeben sich verschiedene kleinste Quadrate Polynome mit unterschiedlichen Konvergenzeigenschaften.

Analog zu Abschnitt 10.1 können wir die diskrete abgebrochene Tschebyscheff-Reihe f_n^* (10.4) (indem wir $p_k = T_k$ setzen) oder der Legendre-Reihe $(p_k = L_k)$ einführen. Wenn das durch die Gauß-Lobattosche Quadraturformel induzierte diskrete Skalarprodukt (10.28) in (10.5) verwendet wird, stimmen die Koeffizienten $\tilde{f}_k$ mit den Entwicklungskoeffizienten des interpolierenden Polynoms $\Pi_{n,w}^{GL} f$ überein (siehe (10.29) im Tschebyscheff-Fall oder (10.38) im Legendre-Fall).

Folglich gilt $f_n^* = \Pi_{n,w}^{GL} f$, d.h. die diskrete abgebrochene (Tschebyscheff- oder Legendre-Reihe) von f stimmt mit dem interpolierenden Polynom in den $n + 1$ Gauß-Lobatto-Knoten überein. Insbesondere ist in einem solchen Fall (10.6) trivialer Weise erfüllt, denn $\|f - f_n^*\|_n = 0$.

10.7.1 *Diskrete kleinste Quadrate Approximation*

Verschiedene Anwendungen erfordern eine große Menge an Daten, die auf einem diskreten Niveau verfügbar sind, zum Beispiel die Ergebnisse experimenteller Messungen, auf synthetische Weise durch elementare Funktionen darzustellen. Dieser Approximationsprozess, oft als *Datenanpassung* bezeichnet, kann zufriedenstellend unter Verwendung diskreter kleinste Quadrate Verfahren, die im Folgenden beschrieben werden, gelöst werden.

Nehmen wir an, dass $m + 1$ Paare von Daten

$$\{(x_i, y_i), \ i = 0, \dots, m\} \tag{10.43}$$

gegeben sind, wobei y_i zum Beispiel den Wert einer physikalischen Größe gemessen an der Stelle x_i darstellen möge. Wir nehmen an, dass alle Abszissen voneinander verschieden sind.

Wir suchen ein Polynom $p_n(x) = \sum_{i=0}^{n} a_i \varphi_i(x)$, so dass

$$\sum_{j=0}^{m} w_j |p_n(x_j) - y_j|^2 \leq \sum_{j=0}^{m} w_j |q_n(x_j) - y_j|^2 \quad \forall q_n \in \mathbb{P}_n, \tag{10.44}$$

für geeignete Koeffizienten $w_j > 0$. Ist $n = m$, stimmt das Polynom p_n mit dem Interpolationspolynom vom Grade n in den Knoten $\{x_i\}$ überein. Das

Problem (10.44) heißt *diskretes kleinste Quadrate Problem*, weil ein diskretes Skalarprodukt involviert und weil es die diskrete Version des stetigen kleinste Quadrate Problems ist. Die Lösung p_n wird daher als *kleinstes Quadrate Polynom* bezeichnet. Beachte, dass

$$|||q||| = \left\{ \sum_{j=0}^{m} w_j [q(x_j)]^2 \right\}^{1/2} \qquad (10.45)$$

eine *streng konverxe* Halbnorm auf $\mathbb{P}_n$ ist (siehe Übung 7). Nach Definition ist eine diskrete Norm (oder Halbnorm) $\| \cdot \|_*$ streng konvex, wenn aus $\|f + g\|_* = \|f\|_* + \|g\|_*$ die Existenz nicht verschwindender α, β folgt, so dass $\alpha f(x_i) + \beta g(x_i) = 0$ für $i = 0, \ldots, m$. Da $||| \cdot |||$ eine streng konvexe Halbnorm ist, hat das Problem (10.44) eine eindeutig bestimmte Lösung (siehe [IK66], Abschnitt 3.5). Gehen wir wie im Abschnitt 3.13 (Band 1) vor, finden wir

$$\sum_{k=0}^{n} a_k \sum_{j=0}^{m} w_j \varphi_k(x_j) \varphi_i(x_j) = \sum_{j=0}^{m} w_j y_j \varphi_i(x_j), \qquad \forall i = 0, \ldots, n.$$

Dieses System heißt *System von Normalgleichungen* und kann zweckmäßiger Weise in der Form

$$\mathbf{B}^T \mathbf{B} \mathbf{a} = \mathbf{B}^T \mathbf{y} \qquad (10.46)$$

geschrieben werden, wobei B die Rechteckmatrix $(m + 1) \times (n + 1)$ mit den Einträgen $b_{ij} = \varphi_j(x_i)$, $i = 0, \ldots, m$, $j = 0, \ldots, n$, $\mathbf{a} \in \mathbb{R}^{n+1}$ der Vektor der unbekannten Koeffizienten und $\mathbf{y} \in \mathbb{R}^{m+1}$ der Datenvektor sind.

Wir bemerken, dass das in (10.46) erhaltene System von Normalgleichungen von der gleichen Struktur wie das in Abschnitt 3.13 im Fall überbestimmter Systeme eingeführte ist. In der Tat kann das obige System im Fall $w_j = 1$ für $j = 0, \ldots, m$ als die Lösung des Systems

$$\sum_{k=0}^{n} a_k \varphi_k(x_i) = y_i, \qquad i = 0, 1, \ldots, m,$$

im Sinne kleinster Quadrate angesehen werden, das keine Lösung im klassischen Sinne hätte, da die Zahl der Zeilen größer als die Zahl der Spalten ist. Im Fall $n = 1$ ist die Lösung von (10.44) eine lineare Funktion, *lineare Regression* zur Datenanpassung von (10.43) genannt. Das entsprechende System von Normalgleichungen ist

$$\sum_{k=0}^{1} \sum_{j=0}^{m} w_j \varphi_i(x_j) \varphi_k(x_j) a_k = \sum_{j=0}^{m} w_j \varphi_i(x_j) y_j, \qquad i = 0, 1.$$

Setzen wir $(f,g)_m = \sum_{j=0}^{m} f(x_j)g(x_j)$, wird das System

$$\begin{cases} (\varphi_0,\varphi_0)_m a_0 + (\varphi_1,\varphi_0)_m a_1 = (y,\varphi_0)_m, \\ (\varphi_0,\varphi_1)_m a_0 + (\varphi_1,\varphi_1)_m a_1 = (y,\varphi_1)_m, \end{cases}$$

wobei $y(x)$ eine Funktion ist, die die Werte y_i in den Knoten x_i, $i = 0,\ldots,m$, annimmt. Nach einigen Umformungen erhalten wir die explizite Form der Koeffizienten

$$a_0 = \frac{(y,\varphi_0)_m(\varphi_1,\varphi_1)_m - (y,\varphi_1)_m(\varphi_1,\varphi_0)_m}{(\varphi_1,\varphi_1)_m(\varphi_0,\varphi_0)_m - (\varphi_0,\varphi_1)_m^2},$$

$$a_1 = \frac{(y,\varphi_1)_m(\varphi_0,\varphi_0)_m - (y,\varphi_0)_m(\varphi_1,\varphi_0)_m}{(\varphi_1,\varphi_1)_m(\varphi_0,\varphi_0)_m - (\varphi_0,\varphi_1)_m^2}.$$

Beispiel 10.3 Wie bereits in Beispiel 8.2 gesehen, können kleine Störungen in den Daten große Änderungen des Interpolationspolynoms einer gegebenen Funktion f verursachen. Für das kleinste Quadrate Polynom, bei dem m viel größer als n ist, ist dies nicht der Fall. Als ein Beispiel betrachten wir die Funktion $f(x) = sin(2\pi x)$ auf $[-1,1]$ und werten diese in 22 äquidistanten Knoten $x_i = 2i/21$, $i = 0,\ldots,21$, aus und setzen $f_i = f(x_i)$. Danach nehmen wir eine zufällige Störung der Ordnung 10^{-3} auf die Daten an und bezeichnen durch p_5 und $\tilde{p}_5$ die kleinsten Quadratepolynome vom Grade 5, die die Daten f_i bzw. $\tilde{f}_i$ approximieren. Die Maximumnorm der Differenz $p_5 - \tilde{p}_5$ über dem Intervall $[-1,1]$ ist von der Ordnung 10^{-3}, d.h. von der gleichen Größenordnung wie die Störung selbst. Zum Vergleich ist dieselbe Differenz im Falle der Lagrange-Interpolation, wie in Abbildung 10.2 ersichtlich, ungefähr gleich zwei. $\bullet$

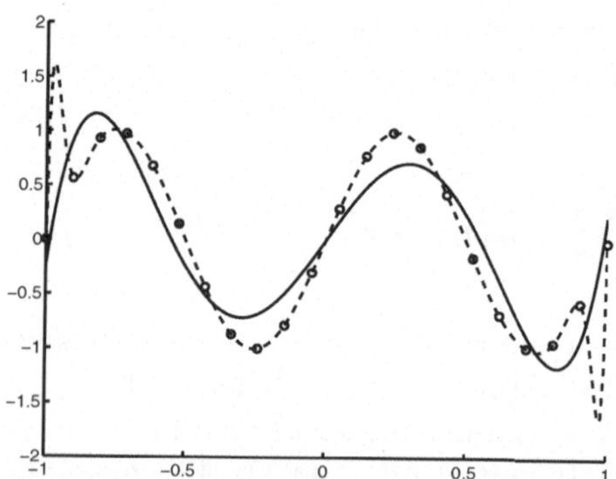

Abbildung 10.2. Die gestörten Daten (Kreise), das dazugehörige kleinste Quadratepolynom vom Grade 5 (durchgezogene Kurve) und das Lagrangesche Interpolationspolynom (gestrichelte Kurve).

10.8   Das Polynom bester Approximation

Betrachte eine Funktion $f \in C^0([a,b])$. Ein Polynom $p_n^* \in \mathbb{P}_n$ heißt *Polynom bester Approximation von f*, wenn es der Beziehung

$$\|f - p_n^*\|_\infty = \min_{p_n \in \mathbb{P}_n} \|f - p_n\|_\infty, \quad \forall p_n \in \mathbb{P}_n \tag{10.47}$$

genügt, wobei $\|g\|_\infty = \max_{a \le x \le b} |g(x)|$. Diese Problem wird als *Minimax-Approximation* bezeichnet, weil wir nach dem minimalen Fehler gemessen in der Maximumnorm suchen.

Eigenschaft 10.1 (Tschebyschew-Theorem) *Für jedes $n \ge 0$ existiert das Polynom bester Approximation p_n^* von f und ist eindeutig. In $[a,b]$ gibt es darüber hinaus $n+2$ Punkte $x_0 < x_1 < \ldots < x_{n+1}$, so dass*

$$f(x_j) - p_n^*(x_j) = \sigma(-1)^j E_n^*(f), \qquad j = 0, \ldots, n+1$$

mit $\sigma = 1$ oder $\sigma = -1$, abhängig von f und n, und $E_n^*(f) = \|f - p_n^*\|_\infty$.

(Zum Beweis siehe [Dav63] Kapitel 7). Folglich gibt es $n+1$ Punkte $\tilde{x}_0 < \tilde{x}_1 < \ldots < \tilde{x}_n$ mit $x_k < \tilde{x}_k < x_{k+1}$ für $k = 0, \ldots, n$, die so in $[a,b]$ bestimmt werden können, dass

$$p_n^*(\tilde{x}_j) = f(\tilde{x}_j), \quad j = 0, 1, \ldots, n.$$

Dies bedeutet, dass das Polynom bester Approximation ein Polynom vom Grade n ist, dass f in $n+1$ unbekannten Knoten interpoliert.

Das nachfolgend genannte Resultat liefert eine Abschätzung von $E_n^*(f)$ ohne p_n^* explizit zu berechnen (zum Beweis verweisen wir auf [Atk89], Kapitel 4).

Eigenschaft 10.2 (Schranke von de la Vallée-Poussin) *Sei $n \ge 0$ und seien $x_0 < x_1 < \ldots < x_{n+1}$ $n+2$ Punkte in $[a,b]$. Existiert ein Polynom q_n vom Grade $\le n$, so dass*

$$f(x_j) - q_n(x_j) = (-1)^j e_j \quad j = 0, 1, \ldots, n+1,$$

wobei alle e_j von gleichem Vorzeichen und nicht Null sind, dann gilt

$$\min_{0 \le j \le n+1} |e_j| \le E_n^*(f).$$

Nun können wir $E_n^*(f)$ auf den Interpolationsfehler beziehen. Es gilt

$$\|f - \Pi_n f\|_\infty \le \|f - p_n^*\|_\infty + \|p_n^* - \Pi_n f\|_\infty.$$

Andererseits bekommen wir unter Verwendung der Lagrangeschen Darstellung p_n^*

$$\|p_n^* - \Pi_n f\|_\infty = \|\sum_{i=0}^{n}(p_n^*(x_i) - f(x_i))l_i\|_\infty \le \|p_n^* - f\|_\infty\|\sum_{i=0}^{n}|l_i|\|_\infty,$$

woraus

$$\|f - \Pi_n f\|_\infty \leq (1 + \Lambda_n) E_n^*(f),$$

mit der Lebesgue-Konstanten Λ_n (8.11), die zu den Knoten $\{x_i\}$ gehört, folgt. Wegen (10.25) können wir schliessen, dass das Lagrangesche Interpolationspolynom in den Tschebyscheffknoten eine gute Approximation von p_n^* ist. Die obigen Ergebnisse liefern eine Charakterisierung des Polynoms der besten Approximation, sie liefern aber nicht einen konstruktiven Weg zu dessen Erzeugung. Dennoch ist es, beginnend mit dem Tschebyscheff-Theorem möglich, einen Algorithmus, den Remes-Algorithmus, zu entwickeln, der in der Lage ist, eine beliebig genaue Approximation des Polynoms p_n^* zu berechnen (siehe [Atk89], Abschnitt 4.7).

10.9   Fouriersche trigonometrische Polynome

Wir wollen die in den vorangegangene Abschnitten entwickelte Theorie auf eine spezielle Familie orthogonaler Polynome, die nicht mehr algebraische Polynome sondern trigonometrische sind, anwenden. Die *Fourier-Polynome* auf $(0, 2\pi)$ sind als

$$\varphi_k(x) = e^{ikx}, \qquad k = 0, \pm 1, \pm 2, \ldots$$

definiert, wobei i die imaginäre Einheit ist. Sie sind komplex-wertige periodische Funktionen mit der Periode 2π. Wir werden die Notation $L^2(0, 2\pi)$ verwenden, um die komplex-wertigen Funktionen zu bezeichnen, die quadratisch über $(0, 2\pi)$ integrierbar sind. Daher ist

$$L^2(0, 2\pi) = \left\{ f : (0, 2\pi) \to \mathbb{C} \text{ so dass } \int_0^{2\pi} |f(x)|^2 dx < \infty \right\}$$

mit dem Skalarprodukt bzw. der Norm, die durch

$$(f, g) = \int_0^{2\pi} f(x)\overline{g(x)}dx, \quad \|f\|_{L^2(0,2\pi)} = \sqrt{(f, f)}$$

definiert sind. Für $f \in L^2(0, 2\pi)$ ist die Fourierreihe

$$Ff = \sum_{k=-\infty}^{\infty} \widehat{f}_k \varphi_k, \quad \text{mit } \widehat{f}_k = \frac{1}{2\pi} \int_0^{2\pi} f(x)e^{-ikx}dx = \frac{1}{2\pi}(f, \varphi_k). \quad (10.48)$$

Ist f komplex-wertig setzen wir $f(x) = \alpha(x) + i\beta(x)$ für $x \in [0, 2\pi]$, wobei $\alpha(x)$ der Realteil von f und $\beta(x)$ der Imaginärteil sind. Unter Beachtung von $e^{-ikx} = \cos(kx) - i\sin(kx)$ und

$$a_k = \frac{1}{2\pi} \int_0^{2\pi} [\alpha(x)\cos(kx) + \beta(x)\sin(kx)]\, dx$$

$$b_k = \frac{1}{2\pi} \int_0^{2\pi} [-\alpha(x)\sin(kx) + \beta(x)\cos(kx)]\, dx,$$

können die *Fourierkoeffizienten* der Funktion f in der Form

$$\widehat{f}_k = a_k + ib_k \qquad \forall k = 0, \pm 1, \pm 2, \ldots \tag{10.49}$$

geschrieben werden. Wir werden zukünftig annehmen, dass f eine reellwertige Funktion ist; in diesem Fall gilt $\widehat{f}_{-k} = \overline{\widehat{f}_k}$ für jedes k.

Sei N eine gerade positive Zahl. Analog zu Abschnitt 10.1 nennen wir die Funktion

$$f_N^*(x) = \sum_{k=-\frac{N}{2}}^{\frac{N}{2}-1} \widehat{f}_k e^{ikx}$$

die *abgebrochene Fourierreihe der Ordnung* N. Die Verwendung des Großbuchstabens N anstelle des kleinen n ist zu der üblicherweise in der Analysis der diskreten Fourierreihen verwendeten konform (siehe [Bri74], [Wal91]). Um die Notation zu vereinfachen, führen wir auch eine Indexverschiebung ein, so dass

$$f_N^*(x) = \sum_{k=0}^{N-1} \widehat{f}_k e^{i(k-\frac{N}{2})x}$$

gilt, wobei jetzt

$$\widehat{f}_k = \frac{1}{2\pi} \int_0^{2\pi} f(x) e^{-i(k-N/2)x}\, dx = \frac{1}{2\pi}(f, \widetilde{\varphi}_k), \;\; k = 0, \ldots, N-1 \tag{10.50}$$

und $\widetilde{\varphi}_k = e^{i(k-N/2)x}$. Sei

$$S_N = \operatorname{span}\{\widetilde{\varphi}_k, \, 0 \le k \le N-1\}.$$

Dann genügt die abgebrochene Reihe der Ordnung N von $f \in L^2(0, 2\pi)$ der folgenden optimalen Approximationseigenschaft im Sinne kleinster Quadrate

$$\|f - f_N^*\|_{L^2(0,2\pi)} = \min_{g \in S_N} \|f - g\|_{L^2(0,2\pi)}.$$

Wir setzen $h = 2\pi/N$ und $x_j = jh$ für $j = 0, \ldots, N-1$, und führen das *diskrete Skalarprodukt*

$$(f, g)_N = h \sum_{j=0}^{N-1} f(x_j)\overline{g(x_j)} \tag{10.51}$$

ein. Ersetzen wir $(f, \widetilde{\varphi}_k)$ in (10.50) mit $(f, \widetilde{\varphi}_k)_N$ erhalten wir den *diskreten Fourierkoeffizienten* der Funktion f

$$\widetilde{f}_k = \frac{1}{N} \sum_{j=0}^{N-1} f(x_j) e^{-ikjh} e^{ij\pi} = \frac{1}{N} \sum_{j=0}^{N-1} f(x_j) W_N^{(k-\frac{N}{2})j} \qquad (10.52)$$

für $k = 0, \ldots, N - 1$, wobei

$$W_N = \exp\left(-i\frac{2\pi}{N}\right)$$

die *Hauptwurzel der Ordnung* N der Eins ist. Gemäß (10.4) heißt das trigonometrische Polynom

$$\Pi_N^F f(x) = \sum_{k=0}^{N-1} \widetilde{f}_k e^{i(k-\frac{N}{2})x} \qquad (10.53)$$

diskrete Fourierreihe der Ordnung N von f.

Lemma 10.1 *Es gilt die folgende Eigenschaft*

$$(\varphi_l, \varphi_j)_N = h \sum_{k=0}^{N-1} e^{-ik(j-l)h} = 2\pi\delta_{jl}, \qquad 0 \le l, j \le N - 1, \qquad (10.54)$$

wobei δ_{jl} *das Kroneckersymbol bezeichnet.*

Beweis. Für $l = j$ folgt die Aussage unmittelbar. Nehmen wir $l \ne j$ an, so haben wir

$$\sum_{k=0}^{N-1} e^{-ik(j-l)h} = \frac{1 - \left(e^{-i(j-l)h}\right)^N}{1 - e^{-i(j-l)h}} = 0.$$

Tatsächlich ist der Zähler $1 - (\cos(2\pi(j - l)) - i\sin(2\pi(j - l))) = 1 - 1 = 0$, während der Nenner nicht verschwinden kann. Er verschwindet genau dann, wenn $(j - l)h = 2\pi$, d.h. $j - l = N$, was jedoch unmöglich ist. $\diamond$

Nach Lemma 10.1 ist das trigonometrische Polynom $\Pi_N^F f$ die Fourier *Interpolierte* von f in den Knoten x_j, d.h.

$$\Pi_N^F f(x_j) = f(x_j), \qquad j = 0, 1, \ldots, N - 1.$$

Aus (10.52) und (10.54) in (10.53) folgt tatsächlich, dass

$$\Pi_N^F f(x_j) = \sum_{k=0}^{N-1} \widetilde{f}_k e^{ikjh} e^{-ijh\frac{N}{2}} = \sum_{l=0}^{N-1} f(x_l) \left[\frac{1}{N} \sum_{k=0}^{N-1} e^{-ik(l-j)h}\right] = f(x_j).$$

Daher bekommen wir aus der ersten und letzten Gleichung

$$f(x_j) = \sum_{k=0}^{N-1} \widetilde{f}_k e^{ik(j-\frac{N}{2})h} = \sum_{k=0}^{N-1} \widetilde{f}_k W_N^{-(j-\frac{N}{2})k}, \quad j = 0,\ldots, N-1. \quad (10.55)$$

Die durch (10.52) beschriebene Abbildung $\{f(x_j)\} \to \{\widetilde{f}_k\}$ heißt *diskrete Fouriertransformation* (DFT), die Abbildung (10.55) von $\{\widetilde{f}_k\}$ auf $\{f(x_j)\}$ die *inverse Transformation* (IDFT). Beide, die DFT als auch die IDFT, können in Matrixform als $\{\widetilde{f}_k\} = \mathrm{T}\{f(x_j)\}$ und $\{f(x_j)\} = \mathrm{C}\{\widetilde{f}_k\}$, geschrieben werden, wobei $\mathrm{T} \in \mathbb{C}^{N \times N}$, C die Inverse von T und

$$T_{kj} = \frac{1}{N} W_N^{(k-\frac{N}{2})j}, \quad k,j = 0,\ldots, N-1,$$

$$C_{jk} = W_N^{-(j-\frac{N}{2})k}, \quad j,k = 0,\ldots, N-1,$$

bezeichnen. Eine naive Implementation der Matrix-Vektor-Multiplikation würde bei der DFT und der IDFT N^2 Operationen erfordern. Nutzen wir den FFT-Algorithmus (*Schnelle Fouriertransformation*) werden im Fall dass N ist eine Potenz von 2 ist, nur $\mathcal{O}(N \log_2 N)$ flops benötigt, wie wir in Abschnitt 10.9.2 zeigen werden.

Die in (10.53) eingeführte Funktion $\Pi_N^F f \in S_N$ ist die Lösung des Minimierungsproblems $\|f - \Pi_N^F f\|_N \leq \|f - g\|_N$ für beliebiges $g \in S_N$, wobei $\| \cdot \|_N = (\cdot, \cdot)_N^{1/2}$ eine diskrete Norm für S_N ist. Im Fall, in dem f periodisch mit all seinen Ableitungen bis zur Ordnung s ($s \geq 1$) ist, gilt eine Fehlerabschätzung, die analog zu der für die Tschebyscheff- und Legendre-Interpolation ist, und zwar

$$\|f - \Pi_N^F f\|_{\mathrm{L}^2(0,2\pi)} \leq C N^{-s} \|f\|_s$$

sowie

$$\max_{0 \leq x \leq 2\pi} |f(x) - \Pi_N^F f(x)| \leq C N^{1/2 - s} \|f\|_s.$$

In ähnlicher Weise haben wir auch

$$|(f, v_N) - (f, v_N)_N| \leq C N^{-s} \|f\|_s \|v_N\|$$

für jedes $v_N \in S_N$, und insbesondere mit $v_N = 1$ die Fehlerabschätzung für die Quadraturformel (10.51)

$$\left| \int_0^{2\pi} f(x)dx - h \sum_{j=0}^{N-1} f(x_j) \right| \leq C N^{-s} \|f\|_s$$

(zum Beweis siehe [CHQZ88], Kapitel 2).

Beachte, dass $h \sum_{j=0}^{N-1} f(x_j)$ nichts anderes als die zusammengesetzte Trapezregel zur Approximation des Integrals $\int_0^{2\pi} f(x)dx$ ist. Daher ist eine solche Formel besonders genau, wenn man es mit periodischen und glatten Integranden zu tun hat.

Die Programme 88 und 89 liefern eine Implementation der DFT und der IDFT. Der Eingabeparameter f ist ein String, der die zu transformierende Funktion f enthält, fc ist ein Vektor der Größe N, der die Werte $\tilde{f}_k$ enthält.

Program 88 - dft : Diskrete Fouriertransformation

```
function fc = dft(N,f)
h = 2*pi/N; x=[0:h:2*pi*(1-1/N)]; fx = eval(f); wn = exp(-i*h);
for k=0:N-1,
  s = 0;
  for j=0:N-1
    s = s + fx(j+1)*wn^((k-N/2)*j);
  end
  fc (k+1) = s/N;
end
```

Program 89 - idft : Inverse diskrete Fouriertransformation

```
function fv = idft(N,fc)
h  = 2*pi/N; wn = exp(-i*h);
for k=0:N-1
  s = 0;
  for j=0:N-1
    s = s + fc(j+1)*wn^(-k*(j-N/2));
  end
  fv (k+1) = s;
end
```

10.9.1 Das Gibbsche Phänomen

Wir betrachten die unstetige Funktion $f(x) = x/\pi$ für $x \in [0, \pi]$ und gleich $x/\pi - 2$ für $x \in (\pi, 2\pi]$, und berechnen ihre DFT mit dem Programm 88. Die Interpolation $\Pi_N^F f$ ist in Abbildung 10.3 (oben) für $N = 8, 16, 32$ dargestellt. Man achte auf die unbegründeten Oszillationen um den Unstetigkeitspunkt von f, dessen maximale Amplitude gegen einen endlichen Grenzwert strebt. Die Erscheinung dieser Oszillationen ist als *Gibbsches Phänomen* bekannt und typisch für Funktionen mit isolierten Sprungstellen; sie beeinflussen das Verhalten der abgebrochenen Fourierreihe nicht nur in Umgebung der Unstetigkeit sondern, wie man deutlich in der Abbildung

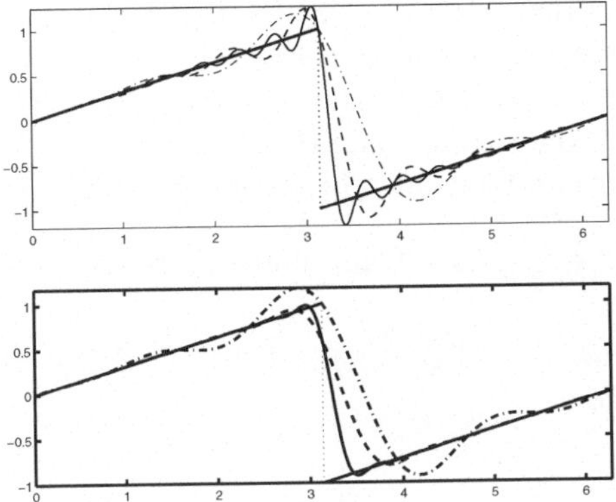

Abbildung 10.3. Oben: Fourier-Interpolation der Sägezahnfunktion (dicke durchgezogene Linie) für $N = 8$ (gestrichelt-punktierte Kurve), 16 (gestrichelte Kurve) und 32 (dünne durchgezogene Kurve). Unten: die gleichen Informationen dargestellt im Fall der Lanczos-Glättung.

sehen kann, auf dem ganzen Intervall. Die Konvergenzrate der abgebrochenen Reihe ist für Funktionen mit Sprungstellen linear bezüglich N^{-1} in jedem nicht singulären Punkt des Definitionsintervalls der Funktion (siehe [CHQZ88], Abschnitt 2.1.4).

Da das Gibbsche Phänomen mit dem langsamen Fallen der Fourierkoeffizienten einer unstetigen Funktion zusammenhängt, können Glättungsalgorithmen vorteilhaft verwendet werden, um die Fourierkoeffizienten höherer Ordnung abzuschwächen. Dies kann durch Multiplikation jedes Koeffizienten $\tilde{f}_k$ mit einem Faktor σ_k derart geschehen, dass σ_k eine fallende Funktion von k ist. Ein Beispiel hierfür ist die *Lanczos-Glättung*

$$\sigma_k = \frac{\sin(2(k - N/2)(\pi/N))}{2(k - N/2)(\pi/N)}, \qquad k = 0, \ldots, N - 1. \tag{10.56}$$

Die Wirkung der Lanczos-Glättung auf die Berechnung der DFT der obigen Funktion f ist in Abbildung 10.3 (unten) illustriert. Sie zeigt, dass die Oszillationen fast vollständig verschwunden sind.

Für eine tiefere Analyse des Gegenstandes verweisen wir auf [CHQZ88], Kapitel 2.

10.9.2 Die schnelle Fouriertransformation

Wie im vorangegangenen Abschnitt ausgeführt, würde die Berechnung der diskreten Fouriertransformation (DFT) oder ihrer inversen (IDFT) als Matrix-Vektor-Produkt N^2 Operationen erfordern. In diesem Abschnitt erklären wir die grundlegenden Schritte des Cooley-Tukey-Algorithmus [CT65], der als schnelle Fouriertransformation (FFT) bekannt ist. Die Berechnung einer DFT der Ordnung N wird in DFTs der Ordnung $p_0, \ldots, p_m$ aufgespalten, wobei die $\{p_i\}$ die Primfaktoren von N sind. Ist N eine Potenz von 2, sind die numerischen Kosten von der Ordnung $N \log_2 N$ flops.

Ein rekursiver Algorithmus zur Berechnung der DFT, wenn N eine Potenz von 2 ist, wird im Folgenden beschrieben. Sei $\mathbf{f} = (f_i)^T$, $i = 0, \ldots, N - 1$ und setze $p(x) = \frac{1}{N} \sum_{j=0}^{N-1} f_j x^j$. Dann läuft die Berechnung der DFT des Vektors $\mathbf{f}$ darauf hinaus, $p(W_N^{k-\frac{N}{2}})$ für $k = 0, \ldots, N - 1$ auszuwerten. Wir führen die Polynome

$$p_e(x) = \frac{1}{N} \left[f_0 + f_2 x + \ldots + f_{N-2} x^{\frac{N}{2}-1} \right],$$
$$p_o(x) = \frac{1}{N} \left[f_1 + f_3 x + \ldots + f_{N-1} x^{\frac{N}{2}-1} \right]$$

ein, für die die Beziehung

$$p(x) = p_e(x^2) + x p_o(x^2)$$

gilt. Hieraus folgt, dass die Berechnung der DFT von $\mathbf{f}$ durch Auswertung der Polynome p_e und p_o in den Punkten $W_N^{2(k-\frac{N}{2})}$, $k = 0, \ldots, N - 1$, durchgeführt werden kann. Da

$$W_N^{2(k-\frac{N}{2})} = W_N^{2k-N} = \exp\left(-i\frac{2\pi k}{N/2}\right) \exp(i2\pi) = W_{N/2}^k,$$

kommt heraus, dass wir p_e und p_o in den Hauptwurzeln der Eins der Ordnung $N/2$ auswerten müssen. Auf diese Weise kann die DFT der Ordnung N umgeschrieben werden in zwei DFTs der Ordnung $N/2$; natürlich können wir dieses Verfahren auf p_o und p_e rekursiv wiederholt anwenden. Der Algorithmus wird abgebrochen, wenn der Grad des zuletzt erzeugten Polynoms gleich Eins ist.

Im Programm 90 schlagen wir eine einfache Implementation des rekursiven FFT-Algorithmus vor. Die Eingabeparameter sind NN (eine Potenz von 2) und der Vektor f, der die NN Werte f_k enthält.

Program 90 - fftrec : FFT-Algorithmus in der rekursiven Version

```
function [fftv]=fftrec(f,NN)
N = length(f);   w = exp(-2*pi*sqrt(-1)/N);
if N == 2
   fftv = f(1)+w.^[-NN/2:NN-1-NN/2]*f(2);
else
   a1 = f(1:2:N);   b1 = f(2:2:N);
   a2 = fftrec(a1,NN); b2 = fftrec(b1,NN);
   for k=-NN/2:NN-1-NN/2
```

```
    fftv(k+1+NN/2) = a2(k+1+NN/2) + b2(k+1+NN/2)*w^k;
  end
end
```

Bemerkung 10.4 Ein FFT-Verfahren kann auch im Fall hergeleitet werden, in dem N keine Potenz von 2 ist. Der einfachste Zugang besteht im Hinzufügen einiger Nullen zur Orginalfolge $\{f_i\}$ derart, dass sich eine Gesamtzahl von $\tilde{N} = 2^p$ Werten ergibt. Diese Technik liefert jedoch nicht notwendig die korrekten Ergebnisse. Daher basiert eine effektive Alternative auf die Zerlegung der Fouriermatrix C in Teilblöcke kleinerer Größe. Praktische FFT-Implementationen können beide Strategien nutzen (siehe z.B. das in MATLAB vorhandene `fft` Paket). ∎

10.10   Approximation von Funktionsableitungen

Ein oft in der numerischen Analysis anzutreffendes Problem ist die Approximation der Ableitung einer Funktion $f(x)$ auf einem gegebenen Intervall $[a, b]$. Ein natürlicher Zugang besteht in darin, in $[a, b]$ $n + 1$ Knoten $\{x_k, \; k = 0, \dots, n\}$, mit $x_0 = a$, $x_n = b$ und $x_{k+1} = x_k + h$, $k = 0, \dots, n-1$ wobei $h = (b - a)/n$, einzuführen und $f'(x_i)$ unter Verwendung der Knotenwerte $f(x_k)$ durch

$$h \sum_{k=-m}^{m} \alpha_k u_{i-k} = \sum_{k=-m'}^{m'} \beta_k f(x_{i-k}) \tag{10.57}$$

zu approximieren, wobei $\{\alpha_k\}$, $\{\beta_k\} \in \mathbb{R}$ $m + m' + 1$ zu bestimmende Koeffizienten und u_k die gesuchte Approximation von $f'(x_k)$ sind.

Ein nicht vernachlässigbarer Punkt in der Wahl des Schemas (10.57) ist der numerische Aufwand. In dieser Hinsicht ist es wichtig, darauf zu verweisen, dass die Bestimmung der Werte $\{u_i\}$ im Fall $m \neq 0$ die Lösung eines linearen Systems erfordert.

Die Menge der Knoten, die für die Konstruktion der Ableitung von f in einem bestimmten Knoten involviert ist, heißt *Stern*. Die Bandbreite der Matrix, die mit dem System (10.57) verbunden ist, wächst, wenn der Stern größer wird.

10.10.1   *Klassische finite Differenzen*

Der einfachste Weg eine Formel wie (10.57) zu erzeugen, besteht darin zur Definition der Ableitung zu greifen. Wenn $f'(x_i)$ existiert, gilt

$$f'(x_i) = \lim_{h \to 0^+} \frac{f(x_i + h) - f(x_i)}{h}. \tag{10.58}$$

Die Ersetzung des Differentialquotienten durch den Differenzenquotienten (mit finiten h) liefert die Approximation

$$u_i^{FD} = \frac{f(x_{i+1}) - f(x_i)}{h}, \qquad 0 \le i \le n-1. \tag{10.59}$$

Die Beziehung (10.59) ist ein Spezialfall von (10.57), der $m = 0$, $\alpha_0 = 1$, $m' = 1$, $\beta_{-1} = 1$, $\beta_0 = -1$, $\beta_1 = 0$ entspricht.

Die rechte Seite von (10.59) heißt *Vorwärtsdifferenz* und die verwendete Approximation entspricht der Ersetzung von $f'(x_i)$ durch den Anstieg der Geraden, die durch die Punkte $(x_i, f(x_i))$ und $(x_{i+1}, f(x_{i+1}))$ geht, wie in Abbildung 10.4 veranschaulicht.

Um den gemachten Fehler abzuschätzen, genügt es, f in eine Taylorreihe zu entwickeln. Man erhält dabei

$$f(x_{i+1}) = f(x_i) + hf'(x_i) + \frac{h^2}{2}f''(\xi_i) \qquad \text{mit } \xi_i \in (x_i, x_{i+1}).$$

Wir nehmen im Folgenden an, dass f die erforderliche Regularität besitzt, so dass

$$f'(x_i) - u_i^{FD} = -\frac{h}{2}f''(\xi_i). \tag{10.60}$$

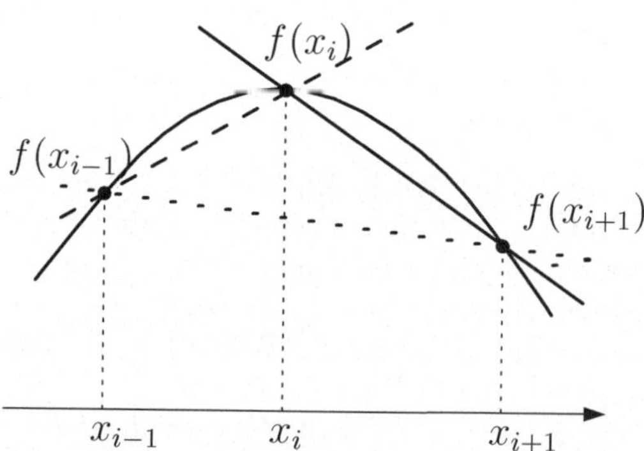

Abbildung 10.4. Differenzenapproximation von $f'(x_i)$: Rückwärtsdifferenz (gestrichelte Linie), Vorwärtsdifferenz (durchgezogene Linie) und zentrale Differenz (gepunktete Linie).

Offensichtlich könnten wir anstelle von (10.58) einen zentralen Differenzenquotienten verwenden, der zu der folgenden Approximation

$$u_i^{CD} = \frac{f(x_{i+1}) - f(x_{i-1})}{2h}, \qquad 1 \le i \le n-1, \tag{10.61}$$

führt. Das Schema (10.61) ist ein Spezialfall von (10.57), wenn man $m = 0$, $\alpha_0 = 1$, $m' = 1$, $\beta_{-1} = 1/2$, $\beta_0 = 0$, $\beta_1 = -1/2$ setzt.

Die rechte Seite von (10.61) heißt *zentrale Differenz* und bedeutet geometrisch die Ersetzung von $f'(x_i)$ durch den Anstieg der Geraden, die durch die Punkte $(x_{i-1}, f(x_{i-1}))$ und $(x_{i+1}, f(x_{i+1}))$ geht (siehe Abbildung 10.4). Greifen wir erneut zur Taylorreihe, bekommen wir

$$f'(x_i) - u_i^{CD} = -\frac{h^2}{6} f'''(\xi_i). \qquad (10.62)$$

Die Formel (10.61) liefert folglich eine Approximation zweiter Ordnung an $f'(x_i)$ in Bezug auf h.

Schliesslich können wir auch eine *Rückwärtsdifferenz* herleiten, bei der

$$u_i^{BD} = \frac{f(x_i) - f(x_{i-1})}{h}, \qquad 1 \le i \le n, \qquad (10.63)$$

und für den Fehler

$$f'(x_i) - u_i^{BD} = \frac{h}{2} f''(\xi_i) \qquad (10.64)$$

gilt. Die Werte der Parameter in (10.57) sind im Fall der Rückwärtsdifferenz $m = 0$, $\alpha_0 = 1$, $m' = 1$ und $\beta_{-1} = 0$, $\beta_0 = 1$, $\beta_1 = -1$.

Schemen höherer Ordnung lassen sich ebenso wie finite Differenzenapproximationen der höheren Ableitungen von f mittels Taylorentwicklungen höherer Ordnung herleiten. Ein erwähnenswertes Beispiel ist die Approximation von f''; ist $f \in C^4([a, b])$, bekommen wir leicht

$$
\begin{aligned}
f''(x_i) \quad &= \frac{f(x_{i+1}) - 2f(x_i) + f(x_{i-1})}{h^2} \\
&\quad - \frac{h^2}{24} \left(f^{(4)}(x_i + \theta_i h) + f^{(4)}(x_i - \omega_i h) \right), \qquad 0 < \theta_i, \omega_i < 1.
\end{aligned}
$$

Die folgende *zentrale Differenz* kann folglich abgeleitet werden

$$u_i'' = \frac{f(x_{i+1}) - 2f(x_i) + f(x_{i-1})}{h^2}, \qquad 1 \le i \le n - 1 \qquad (10.65)$$

die den Fehler

$$f''(x_i) - u_i'' = -\frac{h^2}{24} \left(f^{(4)}(x_i + \theta_i h) + f^{(4)}(x_i - \omega_i h) \right) \qquad (10.66)$$

besitzt. Die Formel (10.65) liefert eine Approximation zweiter Ordnung an $f''(x_i)$ in Bezug auf h.

10.10.2 Kompakte finite Differenzen

Genauere Approximationen werden mit folgender Formel (die wir *kompakte Differenzen* nennen) erzielt

$$\alpha u_{i-1} + u_i + \alpha u_{i+1} = \frac{\beta}{2h}(f_{i+1} - f_{i-1}) + \frac{\gamma}{4h}(f_{i+2} - f_{i-2}) \qquad (10.67)$$

für $i = 2, \ldots, n - 1$. Zur Abkürzung haben wir $f_i = f(x_i)$ gesetzt.

Die Koeffizienten α, β und γ sind so zu bestimmen, dass die Beziehungen (10.67) Werte u_i liefern, die $f'(x_i)$ von höchster Ordnung bezüglich h approximieren. Dazu werden die Koeffizienten auf solche Weise ausgewählt, dass der *Konsistenzfehler* (siehe Abschnitt 2.2, Band 1)

$$\begin{aligned}
\sigma_i(h) \;= &\; \alpha f_{i-1}^{(1)} + f_i^{(1)} - \alpha f_{i+1}^{(1)} \\
&- \left(\frac{\beta}{2h}(f_{i+1} - f_{i-1}) + \frac{\gamma}{4h}(f_{i+2} - f_{i-2}) \right),
\end{aligned} \qquad (10.68)$$

der durch die "Forderung", dass f dem numerischen Schema (10.67) genüge, entsteht, minimal wird. Der Kürze halber haben wir $f_i^{(k)} = f^{(k)}(x_i)$, $k = 1, 2, \ldots$, gesetzt.

Nehmen wir $f \in C^5([a, b])$ an und entwickeln die Funktion in eine Taylorreihe um x_i, so finden wir

$$f_{i\pm1} = f_i \pm h f_i^{(1)} + \frac{h^2}{2} f_i^{(2)} \pm \frac{h^3}{6} f_i^{(3)} + \frac{h^4}{24} f_i^{(4)} \pm \frac{h^5}{120} f_i^{(5)} + \mathcal{O}(h^6),$$

$$f_{i\pm1}^{(1)} = f_i^{(1)} + h f_i^{(2)} + \frac{h^2}{2} f_i^{(3)} \pm \frac{h^3}{6} f_i^{(4)} + \frac{h^4}{24} f_i^{(5)} + \mathcal{O}(h^5).$$

Substitution in (10.68) ergibt

$$\sigma_i(h) = (2\alpha + 1) f_i^{(1)} + \alpha \frac{h^2}{2} f_i^{(3)} + \alpha \frac{h^4}{12} f_i^{(5)} - (\beta + \gamma) f_i^{(1)}$$

$$- \frac{h^2}{2} \left(\frac{\beta}{6} + \frac{2\gamma}{3} \right) f_i^{(3)} - \frac{h^4}{60} \left(\frac{\beta}{2} + 8\gamma \right) f_i^{(5)} + \mathcal{O}(h^6).$$

Methoden zweiter Ordnung werden durch Nullsetzen des Koeffizienten von $f_i^{(1)}$ erhalten, d.h. wenn $2\alpha + 1 = \beta + \gamma$ gilt, während wir für Schemen 4.Ordnung zusätzlich auch den Koeffizienten von $f_i^{(3)}$ Nullsetzen müssen, was zu $6\alpha = \beta + 4\gamma$ führt. Methoden 6.Ordnung erhalten wir schliesslich durch zusätzliches Nullsetzen des Koeffizienten bei $f_i^{(5)}$, d.h. für $10\alpha = \beta + 16\gamma$.

Das lineare System, das aus den letzten drei Gleichungen gebildet wird besitzt eine nichtsinguläre Matrix. Somit existiert ein einziges Schema 6.Ordnung, das der folgenden Wahl der Parameter

$$\alpha = 1/3, \quad \beta = 14/9, \quad \gamma = 1/9, \qquad (10.69)$$

entspricht, wohingegen unendlich viele Methoden zweiter und vierter Ordnung existieren. Ein unter den unendlich vielen Methoden populäres Schema besitzt die Koeffizienten $\alpha = 1/4$, $\beta = 3/2$ und $\gamma = 0$. Schemen höherer Ordnung können auf Kosten eines weiter ausdehnenden Sternes erzeugt werden.

Traditionelle finite Differenzenschemen entsprechen der Wahl $\alpha = 0$ und ermöglichen die explizite Berechnung der Approximierenden der ersten Ableitung von f in einem Knoten, im Gegensatz zu kompakten Schemen, die in jedem Fall die Lösung eines linearen Systems der Gestalt $\mathbf{Au} = \mathbf{Bf}$ (wobei die Notation die offensichtliche Bedeutung besitzt) erfordern.

Um das System lösbar zu machen, ist es notwendig, Werte für die Variablen u_i für $i < 0$ und $i > n$ zu haben. Ein besonders günstiger Umstand liegt im Fall einer periodischen Funktion f der Periode $b - a$ vor, bei dem $u_{i+n} = u_i$ für jedes $i \in \mathbb{Z}$ gilt. Im nichtperiodischen Fall muss das System (10.67) durch geeignete Beziehungen in den Knoten nahe des Randes des Approximationsintervalls ergänzt werden. Zum Beispiel kann die erste Ableitung in x_0 unter Verwendung der Beziehung

$$u_0 + \alpha u_1 = \frac{1}{h}(Af_1 + Bf_2 + Cf_3 + Df_4),$$

und der Forderung, dass

$$A = -\frac{3 + \alpha + 2D}{2}, \quad B = 2 + 3D, \quad C = -\frac{1 - \alpha + 6D}{2}$$

gilt, berechnet werden. Letztere sichert, dass das Schema zumindest von zweiter Ordnung genau ist (für Beziehungen, die im Fall von Methoden höherer Ordnung auferlegt werden müssen, siehe [Lel92]). Abschliessend weisen wir darauf hin, dass bei gegebener Genauigkeitsordnung kompakte Schemen einen kleineren Stern als die üblichen finiten Differenzen haben.

Das Programm 91 stellt eine Implementation kompakter finiter Differenzenschemen (10.67) zur Approximation der Ableitung einer gegebenen Funktion f dar, die periodisch auf dem Periodenintervall $[a, b)$ vorausgesetzt wurde. Die Eingabeparameter `alpha`, `beta` und `gamma` enthalten die Koeffizienten des Schemas, `a` und `b` sind die Endpunkte des Intervalls, `f` ist eine Zeichenkette, die den Ausdruck von f enthält und `n` bezeichnet die Zahl der Teilintervalle in die $[a, b]$ zerlegt ist. Die Ausgabevektoren `u` und `x` enthalten die berechneten Näherungswerte u_i und die Knotenkoordinaten. Beachte, dass durch die Wahl `alpha=gamma=0` und `beta=1` die zentrale Differenzenapproximation (10.61) zurückerhalten wird.

Program 91 - compdiff : Kompakte Differenzen Schemen

```
function [u, x] = compdiff(alpha,beta,gamma,a,b,n,f)
h=(b-a)/(n+1); x=[a:h:b]; fx = eval(f);
```

```
A   = eye(n+2)+alpha*diag(ones(n+1,1),1)+alpha*diag(ones(n+1,1),-1);
rhs = 0.5*beta/h*(fx(4:n+1)-fx(2:n-1))+0.25*gamma/h*(fx(5:n+2)-fx(1:n-2));
if gamma == 0
  rhs=[0.5*beta/h*(fx(3)-fx(1)), rhs, 0.5*beta/h*(fx(n+2)-fx(n))];
  A(1,1:n+2) = zeros(1,n+2);
  A(1,1) = 1; A(1,2)=alpha; A(1,n+1)=alpha;
  rhs=[0.5*beta/h*(fx(2)-fx(n+1)), rhs];
  A(n+2,1:n+2) = zeros(1,n+2);
  A(n+2,n+2) = 1; A(n+2,n+1)=alpha; A(n+2,2)=alpha;
  rhs=[rhs, 0.5*beta/h*(fx(2)-fx(n+1))];
else
  rhs=[0.5*beta/h*(fx(3)-fx(1))+0.25*gamma/h*(fx(4)-fx(n+1)), rhs];
  A(1,1:n+2) = zeros(1,n+2);
  A(1,1) = 1; A(1,2)=alpha; A(1,n+1)=alpha;
  rhs=[0.5*beta/h*(fx(2)-fx(n+1))+0.25*gamma/h*(fx(3)-fx(n)), rhs];
  rhs=[rhs,0.5*beta/h*(fx(n+2)-fx(n))+0.25*gamma/h*(fx(2)-fx(n-1))];
  A(n+2,1:n+2) = zeros(1,n+2);
  A(n+2,n+2) = 1; A(n+2,n+1)=alpha; A(n+2,2)=alpha;
  rhs=[rhs,0.5*beta/h*(fx(2)-fx(n+1))+0.25*gamma/h*(fx(3)-fx(n))];
end
u = A \ rhs';
return
```

Beispiel 10.4 Betrachten wir die näherungsweise Berechnung der Ableitung der Funktion $f(x) = \sin(x)$ auf dem Intervall $[0, 2\pi]$. Abbildung 10.5 zeigt den Logarithmus der maximalen Knotenfehler für das zentrale finite Differenzenschema (10.61) zweiter Ordnung sowie für die oben eingeführten kompakten Schemen vierter und sechster Ordnung in Abhängigkeit von $p = \log(n)$.   •

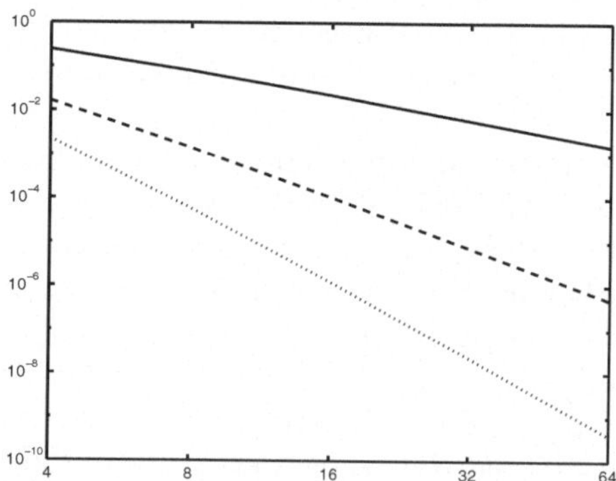

Abbildung 10.5. Maximale Knotenfehler für das zentrale finite Differenzenschema zweiter Ordnung (durchgezogene Kurve) sowie für die kompakten Schemen vierter (gestrichelte Kurve) und sechster Ordnung (gepunktete Kurve) in Abhängigkeit von $p = \log(n)$.

Ein anderes hübsches Merkmal kompakter Schemen ist, dass sie den Bereich der *gut aufgelösten Wellen* maximieren, wie wir sogleich erklären werden. Angenommen, f sei eine reelle und periodische Funktion auf $[0, 2\pi]$, d.h. $f(0) = f(2\pi)$. Unter Verwendung der gleichen Notationen wie im Abschnitt 10.9, lassen wir N eine gerade positive Zahl sein und setzen $h = 2\pi/N$. Nun ersetzen wir f durch ihre abgebrochene Fourierreihe

$$f_N^*(x) = \sum_{k=-N/2}^{N/2-1} \widehat{f}_k e^{ikx}.$$

Da die Funktion f reell-wertig ist, gilt $\widehat{f}_k = \overline{\widehat{f}}_{-k}$ für $k = 1, \ldots, N/2$, und $\widehat{f}_0 = \overline{\widehat{f}}_0$. Zweckmäßigerweise führen wir die *normalisierte Wellenzahl* $w_k = kh = 2\pi k/N$ ein und führen mit $s = x/h$ eine Skalierung der Koordinaten durch. Als Folgerung ergibt sich

$$f_N^*(x(s)) = \sum_{k=-N/2}^{N/2-1} \widehat{f}_k e^{iksh} = \sum_{k=-N/2}^{N/2-1} \widehat{f}_k e^{iw_k s}. \tag{10.70}$$

Die erste Ableitung von (10.70) in Bezug auf s ergibt eine Funktion, deren Fourierkoeffizienten $\widehat{f}_k' = iw_k\widehat{f}_k$ sind. Wir können folglich den Approximationsfehler von $(f_N^*)'$ durch Vergleich der exakten Koeffizienten $\widehat{f}_k'$ mit den entsprechenden der approximativen Ableitung, insbesondere durch Vergleich der exakten Wellenzahl w_k mit der approximierten, sagen wir $w_{k,app}$, abschätzen.

Vernachlässigen wir den Index k und führen den Vergleich über dem gesamten Intervall $[0, \pi)$ aus, in dem w_k variiert. Es ist klar, dass für auf Fourierreihen basierte Methoden $w_{app} = w$ wenn $w \neq \pi$ ($w_{app} = 0$ wenn $w = \pi$) gilt. Die Familie von Schemen (10.67) wird stattdessen charakterisiert durch die Wellenzahl

$$w_{app}(z) = \frac{a\sin(z) + (b/2)\sin(2z) + (c/3)\sin(3z)}{1 + 2\alpha\cos(z) + 2\beta\cos(2z)}, \qquad z \in [0, \pi)$$

(siehe [Lel92]). Abbildung 10.6 zeigt einen Vergleich der Wellenzahlen verschiedener Schemen, kompakten und nicht kompakten Typs.

Der Wertebereich, für den die vom numerischen Schema berechneten Wellenzahl die exakte Wellenzahl adäquat approximiert, ist die Menge der *gut aufgelösten* Wellen. Bezeichne w_{min} die kleinste gut aufgelöste Welle, so stellt die Differenz $1 - w_{min}/\pi$ den Anteil der Wellen dar, die vom numerischen Schema nicht aufgelöst werden können. Wie aus Abbildung 10.6 ersichtlich, approximieren die üblichen finite Elemente Schemen die exakte Wellenzahl nur für kleine Wellenzahlen.

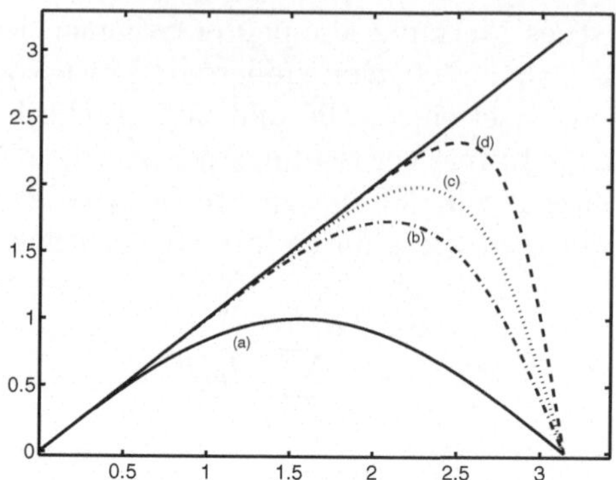

Abbildung 10.6. Berechnete Wellenzahlen für zentrale finite Differenzen (10.61)
(a) und für kompakte Schemen vierter (b), sechster (c) und zehnter (d) Ordnung, verglichen mit der exakten Wellenzahl (Gerade). Auf der x-Achse ist die
normalisierte Koordinate s dargestellt.

10.10.3 Pseudo-Spektral-Ableitung

Ein weiterer Weg zur numerischen Differentiation besteht in der Approximation der ersten Ableitung einer Funktion f durch die exakten ersten
Ableitungen eines Polynoms $\Pi_n f$, das f in den Knoten $\{x_0, \ldots, x_n\}$ interpoliert.

Die Verwendung äquidistanter Knoten führt genau wie im Fall der Lagrangesche Interpolation nicht zu stabilen Näherungen der ersten Ableitung von f für n groß. Daher beschränken wir uns auf die Betrachtung des
Falles, in dem die Knoten gemäß der Gauß-Lobatto-Tschebyscheff-Formel
ungleichmäßig verteilt sind.

Der Einfachheit halber sei angenommen, dass $I = [a, b] = [-1, 1]$, und
für $n \geq 1$, in I die Gauß-Lobatto-Tschebyscheff-Knoten wie in (10.21)
genommen werden. Dann betrachten wir das in Abschnitt 10.3 eingeführte Lagrangesche Interpolationspolynom $\Pi_{n,w}^{GL} f$. Wir definieren die *pseudo-
spektrale Ableitung* von $f \in C^0(I)$ als die Ableitung des Polynoms $\Pi_{n,w}^{GL} f$

$$\mathcal{D}_n f = (\Pi_{n,w}^{GL} f)' \in \mathbb{P}_{n-1}(I).$$

Der Fehler, der durch Ersetzung von f' mit $\mathcal{D}_n f$ entsteht, ist von *exponen-
tiellen* Typ, d.h. hängt nur von der Glattheit der Funktion f ab. Genauer
gesagt, gibt es eine von n unabhängige Konstante $C > 0$, so dass

$$\|f' - \mathcal{D}_n f\|_w \leq C n^{1-m} \|f\|_{m,w}, \tag{10.71}$$

für jedes $m \geq 2$, so dass die in (10.23) eingeführte Norm $\|f\|_{m,w}$, endlich
ist. Rufen wir uns (10.19) in Erinnerung und verwenden (10.27), gelangen
wir zu

$$(\mathcal{D}_n f)(\bar{x}_i) = \sum_{j=0}^{n} f(\bar{x}_j) \bar{l}'_j(\bar{x}_i), \qquad i = 0, \ldots, n, \tag{10.72}$$

so dass die pseudo-spektrale Ableitung in den Interpolationsknoten allein aus der Kenntnis der Knotenwerte von f und von $\bar{l}'_j$ berechnet werden kann. Diese Werte können ein für alle Mal berechnet und in einer Matrix $D \in \mathbb{R}^{(n+1)\times(n+1)}$, $D_{ij} = \bar{l}'_j(\bar{x}_i)$ für $i,j = 0,...,n$, der *pseudo-spektralen Differentiationsmatrix*, gespeichert werden.

Die Beziehung (10.72) ist folglich in Matrixform als $\mathbf{f}' = D\mathbf{f}$ darstellbar, wobei $\mathbf{f} = [f(\bar{x}_i)]$ und $\mathbf{f}' = [(\mathcal{D}_n f)(\bar{x}_i)]$ für $i = 0,...,n$.

Die Einträge von D haben die explizite Gestalt (siehe [CHQZ88], S. 69)

$$
D_{lj} = \begin{cases}
\dfrac{d_l}{d_j}\dfrac{(-1)^{l+j}}{\bar{x}_l - \bar{x}_j}, & l \neq j, \\[2ex]
\dfrac{-\bar{x}_j}{2(1-\bar{x}_j^2)}, & 1 \leq l = j \leq n-1, \\[2ex]
-\dfrac{2n^2+1}{6}, & l = j = 0, \\[2ex]
\dfrac{2n^2+1}{6}, & l = j = n,
\end{cases}
\tag{10.73}
$$

wobei die Koeffizienten d_l in Abschnitt 10.3 definiert wurden (siehe auch Beispiel 5.13 in Band 1, das die Approximation eines mehrfachen Eigenwertes $\lambda = 0$ von D betrifft). Um die pseudo-spektrale Ableitung einer Funktion f auf einem allgemeinen Intervall $[a,b]$ zu berechnen, brauchen wir nur den in Bemerkung 10.3 betrachteten Variablenwechsel durchführen.

Die pseudo-spektrale Ableitung zweiter Ordnung kann als das Produkt der Matrix D mit dem Vektor $\mathbf{f}'$, d.h. $\mathbf{f}'' = D\mathbf{f}'$, oder durch direktes Anwenden der Matrix D^2 auf den Vektor $\mathbf{f}$ berechnet werden.

10.11   Transformationen und ihre Anwendungen

In diesem Abschnitt geben wir eine kurze Einführung in die wichtigsten Integraltransformationen und diskutieren ihre grundlegenden analytischen und numerischen Eigenschaften

10.11.1   Die Fouriertransformation

Definition 10.1 Bezeichne $L^1(\mathbb{R})$ den Raum der auf der reellen Achse definierten reell- oder komplex-wertigen Funktionen mit

$$
\int_{-\infty}^{\infty} |f(t)|\, dt < +\infty.
$$

Für jedes $f \in L^1(\mathbb{R})$ ist die Fouriertransformierte eine komplex-wertige Funktion $F = \mathcal{F}[f]$, die durch

$$F(\nu) = \int_{-\infty}^{\infty} f(t)e^{-i2\pi\nu t}\, dt$$

definiert ist. Bezeichnet die unabhängige Variable t die Zeit, dann hat ν die Bedeutung einer Frequenz. Damit ist die Fouriertransformation eine Abbildung, die einer Zeitfunktion (typischerweise reell-wertig) eine komplex-wertige Funktion der Frequenz zuordnet.

Das folgende Resultat liefert Bedingungen unter denen eine Umkehrformel existiert, die es erlaubt, die Funktion f aus ihrer Fouriertransformierten F zurückzugewinnen (zum Beweis siehe [Rud83], S. 199).

Eigenschaft 10.3 (Umkehrsatz) *Seien f eine gegebene Funktion in $L^1(\mathbb{R})$, $F \in L^1(\mathbb{R})$ ihre Fouriertransformierte und g die durch*

$$g(t) = \int_{-\infty}^{\infty} F(\nu)e^{i2\pi\nu t}\, d\nu, \qquad t \in \mathbb{R} \tag{10.74}$$

definierte Funktion. Dann ist $g \in C^0(\mathbb{R})$, mit $\lim_{|x|\to\infty} g(x) = 0$, und $f(t) = g(t)$ fast überall in $\mathbb{R}$ (d.h. für jedes t abgesehen von einer Menge vom Maß Null).

Das Integral auf der rechte Seite von (10.74) ist im Sinne des *Cauchyschen Hauptwertes* aufzufassen, d.h. wir setzen

$$\int_{-\infty}^{\infty} F(\nu)e^{i2\pi\nu t}\, d\nu = \lim_{a\to\infty} \int_{-a}^{a} F(\nu)e^{i2\pi\nu t}\, d\nu$$

und nennen es die *inverse Fouriertransformation* oder *Rücktransformation der Fouriertransformation*. Diese Abbildung, die der komplexen Funktion F die erzeugende Funktion f zuordnet, werden wir durch $\mathcal{F}^{-1}[F]$ bezeichnen, d.h. $F = \mathcal{F}[f]$ genau dann, wenn $f = \mathcal{F}^{-1}[F]$.

Wir wollen kurz die Haupteigenschaften der Fouriertransformation und ihrer Inversen zusammenfassen.

1. $\mathcal{F}$ and $\mathcal{F}^{-1}$ sind *lineare* Operatoren, d.h.

$$\begin{aligned}
\mathcal{F}[\alpha f + \beta g] &= \alpha\mathcal{F}[f] + \beta\mathcal{F}[g], & \forall \alpha, \beta \in \mathbb{C}, \\
\mathcal{F}^{-1}[\alpha F + \beta G] &= \alpha\mathcal{F}^{-1}[F] + \beta\mathcal{F}^{-1}[G], & \forall \alpha, \beta \in \mathbb{C};
\end{aligned} \tag{10.75}$$

2. *Skalierung*: Sind α eine beliebige, nicht negative reelle Zahl und f_α die Funktion $f_\alpha(t) = f(\alpha t)$, so gilt

$$\mathcal{F}[f_\alpha] = \frac{1}{|\alpha|} F_{\frac{1}{\alpha}}$$

mit $F_{\frac{1}{\alpha}}(\nu) = F(\nu/\alpha)$;

3. *Dualität*: Seien $f(t)$ eine gegebene Funktion und $F(\nu)$ ihre Fouriertransformierte. Dann besitzt die Funktion $g(t) = F(-t)$ eine Fouriertransformierte, die durch $f(\nu)$ gegeben ist. Wenn somit ein Funktions-Transformierten-Paar gefunden wurde, ist zugleich ein anderes duales Paar automatisch generiert. Eine Anwendung dieser Eigenschaft ist durch das Paar $r(t)$-$\mathcal{F}[r]$ in Beispiel 10.5 gegeben;

4. *Parität*: Ist $f(t)$ eine reelle gerade Funktion, so ist auch $F(\nu)$ reell und gerade, während für eine reelle und ungerade Funktion $F(\nu)$ imaginär und ungerade ist. Diese Eigenschaft erlaubt es einem nur mit nichtnegativen Frequenzen zu arbeiten;

5. *Faltung und Produkt*: Für beliebig gegebene Funktionen $f, g \in \mathrm{L}^1(\mathbb{R})$, haben wir

$$\mathcal{F}[f * g] = \mathcal{F}[f]\mathcal{F}[g], \quad \mathcal{F}[fg] = F * G, \tag{10.76}$$

wobei das *Faltungsintegral* zweier Funktionen ϕ und ψ durch

$$(\phi * \psi)(t) = \int\limits_{-\infty}^{\infty} \phi(\tau)\psi(t - \tau)\, d\tau \tag{10.77}$$

gegeben ist.

Beispiel 10.5 Wir geben zwei Beispiele für der Berechnung der Fouriertransformierten von Funktionen an, die typischerweise in der Signalverarbeitung anzutreffen sind.
Betrachten wir den *Rechteckimpuls* $r(t)$, der durch

$$r(t) = \begin{cases} A & \text{if } -\frac{T}{2} \leq t \leq \frac{T}{2}, \\ 0 & \text{sonst}, \end{cases}$$

definiert ist, wobei T und A zwei gegebene positive Zahlen sind. Seine Fouriertransformation $\mathcal{F}[r]$ ist die Funktion

$$F(\nu) = \int\limits_{-T/2}^{T/2} A e^{-i2\pi\nu t}\, dt = AT\frac{\sin(\pi\nu T)}{\pi\nu T}, \qquad \nu \in \mathbb{R}$$

wobei AT die Fläche des rechteckigen Impulses bezeichne.

Betrachten wir die *Sägezahnfunktion*

$$s(t) = \begin{cases} \dfrac{2At}{T} & \text{wenn } -\tfrac{T}{2} \leq t \leq \tfrac{T}{2}, \\[2mm] 0 & \text{andernfalls}, \end{cases}$$

deren DFT in Abbildung 10.3 gezeigt wurde und dessen Fouriertransformierte $\mathcal{F}[s]$ die Funktion

$$F(\nu) = i\,\frac{AT}{\pi\nu T}\left[\cos(\pi\nu T) - \frac{\sin(\pi\nu T)}{\pi\nu T}\right], \qquad \nu \in \mathbb{R}$$

ist. Sie ist rein imaginär, denn s ist eine ungerade reelle Funktion. Beachte auch, dass die Funktionen r und s einen endlichen Träger haben, wohingegen ihre Transformierten einen unendlichen Träger besitzen (siehe Abbildung 10.7). In der Signalverarbeitung entspricht dies der gängigen Sprechweise, dass die Transformierte eine unendliche *Bandbreite* hat.

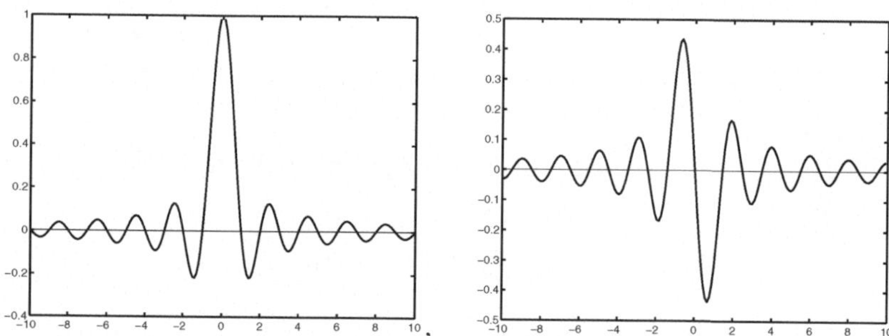

Abbildung 10.7. Fouriertransformierte des Rechteckimpulses (links) und der Sägezahnfunktion (rechts).

Beispiel 10.6 Die Fouriertransformierte einer sinusförmigen Funktion ist von größtem Interesse in der Signalverarbeitung und bei Kommunikationssystemen. Beginnen wir mit der konstanten Funktion $f(t) = A$ für gegebenes $A \in \mathbb{R}$. Da sie eine *unendliche* Zeitdauer hat, ist ihre Fouriertransformierte $\mathcal{F}[A]$ die Funktion

$$F(\nu) = \lim_{a\to\infty} \int_{-a}^{a} A e^{-i2\pi\nu t}\, dt = A \lim_{a\to\infty} \frac{\sin(2\pi\nu a)}{\pi\nu},$$

wobei das obige Integral wieder der Cauchysche Hauptwert des entsprechenden Integrals über $(-\infty, \infty)$ ist. Es kann bewiesen werden, dass der Grenzwert existiert und eindeutig *im Sinne der Distributionen* ist (siehe Abschnitt 12.4). Genauer gilt

$$F(\nu) = A\delta(\nu), \tag{10.78}$$

wobei δ die sogenannte Dirac-Masse bezeichnet, d.h. eine Distribution ist, die für jede im Ursprung stetige Funktion ϕ der Beziehung

$$\int_{-\infty}^{\infty} \delta(\xi)\phi(\xi)\, d\xi = \phi(0) \tag{10.79}$$

genügt. Aus (10.78) erkennen wir, dass die Transformierte einer Funktion mit unendlicher Zeitdauer eine endliche Bandbreite besitzt.

Wir wollen nun die Berechnung der Fouriertransformierten der Funktion $f(t) = A\cos(2\pi\nu_0 t)$, wobei ν_0 eine feste Frequenz ist, betrachten. Mit der Eulerschen Formel

$$\cos(\theta) = \frac{e^{i\theta} + e^{-i\theta}}{2}, \qquad \theta \in \mathbb{R},$$

und zweimaligem Anwenden von (10.78) erhalten wir

$$\mathcal{F}[A\cos(2\pi\nu_0 t)] = \frac{A}{2}\delta(\nu - \nu_0) + \frac{A}{2}\delta(\nu + \nu_0),$$

was zeigt, dass das Spektrum einer sinusförmigen Funktion mit der Frequenz ν_0 um $\pm\nu_0$ zentriert ist (beachte, dass die Transformierte gerade und reell ist, da das Gleiche für die Funktion $f(t)$ gilt).

Es ist wichtig darauf hinzuweisen, dass in der realen Welt keine Funktionen (d.h. Signale) von unendlicher Dauer oder Bandbreite existieren. Wenn $f(t)$ eine Funktion ist, deren Werte außerhalb eines Intervalls (t_a, t_b) als "vernachlässigbar" angesehen werden können, so können wir als *effektive Dauer* von f die Länge $\Delta t = t_b - t_a$ annehmen. In ähnlicher Weise ist, wenn die Fouriertransformierte $F(\nu)$ von f außerhalb eines gewissen Intervalls (ν_a, ν_b) als "vernachlässigbar" zu betrachten ist, die *effektive Bandbreite* von f gerade $\Delta\nu = \nu_b - \nu_a$. Beziehen wir uns auf Abbildung 10.7, so erkennen wir, dass als effektive Bandbreite des Rechteckimpulses das Intervall $(-10, 10)$ genommen werden könnte.

10.11.2 *(Physikalisch) lineare Systeme und Fouriertransformation*

Mathematisch gesprochen kann ein physikalisch lineares System (LS) als ein linearer Operator S angesehen werden, der die Eigenschaft der Linearität (10.75) besitzt. Bezeichnen wir durch $i(t)$ eine zulässige Inputfunktion für S und durch $u(t)$ ihre entsprechende Outputfunktion, kann das LS als $u(t) = S(i(t))$ oder $S : i \to u$ dargestellt werden. Eine spezielle Klasse von LS sind die sogenannten *zeit-invarianten* linearen Systeme (ILS), die der Eigenschaft

$$S(i(t - t_0)) = u(t - t_0), \qquad \forall t_0 \in \mathbb{R}$$

und beliebige zulässige Inputfunktionen i genügen.

Sei S ein ILS System und seien f und g zwei zulässige Inputfunktionen für S mit $w = S(g)$. Aus der Linearität und der Zeitinvarianz folgt unmittelbar

$$S((f * g)(t)) = (f * S(g))(t) = (f * w)(t) \tag{10.80}$$

wobei $*$ der in (10.77) definierte Faltungsoperator ist.

Angenommen, wir nehmen als Inputfunktion die im vorangegangenem Abschnitt eingeführte *Impulsfunktion* $\delta(t)$ und bezeichnen durch $h(t) =$

$S(\delta(t))$ den entsprechenden Output durch das System S (üblicherweise als die *Impuls-Antwort-Funktion* bezeichnet). Die Eigenschaft (10.79) beinhaltet, dass für jede Funktion ϕ die Beziehung $(\phi * \delta)(t) = \phi(t)$ gilt, so dass wir mit (10.80) und $\phi(t) = i(t)$

$$u(t) = S(i(t)) = S(i * \delta)(t) = (i * S(\delta))(t) = (i * h)(t)$$

erhalten. Somit kann S vollständig durch seine Impuls-Antwort-Funktion beschrieben werden. Äquivalent können wir auch mit Hilfe der ersten Beziehung in (10.76) in den Frequenzbereich übergehen und erhalten

$$U(\nu) = I(\nu)H(\nu), \tag{10.81}$$

wobei I, U und H die Fouriertransformierten von $i(t)$, $u(t)$ bzw. $h(t)$ sind; H ist die sogenannte *Systemübergangsfunktion*.

Die Beziehung (10.81) spielt eine zentrale Rolle in der Analyse linearer zeit-invarianter Systeme, weil es einfacher ist, mit der Systemübergangsfunktion umzugehen, als mit der entsprechenden Impuls-Antwort-Funktion, wie das folgende Beispiel zeigt.

Beispiel 10.7 (Idealer Tiefpass) Ein idealer Tiefpass ist ein ILS (zeit-invariantes lineares System), das durch die Übergangsfunktion

$$H(\nu) = \begin{cases} 1, & \text{wenn } |\nu| \leq \nu_0/2, \\ 0, & \text{andernfalls,} \end{cases}$$

charakterisiert ist. Unter Verwendung der Dualitätseigenschaft ergibt sich die Impuls-Antwort-Funktion $\mathcal{F}^{-1}[H]$ als

$$h(t) = \nu_0 \frac{\sin(\pi\nu_0 t)}{\pi\nu_0 t}.$$

Für ein gegebenes Eingangssignal $i(t)$ mit der Fouriertransformierten $I(\nu)$ hat das entsprechende Ausgangssignal $u(t)$ ein Spektrum, das durch (10.81)

$$I(\nu)H(\nu) = \begin{cases} I(\nu), & \text{wenn } |\nu| \leq \nu_0/2, \\ 0 & \text{andernfalls,} \end{cases}$$

gegeben ist. Der Einfluß des Filters ist es, die außerhalb eines *Fensters* $|\nu| \leq \nu_0/2$ liegenden Eingangsfrequenzen wegzuschneiden. $\bullet$

Die Eingangs/Ausgangsfunktionen $i(t)$ und $u(t)$ bezeichnen gewöhnlich *Signale* und das durch $H(\nu)$ beschriebene lineare System ist typischer Weise ein Kommunikationssystem. Deshalb sind wir, wie am Ende des Abschnittes 10.11.1 ausgeführt, berechtigt anzunehmen, dass sowohl $i(t)$ als auch $u(t)$ eine endliche effektive Dauer haben. Insbesondere nehmen wir auf $i(t)$

bezogen an, dass $i(t) = 0$ wenn $t \notin [0, T_0)$. Dann ergibt die Berechnung der Fouriertransformierten von $i(t)$

$$I(\nu) = \int_0^{T_0} i(t)e^{-i2\pi\nu t}\, dt.$$

Sei $\Delta t = T_0/n$ für $n \geq 1$. Approximieren wir das obige Integral durch die zusammengesetzte Trapezregel (9.14), erhalten wir

$$\tilde{I}(\nu) = \Delta t \sum_{k=0}^{n-1} i(k\Delta t)e^{-i2\pi\nu k\Delta t}.$$

Es kann bewiesen werden, (siehe z.B. [Pap62],) dass $\tilde{I}(\nu)/\Delta t$ die Fouriertransformierte des sogenannten *Mustersignals*

$$i_s(t) = \sum_{k=-\infty}^{\infty} i(k\Delta t)\delta(t - k\Delta t)$$

ist, wobei $\delta(t-k\Delta t)$ die Diracmasse in $k\Delta t$ ist. Nutzen wir dann die Faltung und die Dualitätseigenschaften der Fouriertransformation, erhalten wir

$$\tilde{I}(\nu) = \sum_{j=-\infty}^{\infty} I\left(\nu - \frac{j}{\Delta t}\right), \tag{10.82}$$

was darauf hinausläuft, $I(\nu)$ durch ihre periodische Wiederholung mit der Periode $1/\Delta t$ zu ersetzen.

Sei $\mathcal{J}_{\Delta t} = [-\frac{1}{2\Delta t}, \frac{1}{2\Delta t}]$; dann genügt es (10.82) für $\nu \in \mathcal{J}_{\Delta t}$ zu berechnen. dies kann numerisch durch Einführung einer uniformen Diskretisierung von $\mathcal{J}_{\Delta t}$ mit Frequenzschritten $\nu_0 = 1/(m\Delta t)$ für $m \geq 1$ geschehen. Wenn wir dies so machen, erfordert die Berechnung von $\tilde{I}(\nu)$ die Auswertung der folgenden $m + 1$ diskreten Fouriertransformierten (DFT)

$$\tilde{I}(j\nu_0) = \Delta t \sum_{k=0}^{n-1} i(k\Delta t)e^{-i2\pi j\nu_0 k\Delta t}, \quad j = -\frac{m}{2}, \ldots, \frac{m}{2}.$$

Für eine effiziente Berechnung jeder DFT in den obigen Formeln ist es entscheidend den in Abschnitt 10.9.2 beschriebenen FFT-Algorithmus zu verwenden.

10.11.3 Die Laplacetransformation

Die Laplacetransformation kann verwendet werden, um gewöhnliche Differentialgleichungen mit konstanten Koeffizienten als auch partieller Differentialgleichungen zu lösen.

Definition 10.2 Sei $f \in L^1_{loc}([0,\infty))$, d.h. $f \in L^1([0,T])$ für jedes $T > 0$. Sei $s = \sigma + i\omega$ eine komplexe Variable. Das Laplacesche Integral von f ist als

$$\int_0^\infty f(t)e^{-st}\,dt = \lim_{T\to\infty}\int_0^T f(t)e^{-st}\,dt$$

definiert. Existiert dieses Integral für gewisse s, so bildet es eine Funktion von s. Die *Laplace-Transformierte* $\mathcal{L}[f]$ von f ist dann die Funktion

$$L(s) = \int_0^\infty f(t)e^{-st}\,dt.$$

Zwischen Laplace- und Fourier-Transformation gilt

$$L(s) = F(e^{-\sigma t}\tilde{f}(t)),$$

wobei $\tilde{f}(t) = f(t)$ für $t \geq 0$ und $\tilde{f}(t) = 0$ für $t < 0$.

Beispiel 10.8 Die Laplace-Transformierte der Einheitsstufenfunktion, $f(t) = 1$ für $t > 0$, $f(t) = 0$ andernfalls, ist durch

$$L(s) = \int_0^\infty e^{-st}\,dt = \frac{1}{s}$$

gegeben. Wir erwähnen, dass das Laplacesche Integral existiert, wenn $\sigma > 0$. •

Im Beispiel 10.8 ist das Konvergenzgebiet des Laplaceschen Integrals die Halbebene $\{\mathrm{Re}(s) > 0\}$ der komplexen Ebene. Diese Eigenschaft gilt allgemein, wie das nachfolgende Resultat belegt.

Eigenschaft 10.4 *Existiert die Laplace-Transformierte für $s = \bar{s}$, dann existiert sie für alle s mit $\mathrm{Re}(s) > \mathrm{Re}(\bar{s})$. Darüber hinaus sei E die Menge der Realteile von s, so dass das Laplacesche Integral existiert und bezeichne λ das Infimum von E. Wenn λ endlich ist, existiert das Laplacesche Integral in der Halbebene $\mathrm{Re}(s) > \lambda$, ist $\lambda = -\infty$, so existiert es für alle $s \in \mathbb{C}$; λ wird Konvergenzabszisse genannt.*

Wir stellen fest, dass die Laplacetransformation Eigenschaften besitzt, die vollständig analog zu denen der Fouriertransformation sind. Die inverse Laplacetransformation wird formal durch $\mathcal{L}^{-1}$ bezeichnet und genügt

$$f(t) = \mathcal{L}^{-1}[L(s)].$$

Beispiel 10.9 Betrachten wir die gewöhnliche Differentialgleichung $y'(t) + ay(t) = g(t)$ mit $y(0) = y_0$. Multiplikation mit e^{st}, Integration von 0 bis ∞ und Übergang zur Laplace-Transformierten, liefert

$$sY(s) - y_0 + aY(s) = G(s). \tag{10.83}$$

Sollte $G(s)$ leicht berechenbar sein, würde (10.83) $Y(s)$ liefern und dann durch Anwendung der inversen Laplacetransformation die erzeugende Funktion $y(t)$. Wenn zum Beispiel $g(t)$ die Einheitsstufenfunktion ist, erhalten wir

$$y(t) = \mathcal{L}^{-1} \left\{ \frac{1}{a} \left[\frac{1}{s} - \frac{1}{s+a} \right] + \frac{y_0}{s+a} \right\} = \frac{1}{a}(1 - e^{-at}) + y_0 e^{-at}.$$

Für eine ausführlichere Darstellung und Analysis der Laplacetransformation siehe z.B. [Tit37]. Im nächsten Abschnitt beschreiben wir eine diskrete Version der Laplacetransformation, die als die Z-Transformation bekannt ist.

10.11.4 Die Z-Transformation

Definition 10.3 Seien f eine gegebene Funktion, definiert für jedes $t \geq 0$, und $\Delta t > 0$ ein gegebener Zeitschritt. Die Funktion

$$Z(z) = \sum_{n=0}^{\infty} f(n\Delta t) z^{-n}, \qquad z \in \mathbb{C} \tag{10.84}$$

heißt die Z-Transformierte der Folge $\{f(n\Delta t)\}$ und wird durch $\mathcal{Z}[f(n\Delta t)]$ bezeichnet.

Der Parameter Δt ist der *Abtastzeitschritt* der Folge von Abtastungen $f(n\Delta t)$. Die unendliche Summe (10.84) konvergiert, wenn

$$|z| > R = \limsup_{n \to \infty} \sqrt[n]{|f(n\Delta t)|}.$$

Es ist möglich die Z-Transformation aus der Laplacetransformation wie folgt abzuleiten. Bezeichne $f_0(t)$ die stückweise konstante Funktion mit $f_0(t) = f(n\Delta t)$ für $t \in (n\Delta t, (n+1)\Delta t)$. Dann ist die Laplace-Transformierte $\mathcal{L}[f_0]$ von f_0 die Funktion

$$\begin{aligned}
L(s) &= \int_0^\infty f_0(t) e^{-st}\, dt = \sum_{n=0}^{\infty} \int_{n\Delta t}^{(n+1)\Delta t} e^{-st} f(n\Delta t)\, dt \\
&= \sum_{n=0}^{\infty} f(n\Delta t) \frac{e^{-ns\Delta t} - e^{-(n+1)s\Delta t}}{s} \\
&= \left(\frac{1 - e^{-s\Delta t}}{s} \right) \sum_{n=0}^{\infty} f(n\Delta t) e^{-ns\Delta t}.
\end{aligned}$$

Die *diskrete Laplace-Transformierte* $\mathcal{Z}^d[f_0]$ von f_0 ist die Funktion

$$Z^d(s) = \sum_{n=0}^{\infty} f(n\Delta t)e^{-ns\Delta t}.$$

Dann stimmt die Z-Transformierte der Folge $\{f(n\Delta t),\ n = 0,\ldots,\infty\}$ mit der diskreten Laplacetransformation von f_0 bis auf eine Änderung der Variablen $z = e^{-s\Delta t}$ überein. Die Z-Transformation besitzt ähnliche Eigenschaften (Linearität, Skalierung, Faltung und Produkt) wie die bereits im stetigen Fall erwähnten.

Die inverse Z-Transformation wird durch $\mathcal{Z}^{-1}$ bezeichnet und ist durch

$$f(n\Delta t) = \mathcal{Z}^{-1}[Z(z)]$$

definiert. Die praktische Berechnung von $\mathcal{Z}^{-1}$ kann mit Hilfe klassischer Techniken der komplexen Analysis (zum Beispiel der Laurent-Formel oder des Cauchyschen Residuensatzes) gepaart mit der umfangreichen Nutzung von Tabellen erfolgen (siehe z.B. [Pou96]).

10.12   Die Wavelet-Transformation

Diese ursprünglich in der Signalverarbeitung entwickelte Technik wurde schrittweise auf viele andere Zweige der Approximationstheorie, bis hin zur Lösung von Differentialgleichungen ausgedehnt. Sie basiert auf den sogenannten Wavelets, das sind Funktionen, die ausgehend von einem elementaren Wavelet durch Verschiebungen und Streckungen erzeugt werden. Wir werden uns auf eine kurze Einführung univariater Wavelets und ihren Transformationen sowohl in stetigen als auch in diskreten Fällen beschränken und verweisen für eine detaillierte Darstellung und Analyse auf [DL92], [Dau88] und die darin zitierte Literatur.

10.12.1   Die stetige Wavelet-Transformation

Jede Funktion

$$h_{s,\tau}(t) = \frac{1}{\sqrt{s}}h\left(\frac{t-\tau}{s}\right), \qquad t \in \mathbb{R} \tag{10.85}$$

die aus einer Referenzfunktion $h \in \mathrm{L}^2(\mathbb{R})$ mit Hilfe von Verschiebungen mit einem *Verschiebungsfaktor* τ und Streckungen mit einem positiven *Skalierungsfaktor* s entsteht, heißt *Wavelet*. Die Funktion h heißt *Elementarwavelet*.

Ihre Fouriertransformierte, in Ausdrücken von $\omega = 2\pi\nu$ geschrieben, ist

$$H_{s,\tau}(\omega) = \sqrt{s}H(s\omega)e^{-i\omega\tau}, \tag{10.86}$$

wobei i die imaginäre Einheit bezeichnet und $H(\omega)$ die Fouriertransformierte des Elementarwavelets ist. Eine Streckung t/s $(s > 1)$ im realen Gebiet erzeugt damit eine Kontraktion $s\omega$ im Frequenzgebiet. Deshalb spielt der Faktor $1/s$ die Rolle der Frequenz ν bei der Fouriertransformation (siehe Abschnitt 10.11.1). In der Theorie des Wavelets wird s üblicherweise als *Skala* bezeichnet. Die Formel (10.86) ist als das Filter der Wavelettransformierten bekannt.

Definition 10.4 Die stetige *Wavelettransformation* $W_f = \mathcal{W}[f]$ ist eine Zerlegung einer gegebenen Funktion $f \in \mathrm{L}^2(\mathbb{R})$ nach einer Waveletbasis $\{h_{s,\tau}(t)\}$, d.h.

$$W_f(s,\tau) = \int\limits_{-\infty}^{\infty} f(t)\bar{h}_{s,\tau}(t)\,dt, \qquad (10.87)$$

wobei der Querstrich die komplex konjugierte Zahl bezeichnet. ∎

Wenn t die Zeitvariable bezeichnet, ist die Wavelet-Transformierte von $f(t)$ eine Funktion der beiden Variablen s (Skala) und τ (Zeitverschiebung); als solche ist sie eine Darstellung von f im Zeit-Skalen Raum und wird üblicherweise als *Zeit-Skalen-Darstellung* von f angesprochen. Die Zeit-Skalen-Darstellung ist das Analog zur Zeit-Frequenz-Darstellung, die bei der Fourier Analyse eingeführt wurde. Die letztgenannte Darstellung hat eine wesentliche Einschränkung: das Produkt der Auflösung in der Zeit Δt und der Auflösung in der Frequenz $\Delta\omega$ muss der folgenden Bedingung (Heisenbergsche Ungleichung)

$$\Delta t \Delta \omega \geq \frac{1}{2} \qquad (10.88)$$

genügen, die das Gegenstück des Heisenbergschen Unbestimmtheitsprinzips in der Quantenmechanik ist. Diese Ungleichung besagt, dass ein Signal nicht als ein Punkt im Zeit-Frequenz-Raum dargestellt werden kann. Wir können nur seine Position innerhalb eines Rechteckes der Fläche $\Delta t \Delta \omega$ im Zeit-Frequenz-Raum bestimmen.

Die Wavelettransformation (10.87) kann als Fouriertransformation $F(\omega)$ von f umgeschrieben werden

$$W_f(s,\tau) = \frac{\sqrt{s}}{2\pi} \int\limits_{-\infty}^{\infty} F(\omega)\bar{H}(s\omega)e^{i\omega\tau}\,d\omega,$$

was zeigt, dass die Wavelettransformation eine Menge von Waveletfiltern ist, die durch verschiedene Skalen charakterisiert werden. Genauer gesagt, ist die Skala klein, so wird das Wavelet in der Zeit konzentriert und die

Wavelet-Transformierte liefert eine detailierte Beschreibung von $f(t)$ (welches das Signal ist). Wenn umgekehrt die Skala groß ist, ist die Wavelet-Transformierte in der Lage nur die großskaligen Details von f aufzulösen. Folglich kann die Wavelet-Transformation als eine Menge von *mehrfach auflösenden Filtern* angesehen werden.

Die theoretischen Eigenschaften dieser Transformation hängen nicht vom speziell betrachteten Elementarwavelet ab. Also können spezielle Basen von Wavelets für spezielle Anwendungen hergeleitet werden. Einige Beispiele für Elementarwavelets werden nun angegeben.

Beispiel 10.10 (Haar-Wavelets) Diese Funktionen können erhalten werden, wenn man als Elementarwavelet die Haar-Funktion wählt, die durch

$$h(x) = \begin{cases} 1 & \text{wenn } x \in (0, \tfrac{1}{2}), \\ -1 & \text{wenn } x \in (\tfrac{1}{2}, 1), \\ 0 & \text{sonst,} \end{cases}$$

definiert ist. Ihre Fourier-Transformierte ist die komplex-wertige Funktion

$$H(\omega) = 4ie^{-i\omega/2} \left(1 - \cos(\frac{\omega}{2})\right) / \omega,$$

die einen symmetrischen Betrag in Bezug auf den Ursprung hat (siehe Abbildung 10.8). Die Basen, die aus diesem Wavelet erhalten werden, finden wegen ihrer schlechten Lokalisierungseigenschaften im Frequenzgebiet in der Praxis kaum Verwendung.

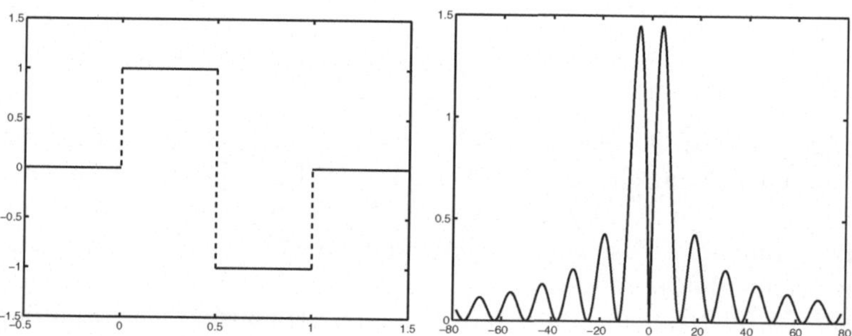

Abbildung 10.8. Das Haar-Wavelet (links) und der Betrag ihrer Fourier-Transformierten (rechts).

Beispiel 10.11 (Morlet-Wavelets) Das *Morlet-Wavelet* ist wie folgt definiert (siehe [MMG87])

$$h(x) = e^{i\omega_0 x} e^{-x^2/2}.$$

Es ist somit eine komplex-wertige Funktion, deren Realteil eine reelle positive Fourier-Transformierte

$$H(\omega) = \sqrt{\pi}\left[e^{-(\omega-\omega_0)^2/2} + e^{-(\omega+\omega_0)^2/2}\right]$$

hat, die symmetrisch in Bezug auf den Ursprung ist.

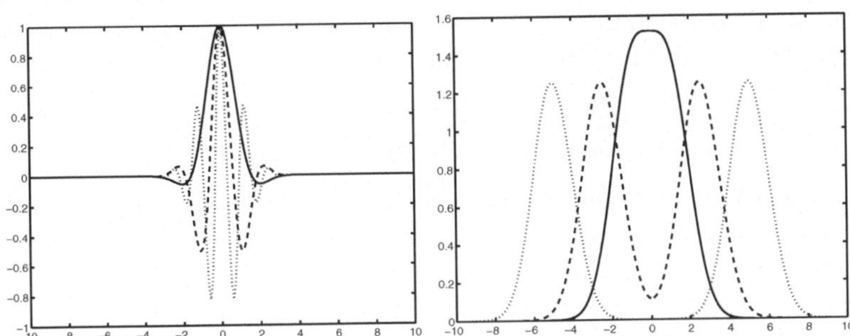

Abbildung 10.9. Der Realteil des Morlet-Wavelet (links) und der Realteil der entsprechenden Fourier-Transformierten (rechts) für $\omega_0 = 1$ (durchgezogene Kurve), $\omega_0 = 2.5$ (gestrichelte Kurve) und $\omega_0 = 5$ (gepunktete Kurve)

ist. Wir weisen darauf hin, dass das Vorhandensein eines Streckungsfaktors es den Wavelets leichter ermöglicht, Unstetigkeiten oder Singularitäten in f einfacher handzuhaben. Unter Verwendung der Multiresolution Analysis kann tatsächlich das geeignet in Frequenzbänder zerlegte Signal bei jeder Frequenz durch einen passenden Skalierungsfaktor der Wavelets verarbeitet werden.

Entsinnen wir uns, woraus bereits in Abschnitt 10.11.1 hingewiesen wurde; die zeitliche Lokalisierung des Wavelet führt zu einem Filter unendlicher Bandbreite. Insbesondere ist, wenn die Bandbreite $\Delta\omega$ des Waveletfilters als

$$\Delta\omega = \left(\int\limits_{-\infty}^{\infty} \omega^2 |H(\omega)|^2 \, d\omega \Big/ \int\limits_{-\infty}^{\infty} |H(\omega)|^2 \, d\omega\right)^2$$

definiert wird, die Bandbreite des Waveletfilters mit der Skalierung s

$$\Delta\omega_s = \left(\int\limits_{-\infty}^{\infty} \omega^2 |H(s\omega)|^2 \, d\omega \Big/ \int\limits_{-\infty}^{\infty} |H(s\omega)|^2 \, d\omega\right)^2 = \frac{1}{s}\Delta\omega.$$

Folglich ist der als das Inverse der Brandbreite von Filtern definierte *Qualitätsfaktor* Q des Waveletfilters unabhängig von s, denn

$$Q = \frac{1/s}{\Delta\omega_s} = \Delta\omega$$

vorausgesetzt (10.88) gilt. Bei niedrigen Frequenzen, die großen Werten von s entsprechen, hat das Waveletfilter eine kleine Bandbreite und eine größe zeitliche Breite (*Fenster* genannt) mit geringer Auslösung. Umgekehrt hat das Filter bei hohen Frequenzen eine große Bandbreite und ein kleines Zeitfenster mit hoher Auflösung. Folglich wächst die mit der Wavelet Analysis erzielte Auflösung mit der Frequenz des Signals. Diese Eigenschaft von *Adaptivität* macht die Wavelets zu einem wichtigen Werkzeug bei der Analyse unregelmäßiger Signale oder Signale mit schnellen Übergängen, für die sich die übliche Fourieranalyse als ineffizient erweist.

10.12.2 *Diskrete und orthonormale Wavelets*

Die stetige Wavelettransformation bildet eine Funktion einer Variablen auf eine zweidimensionale Darstellung im Zeit-Skalen Gebiet ab. In vielen Anwendungen ist diese Darstellung ausgesprochen reich. Der Übergang zu diskreten Wavelets ist der Versuch, eine Funktion durch endlich viele (und wenige) Parameter darzustellen.

Ein *diskretes Wavelet* ist ein stetiges Wavelet, das durch diskrete Skalierungs- und Verschiebungsfaktoren erzeugt wird. Für $s_0 > 1$, bezeichne $s = s_0^j$ die Skalierungsfaktoren; die Verschiebungsfaktoren hängen gewöhnlich von den Skalierungsfaktoren wie folgt ab, $\tau = k\tau_0 s_0^j$, $\tau_0 \in \mathbb{R}$. Das entsprechende Wavelet ist

$$h_{j,k}(t) = s_0^{-j/2} h(s_0^{-j}(t - k\tau_0 s_0^j)) = s_0^{-j/2} h(s_0^{-j} t - k\tau_0).$$

Der Skalierungsfaktor s_0^j entspricht der Größe oder Auflösung der Beobachtung, während der Verschiebungsfaktor τ_0 die Stelle ist, wo die Beobachtungen stattfinden. Wenn man auf sehr kleine Details schaut, muss die Vergrößerung groß sein, was großen negativen Indizes j entspricht. In diesem Fall ist der Verschiebungsschritt klein und das Wavelet ist sehr um den Beobachtungspunkt konzentriert. Für große, positive j, breitet sich das Wavelet aus und es werden große Verschiebungsschritte benutzt.

Das Verhalten der diskreten Wavelets hängt von den Schritten s_0 und τ_0 ab. Wenn s_0 nahe bei 1 und τ_0 klein ist, sind die diskreten Wavelets nah bei den stetigen Wavelets. Für eine feste Skala s_0 sind die Lokalisierungspunkte der diskreten Wavelets entlang der Skalenachse logarithmisch wie $\log s = j \log s_0$. Die Wahl $s_0 = 2$ entspricht der dyadischen Frequenzabtastung. Der diskrete Zeitschritt ist $\tau_0 s_0^j$ und oft $\tau_0 = 1$. Damit ist der Abtastzeitschritt eine Funktion der Skala und die Lokalisierungspunkte hängen entlang der Zeitachse von der Skala ab.

Für eine gegebene Funktion $f \in L^1(\mathbb{R})$ lautet die entsprechende diskrete Wavelet-Transformierte

$$W_f(j,k) = \int\limits_{-\infty}^{\infty} f(t)\bar{h}_{j,k}(t)\, dt.$$

Es ist möglich eine orthonormale Waveletbasis unter Verwendung diskreter Streckungs- und Verschiebungsfaktoren, i.e.

$$\int_{-\infty}^{\infty} h_{i,j}\bar{h}_{k,l}(t)\ dt = \delta_{ik}\delta jl, \qquad \forall i,j,k,l \in \mathbb{Z}$$

einzuführen. Mit einer orthonormalen Waveletbasis kann eine beliebige Funktion f durch die Entwicklung

$$f(t) = A \sum_{j,k\in\mathbb{Z}} W_f(j,k)h_{j,k}(t)$$

rekonstruiert werden, wobei A eine Konstante ist, die nicht von f abhängt.

Vom numerischen Standpunkt aus kann die diskrete Wavelettransformation im Vergleich zum FFT-Algorithmus zur Berechnung der Fouriertransformation sogar kostengünstiger implementiert werden.

10.13   Anwendungen

In diesem Abschnitt wenden wir die Theorie orthogonaler Polynome an, um zwei in der Quantenphysik auftretenden Probleme zu lösen. Im ersten Beispiel behandeln wir die Gauß-Laguerre-Quadraturen, im zweiten werden die Fourieranalyse und die FFT betrachtet.

10.13.1   Berechnung der Strahlung schwarzer Körper

Die monochromatische Energiedichte $\mathcal{E}(\nu)$ der Schwarzkörperstrahlung als eine Funktion der Frequenz ν wird durch das folgende Gesetz ausgedrückt

$$\mathcal{E}(\nu) = \frac{8\pi h}{c^3} \frac{\nu^3}{e^{h\nu/K_B T} - 1},$$

wobei h die Plancksche Konstante, c die Lichtgeschwindigkeit, K_B die Boltzmann Konstante und T die absolute Temperatur des Schwarzkörpers bezeichnen (siehe z.B. [AF83]).

Um die totale Dichte der monochromatischen Energie, die durch den Schwarzkörper emittiert wird (das ist die emittierte Energie pro Einheitsvolumen) zu berechnen, müssen wir das Integral

$$E = \int_0^{\infty} \mathcal{E}(\nu)d\nu = \alpha T^4 \int_0^{\infty} \frac{x^3}{e^x - 1}dx$$

auswerten, wobei $\alpha = (8\pi K_B^4)/(ch)^3 \simeq 1.16 \cdot 10^{-16}\,[J][K^{-4}][m^{-3}]$ und $x = h\nu/K_B T$. Wir setzen auch $f(x) = x^3/(e^x - 1)$ und $I(f) = \int_0^{\infty} f(x)dx$.

Um $I(f)$ mit einem vorgegebenen absoluten Fehler $\leq \delta$ zu approximieren, vergleichen wir die in Abschnitt 9.8.3 eingeführte Methode 1 mit Gauß-Laguerre-Quadraturen.

Im Fall der Methode 1 gehen wir wie folgt vor. Für jedes $a > 0$ splitten wir $I(f) = \int_0^a f(x)dx + \int_a^\infty f(x)dx$ und versuchen eine Funktion ϕ derart zu finden, dass

$$\int\limits_a^\infty f(x)dx \leq \int\limits_a^\infty \phi(x)dx \leq \frac{\delta}{2}, \tag{10.89}$$

(das Integral $\int_a^\infty \phi(x)dx$ sei "einfach" zu berechnen). Haben wir erst einmal den Wert von a gefunden, so dass (10.89) gilt, berechnen wir das Integral $I_1(f) = \int_0^a f(x)dx$ z.B. mit Hilfe der in Abschnitt 9.7.2 eingeführten adaptiven Cavalieri-Simpson-Formel, die wir im Folgenden durch AD bezeichnen werden.

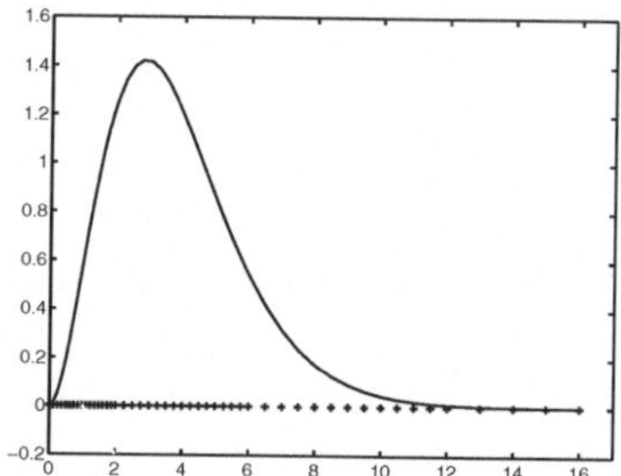

Abbildung 10.10. Verteilung der Quadraturknoten und Graph des Integranden.

Eine natürliche Wahl für eine Schrankenfunktion für f ist $\phi(x) = Kx^3 e^{-x}$, bei der $K > 1$ geeignet zu wählen ist. Folglich haben wir $K \geq e^x/(e^x - 1)$, für jedes $x > 0$, d.h. es genügt zu fordern, dass die Ungleichung für $x = a$ richtig ist, also wählen wir $K = e^a/(e^a - 1)$. Rücksubstitution in (10.89) liefert

$$\int\limits_a^\infty f(x)dx \leq \frac{a^3 + 3a^2 + 6a + 6}{e^a - 1} = \eta(a) \leq \frac{\delta}{2}.$$

Für $\delta = 10^{-3}$ sehen wir, dass (10.89) gilt, wenn wir $a \simeq 16$ nehmen. Das Programm 77 zur Berechnung von $I_1(f)$ mit der AD-Methode liefert für `hmin`$=10^{-3}$ und `tol`$=5 \cdot 10^{-4}$ den Näherungswert $I_1 \simeq 6.4934$ für 25 (nichtgleichförmige) Zerlegungen.

Die durch den adaptiven Algorithmus entstandene Verteilung der Quadraturknoten ist in Abbildung 10.10 dargestellt. Insgesamt liefert Methode 1 eine Approximation von $I(f)$, die gleich 6.4984 ist. Tabelle 10.1 zeigt zu Vergleichszwecken einige Näherungswerte von $I(f)$, die durch die Anwendung der Gauß-Laguerre-Formel mit Knotenanzahlen zwischen 2 und

20 gewonnen wurden. Beachte, dass bei $n = 4$ Knoten die Genauigkeit beider numerischer Verfahren im wesentlichen äquivalent ist.

Tabelle 10.1. Approximative Berechnung von $I(f) = \int_0^\infty x^3/(e^x - 1)dx$ mit Gauß-Laguerre-Quadraturen.

n	$I_n(f)$
2	6.413727469517582
3	6.481130171540022
4	6.494535639802632
5	6.494313365790864
10	6.493939967652101
15	6.493939402671590
20	6.493939402219742

10.13.2 Numerische Lösung der Schrödingergleichung

Betrachten wir die folgende Differentialgleichung, die in der Quantenmechanik auftritt und als *Schrödingergleichung* bekannt ist

$$i\frac{\partial\psi}{\partial t} = -\frac{\hbar}{2m}\frac{\partial^2\psi}{\partial x^2}, \qquad x \in \mathbb{R} \qquad t > 0. \tag{10.90}$$

Die Symbole i und $\hbar$ bezeichnen die imaginäre Einheit bzw. die reduzierte Plancksche Konstante. Die komplex-wertige Funktion $\psi = \psi(x,t)$, die Lösung von (10.90), heißt *Wellenfunktion* und die Größe $|\psi(x,t)|^2$ definiert die Wahrscheinlichkeitsdichte im Raum x eines freien Elektrons der Masse m zur Zeit t (siehe [FRL55]).

Das entsprechende Cauchy Problem stellt ein physikalisches Modell zur Beschreibung eines Elektron in einer Zelle eines unendlichen Gitters dar (für mehr Einzelheiten siehe z.B. [AF83]).

Betrachte die Anfangsbedingung $\psi(x,0) = w(x)$, bei der w die Stufenfunktion ist, die die Werte $1/\sqrt{2b}$ für $|x| \leq b$ und Null für $|x| > b$, mit $b = a/5$ annimmt, und wo $2a$ den Abstand im Ionengitter repäsentiert. Daher suchen wir periodische Lösungen mit der Periode $2a$.

Die Lösung des Problems (10.90) kann mittels Fouriertransformation wie folgt erfolgen. Wir notieren zunächst die Fourierreihen von w und ψ (für jedes $t > 0$)

$$w(x) = \sum_{k=-N/2}^{N/2-1} \widehat{w}_k e^{i\pi kx/a}, \qquad \widehat{w}_k = \frac{1}{2a}\int_{-a}^{a} w(x)e^{-i\pi kx/a}dx,$$

$$\psi(x,t) = \sum_{k=-N/2}^{N/2-1} \widehat{\psi}_k(t)e^{i\pi kx/a}, \qquad \widehat{\psi}_k(t) = \frac{1}{2a}\int_{-a}^{a} \psi(x,t)e^{-i\pi kx/a}dx. \tag{10.91}$$

Dann erhalten wir durch Rücksubstitution von (10.91) in (10.90) das Cauchy Problem für die Fourierkoeffizienten $\widehat{\psi}_k$, für $k = -N/2, \ldots, N/2 - 1$

$$
\begin{cases}
\widehat{\psi}_k'(t) = -i\dfrac{\hbar}{2m}\left(\dfrac{k\pi}{a}\right)^2 \widehat{\psi}_k(t), \\[2mm]
\widehat{\psi}_k(0) = \widetilde{\widehat{w}}_k.
\end{cases}
\tag{10.92}
$$

Die Koeffizienten $\{\widetilde{\widehat{w}}_k\}$ wurden durch Regularisierung der Koeffizienten $\{\widehat{w}_k\}$ der Stufenfunktion w unter Verwendung der Lanczos-Glättung berechnet, um das Gibbsche Phänomen, das in Umgebung der Unstetigkeiten von w auftritt (siehe Abschnitt 10.9.1), zu vermeiden.
Nach dem Lösen von (10.92 erhalten wir aus (10.91) schliesslich den folgenden Ausdruck für die Wellenfunktion

$$
\psi_N(x,t) = \sum_{k=-N/2}^{N/2-1} \widetilde{\widehat{w}}_k e^{-iE_k t/\hbar} e^{i\pi kx/a},
\tag{10.93}
$$

wobei die Koeffizienten $E_k = (k^2\pi^2\hbar^2)/(2ma^2)$ aus physikalischer Sicht die Energieniveaus darstellen, die das Elektron während seiner Bewegung innerhalb des Potentials gut annehmen kann.

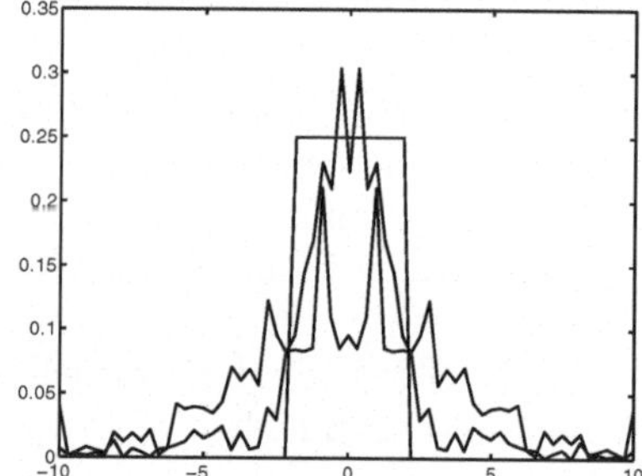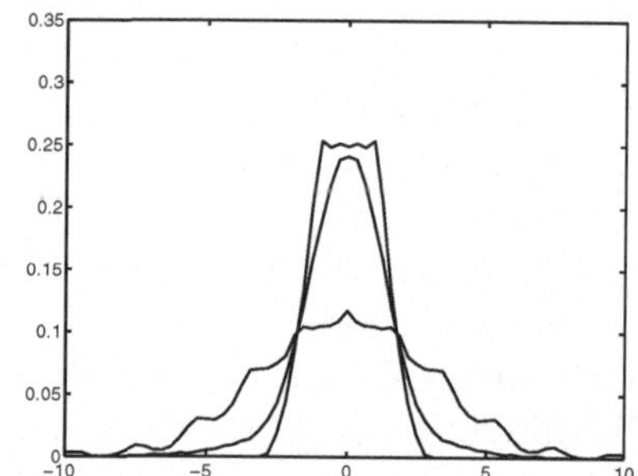

Abbildung 10.11. Wahrscheinlichkeitsdichte $|\psi(x,t)|^2$ in $t = 0, 2, 5\,[s]$, die einer Stufenfunktion als Anfangsdatum entspricht: Lösung ohne Filter (links), mit Lanczos-Filter (rechts).

Um die Koeffizienten $\widehat{w}_k$ (und folglich $\widetilde{\widehat{w}}_k$) zu bestimmen, haben wir die MATLAB Funktion `fft` (siehe Abschnitt 10.9.2) benutzt und $N = 2^6 = 64$ Punkte verwendet und $a = 10 \overset{\circ}{A} = 10^{-9}[m]$ gesetzt. Die zeitliche Analyse wurde bis $T = 10\,[s]$ mit Zeitschritten von $1\,[s]$ ausgeführt; in alle gezeigten Bildern wird die x-Achse in $[\overset{\circ}{A}]$-Einheiten gemessen, die y-Achsen in Einheiten von $10^5\,[m^{-1/2}]$ bzw. $10^{10}\,[m^{-1}]$.

In Abbildung 10.11 wurde die Wahrscheinlichkeitsdichte $|\psi(x,t)|^2$ für $t = 0, 2$ und $5\,[s]$ dargestellt. Das ohne Regularisierungsverfahren erhaltene Ergebnis ist links dargestellt, während die gleichen Berechnungen mit dem "Filtern" der Fourier-Koeffizienten rechts gezeigt werden. Das zweite Bild zeigt den glättenden Einfluß auf die Lösung durch Regularisierung , zum Preis einer leichten Verbreiterung der stufenförmigen, anfänglichen Wahrscheinlichkeitsverteilung.

Es ist abschliessend interessant die Fourieranalyse anzuwenden, um das Problem (10.90), beginnend mit einem glatten Anfangsdatum, zu lösen. Dazu wählen wir eine anfängliche Wahrscheinlichkeitsdichte w in Gaußscher Form, so dass $\|w\|_2 = 1$. Die Lösung $|\psi(x,t)|^2$, die dieses mal ohne Regularisierung berechnet wurde, ist in Abbildung 10.12 zu den Zeitpunkten $t = 0, 2, 5, 7, 9[s]$ dargestellt. Beachte das Fehlen von unbegründeten Oszillationen in Bezug auf den vorangegangenen Fall.

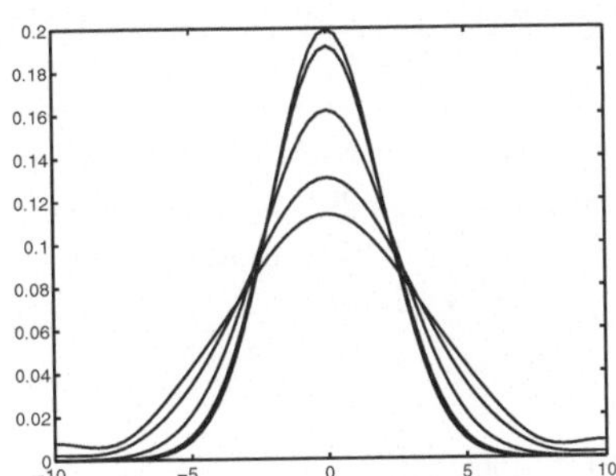

Abbildung 10.12. Wahrscheinlichkeitsdichte $|\psi(x,t)|^2$ für $t = 0, 2, 5, 7, 9[s]$, die einem Anfangsdatum in Gaußscher Form entspricht.

10.14 Übungen

1. Beweise die Dreitermrekursion (10.11).
   [*Hinweis*: Setze $x = \cos(\theta)$ für $0 \le \theta \le \pi$.]

2. Beweise (10.31).
   [*Hinweis*: Beweise zunächst, dass $\|v_n\|_n = (v_n, v_n)^{1/2}$, $\|T_k\|_n = \|T_k\|_w$ für $k < n$ und $\|T_n\|_n^2 = 2\|T_n\|_w^2$ (siehe [QV94], Formel (4.3.16)). Dann folgt die Behauptung aus (10.29) durch Multiplikation mit T_l $(l \ne k)$ und $(\cdot, \cdot)_n$ nehmend.]

3. Beweise (10.24) nachdem gezeigt wurde, dass

$$\|(f - \Pi_n^{GL} f)'\|_\omega \le C n^{1-s} \|f\|_{s,\omega}$$

[*Hinweis*: Verwende die Gagliardo-Nirenberg-Ungleichung

$$\max_{-1 \le x \le 1} |f(x)| \le \|f\|^{1/2} \|f'\|^{1/2},$$

die für jedes $f \in L^2$ mit $f' \in L^2$ gilt. Nutze dann die Beziehung, die gerade gezeigt wurde, um (10.24) zu beweisen.]

4. Beweise, dass die diskrete Halbnorm $\|f\|_n = (f, f)_n^{1/2}$ auf $\mathbb{P}_n$ eine Norm ist.

5. Berechne Gewichte und Knoten der folgenden Quadraturformel

$$\int_a^b w(x)f(x)dx = \sum_{i=0}^n \omega_i f(x_i),$$

so dass die Ordnung maximal wird, und zwar für die Fälle

$$\begin{aligned}
&\omega(x) = \sqrt{x}, &&a = 0, \quad b = 1, \quad n = 1;\\
&\omega(x) = 2x^2 + 1, &&a = -1, \quad b = 1, \quad n = 0;\\
&\omega(x) = \begin{cases} 2 & \text{if } 0 < x \le 1, \\ 1 & \text{if } -1 \le x \le 0 \end{cases} &&a = -1, \quad b = 1, \quad n = 1.
\end{aligned}$$

[*Lösung*: Für $\omega(x) = \sqrt{x}$ werden die Knoten $x_1 = \frac{5}{9} + \frac{2}{9}\sqrt{10/7}$, $x_2 = \frac{5}{9} - \frac{2}{9}\sqrt{10/7}$ erhalten, woraus die Gewichte berechnet werden können (Ordnung 3); für $\omega(x) = 2x^2 + 1$ bekommen wir $x_1 = 3/5$ und $\omega_1 = 5/3$ (Ordnung 1); für $\omega(x) = 2x^2 + 1$ haben wir $x_1 = \frac{1}{22} + \frac{1}{22}\sqrt{155}$, $x_2 = \frac{1}{22} - \frac{1}{22}\sqrt{155}$ (Ordnung 3).]

6. Beweise (10.40).

[*Hinweis*: Beachte, dass $(\Pi_n^{GL} f, L_j)_n = \sum_k f_k^* (L_k, L_j)_n = \dots$, den Fall $j < n$ vom Fall $j = n$ unterscheidend.]

7. Zeige, dass $\|\|\cdot\|\|$, definiert in (10.45), eine streng konvexe Halbnorm ist.

[*Lösung* : Verwende die Cauchy-Schwarzsche Ungleichung (1.14) (in Band 1), um zu zeigen, dass die Dreiecksungleichung gilt. Dies beweist, dass $\|\|\cdot\|\|$ eine Halbnorm ist. Der zweite Teil der Übung folgt durch direkte Berechnung.]

8. Betrachte in einem Intervall $[a, b]$ die Knoten

$$x_j = a + \left(j - \frac{1}{2}\right)\left(\frac{b-a}{m}\right) \quad j = 1, 2, \dots, m$$

für $m \ge 1$. Sie sind die Mittelpunkte von m gleich großen Intervallen in $[a, b]$. Sei f eine gegebene Funktion; beweise, dass das kleinste Quadrate Polynom r_n in Bezug auf die Gewichte $w(x) = 1$ den mittleren Fehler minimiert, der durch

$$E = \lim_{m \to \infty} \left\{\frac{1}{m}\sum_{j=1}^m [f(x_j) - r_n(x_j)]^2\right\}^{1/2}$$

definiert ist.

9. Betrachte die Funktion

$$F(a_0, a_1, \dots, a_n) = \int_0^1 \left[f(x) - \sum_{j=0}^n a_j x^j\right]^2 dx$$

und bestimme die Koeffizienten $a_0, a_1, \ldots, a_n$ auf solche Weise, dass F minimal wird. Was für ein Typ eines linearen Gleichungssystems wird erhalten?

[*Hinweis*: Erzwinge die Bedingungen $\partial F / \partial a_i = 0$ mit $i = 0, 1, \ldots, n$. Die Matrix des linearen Gleichungssystems ist die Hilbertmatrix (siehe Beispiel 3.2, Kapitel 3, Band 1), die extrem schlecht konditioniert ist.]

11
Numerische Lösung gewöhnlicher Differentialgleichungen

In diesem Abschnitt befassen wir uns mit der numerischen Lösung des Cauchy Problems für gewöhnliche Differentialgleichungen (künftig durch ODEs abgekürzt, engl.: ordinary differential equations). Nach einem kurzen Überblick zu den grundlegenden Schreibweisen von ODEs, führen wir die am häufigsten benutzten Techniken zur numerischen Approximation skalarer Gleichungen ein. Die Begriffe der Konsistenz, Konvergenz, Nullstabilität und absoluter Stabilität werden behandelt. Danach erweitern wir unsere Analyse auf Systeme von ODEs, mit Schwerpunkt auf *steife* Probleme.

11.1 Cauchy Problem

Das Cauchy Problem (auch als Anfangswertproblem bekannt) besteht darin, die Lösung einer ODE, im skalaren oder vektoriellen Fall, die gegebenen Anfangsbedingungen genügt, aufzufinden. Wenn wir durch I ein Intervall von $\mathbb{R}$ bezeichnen, das den Punkt t_0 enthält, so lautet das mit einer ODE erster Ordnung verbundene Cauchy Problem im skalaren Fall:

finde eine reell-wertige Funktion $y \in C^1(I)$, so dass

$$\begin{cases} y'(t) = f(t, y(t)), & t \in I, \\ y(t_0) = y_0, \end{cases} \tag{11.1}$$

wobei $f(t, y)$ eine auf dem Streifen $S = I \times (-\infty, +\infty)$ gegebene reellwertige Funktion ist, die stetig bezüglich beider Variablen ist. Hängt f nur von y und nicht von t ab, heißt die Differentialgleichung *autonom*.

Unsere Analyse wird meistens eine einzelne Differentialgleichung (skalarer Fall) betreffen. Der Erweiterung auf den Fall von Systemen von ODEs erster Ordnung ist der Abschnitt 11.9 gewidmet.

Ist f stetig in Bezug auf t, so genügt die Lösung von (11.1) der Beziehung

$$y(t) - y_0 = \int_{t_0}^{t} f(\tau, y(\tau)) d\tau. \tag{11.2}$$

Ist umgekehrt y durch (11.2) definiert, so ist y auf I stetig und $y(t_0) = y_0$. Da y Stammfunktion der stetigen Funktion $f(\cdot, y(\cdot))$ ist, gilt darüber hinaus $y \in C^1(I)$ und y genügt der Differentialgleichung $y'(t) = f(t, y(t))$.

Wenn f stetig ist, sind folglich das Cauchy Problem (11.1) und die Integralgleichung (11.2) äquivalent. Später werden wir sehen, wie wir bei den numerischen Methoden Nutzen aus dieser Äquivalenz ziehen können.

Wir erinnern an zwei Existenz- und Eindeutigkeitsresultate für (11.1).

1. **Lokale Existenz und Einzigkeit**.

   Angenommen, dass $f(t, y)$ lokal Lipschitzstetig in (t_0, y_0) bezüglich y ist, d.h. es gibt zwei Umgebungen $J \subseteq I$ von t_0 der Breite r_J und Σ von y_0 der Breite r_Σ, und eine Konstante $L > 0$, so dass

   $$|f(t, y_1) - f(t, y_2)| \leq L|y_1 - y_2| \quad \forall t \in J, \ \forall y_1, y_2 \in \Sigma. \tag{11.3}$$

   Dann besitzt das Cauchy Problem (11.1) eine eindeutige Lösung in einer Umgebung von t_0 mit Radius r_0, $0 < r_0 < \min(r_J, r_\Sigma/M, 1/L)$, wobei M das Maximum von $|f(t, y)|$ auf $J \times \Sigma$ ist. Diese Lösung wird *lokale Lösung* genannt.

   Beachte, dass die Bedingung (11.3) automatisch gilt, wenn f eine stetige Ableitung in Bezug auf y hat: in diesem Fall genügt es tatsächlich L als das Maximum von $|\partial f(t, y)/\partial y|$ in $\overline{J \times \Sigma}$ zu wählen.

2. **Globale Existenz und Einzigkeit**. Das Problem besitzt eine eindeutige *globale Lösung*, wenn man in (11.3) $J = I$ und $\Sigma = \mathbb{R}$ nehmen kann, d.h. wenn f *gleichmäßig Lipschitzstetig* in Bezug auf y ist.

Mit Blick auf die Stabilitätsanalyse des Cauchy Problems betrachten wir folgendes Problem

$$\begin{cases} z'(t) = f(t, z(t)) + \delta(t), & t \in I, \\ z(t_0) = y_0 + \delta_0, \end{cases} \tag{11.4}$$

wobei $\delta_0 \in \mathbb{R}$ und δ eine auf I stetige Funktion sind. Das Problem (11.4) entsteht aus (11.1) durch Störung des Anfangsdatums y_0 und der Quellfunktion f. Wir wollen nun die Sensitivität der Lösung z auf solche Störungen charakterisieren.

Definition 11.1 ([Hah67], [Ste71] oder [PS91]). Sei I eine beschränkte Menge. Das Cauchy Problem (11.1) ist *stabil im Sinne von Ljapunov* (oder *stabil*) auf I, wenn für jede Störung $(\delta_0, \delta(t))$, die

$$|\delta_0| < \varepsilon, \qquad |\delta(t)| < \varepsilon \quad \forall t \in I,$$

genügt (mit $\varepsilon > 0$ hinreichend klein, um zu garantieren, dass die Lösung des gestörten Problems (11.4) tatsächlich existiert), gilt

$$\exists C > 0 \text{ unabhängig von } \varepsilon, \quad \text{so dass} \quad |y(t) - z(t)| < C\varepsilon, \qquad \forall t \in I. \tag{11.5}$$

Hat I keine obere Schranke, sagen wir, dass (11.1) *asymptotisch stabil* ist, wenn zusätzlich zur Ljapunov-Stabilität auf jedem beschränkten Intervall I die folgende Grenzwertbeziehung gilt

$$|y(t) - z(t)| \to 0, \qquad \text{für } t \to +\infty, \tag{11.6}$$

vorausgesetzt, dass $\lim_{t \to \infty} |\delta(t)| = 0$. ■

Die Forderung nach der Stabilität des Cauchy Problems ist äquivalent zur Forderung der Wohlgestelltheit im Sinne von Kapitel 2, Band 1.

Die gleichmäßige Lipschitzstetigkeit von f bezüglich y genügt, um die Stabilität des Cauchy Problems zu garantieren. Sei $w(t) = z(t) - y(t)$, so haben wir
$$w'(t) = f(t, z(t)) - f(t, y(t)) + \delta(t).$$

Daher gilt

$$w(t) = \delta_0 + \int_{t_0}^{t} [f(s, z(s)) - f(s, y(s))]\, ds + \int_{t_0}^{t} \delta(s)\,ds, \qquad \forall t \in I.$$

Aufgrund der gemachten Annahmen folgt

$$|w(t)| \le (1 + |t - t_0|)\,\varepsilon + L \int_{t_0}^{t} |w(s)|\,ds.$$

Die Anwendung des Gronwallschen Lemmas, (das wir unten einfügen,) ergibt

$$|w(t)| \le (1 + |t - t_0|)\,\varepsilon e^{L|t-t_0|}, \qquad \forall t \in I$$

und folglich (11.5) mit $C = (1 + K_I)e^{LK_I}$ und $K_I = \max_{t \in I} |t - t_0|$.

Lemma 11.1 (Gronwall) *Seien p eine nichtnegative, auf $(t_0, t_0 + T)$ integrierbare Funktion, g und φ zwei auf $[t_0, t_0 + T]$ stetige Funktionen und g nicht fallend. Genügt φ der Ungleichung*

$$\varphi(t) \leq g(t) + \int_{t_0}^{t} p(\tau)\varphi(\tau)d\tau, \qquad \forall t \in [t_0, t_0 + T],$$

so gilt

$$\varphi(t) \leq g(t) \exp\left(\int_{t_0}^{t} p(\tau)d\tau\right), \qquad \forall t \in [t_0, t_0 + T].$$

Zum Beweis siehe z.B. [QV94], Lemma 1.4.1.

Die Konstante C, die in (11.5) erscheint, kann sehr groß werden und im Allgemeinen von der oberen Intervallgrenze von I abhängen, wie es im obigen Beweis der Fall war. Daher ist die Eigenschaft der asymptotischen Stabilität zur Beschreibung des Verhaltens *dynamischer Systeme* (11.1) für $t \to +\infty$ besser geeignet (siehe [Arn73]).

Wie bekannt, kann nur eine kleine Zahl nichtlinearer ODEs in geschlossener Form gelöst werden (siehe beispielsweise [Arn73]). Darüber hinaus ist es, selbst wenn es möglich ist, nicht immer einfach, einen expliziten Ausdruck für die Lösung zu finden; betrachte zum Beispiel die (sehr einfache) Gleichung $y' = (y - t)/(y + t)$, deren Lösung nur implizit durch die Beziehung $(1/2)\log(t^2 + y^2) + \tan^{-1}(y/t) = C$, definiert ist, wobei C eine von der Anfangsbedingung abhängige Konstante ist.

Aus diesem Grunde sind wir an numerischen Methoden interessiert, denn diese können auf jede ODE, unter der alleinigen Bedingung, dass sie eine eindeutige Lösung besitzt, angewandt werden.

11.2 Einschrittverfahren

Wir wollen nun die numerische Approximation des Cauchy Problems (11.1) angehen. Fixiere $0 < T < +\infty$ und sei $I = (t_0, t_0 + T)$ das betrachtete Intergrationsintervall, und dementsprechend $t_n = t_0 + nh$, für $h > 0$ und $n = 0, 1, 2, \ldots, N_h$, die Folge der Zerlegungspunkte von I in Teilintervalle $I_n = [t_n, t_{n+1}]$. Die Breite h der Teilintervalle wird *Schrittweite* der Diskretisierung genannt. Beachte, dass N_h die maximale ganze Zahl ist, so dass $t_{N_h} \leq t_0 + T$. Sei u_j die Näherung der exakten Lösung $y(t_j)$ im Knoten t_j; diese Lösung werden wir fortan durch y_j bezeichnen. Analog bezeichne f_j den Wert $f(t_j, u_j)$. Wir setzen offensichtlich $u_0 = y_0$.

Definition 11.2 Ein numerisches Verfahren zur Approximation des Problems (11.1) heißt *Einschrittverfahren*, wenn u_{n+1} nur von u_n für alle $n \geq 0$ abhängt. Andernfalls heißt das Schema *Mehrschrittverfahren*. ■

Von nun an richten wir unsere Aufmerksamkeit auf Einschrittverfahren. Hier sind einige der bekanntesten:

1. **Euler-Vorwärtsverfahren**

$$u_{n+1} = u_n + h f_n; \tag{11.7}$$

2. **Euler-Rückwärtsverfahren**

$$u_{n+1} = u_n + h f_{n+1}. \tag{11.8}$$

In beiden Fällen wird y' durch eine finite Differenz approximiert: die Vorwärtsdifferenz wurde in (11.7) bzw. die Rückwärtsdifferenz in (11.8) verwendet. Beide finite Differenzen sind Approximationen erster Ordnung bezüglich h für die Ableitung erster Ordnung von y (siehe Abschnitt 10.10.1).

3. **Trapez-Verfahren (oder Crank-Nicolson-Verfahren)**

$$u_{n+1} = u_n + \frac{h}{2} \left[f_n + f_{n+1} \right]. \tag{11.9}$$

Diese Methode entsteht bei Approximation des Integrals auf der rechten Seite von (11.2) durch die Trapezregel (9.11).

4. **Heun-Verfahren**

$$u_{n+1} = u_n + \frac{h}{2} [f_n + f(t_{n+1}, u_n + h f_n)]. \tag{11.10}$$

Diese Methode kann aus dem Trapez-Verfahren hergeleitet werden, in dem man anstelle von $f(t_{n+1}, u_{n+1})$ in (11.9) $f(t_{n+1}, u_n + h f(t_n, u_n))$ substituiert (d.h. das Euler-Vorwärts-Verfahren zur Berechnung von u_{n+1} nutzt).

Im zuletzt genannten Fall bemerken wir, dass das Ziel darin besteht, eine *implizite* Methode in eine *explizite* zu überführen.

Definition 11.3 (Explizite und implizite Verfahren) Ein Verfahren heißt *explizit*, wenn u_{n+1} direkt in Abhängigkeit (einiger) der vorangegangenen Werte u_k, $k \leq n$, berechnet werden kann. Ein Verfahren heißt *implizit*, wenn u_{n+1} über f auch implizit von sich selbst abhängt. ■

Die Verfahren (11.7) und (11.10) sind explizit, wogegen (11.8) und (11.9) implizit sind. Die impliziten Methoden erfordern in jedem Zeitschritt die Lösung eines nichtlinearen Problems, wenn f nichtlinear im zweiten Argument ist.

Ein bemerkenswertes Beispiel von Einschrittverfahren sind die Runge-Kutta-Methoden, die wir in Abschnitt 11.8 analysieren.

11.3 Analyse von Einschrittverfahren

Jedes explizite Einschrittverfahren zur Approximation von (11.1) lässt sich in der Form

$$u_{n+1} = u_n + h\Phi(t_n, u_n, f_n; h), \quad 0 \le n \le N_h - 1, \quad u_0 = y_0, \quad (11.11)$$

schreiben, wobei $\Phi(\cdot, \cdot, \cdot; \cdot)$ die sogenannte *Zuwachsfunktion* ist. Sei wie üblich $y_n = y(t_n)$, so können wir in Analogie zu (11.11)

$$y_{n+1} = y_n + h\Phi(t_n, y_n, f(t_n, y_n); h) + \varepsilon_{n+1}, \quad 0 \le n \le N_h - 1, \quad (11.12)$$

schreiben, wobei ε_{n+1} das Residuum ist, das im Punkt t_{n+1} entsteht, wenn man so tut als "erfülle" die exakte Lösung das numerische Schema. Wir schreiben das Residuum als

$$\varepsilon_{n+1} = h\tau_{n+1}(h).$$

Die Größe $\tau_{n+1}(h)$ heißt *lokaler Abbruchfehler* (LTE) (engl: local truncation error) im Knoten t_{n+1}. Wir definieren den *globalen Abbruchfehler* als die Größe

$$\tau(h) = \max_{0 \le n \le N_h - 1} |\tau_{n+1}(h)|.$$

Beachte, dass $\tau(h)$ von der Lösung y des Cauchy Problems (11.1) abhängt. Das Euler-Vorwärtsverfahren ist ein Spezialfall von (11.11), bei dem

$$\Phi(t_n, u_n, f_n; h) = f_n,$$

wogegen wir

$$\Phi(t_n, u_n, f_n; h) = \frac{1}{2}\left[f_n + f(t_n + h, u_n + hf_n)\right]$$

setzen müssen, um das Heun-Verfahren zu gewinnen. Ein Einschrittverfahren ist vollständig durch seine Zuwachsfunktion Φ charakterisiert. Diese Funktion ist in allen bislang betrachteten Fällen so beschaffen, dass

$$\lim_{h \to 0} \Phi(t_n, y_n, f(t_n, y_n); h) = f(t_n, y_n), \quad \forall t_n \ge t_0. \quad (11.13)$$

Eigenschaft (11.13) und die offensichtliche Beziehung $y_{n+1} - y_n = hy'(t_n) + \mathcal{O}(h^2)$, $\forall n \ge 0$, erlauben es, aus (11.12) $\lim_{h \to 0} \tau_n(h) = 0$, $0 \le n \le N_h - 1$, zu schliessen. Diese Bedingung sichert damit

$$\lim_{h \to 0} \tau(h) = 0,$$

die *Konsistenz* der numerischen Methode (11.11) mit dem Cauchy Problem (11.1). Im allgemeinen heißt ein Verfahren *konsistent*, wenn der LTE unendlich klein bezüglich h ist. Darüber hinaus besitzt ein Schema die (Konsistenz-)*Ordnung* p, wenn $\forall t \in I$ die Lösung $y(t)$ des Cauchy Problems (11.1) der Bedingung

$$\tau(h) = \mathcal{O}(h^p) \quad \text{für } h \to 0 \tag{11.14}$$

genügt. Unter Verwendung von Taylorentwicklungen, wie in Abschnitt 11.2 getan, kann bewiesen werden, dass das Euler-Vorwärtsverfahren die Ordnung 1 und das Heun-Verfahren die Ordnung 2 haben (siehe Übung 1 und 2).

11.3.1 Die Nullstabilität

Wir wollen eine Forderung an das numerische Schema stellen, die analog zu der für die Ljapunovstabilität (11.5) gestellten ist. Gilt (11.5) mit einer Konstanten C, die unabhängig von h ist, sagen wir, dass das numerische Problem *nullstabil* ist.

Präziser gesagt, definieren wir:

Definition 11.4 (Nullstabilität von Einschrittverfahren) Das numerische Verfahren (11.11) zur Approximation des Problems (11.1) ist *nullstabil*, wenn

$$\exists h_0 > 0, \ \exists C > 0 : \ \forall h \in (0, h_0], \ |z_n^{(h)} - u_n^{(h)}| \le C\varepsilon, \ 0 \le n \le N_h, \tag{11.15}$$

wobei $z_n^{(h)}$, $u_n^{(h)}$ die Lösungen der Probleme

$$\begin{cases} z_{n+1}^{(h)} = z_n^{(h)} + h\left[\Phi(t_n, z_n^{(h)}, f(t_n, z_n^{(h)}); h) + \delta_{n+1}\right], \\ z_0 = y_0 + \delta_0, \end{cases} \tag{11.16}$$

$$\begin{cases} u_{n+1}^{(h)} = u_n^{(h)} + h\Phi(t_n, u_n^{(h)}, f(t_n, u_n^{(h)}); h), \\ u_0 = y_0, \end{cases} \tag{11.17}$$

für $0 \le n \le N_h - 1$ sind, unter der Annahme, dass $|\delta_k| \le \varepsilon, \ 0 \le k \le N_h$. ∎

Nullstabiltät fordert somit, dass in einem beschränkten Intervall (11.15) für jeden Wert $h \le h_0$ gilt. Diese Eigenschaft bezieht sich insbesondere auf das Verhalten des numerischen Verfahrens im Grenzfall $h \to 0$, woraus auch der Name *Null*stabilität resultiert. Die Nullstabilität ist daher eine wesentlich Eigenschaft des numerischen Verfahrens selbst und nicht des Cauchy Problems (das tatsächlich stabil infolge der gleichmäßigen Lipschitzstetigkeit von f ist). Die Eigenschaft (11.15) sichert, dass das numerische Verfahren eine schwache Sensitivität bezüglich kleiner Änderungen in den Daten aufweist und damit stabil im Sinne der in Kapitel 2, Band 1, gegebenen allgemeinen Definition ist.

Bemerkung 11.1 Die Konstante C in (11.15) ist unabhängig von h (und damit von N_h), sie kann aber von der Breite T des Integrationsintervalles I abhängen. (11.15) schliesst *a priori* tatsächlich nicht aus, dass die Konstante C eine unbeschänkte Funktion von T ist. ∎

Die Forderung nach der Stabilität einer numerischen Methode resultiert zuallererst aus der Notwendigkeit (unvermeidbare) Fehler, die durch die endliche Arithmetik oder den Computer hereinkommen, unter Kontrolle zu halten. Wenn das numerische Verfahren nicht nullstabil wäre, würden die auf y_0 gemachten Rundungsfehler, wie auch die bei der Berechnung von $f(t_n, u_n)$ gemachten, die berechnete Lösung völlig unbrauchbar machen.

Theorem 11.1 (Nullstabilität) *Betrachte das explizite Einschrittverfahren (11.11) zur numerischen Lösung des Cauchy Problems (11.1). Angenommen die Zuwachsfunktion* Φ *ist in Bezug auf das zweite Argument Lipschitzstetig, mit einer Konstanten* Λ *unabhängig von h und von den Knoten* $t_j \in [t_0, t_0 + T]$, *d.h.*

$$\exists h_0 > 0,\ \exists \Lambda > 0 : \forall h \in (0, h_0]$$

$$|\Phi(t_n, u_n^{(h)}, f(t_n, u_n^{(h)}); h) - \Phi(t_n, z_n^{(h)}, f(t_n, z_n^{(h)}); h)| \tag{11.18}$$

$$\leq \Lambda |u_n^{(h)} - z_n^{(h)}|,\ 0 \leq n \leq N_h.$$

Dann ist das Verfahren (11.11) nullstabil.

Beweis. Wir setzen $w_j^{(h)} = z_j^{(h)} - u_j^{(h)}$, subtrahieren (11.17) von (11.16) und erhalten

$$w_{j+1}^{(h)} = w_j^{(h)} + h\left[\Phi(t_j, z_j^{(h)}, f(t_j, z_j^{(h)}); h) - \Phi(t_j, u_j^{(h)}, f(t_j, u_j^{(h)}); h)\right] + h\delta_{j+1}.$$

für $j = 0, \ldots, N_h - 1$. Summation über j ergibt für $n = 1, \ldots, N_h$,

$$w_n^{(h)} = w_0^{(h)}$$

$$+ h\sum_{j=0}^{n-1}\delta_{j+1} + h\sum_{j=0}^{n-1}\left(\Phi(t_j, z_j^{(h)}, f(t_j, z_j^{(h)}); h) - \Phi(t_j, u_j^{(h)}, f(t_j, u_j^{(h)}); h)\right),$$

so dass mit (11.18)

$$|w_n^{(h)}| \leq |w_0| + h\sum_{j=0}^{n-1}|\delta_{j+1}| + h\Lambda\sum_{j=0}^{n-1}|w_j^{(h)}|,\qquad 1 \leq n \leq N_h. \tag{11.19}$$

Anwendung des unten gegebenen diskreten Gronwall-Lemma führt zu

$$|w_n^{(h)}| \leq (1 + hn)\,\varepsilon e^{nh\Lambda},\qquad 1 \leq n \leq N_h.$$

Nun folgt (11.15) aus der Abschätzung $hn \leq T$ und der Festlegung $C = (1 + T)\,e^{\Lambda T}$.
◇

Beachte, dass Nullstabilität die Beschränktheit der Lösung beinhaltet, wenn f in Bezug auf das zweite Argument linear ist.

Lemma 11.2 (Diskreter Gronwall) *Sei k_n eine nichtnegative Folge und φ_n eine Folge mit*

$$\begin{cases} \varphi_0 \le g_0 \\ \varphi_n \le g_0 + \sum_{s=0}^{n-1} p_s + \sum_{s=0}^{n-1} k_s \varphi_s, & n \ge 1. \end{cases}$$

Sind $g_0 \ge 0$ und $p_n \ge 0$ für jedes $n \ge 0$, so gilt

$$\varphi_n \le \left(g_0 + \sum_{s=0}^{n-1} p_s \right) \exp \left(\sum_{s=0}^{n-1} k_s \right), \qquad n \ge 1.$$

Zum Beweis siehe z.B. [QV94], Lemma 1.4.2. Im Fall des Euler-Verfahrens kann der Nachweis der Nullstabilität direkt unter Verwendung der Lipschitzstetigkeit von f erbracht werden (wir verweisen den Leser auf das Ende von Abschnitt 11.3.2). Im Fall von Mehrschrittverfahren führt die Analyse auf die Verifikation einer rein algebraischen Eigenschaft der sogenannten *Wurzelbedingung* (siehe Abschnitt 11.6.3).

11.3.2 Konvergenzanalysis

Definition 11.5 Ein Verfahren heißt *konvergent*, wenn

$$\forall n = 0, \dots, N_h, \qquad |u_n - y_n| \le C(h)$$

wobei $C(h)$ unendlich klein in Bezug auf h ist. In diesem Fall heißt es *konvergent von p-ter Ordnung*, wenn $\exists C > 0$, so dass $C(h) = Ch^p$. ∎

Wir können folgenden Satz beweisen.

Theorem 11.2 (Konvergenz) *Unter den gleichen in Theorem 11.1 getroffenen Annahmen haben wir*

$$|y_n - u_n| \le \left(|y_0 - u_0| + nh\tau(h) \right) e^{nh\Lambda}, \qquad 1 \le n \le N_h. \tag{11.20}$$

Wenn die Konsistenzannahme (11.13) und $|y_0 - u_0| \to 0$ für $h \to 0$ gilt, ist das Verfahren konvergent. Wenn darüber hinaus $|y_0 - u_0| = \mathcal{O}(h^p)$ und das Verfahren die Ordnung p hat, dann ist es auch von der Ordnung p konvergent.

Beweis. Setzen wir $w_j = y_j - u_j$, subtrahieren (11.11) von (11.12) und gehen wie im Beweis des vorigen Satzes vor, so erhalten wir die Ungleichung (11.19) mit

$$w_0 = y_0 - u_0, \text{ und } \delta_{j+1} = \tau_{j+1}(h).$$

Die Abschätzung (11.20) wird dann wieder durch Anwendung des diskreten Gronwall-Lemmas erhalten. Aus der Tatsache, dass $nh \leq T$ und $\tau(h) = \mathcal{O}(h^p)$, können wir $|y_n - u_n| \leq Ch^p$ mit von T und Λ aber nicht von h abhängendem C schliessen.
$\diamond$

Ein konsistentes und nullstabiles Verfahren ist also konvergent. Diese Eigenschaft ist als das *Lax-Richtmyer-Theorem* oder als *Äquivalenzsatz* bekannt (die Umkehrung: "ein konvergentes Verfahren ist nullstabil" ist offensichtlich wahr). Dieser Satz, der in [IK66] bewiesen ist, wurde schon in Abschnitt 2.2.1, Band 1, erwähnt und ist ein zentrales Resultat der Analysis numerischer Methoden für ODEs (siehe [Dah56] oder [Hen62] für lineare Mehrschrittverfahren, [But66], [MNS74] für eine größere Klasse von Verfahren). Wir werden auf ihn in Abschnitt 11.5 bei der Analyse von Mehrschrittverfahren erneut zurückkommen.

Wir führen genauer die Konvergenzanalyse im Fall des Euler-Vorwärtsverfahrens durch, ohne auf das diskrete Gronwall-Lemma zurückzugreifen. Im ersten Teil des Beweises nehmen wir an, dass jede Operation in exakter Arithmetik ausgeführt wird und dass $u_0 = y_0$.

Der Fehler $e_{n+1} = y_{n+1} - u_{n+1}$ im Knoten t_{n+1}, $n = 0, 1, \ldots$, kann als Summe

$$e_{n+1} = (y_{n+1} - u^*_{n+1}) + (u^*_{n+1} - u_{n+1}) \tag{11.21}$$

dargestellt werden, wobei $u^*_{n+1} = y_n + hf(t_n, y_n)$ die Lösung ist, die nach einem Schritt des Euler-Vorwärtsverfahrens beginnend mit dem Anfangsdatum y_n gewonnen wurde (siehe Abbildung 11.1). Der erste Summand in (11.21) steht für den Konsistenzfehler, der zweite für die Akkumulation dieser Fehler. Dann gilt

$$y_{n+1} - u^*_{n+1} = h\tau_{n+1}(h), \quad u^*_{n+1} - u_{n+1} = e_n + h\left[f(t_n, y_n) - f(t_n, u_n)\right].$$

Folglich gilt

$$|e_{n+1}| \leq h|\tau_{n+1}(h)| + |e_n| + h|f(t_n, y_n) - f(t_n, u_n)| \leq h\tau(h) + (1 + hL)|e_n|$$

mit der Lipschitzkonstanten L von f. Rekursiv finden wir

$$\begin{aligned}
|e_{n+1}| &\leq \left[1 + (1 + hL) + \ldots + (1 + hL)^n\right] h\tau(h) \\
&= \frac{(1 + hL)^{n+1} - 1}{L}\tau(h) \leq \frac{e^{L(t_{n+1} - t_0)} - 1}{L}\tau(h).
\end{aligned}$$

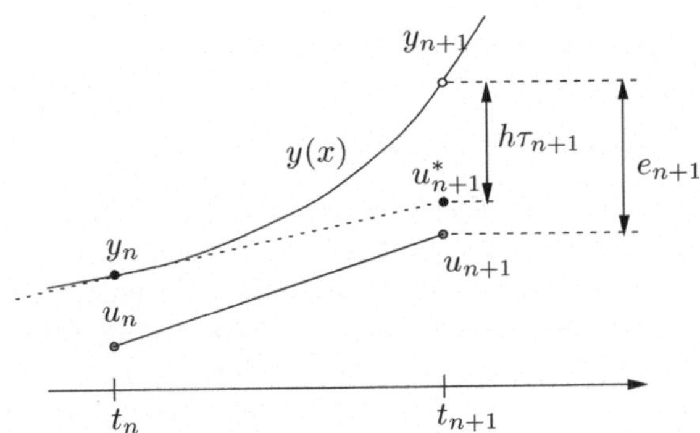

Abbildung 11.1. Geometrische Interpretation des lokalen und globalen Abbruchfehlers im Knoten t_{n+1} für das Euler-Vorwärtsverfahren.

Die letzte Ungleichung folgt wegen $1 + hL \le e^{hL}$ und $(n+1)h = t_{n+1} - t_0$.

Wenn andererseits $y \in C^2(I)$, dann ist der LTE für das Euler-Vorwärtsverfahren

$$\tau_{n+1}(h) = \frac{h}{2} y''(\xi), \quad \xi \in (t_n, t_{n+1}),$$

(siehe Abschnitt 10.10.1), und folglich $\tau(h) \le (M/2)h$ mit der Konstanten $M = \max_{\xi \in I} |y''(\xi)|$. Insgesamt gelangen wir zu dem Schluss, dass

$$|e_{n+1}| \le \frac{e^{L(t_{n+1}-t_0)} - 1}{L} \frac{M}{2} h, \quad \forall n \ge 0, \tag{11.22}$$

woraus folgt, dass der globale Fehler gegen Null mit der gleichen Rate wie der lokale Abbruchfehler konvergiert.

Wenn auch Rundungsfehler berücksichtigt werden, können wir annehmen, dass die tatsächlich durch das Euler-Vorwärtsverfahren berechnete Lösung $\bar{u}_{n+1}$ zum Zeitpunkt t_{n+1} der Beziehung

$$\bar{u}_0 = y_0 + \zeta_0, \quad \bar{u}_{n+1} = \bar{u}_n + hf(t_n, \bar{u}_n) + \zeta_{n+1}, \tag{11.23}$$

genügt, wobei Rundungsfehler durch ζ_j, $j \ge 0$, bezeichnet wurden.

Das Problem (11.23) ist ein Beispiel von (11.16), wenn wir ζ_{n+1} und $\bar{u}_n$ mit $h\delta_{n+1}$ bzw. $z_n^{(h)}$ in (11.16) identifizieren. Durch Kombination der Theoreme 11.1 und 11.2 bekommen wir anstelle von (11.22) die Fehlerabschätzung

$$|y_{n+1} - \bar{u}_{n+1}| \le e^{L(t_{n+1}-t_0)} \left[|\zeta_0| + \frac{1}{L} \left(\frac{M}{2} h + \frac{\zeta}{h} \right) \right],$$

wobei $\zeta = \max_{1 \le j \le n+1} |\zeta_j|$. Das Vorkommen von Rundungsfehlern erlaubt es daher nicht, zu schliessen, dass der Fehler mit $h \to 0$ gegen Null geht.

Vielmehr gibt es einen optimalen (nicht verschwindenden) Wert von h, h_{opt}, für den der Fehler minimal ist. Für $h < h_{opt}$ dominiert der Rundungsfehler den Abbruchfehler und der globale Fehler wächst.

11.3.3 Die absolute Stabilität

Die Eigenschaft der *absoluten Stabilität* ist in gewisser Weise spiegelbildlich zur Nullstabilität, was die Rollen, die h und I spielen, anbetreffen. Heuristisch sagen wir, dass ein numerisches Verfahren absolut stabil ist, wenn u_n *für festes h* beschränkt für $t_n \to +\infty$ bleibt. Diese Eigenschaft bezieht sich also auf das asymptotische Verhalten von u_n im Gegensatz zu einem nullstabilen Verfahren, für das auf einem festen Integrationsintervall u_n für $h \to 0$ beschränkt bleibt.

Betrachten wir zur genauen Definition das lineare Cauchy Problem (das wir von nun an als das *Testproblem* bezeichnen)

$$\begin{cases} y'(t) = \lambda y(t), & t > 0, \\ y(0) = 1, \end{cases} \tag{11.24}$$

mit $\lambda \in \mathbb{C}$, dessen Lösung $y(t) = e^{\lambda t}$ ist. Beachte, dass $\lim\limits_{t \to +\infty} |y(t)| = 0$ für $\mathrm{Re}(\lambda) < 0$ gilt.

Definition 11.6 Ein numerisches Verfahren zur Approximation von (11.24) ist *absolut stabil*, wenn

$$|u_n| \longrightarrow 0 \quad \text{as} \quad t_n \longrightarrow +\infty. \tag{11.25}$$

Sei h die Schrittweite der Diskretisierung. Die numerische Lösung u_n von (11.24) hängt offensichtlich von h und λ ab. Der *Bereich der absoluten Stabilität* des numerischen Verfahrens ist die Menge

$$\mathcal{A} = \{z = h\lambda \in \mathbb{C} : (11.25) \text{ ist erfüllt }\}. \tag{11.26}$$

Somit ist $\mathcal{A}$ die Menge der Werte des Produkts $h\lambda$, für die die numerische Methode Lösungen liefert, die auf Null fallen, wenn t_n gegen Unendlich strebt. ∎

Wir wollen überprüfen, ob die eingeführten Einschrittverfahren absolut stabil sind.

1. *Euler-Vorwärtsverfahren*: Die Anwendung von (11.7) auf das Problem (11.24) ergibt $u_{n+1} = u_n + h\lambda u_n$ für $n \geq 0$, mit $u_0 = 1$. Wiederholtes Anwenden liefert

$$u_n = (1 + h\lambda)^n, \qquad n \geq 0.$$

deshalb ist die Bedingung (11.25) genau dann erfüllt, wenn $|1 + h\lambda| <$ 1, d.h. wenn $h\lambda$ im Einheitskreis mit dem Mittelpunkt in $(-1, 0)$ (siehe Abbildung 11.3) liegt. Dies läuft darauf hinaus,

$$h\lambda \in \mathbb{C}^- \quad \text{und} \quad 0 < h < -\frac{2\mathrm{Re}(\lambda)}{|\lambda|^2} \tag{11.27}$$

zu fordern, wobei

$$\mathbb{C}^- = \{z \in \mathbb{C} : \ \mathrm{Re}(z) < 0\}.$$

Beispiel 11.1 Für das Cauchy Problem $y'(x) = -5y(x)$ für $x > 0$ und $y(0) = 1$, beinhaltet die Bedingung (11.27) $0 < h < 2/5$. Abbildung 11.2 (links) zeigt das Verhalten der berechneten Lösung für zwei Werte von h, die dieser Bedingung nicht genügen, während auf der rechten Seite die Lösungen für zwei Werte von h dargestellt sind, die der Bedingung genügen. Beachte, dass im zweiten Fall eventuell vorhandene Oszillationen für wachsendes t weggedämpft werden. •

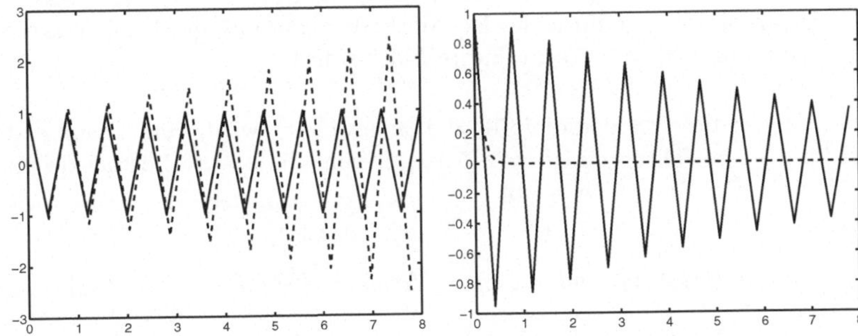

Abbildung 11.2. Links: berechnete Lösungen für $h = 0.41 > 2/5$ (gestrichelte Kurve) und $h = 2/5$ (durchgezogene Kurve). Beachte, wie im Grenzfall $h = 2/5$ die Oszillationen unverändert bleiben wenn t wächst. Rechts: Darstellung zweier Lösungen für $h = 0.39$ (durchgezogene Kurve) und $h = 0.15$ (gestrichelte Kurve).

2. *Euler-Rückwärtsverfahren*: Gehen wir wie oben vor, erhalten wir nun

$$u_n = \frac{1}{(1 - h\lambda)^n}, \qquad n \geq 0.$$

Die absolute Stabilitätseigenschaft (11.25) ist *für jeden Wert von $h\lambda$* erfüllt, der nicht zum Einheitskreis mit dem Mittelpunkt in $(1, 0)$ gehört (siehe Abbildung 11.3, rechts).

Beispiel 11.2 Die im Fall des Beispiels 11.1 durch das Euler-Rückwärtsverfahren bestimmte numerische Lösung zeigt für jeden Wert von h keine Oszillationen. Andererseits berechnet die gleiche Methode, wenn sie auf das Problem

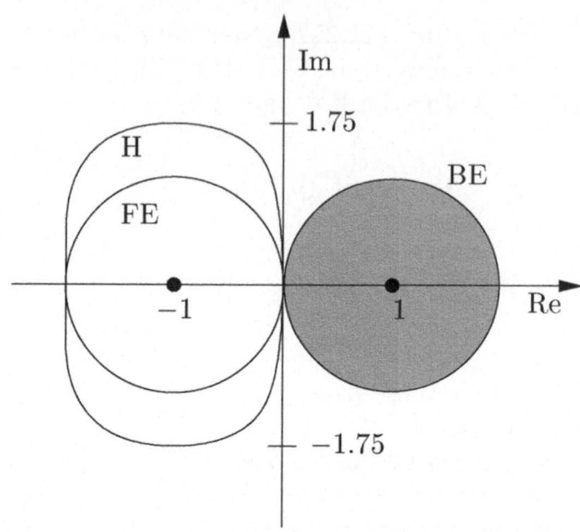

Abbildung 11.3. Bereiche der absoluten Stabilität für das Euler-Vorwärts- (FE), das Euler-Rückwärts- (BE) und das Heun-Verfahren (H). Beachte, dass der Bereich der absoluten Stabilität der BE-Methode außerhalb des Einheitskreises mit dem Mittelpunkt in $(1,0)$ (schraffierte Fläche) liegt.

$y'(t) = 5y(t)$ für $t > 0$ und $y(0) = 1$ angewendet wird, eine Lösung, die auf Null für $t \to \infty$ fällt, wenn $h > 2/5$ ist, obwohl die exakte Lösung des Cauchy Problems gegen Unendlich strebt.   •

3. *Trapez-Verfahren (oder Crank-Nicolson-Verfahren)*. Wir erhalten

$$u_n = \left[\left(1 + \frac{1}{2}\lambda h\right) \Big/ \left(1 - \frac{1}{2}\lambda h\right)\right]^n, \qquad n \geq 0,$$

folglich gilt (11.25) für jedes $h\lambda \in \mathbb{C}^-$.

4. *Heun-Verfahren*: Anwendung von (11.10) auf das Problem (11.24) ergibt

$$u_n = \left[1 + h\lambda + \frac{(h\lambda)^2}{2}\right]^n, \qquad n \geq 0.$$

Wie in Abbildung 11.3 gezeigt, ist der Bereich der absoluten Stabilität des Heun-Verfahrens größer als der entsprechende Bereich des Euler-Verfahrens. Jedoch sind die Einschränkungen beider Bereiche auf die reelle Achse dieselben.

Wir sagen, das eine Methode *A-stabil* ist, wenn $\mathcal{A} \cap \mathbb{C}^- = \mathbb{C}^-$, d.h. wenn für $\mathrm{Re}(\lambda) < 0$ die Bedingung (11.25) für alle Werte von h erfüllt ist.

Das Euler-Rückwärtsverfahren und das Crank-Nicolson-Verfahren sind A-stabil, wogegen das Euler-Vorwärtsverfahren und das Heun-Verfahren bedingt stabil sind.

Bemerkung 11.2 Beachte, dass die bislang studierten impliziten Einschrittverfahren *unbedingt absolutstabil* sind, wogegen explizite Schemen *bedingt absolutstabil* sind. Dies ist jedoch keine allgemeine Regel: es gibt auch implizite instabile oder nur bedingt stabile Schemen. Im Gegensatz dazu gibt es keine expliziten unbedingt absolutstabilen Schemen [Wid67]. ∎

11.4   Differenzengleichungen

Für jedes ganze $k \geq 1$ wird eine Gleichung der Form

$$u_{n+k} + \alpha_{k-1}u_{n+k-1} + \ldots + \alpha_0 u_n = \varphi_{n+k}, \quad n = 0, 1, \ldots \qquad (11.28)$$

lineare Differenzengleichung der Ordnung k genannt. Die Koeffizienten $\alpha_0 \neq 0, \alpha_1, \ldots, \alpha_{k-1}$ können oder können auch nicht von n abhängen. Wenn für jedes n die rechte Seite φ_{n+k} gleich Null ist, heißt die Gleichung *homogen*, sind die α'_js unabhängig von n, heißt sie *lineare Differenzengleichung mit konstanten Koeffizienten*.

Differenzengleichungen treten zum Beispiel bei der Diskretisierung gewöhnlicher Differentialgleichungen auf. Dies betreffend, bemerken wir, dass alle bislang untersuchten numerischen Methoden auf Gleichungen der Form (11.28) führten. Allgemeiner werden Gleichungen der Form (11.28) angetroffen, wenn Größen mittels rekursiver Beziehungen definiert werden. Eine andere in Betracht zuziehende Anwendung ist die Diskretisierung von Randwertproblemen (siehe Kapitel 12). Für weitere Einzelheiten zu diesem Gegenstand verweisen wir auf Kapitel 2 und 5 von [BO78] und auf Kapitel 6 von [Gau97].

Jede Folge $\{u_n, n = 0, 1, \ldots\}$ von Werten, die (11.28) genügen heißt eine *Lösung* von (11.28). Sind k *Anfangswerte* $u_0, \ldots, u_{k-1}$ gegeben, so kann stets eine Lösung von (11.28) durch (sukzessive) Berechnung

$$u_{n+k} = [\varphi_{n+k} - (\alpha_{k-1}u_{n+k-1} + \ldots + \alpha_0 u_n)], \quad n = 0, 1, \ldots$$

konstruiert werden. Unser Interesse liegt jedoch darin, einen Ausdruck der Lösung u_{n+k} zu finden, der nur von den Koeffizienten und den Anfangsdaten abhängt.

Wir beginnen mit der Betrachtung des *homogenen Falles mit konstanten Koeffizienten*,

$$u_{n+k} + \alpha_{k-1}u_{n+k-1} + \ldots + \alpha_0 u_n = 0, \quad n = 0, 1, \ldots \qquad (11.29)$$

und verbinden mit (11.29) das *charakteristische Polynom* $\Pi \in \mathbb{P}_k$, das durch

$$\Pi(r) = r^k + \alpha_{k-1}r^{k-1} + \ldots + \alpha_1 r + \alpha_0 \qquad (11.30)$$

definiert ist. Seien die Wurzeln mit r_j, $j = 0, \ldots, k - 1$ bezeichnet. Jede Folge der Form

$$\left\{ r_j^n, \ n = 0, 1, \ldots \right\}, \qquad \text{für } j = 0, \ldots, k - 1 \tag{11.31}$$

ist eine Lösung von (11.29), da

$$r_j^{n+k} + \alpha_{k-1} r_j^{n+k-1} + \ldots + \alpha_0 r_j^n$$

$$= r_j^n \left(r_j^k + \alpha_{k-1} r_j^{k-1} + \ldots + \alpha_0 \right) = r_j^n \Pi(r_j) = 0.$$

Wir sagen die k in (11.31) definierten Folgen bilden die *Fundamentallösung* der homogenen Gleichung (11.29). Jede Folge der Form

$$u_n = \gamma_0 r_0^n + \gamma_1 r_1^n + \ldots + \gamma_{k-1} r_{k-1}^n, \qquad n = 0, 1, \ldots \tag{11.32}$$

ist auch eine Lösung von (11.29), da es eine lineare Gleichung ist.
Die Koeffizienten $\gamma_0, \ldots, \gamma_{k-1}$ können durch Auferlegen der k Anfangsbedingungen $u_0, \ldots, u_{k-1}$ bestimmt werden. Darüber hinaus kann gezeigt werden, dass im Fall, dass alle Wurzeln von Π einfach sind, *alle* Lösungen von (11.29) in der Form (11.32) geschrieben werden können.

Die letzte Aussage gilt nicht mehr, wenn es Wurzeln mit einer Vielfachheit größer als 1 von Π gibt. Wenn für ein gewisses j, die Wurzel r_j die Vielfachheit $m \geq 2$ hat, genügt es für den Erhalt eines alle Lösungen von (11.29) erzeugenden Systems von Fundamentallösungen, die entsprechende Fundamentallösung $\left\{ r_j^n, n = 0, 1, \ldots \right\}$ durch die m Folgen

$$\left\{ r_j^n, \ n = 0, 1, \ldots \right\}, \ \left\{ n r_j^n, \ n = 0, 1, \ldots \right\}, \ \ldots, \ \left\{ n^{m-1} r_j^n, \ n = 0, 1, \ldots \right\}$$

zu ersetzen. Wenn wir allgemeiner annehmen, dass $r_0, \ldots, r_{k'}$ verschiedene Wurzeln von Π mit den Vielfachheiten $m_0, \ldots, m_{k'}$ sind, können wir die Lösung von (11.29) in der Form

$$u_n = \sum_{j=0}^{k'} \left(\sum_{s=0}^{m_j - 1} \gamma_{sj} n^s \right) r_j^n, \qquad n = 0, 1, \ldots \tag{11.33}$$

schreiben. Beachte, dass man auch bei komplex-konjugierten Wurzeln eine reelle Lösung erhalten kann (siehe Übung 3).

Beispiel 11.3 Für die Differenzengleichung $u_{n+2} - u_n = 0$ haben wir $\Pi(r) = r^2 - 1$ mit den Wurzeln $r_0 = -1$ und $r_1 = 1$. Daher ist die Lösung durch $u_n = \gamma_{00}(-1)^n + \gamma_{01}$ gegeben. Insbesondere ergibt die Auferlegung der Anfangsbedingungen u_0 und u_1 die Werte $\gamma_{00} = (u_0 - u_1)/2$, $\gamma_{01} = (u_0 + u_1)/2$.　　　　●

Beispiel 11.4 Für die Differenzengleichung $u_{n+3} - 2u_{n+2} - 7u_{n+1} - 4u_n = 0$ ist $\Pi(r) = r^3 - 2r^2 - 7r - 4$. Die Wurzeln sind $r_0 = -1$ (mit der Vielfachheit 2), $r_1 = 4$. Die Lösung wird dann $u_n = (\gamma_{00} + n\gamma_{10})(-1)^n + \gamma_{01} 4^n$. Durch Auferlegung der Anfangsbedingungen können wir die unbekannten Koeffizienten als Lösung des folgenden linearen Systems berechnen

$$\begin{cases} \gamma_{00} + \gamma_{01} & = u_0, \\ -\gamma_{00} - \gamma_{10} + 4\gamma_{01} & = u_1, \\ \gamma_{00} + 2\gamma_{10} + 16\gamma_{01} & = u_2 \end{cases}$$

was $\gamma_{00} = (24u_0 - 2u_1 - u_2)/25$, $\gamma_{10} = (u_2 - 3u_1 - 4u_0)/5$ und $\gamma_{01} = (2u_1 + u_0 + u_2)/25$ ergibt.

der Ausdruck (11.33) ist von geringem praktischen Nutzen, da er nicht die Abhängigkeit von u_n von den k Anfangsbedingungen zeigt. Eine zweckmäßigere Darstellung wird durch Einführung einer neuen Menge von Fundamentallösungen $\left\{ \psi_j^{(n)}, \ n = 0, 1, \dots \right\}$, für die

$$\psi_j^{(i)} = \delta_{ij}, \quad i, j = 0, 1, \dots, k - 1, \tag{11.34}$$

gilt, gewonnen. Mit diesen ist die Lösung von (11.29) unter den Anfangsbedingungen $u_0, \dots, u_{k-1}$ durch

$$u_n = \sum_{j=0}^{k-1} u_j \psi_j^{(n)}, \qquad n = 0, 1, \dots, \tag{11.35}$$

gegeben. Die neuen Fundamentallösungen $\left\{ \psi_j^{(n)}, \ n = 0, 1, \dots \right\}$ können in Abhängigkeit von den in (11.31) gegebenen ausgedrückt werden

$$\psi_j^{(n)} = \sum_{m=0}^{k-1} \beta_{j,m} r_m^n \quad \text{for } j = 0, \dots, k-1, \ n = 0, 1, \dots \tag{11.36}$$

Die Forderung (11.34) ergibt k lineare Systeme

$$\sum_{m=0}^{k-1} \beta_{j,m} r_m^i = \delta_{ij}, \qquad i, j = 0, \dots, k - 1,$$

deren Matrixform

$$\mathbf{R}\mathbf{b}_j = \mathbf{e}_j, \qquad j = 0, \dots, k - 1, \tag{11.37}$$

ist. Hier bezeichnen $\mathbf{e}_j$ den Einheitsvektor im $\mathbb{R}^k$, $\mathbf{R} = (r_{im}) = (r_m^i)$ und $\mathbf{b}_j = (\beta_{j,0}, \dots, \beta_{j,k-1})^T$. Sind alle r_j einfache Wurzeln von Π, ist die Matrix $\mathbf{R}$ nicht singulär (siehe Übung 5).

Der allgemeine Fall, in dem Π nur $k' + 1$ verschiedene Wurzeln $r_0, \dots, r_{k'}$ mit den Vielfachheiten $m_0, \dots, m_{k'}$ hat, kann durch den Austausch von $\left\{ r_j^n, \ n = 0, 1, \dots \right\}$ in (11.36) durch $\left\{ r_j^n n^s, \ n = 0, 1, \dots \right\}$, $j = 0, \dots, k'$ und $s = 0, \dots, m_j - 1$, behandelt werden.

Beispiel 11.5 Wir betrachten erneut die Differenzengleichung in Beispiel 11.4. Hier haben wir $\{r_0^n, nr_0^n, r_1^n, n = 0, 1, \ldots\}$, so dass die Matrix R die folgende wird

$$\mathrm{R} = \begin{bmatrix} r_0^0 & 0 & r_2^0 \\ r_0^1 & r_0^1 & r_2^1 \\ r_0^2 & 2r_0^2 & r_2^2 \end{bmatrix} = \begin{bmatrix} 1 & 0 & 1 \\ -1 & -1 & 4 \\ 1 & 2 & 16 \end{bmatrix}.$$

Die Lösung der drei Systeme (11.37) liefert

$$\psi_0^{(n)} = \frac{24}{25}(-1)^n - \frac{4}{5}n(-1)^n + \frac{1}{25}4^n,$$

$$\psi_1^{(n)} = -\frac{2}{25}(-1)^n - \frac{3}{5}n(-1)^n + \frac{2}{25}4^n,$$

$$\psi_2^{(n)} = -\frac{1}{25}(-1)^n + \frac{1}{5}n(-1)^n + \frac{1}{25}4^n,$$

woraus gesehen werden kann, dass die Lösung $u_n = \sum_{j=0}^{2} u_j \psi_j^{(n)}$ mit der bereits in Beispiel 11.4 gefundenen übereinstimmt. $\bullet$

Nun kehren wir zu dem Fall *nichtkonstanter Koeffizienten* zurück und betrachten die homogene Gleichung

$$u_{n+k} + \sum_{j=1}^{k} \alpha_{k-j}(n)u_{n+k-j} = 0, \qquad n = 0, 1, \ldots. \tag{11.38}$$

Das Ziel besteht darin, sie in eine ODE mit Hilfe einer Funktion F, die *erzeugende Funktion* der Gleichung (11.38) genannt wird, zu transformieren. F hängt von der reellen Variablen t ab und wird wie folgt hergeleitet. Wir fordern, dass der n-te Koeffizient der Taylorreihe von F um $t = 0$ als $\gamma_n u_n$, für eine gewisse Konstante geschrieben werden kann, so dass

$$F(t) = \sum_{n=0}^{\infty} \gamma_n u_n t^n. \tag{11.39}$$

Die Koeffizienten $\{\gamma_n\}$ sind unbekannt und müssen auf solche Weise bestimmt werden, dass

$$\sum_{j=0}^{k} c_j F^{(k-j)}(t) = \sum_{n=0}^{\infty} \left[u_{n+k} + \sum_{j=1}^{k} \alpha_{k-j}(n)u_{n+k-j} \right] t^n, \tag{11.40}$$

wobei die c_j geeignete unbekannte, nicht von n abhängige Konstanten sind. Beachte, dass wir wegen (11.39) die ODE

$$\sum_{j=0}^{k} c_j F^{(k-j)}(t) = 0$$

erhalten, zu der wir die Anfangsbedingungen $F^{(j)}(0) = \gamma_j u_j$ für $j = 0, \ldots, k - 1$, hinzufügen müssen. Die Rekonstruktion von u_n ist, sobald F verfügbar ist, durch die Definition von F einfach realisierbar.

Beispiel 11.6 Betrachte die Differenzengleichung

$$(n + 2)(n + 1)u_{n+2} - 2(n + 1)u_{n+1} - 3u_n = 0, \quad n = 0, 1, \ldots \tag{11.41}$$

mit den Anfangsbedingungen $u_0 = u_1 = 2$. Wir suchen eine erzeugende Funktion der Form (11.39). Durch gliedweise Differentiation der Reihen bekommen wir

$$F'(t) = \sum_{n=0}^{\infty} \gamma_n n u_n t^{n-1}, \quad F''(t) = \sum_{n=0}^{\infty} \gamma_n n(n - 1)u_n t^{n-2},$$

und nach einigen Umformungen finden wir

$$F'(t) = \sum_{n=0}^{\infty} \gamma_n n u_n t^{n-1} = \sum_{n=0}^{\infty} \gamma_{n+1}(n + 1)u_{n+1} t^n,$$

$$F''(t) = \sum_{n=0}^{\infty} \gamma_n n(n - 1)u_n t^{n-2} = \sum_{n=0}^{\infty} \gamma_{n+2}(n + 2)(n + 1)u_{n+2} t^n.$$

Folglich wird (11.40)

$$\sum_{n=0}^{\infty} (n + 1)(n + 2)u_{n+2} t^n - 2\sum_{n=0}^{\infty} (n + 1)u_{n+1} t^n - 3\sum_{n=0}^{\infty} u_n t^n$$

$$= c_0 \sum_{n=0}^{\infty} \gamma_{n+2}(n + 2)(n + 1)u_{n+2} t^n + c_1 \sum_{n=0}^{\infty} \gamma_{n+1}(n + 1)u_{n+1} t^n + c_2 \sum_{n=0}^{\infty} \gamma_n u_n t^n,$$

so dass durch Gleichsetzen

$$\gamma_n = 1 \; \forall n \geq 0, \quad c_0 = 1, \; c_1 = -2, \; c_2 = -3,$$

folgt. Wir haben damit die Differenzengleichung mit der folgenden ODE mit konstanten Koeffizienten

$$F''(t) - 2F'(t) - 3F(t) = 0,$$

und der Anfangsbedingung $F(0) = F'(0) = 2$ verknüpft. Der n-te Koeffizient der Lösung $F(t) = e^{3t} + e^{-t}$ ist

$$\frac{1}{n!}F^{(n)}(0) = \frac{1}{n!}\left[(-1)^n + 3^n\right],$$

so dass $u_n = (1/n!)\left[(-1)^n + 3^n\right]$ die Lösung von (11.41) ist. $\bullet$

Der *inhomogene Fall* (11.28) kann durch den Lösungsansatz

$$u_n = u_n^{(0)} + u_n^{(\varphi)},$$

angegangen werden, wobei $u_n^{(0)}$ die Lösung der zugeordneten homogenen Gleichung und $u_n^{(\varphi)}$ eine partikuläre Lösung der inhomogenen Gleichung sind. Ist die Lösung der homogenen Gleichung erst einmal vorhanden, so basiert eine allgemeine Technik, um eine Lösung der inhomogenen Gleichung zu erhalten, auf der Methode der Variation der Parameter, kombiniert mit einer Reduktion der Ordnung der Differentialgleichung (siehe [BO78]).

Im Spezialfall von Differenzengleichungen mit konstanten Koeffizienten mit φ_n von der Gestalt $c^n Q(n)$, wobei c eine Konstante und Q ein Polynom vom Grade p in Bezug auf die Variable n sind, ist ein möglicher Zugang der von *unbestimmten Koeffizienten*. Bei diesem sucht man eine partikuläre Lösung, die von gewissen unbestimmtem Konstanten abhängt und die eine bekannte Struktur für gewissen Klassen rechter Seiten φ_n hat. Es genügt nach einer partikulären Lösung der Form

$$u_n^{(\varphi)} = c^n (b_p n^p + b_{p-1} n^{p-1} + \ldots + b_0),$$

zu suchen, wobei $b_p, \ldots, b_0$ derart zu bestimmende Konstanten sind, dass $u_n^{(\varphi)}$ tatsächlich eine Lösung von (11.28) wird.

Beispiel 11.7 Betrachte die Differenzengleichung $u_{n+3} - u_{n+2} + u_{n+1} - u_n = 2^n n^2$. Die partikuläre Lösung ist von der Form $u_n = 2^n (b_2 n^2 + b_1 n + b_0)$. Setzen wir diese Lösung in die Gleichung ein, so finden wir $5 b_2 n^2 + (36 b_2 + 5 b_1) n + (58 b_2 + 18 b_1 + 5 b_0) = n^2$, woraus nach dem Identitätssatz für Polynome $b_2 = 1/5$, $b_1 = -36/25$ und $b_0 = 358/125$ folgen. $\bullet$

Analog zum homogenen Fall ist es möglich, die Lösung von (11.28) in der Form

$$u_n = \sum_{j=0}^{k-1} u_j \psi_j^{(n)} + \sum_{l=k}^{n} \varphi_l \psi_{k-1}^{(n-l+k-1)}, \qquad n = 0, 1, \ldots \tag{11.42}$$

auszudrücken, wobei wir $\psi_{k-1}^{(i)} \equiv 0$ für alle $i < 0$ und $\varphi_j \equiv 0$ für alle $j < k$ definieren.

11.5   Mehrschrittverfahren

Wir wollen nun einige Beispiele von Mehrschrittverfahren (kurz durch MS bezeichnet) einführen.

Definition 11.7 (q-Schrittverfahren) Ein q-schrittiges Verfahren ($q \geq 1$) ist eines, bei dem u_{n+1} $\forall n \geq q - 1$ von u_{n+1-q}, aber nicht von den Werten u_k mit $k < n + 1 - q$ abhängt. $\blacksquare$

Eine gut bekannte, explizite *Zweischrittmethode* kann unter Verwendung zentraler finiter Differenzen (10.61) zur Approximation der ersten Ableitung in (11.1) erhalten werden. Dies liefert das *Mittelpunkt-Verfahren*

$$u_{n+1} = u_{n-1} + 2hf_n, \qquad n \geq 1 \tag{11.43}$$

wobei $u_0 = y_0$, u_1 noch zu bestimmen ist und f_k den Wert $f(t_k, u_k)$ bezeichnen.

Ein Beispiel einer impliziten Zweischrittmethode ist das *Simpson-Verfahren*, das aus (11.2) mit $t_0 = t_{n-1}$ und $t = t_{n+1}$ und durch die Cavalieri-Simpson-Quadratur zur Approximation des Integrals von F

$$u_{n+1} = u_{n-1} + \frac{h}{3}[f_{n-1} + 4f_n + f_{n+1}], \qquad n \geq 1 \tag{11.44}$$

erhalten wird, wobei $u_0 = y_0$ und u_1 noch zu bestimmen ist.

Aus diesen Beispielen wird bereits ersichtlich, dass für den "Start" eines Mehrschrittverfahren q Anfangswerte $u_0, \ldots, u_{q-1}$ benötigt werden. Da das Cauchy Problem nur ein Datum (u_0) liefert, besteht ein Weg, die restlichen Werte zu festzusetzen darin, explizite Einschrittverfahren höherer Ordnung zu verwenden. Ein Beispiel wurde durch das Heun-Verfahren (11.10) gegeben, andere Beispiele werden durch Runge-Kutta-Verfahren geliefert, die im Abschnitt 11.8 behandelt werden.

In diesem Abschnitt behandeln wir *lineare Mehrschrittmethoden*

$$u_{n+1} = \sum_{j=0}^{p} a_j u_{n-j} + h \sum_{j=0}^{p} b_j f_{n-j} + hb_{-1}f_{n+1}, \ n = p, p+1, \ldots \tag{11.45}$$

die $p+1$-Schrittverfahren, $p \geq 0$, sind. Für $p = 0$ erhalten wir Einschrittverfahren.

Die Koeffizienten a_j, b_j sind reell und vollständig durch das Schema bestimmt; sie sind so, dass $a_p \neq 0$ oder $b_p \neq 0$. Ist $b_{-1} \neq 0$ so ist das Schema implizit, anderenfalls explizit.

Wir können (11.45) umformulieren in

$$\sum_{s=0}^{p+1} \alpha_s u_{n+s} = h \sum_{s=0}^{p+1} \beta_s f(t_{n+s}, u_{n+s}), \ n = 0, 1, \ldots, N_h - (p+1), \tag{11.46}$$

wobei $\alpha_{p+1} = 1$, $\alpha_s = -a_{p-s}$ für $s = 0, \ldots, p$ und $\beta_s = b_{p-s}$ für $s = 0, \ldots, p+1$ gesetzt wurden. Beziehung (11.46) ist ein Spezialfall der linearen Differenzengleichung (11.28), wenn wir $k = p+1$ und $\varphi_{n+j} = h\beta_j f(t_{n+j}, u_{n+j})$, für $j = 0, \ldots, p+1$, setzen.

Auch für MS-Methoden können wir entsprechend der folgenden Definition die Konsistenz mit Hilfe des lokalen Abbruchfehlers charakterisieren.

Definition 11.8 Der lokale Abbruchfehler (LTE) $\tau_{n+1}(h)$ des Mehrschritt-verfahrens (11.45) im Punkt t_{n+1} (für $n \geq p$) ist durch die folgende Beziehung definiert

$$h\tau_{n+1}(h) = y_{n+1} - \left[\sum_{j=0}^{p} a_j y_{n-j} + h \sum_{j=-1}^{p} b_j y'_{n-j} \right], \qquad n \geq p, \quad (11.47)$$

wobei $y_{n-j} = y(t_{n-j})$ und $y'_{n-j} = y'(t_{n-j})$ für $j = -1, \ldots, p$. ∎

Analog zu Einschrittverfahren ist die Größe $h\tau_{n+1}(h)$ das in t_{n+1} erzeugte Residuum, wenn wir so tun, als "erfülle" die exakte Lösung das numerische Schema. Sei $\tau(h) = \max_n |\tau_n(h)|$, so haben wir die folgende Definition.

Definition 11.9 (Konsistenz) Das Mehrschrittverfahren (11.45) ist konsistent, wenn $\tau(h) \to 0$ für $h \to 0$. Gilt darüber hinaus $\tau(h) = \mathcal{O}(h^q)$, für gewisses $q \geq 1$, so sagt man, die Methode habe die Ordnung q. ∎

Eine genauere Charakterisierung des LTE kann durch Einführung des folgenden linearen Operators $\mathcal{L}$ gegeben werden, der mit der linearen MS-Methode (11.45) verbunden ist

$$\mathcal{L}[w(t); h] = w(t + h) - \sum_{j=0}^{p} a_j w(t - jh) - h \sum_{j=-1}^{p} b_j w'(t - jh), \quad (11.48)$$

wobei $w \in C^1(I)$ eine beliebige Funktion ist. Beachte, dass der LTE genau $\mathcal{L}[y(t_n); h]$ ist. Wenn wir w hinreichend glatt annehmen und $w(t - jh)$ und $w'(t - jh)$ um $t - ph$ entwickeln, erhalten wir

$$\mathcal{L}[w(t); h] = C_0 w(t - ph) + C_1 h w^{(1)}(t - ph) + \ldots + C_k h^k w^{(k)}(t - ph) + \ldots$$

Hat die MS-Methode die Ordnung q und ist $y \in C^{q+1}(I)$, so erhalten wir

$$\tau_{n+1}(h) = C_{q+1} h^{q+1} y^{(q+1)}(t_{n-p}) + \mathcal{O}(h^{q+2}).$$

Der Term $C_{q+1} h^{q+1} y^{(q+1)}(t_{n-p})$ ist der sogenannte *führende lokale Abbruchfehler* (PLTE) (engl.: principal local truncation error) und C_{q+1} die Fehlerkonstante. Der PLTE ist weit verbreitet zur Herleitung adaptiver Strategien für MS-Methoden (Siehe [Lam91], Kapitel 3).

Das Programm 92 liefert eine Implementation des Mehrschrittverfahrens in der Form (11.45) für die Lösung eines Cauchy Problems auf dem Intervall (t_0, T). Die Eingabeparameter sind: der Spaltenvektor **a**, der die $p + 1$ Koeffizienten a_i enthält; der Spaltenvektor **b**, der die $p + 2$ Koeffizienten b_i enthält; die Schrittweite h der Diskretisierung; der Vektor der Anfangsdaten **u0** im entsprechenden Zeitpunkt **t0**; die Makros **fun** und

dfun enthalten die Funktionen f und $\partial f/\partial y$. Ist die MS-Methode implizit,
müssen eine Toleranz `tol` und eine maximale Zahl zulässiger Iterationen
`itmax` vorgegeben werden. Diese beiden Parameter steuern die Konvergenz
des Newton-Verfahrens, das verwendet wird, um die mit der MS-Methode
verbundene, nichtlineare Gleichung (11.45) zu lösen. Als Ausgabe gibt der
Codes die Vektoren `u` und `t` zurück, die die berechnete Lösung zu den
Zeitpunkten `t` enthält.

Program 92 - multistep : Lineare Mehrschrittverfahren

```
function [t,u] = multistep (a,b,tf,t0,u0,h,fun,dfun,tol,itmax)
y = u0;  t = t0;  f = eval (fun); p = length(a) - 1; u = u0;
nt = fix((tf - t0 (1) )/h);
for k = 1:nt
   lu=length(u);
   G = a' *u (lu:-1:lu-p)+ h * b(2:p+2)' * f(lu:-1:lu-p);
   lt = length(t0); t0 = [t0; t0(lt)+h]; unew = u (lu);
   t = t0 (lt+1); err = tol + 1; it = 0;
   while (err > tol) & (it <= itmax)
     y = unew; den = 1 - h * b (1) * eval(dfun);
     fnew = eval (fun);
     if den == 0
        it = itmax + 1;
     else
        it = it + 1;
        unew = unew - (unew - G - h * b (1) * fnew)/den;
        err = abs (unew - y);
     end
   end
   u = [u; unew]; f = [f; fnew];
end
t = t0;
```

In den folgenden Abschnitten studieren wir Familien von Mehrschrittverfahren.

11.5.1 Adams-Verfahren

Diese Methoden werden aus der Integralform (11.2) durch eine näherungsweise Berechnung des Integrals von f zwischen t_n und t_{n+1} abgeleitet.
Wir nehmen an, dass die Diskretisierungsknoten äquidistant sind, d.h.
$t_j = t_0 + jh$, mit $h > 0$ und $j \geq 1$. Anstelle über f integrieren wir über
das Interpolationspolynom in $\tilde{p} + \theta$ verschiedenen Knoten, wobei $\theta = 1$
gilt, wenn die Methoden explizit sind ($\tilde{p} \geq 0$ in diesem Fall), und $\theta = 2$,
wenn die Methoden implizit sind ($\tilde{p} \geq -1$). Die resultierenden Schemen

sind daher per Konstruktion *konsistent* und besitzen die folgende Form

$$u_{n+1} = u_n + h \sum_{j=-1}^{\tilde{p}+\theta} b_j f_{n-j}. \tag{11.49}$$

Die Interpolationsknoten können entweder

1. $t_n, t_{n-1}, \ldots, t_{n-\tilde{p}}$ (in diesem Fall gilt $b_{-1} = 0$ und die resultierende Methode ist explizit);

   oder

2. $t_{n+1}, t_n, \ldots, t_{n-\tilde{p}}$ sein (in diesem Fall ist $b_{-1} \neq 0$ und das Schema implizit).

Die *impliziten* Schemen heißen *Adams-Moulton-Verfahren* wohingegen die *expliziten Adams-Bashforth-Verfahren* genannt werden.

Adams-Bashforth-Verfahren (AB)

Nehmen wir $\tilde{p} = 0$, so erhalten wir das Euler-Vorwärtsverfahren, denn das interpolierende Polynom nullten Grades im Knoten t_n ist durch $\Pi_0 f = f_n$ gegeben. Für $\tilde{p} = 1$ ist das lineare Interpolationspolynom in den Knoten t_{n-1} und t_n

$$\Pi_1 f(t) = f_n + (t - t_n) \frac{f_{n-1} - f_n}{t_{n-1} - t_n}.$$

Da $\Pi_1 f(t_n) = f_n$ und $\Pi_1 f(t_{n+1}) = 2f_n - f_{n-1}$ bekommen wir

$$\int_{t_n}^{t_{n+1}} \Pi_1 f(t) = \frac{h}{2} \left[\Pi_1 f(t_n) + \Pi_1 f(t_{n+1}) \right] = \frac{h}{2} \left[3f_n - f_{n-1} \right].$$

Deshalb ist das Zweischritt-AN-Verfahren

$$u_{n+1} = u_n + \frac{h}{2} \left[3f_n - f_{n-1} \right]. \tag{11.50}$$

Auf ähnliche Weise finden wir für $\tilde{p} = 2$ das Dreischritt-AB-Verfahren,

$$u_{n+1} = u_n + \frac{h}{12} \left[23f_n - 16f_{n-1} + 5f_{n-2} \right],$$

und für $\tilde{p} = 3$ das Vierschritt-AB-Schema

$$u_{n+1} = u_n + \frac{h}{24} \left(55f_n - 59f_{n-1} + 37f_{n-2} - 9f_{n-3} \right).$$

Beachte, dass die Adams-Bashforth-Verfahren $\tilde{p}+1$ Knoten verwenden und $\tilde{p}+1$-Schrittverfahren (mit $\tilde{p} \geq 0$) sind. Im Allgemeinen haben q-schrittige

Adams-Bashforth-Verfahren die Ordnung q. Die Fehlerkonstanten C^*_{q+1} dieser Methoden sind in Tabelle 11.1 zusammengefasst.

Adams-Moulton-Verfahren (AM)

Ist $\tilde{p} = -1$, wird das Euler-Rückwärtsverfahren gewonnen. Für $\tilde{p} = 0$ konstruieren wir das lineare Interpolationspolynom von f in den Knoten t_n und t_{n+1}, was zum Crank-Nicolson-Schema (11.9) führt. Im Fall des Zweischrittverfahrens ($\tilde{p} = 1$) wird das f in den Knoten t_{n-1}, t_n, t_{n+1} interpolierende Polynom zweiten Grades erzeugt, was zu folgendem Schema führt:

$$u_{n+1} = u_n + \frac{h}{12}\left[5f_{n+1} + 8f_n - f_{n-1}\right]. \tag{11.51}$$

Die $\tilde{p} = 2$ bzw. $\tilde{p} = 3$ entsprechenden Methoden sind durch

$$u_{n+1} = u_n + \frac{h}{24}\left(9f_{n+1} + 19f_n - 5f_{n-1} + f_{n-2}\right)$$

$$u_{n+1} = u_n + \frac{h}{720}\left(251f_{n+1} + 646f_n - 264f_{n-1} + 106f_{n-2} - 19f_{n-3}\right)$$

gegeben. Die Adams-Moulton-Verfahren verwenden $\tilde{p} + 2$ Knoten und sind $\tilde{p} + 1$-Schrittverfahren, wenn $\tilde{p} \geq 0$, die einzige Ausnahme ist das Euler-Rückwärtsverfahren (entspricht $\tilde{p} = -1$), das einen Knoten verwendet und ein Einschrittverfahren ist. Im allgemeinen haben die q-Schritt Adams-Moulton-Verfahren die Ordnung $q + 1$ (die einzige Ausnahme ist wieder das Euler-Rückwärtsverfahren, das ein Einschrittverfahren der Ordnung Eins ist) und ihre Fehlerkonstanten C_{q+1} sind in Tabelle 11.1 zusammengefasst.

Tabelle 11.1. Fehlerkonstanten für Adams-Bashforth-Verfahren und Adams-Moulton-Verfahren der Ordnung q.

q	C^*_{q+1}	C_{q+1}	q	C^*_{q+1}	C_{q+1}
1	$\frac{1}{2}$	$-\frac{1}{2}$	3	$\frac{3}{8}$	$-\frac{1}{24}$
2	$\frac{5}{12}$	$-\frac{1}{12}$	4	$\frac{251}{720}$	$-\frac{19}{720}$

11.5.2 BDF-Verfahren

Die sogenannten *rückwärtigen Differenzenformel*, künftig durch BDF (engl.: backward differentiation formulae) bezeichnet, sind implizite MS-Methoden, deren Herleitung ein anderer Zugang als der bei den Adams-Methoden verwendete zu Grunde liegt. Für die Adams-Verfahren haben wir zur numerischen Integration der Quellfunktion f gegriffen, während wir bei den BDF-Methoden den Wert der ersten Ableitung von y im Knoten t_{n+1} direkt durch die erste Ableitung des Polynoms vom Grade $p+1$, das y in den $p+2$ Knoten $t_{n+1}, t_n, \ldots, t_{n-p}$, $p \geq 0$, interpoliert, annähern.

Gehen wir auf diese Weise vor, so erhalten wir Schemen der Form

$$u_{n+1} = \sum_{j=0}^{p} a_j u_{n-j} + h b_{-1} f_{n+1}$$

mit $b_{-1} \neq 0$. Die Methode (11.8) stellt das einfachste Beispiel dar, das den Koeffizienten $a_0 = 1$ und $b_{-1} = 1$ entspricht.

Wir fassen in Tabelle 11.2 die Koeffizienten der BDF-Schemen zusammen, die nullstabil sind. Tatsächlich werden wir in Abschnitt 11.6.3 sehen, dass nur für $p \leq 5$ die BDF-Verfahren nullstabil sind (siehe [Cry73]).

Tabelle 11.2. Koeffizienten nullstabiler BDF-Verfahren für $p = 0, 1, \ldots, 5$.

p	a_0	a_1	a_2	a_3	a_4	a_5	b_{-1}
0	1	0	0	0	0	0	1
1	$\frac{4}{3}$	$-\frac{1}{3}$	0	0	0	0	$\frac{2}{3}$
2	$\frac{18}{11}$	$-\frac{9}{11}$	$\frac{2}{11}$	0	0	0	$\frac{6}{11}$
3	$\frac{48}{25}$	$-\frac{36}{25}$	$\frac{16}{25}$	$-\frac{3}{25}$	0	0	$\frac{12}{25}$
4	$\frac{300}{137}$	$-\frac{300}{137}$	$\frac{200}{137}$	$-\frac{75}{137}$	$\frac{12}{137}$	0	$\frac{60}{137}$
5	$\frac{360}{147}$	$-\frac{450}{147}$	$\frac{400}{147}$	$-\frac{225}{147}$	$\frac{72}{147}$	$-\frac{10}{147}$	$\frac{60}{147}$

11.6 Analyse von Mehrschrittverfahren

Analog zu dem, was wir bereits für Einschrittverfahren getan haben, liefern wir in diesem Abschnitt algebraische Bedingungen, die die Konsistenz und Stabilität von Mehrschrittverfahren sichern.

11.6.1 Konsistenz

Der in Definition 11.9 eingeführte Begriff der Konsistenz eines Mehrschrittverfahrens kann dadurch verifiziert werden, dass die Koeffizienten bestimmten algebraischen Gleichungen, wie im folgenden Theorem angegeben, genügen.

Theorem 11.3 *Das Mehrschrittverfahren* (11.45) *ist genau dann konsistent, wenn die folgenden algebraischen Beziehungen für die Koeffizienten*

$$\sum_{j=0}^{p} a_j = 1, \quad -\sum_{j=0}^{p} j a_j + \sum_{j=-1}^{p} b_j = 1. \tag{11.52}$$

erfüllt sind. Wenn darüber hinaus für die Lösung y des Cauchy Problems (11.1), $y \in C^{q+1}(I)$ *für ein gewisses $q \geq 1$ gilt, dann ist die Methode genau dann von der Ordnung q, wenn* (11.52) *gilt und die folgenden zusätzlichen Bedingungen gelten*

$$\sum_{j=0}^{p} (-j)^i a_j + i \sum_{j=-1}^{p} (-j)^{i-1} b_j = 1, \; i = 2, \ldots, q.$$

Beweis. Die Entwicklung von y und f in eine Taylorreihe liefert für jedes $n \geq p$

$$y_{n-j} = y_n - jh y'_n + \mathcal{O}(h^2), \qquad f_{n-j} = f_n + \mathcal{O}(h). \tag{11.53}$$

Setzen wir diese Werte wieder in das Mehrschrittverfahren ein und vernachlässigen wir Terme in h der Ordnung größer als Eins, so folgt

$$
\begin{aligned}
&y_{n+1} - \sum_{j=0}^{p} a_j y_{n-j} - h \sum_{j=-1}^{p} b_j f_{n-j} \\
&= y_{n+1} - \sum_{j=0}^{p} a_j y_n + h \sum_{j=0}^{p} j a_j y'_n - h \sum_{j=-1}^{p} b_j f_n - \mathcal{O}(h^2) \left(\sum_{j=0}^{p} a_j - \sum_{j=-1}^{p} b_j \right) \\
&= y_{n+1} - \sum_{j=0}^{p} a_j y_n - h y'_n \left(-\sum_{j=0}^{p} j a_j + \sum_{j=-1}^{p} b_j \right) - \mathcal{O}(h^2) \left(\sum_{j=0}^{p} a_j - \sum_{j=-1}^{p} b_j \right)
\end{aligned}
$$

wobei wir y'_n durch f_n ersetzt haben. Aus der Definition (11.47) erhalten wir dann

$$h \tau_{n+1}(h) = y_{n+1} - \sum_{j=0}^{p} a_j y_n - h y'_n \left(-\sum_{j=0}^{p} j a_j + \sum_{j-1}^{p} b_j \right) - \mathcal{O}(h^2) \left(\sum_{j=0}^{p} a_j - \sum_{j=-1}^{p} b_j \right)$$

folglich ist der lokale Abbruchfehler

$$
\begin{aligned}
\tau_{n+1}(h) = {} & \frac{y_{n+1} - y_n}{h} + \frac{y_n}{h} \left(1 - \sum_{j=0}^{p} a_j \right) \\
& + y'_n \left(\sum_{j=0}^{p} j a_j - \sum_{j=-1}^{p} b_j \right) - \mathcal{O}(h) \left(\sum_{j=0}^{p} a_j - \sum_{j=-1}^{p} b_j \right).
\end{aligned}
$$

Da, für jedes n, $(y_{n+1} - y_n)/h \to y'_n$, für $h \to 0$ gilt, folgt, dass $\tau_{n+1}(h)$ für h gegen Null genau dann gegen Null strebt, wenn die algebraischen Bedingungen (11.52) erfüllt sind. Der Rest des Beweises kann in ähnlicher Weise erbracht werden, in dem Terme von sukzessiv höherer Ordnung in den Entwicklungen (11.53) berücksichtigt werden. $\diamond$

11.6.2 Die Wurzelbedingungen

Wir wollen das Mehrschrittverfahren (11.45) zur approximativen Lösung des Modellproblems (11.24) verwenden. Die numerische Lösung genügt der linearen Differenzengleichung

$$u_{n+1} = \sum_{j=0}^{p} a_j u_{n-j} + h\lambda \sum_{j=-1}^{p} b_j u_{n-j}, \tag{11.54}$$

die genau die Form (11.29) hat. Wir können daher die in Abschnitt 11.4 entwickelte Theorie anwenden und nach Fundamentallösungen der Form $u_k = [r_i(h\lambda)]^k$, $k = 0, 1, \ldots$, suchen. Hierbei sind $r_i(h\lambda)$ für $i = 0, \ldots, p$ die Wurzeln des Polynoms $\Pi \in \mathbb{P}_{p+1}$

$$\Pi(r) = \rho(r) - h\lambda\sigma(r). \tag{11.55}$$

Wir haben durch

$$\rho(r) = r^{p+1} - \sum_{j=0}^{p} a_j r^{p-j}, \quad \sigma(r) = b_{-1} r^{p+1} + \sum_{j=0}^{p} b_j r^{p-j}$$

das *erste* bzw. *zweite charakteristische Polynom* des Mehrschrittverfahrens (11.45) bezeichnet. Das Polynom $\Pi(r)$ ist das zur Differenzengleichung (11.54) gehörende *charakteristische Polynom* und $r_j(h\lambda)$ sind die *charakteristischen Wurzeln*.

Die Wurzeln von ρ sind $r_i(0)$, $i = 0, \ldots, p$, und werden von nun an durch r_i abgekürzt. Aus der ersten Bedingung von (11.52) folgt, dass bei einem konsistenten Mehrschrittverfahren 1 eine Wurzel von ρ ist. Wir werden annehmen, dass solch eine Wurzel (die Konsistenzwurzel) als $r_0(0) = r_0$ markiert ist und nennen die entspechende Wurzel $r_0(h\lambda)$ die *Hauptwurzel*.

Definition 11.10 (Wurzelbedingung) Das Mehrschrittverfahren (11.45) genügt der Wurzelbedingung, wenn alle Wurzeln r_i innerhalb des Einheitskreises mit Mittelpunkt im Ursprung der komplexen Ebene enthalten sind, und die auf den Rand fallenden Wurzeln einfache Wurzeln von ρ sind. Äquivalent hierzu ist:

$$\begin{cases} |r_j| \leq 1, \quad j = 0, \ldots, p; \\ \text{weiterhin gilt } \rho'(r_j) \neq 0, \text{ für jene } j \text{ für die } |r_j| = 1. \end{cases} \tag{11.56}$$

■

Definition 11.11 (Starke Wurzelbedingung) Das Mehrschrittverfahren (11.45) genügt der starken Wurzelbedingung, wenn es der Wurzelbedingung genügt und $r_0 = 1$ die einzige, auf dem Rand des Einheitskreises liegende Wurzel ist. Die Forderung

$$|r_j| < 1 \quad j = 1, \ldots, p, \tag{11.57}$$

ist hierzu äquivalent.

Definition 11.12 (Absolute Wurzelbedingung) Das Mehrschrittverfahren (11.45) genügt der absoluten Wurzelbedingung, wenn es ein $h_0 > 0$ derart gibt, dass

$$|r_j(h\lambda)| < 1 \qquad j = 0,\ldots,p, \quad \forall h \leq h_0.$$

11.6.3 Stabilitäts- und Konvergenzanalysis von Mehrschrittverfahren

Wir wollen nun den Zusammenhang zwischen Wurzelbedingungen und der Stabilität von Mehrschrittverfahren untersuchen. In Verallgemeinerung der Definition 11.4 gelangen wir zu der folgenden.

Definition 11.13 (Nullstabilität von Mehrschrittverfahren) Das Mehrschrittverfahren (11.45) ist nullstabil, wenn

$$\exists h_0 > 0, \ \exists C > 0: \quad \forall h \in (0, h_0], \ |z_n^{(h)} - u_n^{(h)}| \leq C\varepsilon, \ 0 \leq n \leq N_h, \quad (11.58)$$

wobei $N_h = \max\{n : t_n \leq t_0 + T\}$ und $z_n^{(h)}$ bzw. $u_n^{(h)}$ die Lösungen der Probleme

$$\begin{cases} z_{n+1}^{(h)} = \displaystyle\sum_{j=0}^{p} a_j z_{n-j}^{(h)} + h \sum_{j=-1}^{p} b_j f(t_{n-j}, z_{n-j}^{(h)}) + h\delta_{n+1}, \\ z_k^{(h)} = w_k^{(h)} + \delta_k, \qquad k = 0,\ldots,p \end{cases} \qquad (11.59)$$

$$\begin{cases} u_{n+1}^{(h)} = \displaystyle\sum_{j=0}^{p} a_j u_{n-j}^{(h)} + h \sum_{j=-1}^{p} b_j f(t_{n-j}, u_{n-j}^{(h)}), \\ u_k^{(h)} = w_k^{(h)}, \qquad k = 0,\ldots,p \end{cases} \qquad (11.60)$$

für $p \leq n \leq N_h - 1$ sind, wobei $|\delta_k| \leq \varepsilon$, $0 \leq k \leq N_h$, $w_0^{(h)} = y_0$ und $w_k^{(h)}$, $k = 1,\ldots,p$, die durch ein anderes numerisches Verfahren erzeugten p Anfangswerte sind.

Theorem 11.4 (Äquivalenz von Nullstabilität und Wurzelbedingung) *Für ein konsistentes Mehrschrittverfahren ist die Wurzelbedingung zur Nullstabilität äquivalent.*

Beweis. Wir beweisen zuerst, dass die Wurzelbedingung *notwendig* für die Nullstabilität ist. Wir behaupten das Gegenteil und nehmen an, dass das Verfahren nullstabil ist und eine Wurzel r_i existiert, die die Wurzelbedingung verletzt.

Da das Verfahren nullstabil ist, muss die Bedingung (11.58) für *jedes* Cauchy Problem gelten, insbesondere für das Problem $y'(t) = 0$ mit $y(0) = 0$, dessen Lösung offensichtlich die Nullfunktion ist. Analog ist die Lösung $u_n^{(h)}$ von (11.60) mit $f = 0$ und $w_k^{(h)} = 0$ für $k = 0, \ldots, p$ identisch Null.

Betrachten wir zuerst den Fall $|r_i| > 1$. Dann sei

$$\delta_n = \begin{cases} \varepsilon r_i^n & \text{wenn } r_i \in \mathbb{R}, \\ \varepsilon(r_i + \bar{r}_i)^n & \text{wenn } r_i \in \mathbb{C}, \end{cases}$$

für $\varepsilon > 0$. Es ist einfach zu zeigen, dass die Folge $z_n^{(h)} = \delta_n$ für $n = 0, 1, \ldots$ eine Lösung von (11.59) zu den Anfangsbedingungen $z_k^{(h)} = \delta_k$ ist und dass $|\delta_k| \leq \varepsilon$ für $k = 0, 1, \ldots, p$. Sei nun $\bar{t}$ in $(t_0, t_0 + T)$ gewählt und sei x_n der $\bar{t}$ am nächsten gelegene Gitterknoten. Offensichtlich ist n der ganze Teil von $\bar{t}/h$ und $\lim_{h \to 0} |z_n^{(h)}| = \lim_{h \to 0} |u_n^{(h)} - z_n^{(h)}| \to \infty$ wenn $h \to 0$. Dies beweist, dass $|u_n^{(h)} - z_n^{(h)}|$ nicht gleichmäßig in Bezug auf h für $h \to 0$ beschränkt sein kann, was der Annahme, dass die Methode nullstabil sei widerspricht.

Ein ähnlicher Beweis kann geführt werden, wenn $|r_i| = 1$, aber eine Vielfachheit größer als Eins hat, vorausgesetzt man berücksichtigt die Form der Lösung (11.33).

Wir wollen nun zeigen, dass die Wurzelbedingung hinreichend für die Nullstabilität der Methode (11.45) ist. Ausgehend von (11.46) folgt, wenn wir durch $z_{n+j}^{(h)}$ und $u_{n+j}^{(h)}$ die Lösungen von (11.59) bzw. (11.60) für $j \geq 1$ bezeichnen, dass die Funktion $w_{n+j}^{(h)} = z_{n+j}^{(h)} - u_{n+j}^{(h)}$ der Differenzengleichung

$$\sum_{j=0}^{p+1} \alpha_j w_{n+j}^{(h)} = \varphi_{n+p+1}, \quad n = 0, \ldots, N_h - (p+1) \tag{11.61}$$

genügt, wobei wir

$$\varphi_{n+p+1} = h \sum_{j=0}^{p+1} \beta_j \left[f(t_{n+j}, z_{n+j}^{(h)}) - f(t_{n+j}, u_{n+j}^{(h)}) \right] + h\delta_{n+p+1} \tag{11.62}$$

gesetzt haben. Sei $\left\{ \psi_j^{(n)} \right\}$ eine Folge von Fundamentallösungen der zu (11.61) gehörenden homogenen Gleichung. Wegen (11.42) ist die allgemeine Lösung von (11.61) durch

$$w_n^{(h)} = \sum_{j=0}^{p} w_j^{(h)} \psi_j^{(n)} + \sum_{l=p+1}^{n} \psi_p^{(n-l+p)} \varphi_l, \quad n = p+1, \ldots$$

gegeben. Das folgende Resultat stellt die Verbindung zwischen der Wurzelbedingung und der Beschränktheit der Lösung einer Differenzengleichung her (zum Beweis siehe [Gau97], Theorem 6.3.2).

Lemma 11.3 *Es gibt genau dann eine Konstante $M > 0$ für alle Lösungen $\{u_n\}$ der Differenzengleichung (11.28) mit*

$$|u_n| \leq M \left\{ \max_{j=0,\ldots,k-1} |u_j| + \sum_{l=k}^{n} |\varphi_l| \right\}, \quad n = 0, 1, \ldots, \tag{11.63}$$

wenn die Wurzelbedingung für das Polynom (11.30) gilt, d.h. (11.56) für die Nullstellen des Polynoms (11.30) gilt.

Wir wollen daran erinnern, dass $\{\psi_j^{(n)}\}$ für jedes j Lösung einer homogenen Differenzengleichung mit den Anfangsdaten $\psi_j^{(i)} = \delta_{ij}$, $i,j = 0, \ldots, p$ ist. Andererseits ist $\psi_p^{(n-l+p)}$ für jedes l Lösung einer Differenzengleichung mit homogenen Anfangsdaten und mit einer rechten Seite, die außer im Fall $n = l$, in dem sie $\psi_p^{(p)} = 1$ ist, verschwindet.

Daher können wir Lemma 11.3 in beiden Fällen anwenden und schliessen, dass es eine Konstante $M > 0$ derart gibt, dass $|\psi_j^{(n)}| \leq M$ und $|\psi_p^{(n-l+p)}| \leq M$ gleichmäßig bezüglich n und l gelten. Damit gilt die Abschätzung

$$|w_n^{(h)}| \leq M \left\{ (p+1) \max_{j=0,\ldots,p} |w_j^{(h)}| + \sum_{l=p+1}^{n} |\varphi_l| \right\}, \quad n = 0, 1, \ldots, N_h. \quad (11.64)$$

Bezeichnet L die Lipschitzkonstante von f, erhalten wir aus (11.62)

$$|\varphi_{n+p+1}| \leq h \max_{j=0,\ldots,p+1} |\beta_j| L \sum_{j=0}^{p+1} |w_{n+j}^{(h)}| + h|\delta_{n+p+1}|.$$

Seien $\beta = \max_{j=0,\ldots,p+1} |\beta_j|$ und $\Delta_{[q,r]} = \max_{j=q,\ldots,r} |\delta_{j+q}|$, wobei q und r gewisse Zahlen mit $q \leq r$ bezeichnen. Aus (11.64) wird die folgende Abschätzung gewonnen

$$\begin{aligned} |w_n^{(h)}| &\leq M \left\{ (p+1)\Delta_{[0,p]} + h\beta L \sum_{l=p+1}^{n} \sum_{j=0}^{p+1} |w_{l-p-1+j}^{(h)}| + N_h h \Delta_{[p+1,n]} \right\} \\ &\leq M \left\{ (p+1)\Delta_{[0,p]} + h\beta L(p+2) \sum_{m=0}^{n} |w_m^{(h)}| + T \Delta_{[p+1,n]} \right\}. \end{aligned}$$

Seien $Q = 2(p+2)\beta L M$ und $h_0 = 1/Q$, so dass $1 - h\frac{Q}{2} \geq \frac{1}{2}$ wenn $h \leq h_0$. Dann gilt

$$\begin{aligned} \frac{1}{2}|w_n^{(h)}| &\leq |w_n^{(h)}|(1 - h\tfrac{Q}{2}) \\ &\leq M \left\{ (p+1)\Delta_{[0,p]} + h\beta L(p+2) \sum_{m=0}^{n-1} |w_m^{(h)}| + T \Delta_{[p+1,n]} \right\}. \end{aligned}$$

Mit $R = 2M \left\{ (p+1)\Delta_{[0,p]} + T \Delta_{[p+1,n]} \right\}$ erhalten wir schliesslich

$$|w_n^{(h)}| \leq hQ \sum_{m=0}^{n-1} |w_m^{(h)}| + R.$$

Die Anwendung von Lemma 11.2 mit den folgenden Gleichsetzungen: $\varphi_n = |w_n^{(h)}|$, $g_0 = R$, $p_s = 0$ und $k_s = hQ$ für jedes $s = 0, \ldots, n-1$ erbringt

$$|w_n^{(h)}| \leq 2Me^{TQ} \left\{ (p+1)\Delta_{[0,p]} + T \Delta_{[p+1,n]} \right\}. \quad (11.65)$$

Die Methode (11.45) ist folglich nullstabil für jedes $h \leq h_0$. $\diamond$

Theorem 11.4 erlaubt eine Charakterisierung des Stabilitätsverhaltens verschiedener Familien von Diskretisierungsmethoden.

Im speziellen Fall konsistenter Einschrittverfahren hat das Polynom ρ nur die Lösung $r_0 = 1$. Sie *erfüllen automatisch die Wurzelbedingung* und sind nullstabil.

Für die Adams-Verfahren (11.49) ist das Polynom ρ stets von der Form $\rho(r) = r^{p+1} - r^p$. Damit sind seine Wurzeln $r_0 = 1$ und $r_1 = 0$ (mit der Vielfachheit p), so dass alle Adams-Verfahren nullstabil sind.

Auch das Mittelpunkt-Verfahren (11.43) und das Simpson-Verfahren (11.44) sind nullstabil: für beide ist das erste charakteristische Polynom $\rho(r) = r^2 - 1$, so dass $r_0 = 1$ und $r_1 = -1$.

Schliesslich sind die BDF-Verfahren von Abschnitt 11.5.2 unter der Voraussetzung $p \leq 5$ nullstabil, denn dafür ist die Wurzelbedingung erfüllt (siehe [Cry73]).

Nun sind wir in der Lage, das folgende Konvergenzergebnis anzugeben.

Theorem 11.5 (Konvergenz) *Ein konsistentes Mehrschrittverfahren ist genau dann konvergent, wenn es der Wurzelbedingung genügt und der Fehler in den Anfangsdaten für $h \to 0$ gegen Null geht. Das Verfahren konvergiert darüber hinaus mit der Ordnung q, wenn es die Ordnung q hat und der Fehler in den Anfangsdaten wie $\mathcal{O}(h^q)$ gegen Null geht.*

Beweis. Angenommen, das MS-Verfahren ist konsistent und konvergent. Um zu beweisen, dass die Wurzelbedingung erfüllt ist, verweisen wir auf das Problem $y'(t) = 0$ mit $y(0) = 0$ und auf das Intervall $I = (0, T)$. Konvergenz bedeutet, dass die numerische Lösung $\{u_n\}$ gegen die exakte Lösung $y(t) = 0$ für jede konvergierende Menge von Anfangsdaten u_k, $k = 0, \ldots, p$, strebt, d.h. $\max_{k=0,\ldots,p} |u_k| \to 0$ wenn $h \to 0$. Aus dieser Beobachtung heraus folgt der Beweis indirekt nach dem Muster des Beweises von Theorem 11.4, wobei nun der Parameter ε durch h ersetzt ist.

Wir wollen nun zeigen, dass Konsistenz gepaart mit der Wurzelbedingung Konvergenz unter der Annahme beinhaltet, dass der Fehler in den Anfangsdaten für $h \to 0$ gegen Null geht. Wir können Theorem 11.4 anwenden, setzen $u_n^{(h)} = u_n$ (approximative Lösung des Cauchy Problems) und $z_n^{(h)} = y_n$ (exakte Lösung), und erhalten aus (11.47), dass $\delta_m = \tau_m(h)$ gilt. Dann haben wir für jedes $n \geq p+1$ wegen (11.65)

$$|u_n - y_n| \leq 2Me^{TQ}\left\{ (p+1) \max_{j=0,\ldots,p} |u_j - y_j| + T \max_{j=p+1,\ldots,n} |\tau_j(h)| \right\}.$$

Die rechte Seite dieser Ungleichung geht für $h \to 0$ gegen Null, woraus Konvergenz des Verfahrens folgt. $\diamond$

Eine bemerkenswerte Schlussfolgerung aus dem obigen Satz ist der folgende Äquivalenzsatz von Lax-Richtmyer.

Folgerung 11.1 (Äquivalenztheorem) *Ein konsistentes Mehrschrittverfahren ist genau dann konvergent, wenn es nullstabil ist und wenn der Fehler in den Anfangsdaten für h gegen Null gegen Null strebt.*

Wir schliessen diesen Abschnitt mit dem folgenden Ergebnis ab, das eine obere Schranke für die Ordnung von Mehrschrittverfahren gibt (siehe [Dah63]).

Eigenschaft 11.1 (Erste Dahlquist-Schranke) *Es gibt kein nullstabiles, q-schrittiges lineares Mehrschrittverfahren der Ordnung größer als $q+1$, wenn q ungerade ist, und $q + 2$, wenn q gerade ist.*

11.6.4 Absolute Stabilität von Mehrschrittverfahren

Betrachten wir wieder die Differenzengleichung (11.54), die durch Anwendung des MS-Verfahrens (11.45) auf das Modellproblem (11.24) erhalten wurde. Gemäß (11.33) kann ihre Lösung in der Form

$$u_n = \sum_{j=1}^{k'} \left(\sum_{s=0}^{m_j-1} \gamma_{sj} n^s \right) [r_j(h\lambda)]^n, \qquad n = 0, 1, \ldots$$

dargestellt werden, wobei die $r_j(h\lambda)$, $j = 1, \ldots, k'$, die verschiedenen Wurzeln des charakteristischen Polynoms (11.55) sind, und durch m_j deren Vielfachheit von $r_j(h\lambda)$ bezeichnet wurde. Mit Blick auf (11.25) wird klar, dass die in Definition 11.12 eingeführte *absolute Wurzelbedingung* notwendig und hinreichend dafür ist, dass das Mehrschrittverfahren (11.45) für $h \leq h_0$ absolut stabil ist.

Unter den absolut stabilen Verfahren sollten jene Verfahren bevorzugt werden, deren in (11.26) eingeführter Bereich absoluter Stabilität $\mathcal{A}$ so groß wie möglich oder sogar unendlich ist. Darunter fallen die *A-stabilen* Verfahren, die wir am Ende des Abschnittes 11.3.3 eingeführt hatten, und die *ϑ-stabilen* Verfahren, für die $\mathcal{A}$ einen Winkelbereich enthält, der gegeben ist durch $z \in \mathbb{C}$, so dass $-\vartheta < \pi - \arg(z) < \vartheta$, $\vartheta \in (0, \pi/2)$. A-stabile Verfahren sind von besonderer Wichtigkeit bei der Lösung *steifer* Probleme (siehe Abschnitt 11.10).

Das folgende Resultat, dessen Beweis in [Wid67] gegeben ist, stellt einen Zusammenhang zwischen der Ordnung eines Mehrschrittverfahrens, der Zahl seiner Schritte und seinen Stabilitätseigenschaften her.

Eigenschaft 11.2 (Zweite Dahlquist-Schranke) *Ein lineares explizites Mehrschrittverfahren kann weder A-stabil, noch ϑ-stabil sein. Darüber hinaus gibt es kein A-stabiles lineares Mehrschrittverfahren von höherer als zweiter Ordnung. Für jedes $\vartheta \in (0, \pi/2)$ gibt es nur ϑ-stabile q-schrittige lineare Mehrschrittverfahren der Ordnung q, für $q = 3$ und $q = 4$.*

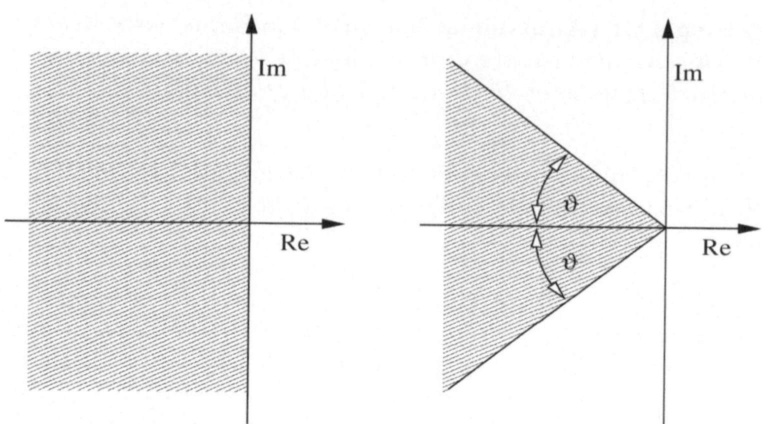

Abbildung 11.4. Bereiche absoluter Stabilität für A-stabile (links) und (rechts) ϑ-stabile Verfahren.

Wir wollen nun die Bereiche absoluter Stabilität für verschiedene MS-Verfahren untersuchen.

Die Bereiche absoluter Stabilität expliziter als auch impliziter Adams-Verfahren reduziert sich schrittweise mit wachsender Ordnung der Methoden. In Abbildung 11.5 (links) zeigen wir die Bereiche der absoluten Stabilität der AB-Verfahren die in Abschnitt 11.5.1 untersucht wurden, mit Ausnahme des Euler-Vorwärtsverfahrens, dessen Bereich in Abbildung 11.3 gezeigt ist.

Die Bereiche absoluter Stabilität der Adams-Moulton-Verfahren sind, abgesehen vom A-stabilen Crank-Nicolson-Verfahren, in Abbildung 11.5 (rechts) dargestellt.

In Abbildung 11.6 sind die Bereiche absoluter Stabilität für einige der in Abschnitt 11.5.2 eingeführten BDF-Verfahren dargestellt. Sie sind unbeschränkt und enthalten immer die negativen reellen Zahlen. Diese Stabilitätsmerkmale machen die BDF-Verfahren für die Lösung *steifer* Probleme besonders attraktiv (siehe Abschnitt 11.10).

Bemerkung 11.3 Einige Autoren (siehe z.B. [BD74]) verwenden eine andere Definition der absoluten Stabilität, in dem (11.25) durch die schwächere Eigenschaft

$$\exists C > 0 : |u_n| \leq C, \text{ für } t_n \to +\infty$$

ersetzt wird. Gemäß dieser neuen Definition kann die absolute Stabilität eines numerischen Verfahrens als das Gegenstück der *asymptotischen* Stabilität (11.6) des Cauchy Problems angesehen werden. Der neue Bereich der absoluten Stabilität $\mathcal{A}^*$ wäre

$$\mathcal{A}^* = \{z \in \mathbb{C} : \exists C > 0, \ |u_n| \leq C, \ \forall n \geq 0\}$$

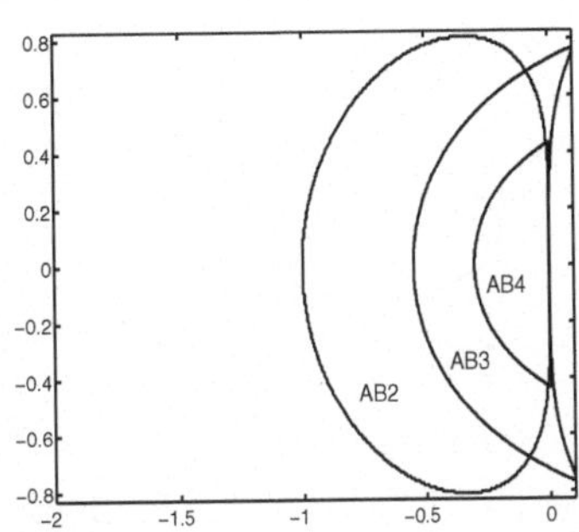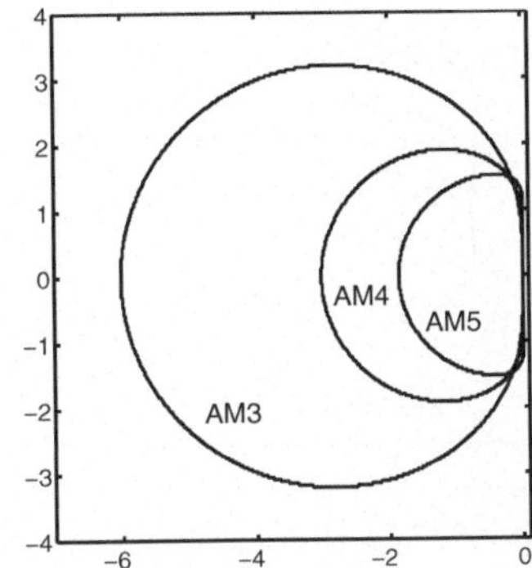

Abbildung 11.5. Äussere Begrenzungen der Bereiche der absoluten Stabilität für Adams-Bashforth-Verfahren (links), die von zweiter bis vierter Ordnung (AB2, AB3 und AB4) variieren, und für Adams-Moulton-Verfahren (rechts), von dritter bis fünfter Ordnung (AM3, AM4 und AM5). Beachte, dass der Bereich des AB3-Verfahrens sich in die Halbebene mit positiven Realteil erstreckt. Der Bereich des expliziten Euler-Verfahrens (AB1) ist in Abbildung 11.3 dargestellt.

und würde nicht notwendig mit $\mathcal{A}$ übereinstimmen. Zum Beispiel ist $\mathcal{A}$ im Fall des Mittelpunkts-Verfahrens leer (und das Verfahren damit unbedingt absolut *instabil*), wohingegen $\mathcal{A}^* = \{z = \alpha i,\ \alpha \in [-1, 1]\}$.

Wenn die Menge $\mathcal{A}$ nicht leer ist, ist im Allgemeinen $\mathcal{A}^*$ der Abschluss dieser Menge. Wir bemerken, dass *nullstabile Verfahren jene sind, für die der Bereich $\mathcal{A}^*$ den Ursprung $z = 0$ der komplexen Ebene enthält*. ∎

Abschliessend bemerken wir, dass die strenge Wurzelbedingung (11.57) für ein lineares Problem beinhaltet, dass

$$\forall h \leq h_0,\ \exists C > 0 : |u_n| \leq C(|u_0| + \ldots + |u_p|),\quad \forall n \geq p + 1. \quad (11.66)$$

Wir sagen, dass ein Verfahren *relativ stabil* ist, wenn es (11.66) genügt. Offensichtlich schliesst (11.66) die Nullstabilität ein, das Umgekehrte gilt jedoch nicht.

Abbildung 11.7 gibt einen Überblick über die Hauptzusammenhänge, die in diesem Abschnitt hinsichtlich Stabilität, Konvergenz und Wurzelbedingung gezogen wurden, im Fall eines auf das Modellproblem (11.24) angewandten, konsistenten Verfahrens.

11.7 Prädiktor-Korrektor-Verfahren

Die Lösung eines nichtlinearen Cauchy Problems der Form (11.1) mittels impliziter Schemen erfordert in jedem Zeitschritt die Lösung einer nichtli-

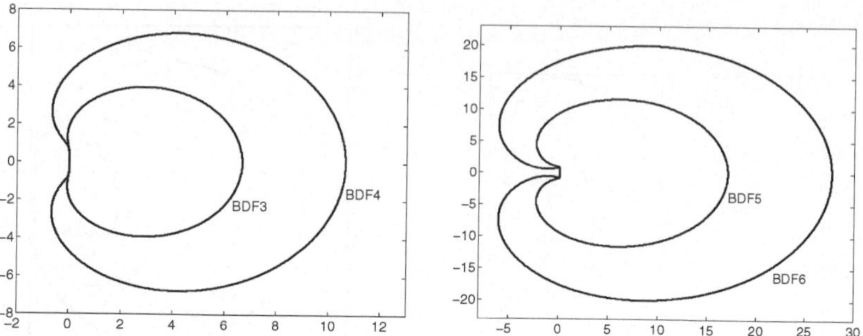

Abbildung 11.6. Innere Begrenzungskurven der Bereiche absoluter Stabilität für drei- und vier-schrittige BDF-Verfahren (BDF3 und BDF4, links), und fünf- und sechs-schrittige BDF-Verfahren (BDF5 und BDF6, rechts). Im Unterschied zu Adams-Verfahren sind diese Bereiche unbeschränkt und erstrecken sich außerhalb der in den Abbildungen gezeigten begrenzten Bereiche.

$$
\begin{array}{ccccc}
\text{Wurzel-} & \Longleftarrow & \text{Strenge Wurzel-} & \Longleftarrow & \text{Absolute Wurzel-} \\
\text{bedingung} & & \text{bedingung} & & \text{bedingung} \\
\Updownarrow & & \Downarrow & & \Updownarrow \\
\end{array}
$$

$$
\text{Konvergenz} \iff \begin{array}{c}\text{Null-}\\\text{stabilität}\end{array} \Longleftarrow (11.66) \Longleftarrow \begin{array}{c}\text{Absolute}\\\text{Stabilität}\end{array}
$$

Abbildung 11.7. Zusammenhänge zwischen Wurzelbedingungen, Stabilität und Konvergenz für ein auf das Modellproblem (11.24) angewandtes konsistentes Verfahren.

nearen Gleichung. Wenn zum Beispiel das Crank-Nicolson-Verfahren verwendet wird, bekommen wir die nichtlineare Gleichung

$$
u_{n+1} = u_n + \frac{h}{2}\left[f_n + f_{n+1}\right] = \Psi(u_{n+1}),
$$

die in der Form $\Phi(u_{n+1}) = 0$, wobei $\Phi(u_{n+1}) = u_{n+1} - \Psi(u_{n+1})$, geschrieben werden kann. Das Newton-Verfahren zur Lösung dieser Gleichung würde

$$
u_{n+1}^{(k+1)} = u_{n+1}^{(k)} - \Phi(u_{n+1}^{(k)})/\Phi'(u_{n+1}^{(k)}),
$$

für $k = 0, 1, \ldots$, bis Konvergenz eintritt, ergeben und ein Anfangsdatum $u_{n+1}^{(0)}$ erfordern, das hinreichend dicht bei u_{n+1} liegt. Alternativ kann man auch zu Fixpunktiterationen

$$
u_{n+1}^{(k+1)} = \Psi(u_{n+1}^{(k)}) \tag{11.67}
$$

für $k = 0, 1, \ldots$ greifen, bis Konvergenz eintritt. In diesem Fall setzt die globale Konvergenzbedingung für das Fixpunktverfahren (siehe Theorem 6.1, Band 1) eine Bedingung für die Schrittweite der Diskretisierung der Form

$$h < \frac{1}{|b_{-1}|L} \tag{11.68}$$

wobei L die Lipschitzkonstante von f bezüglich y ist. In der Praxis ist, abgesehen vom Fall steifer Probleme (siehe Abschnitt 11.10), diese Einschränkung an h nicht wichtig, weil die Genauigkeitsbetrachtungen eine viel restriktivere Bedingung an h stellen. Jedoch erfordert jede Iteration von (11.67) eine Auswertung der Funktion f und der numerische Aufwand kann durch einen guten Anfangsstart $u_{n+1}^{(0)}$ beträchtlich gesenkt werden. Der gute Anfangswert kann durch ein explizites MS-Verfahren gewonnen werden, und dann iteriert man entsprechend der Vorschrift (11.67) bei einer feste Anzahl m von Iterationen. Bei diesem Vorgehen "korrigiert" das im Fixpunktschema verwendete implizite MS-Verfahren den Wert von u_{n+1}, der durch das explizite MS-Verfahren "vorhergesagt" (engl.: predicted) wurde. Ein Verfahren dieser Art heißt *Prädiktor-Korrektor-Verfahren*, oder PC-Verfahren. Es gibt viele Wege zur Implementation eines Prädiktor-Korrektor-Verfahrens.

In seiner Grundversion wird der Wert $u_{n+1}^{(0)}$ durch eine explizite $\tilde{p} + 1$-schrittige Methode, *Prädiktor* genannt, berechnet (der Prädiktor sei hier durch die Koeffizienten $\{\tilde{a}_j, \tilde{b}_j\}$ identifiziert)

$$[P] \quad u_{n+1}^{(0)} = \sum_{j=0}^{\tilde{p}} \tilde{a}_j u_{n-j}^{(1)} + h \sum_{j=0}^{\tilde{p}} \tilde{b}_j f_{n-j}^{(0)},$$

wobei $f_k^{(0)} = f(t_k, u_k^{(0)})$ und $u_k^{(1)}$ die von dem PC-Verfahren zu früheren Zeitpunkten berechneten Lösungen oder die Anfangsbedingungen sind. Dann werten wir die Funktion f in dem neuen Punkt $(t_{n+1}, u_{n+1}^{(0)})$ aus (*Auswertungsschritt*)

$$[E] \quad f_{n+1}^{(0)} = f(t_{n+1}, u_{n+1}^{(0)}),$$

und führen schliesslich eine einzige Fixpunktiteration mit einem impliziten MS-Schema der Form (11.45)

$$[C] \quad u_{n+1}^{(1)} = \sum_{j=0}^{p} a_j u_{n-j}^{(1)} + h b_{-1} f_{n+1}^{(0)} + h \sum_{j=0}^{p} b_j f_{n-j}^{(0)}$$

aus. Der zweite Schritt des Verfahrens, der tatsächlich explizit ist, heißt *Korrektor*. Das Gesamtverfahren wird kurz durch PEC- oder $P(EC)^1$-Verfahren bezeichnet, bei dem P und C eine Anwendung des Prädiktor- bzw. Korrektor-Verfahrens zum Zeitpunkt t_{n+1} bezeichnen, wohingegen E eine Auswertung (engl.: evaluation) der Funktion f anzeigt.

Die obige Strategie kann durch die Annahme von $m > 1$ Iterationen in jedem Schritt t_{n+1} verallgemeinert werden. Die entsprechenden Verfahren heißen *Prädiktor-Multikorrektor*-Schemen und berechnen $u_{n+1}^{(0)}$ im Zeitschritt t_{n+1} unter Verwendung des Prädiktors in folgender Form

$$[P] \quad u_{n+1}^{(0)} = \sum_{j=0}^{\tilde{p}} \tilde{a}_j u_{n-j}^{(m)} + h \sum_{j=0}^{\tilde{p}} \tilde{b}_j f_{n-j}^{(m-1)}. \tag{11.69}$$

Hier bezeichnet $m \geq 1$ die (feste) Zahl von Korrektoriterationen, die in den folgenden Schritten $[E]$, $[C]$ ausgeführt werden: für $k = 0, 1, \ldots, m-1$ berechne

$$[E] \quad f_{n+1}^{(k)} = f(t_{n+1}, u_{n+1}^{(k)}),$$

$$[C] \quad u_{n+1}^{(k+1)} = \sum_{j=0}^{p} a_j u_{n-j}^{(m)} + h b_{-1} f_{n+1}^{(k)} + h \sum_{j=0}^{p} b_j f_{n-j}^{(m-1)}.$$

Diese Implementationen von Prädiktor-Korrektor-Techniken werden als $P(EC)^m$ bezeichnet. Eine andere Implementation, durch $P(EC)^m E$ bezeichnet, besteht darin, am ende des Prozesses auch die Funktion f zu aktualisieren. Sie ist durch

$$[P] \quad u_{n+1}^{(0)} = \sum_{i=0}^{\tilde{p}} \tilde{a}_j u_{n-j}^{(m)} + h \sum_{j=0}^{\tilde{p}} \tilde{b}_j f_{n-j}^{(m)},$$

und für $k = 0, 1, \ldots, m-1$,

$$[E] \quad f_{n+1}^{(k)} = f(t_{n+1}, u_{n+1}^{(k)}),$$

$$[C] \quad u_{n+1}^{(k+1)} = \sum_{j=0}^{p} a_j u_{n-j}^{(m)} + h b_{-1} f_{n+1}^{(k)} + h \sum_{j=0}^{p} b_j f_{n-j}^{(m)},$$

gefolgt von

$$[E] \quad f_{n+1}^{(m)} = f(t_{n+1}, u_{n+1}^{(m)})$$

gegeben.

Beispiel 11.8 Das Heun-Verfahren (11.10) kann als ein Prädiktor-Korrektor-Verfahren angesehen werden, bei dem der Prädiktor das Euler-Vorwärts-Verfahren und der Korrektor das Crank-Nicolson-Verfahren sind.

Ein weiteres Beispiel wird von den Adams-Bashforth-Verfahren der Ordnung 2 (11.50) und den Adams-Moulton-Verfahren der Ordnung 3 (11.51) geliefert. Seine PEC-Implementation entspricht: berechne für gegebene $u_0^{(0)} = u_0^{(1)} = u_0$, $u_1^{(0)} =$

$u_1^{(1)} = u_1$ und $f_0^{(0)} = f(t_0, u_0^{(0)})$, $f_1^{(0)} = f(t_1, u_1^{(0)})$ für $n = 1, 2, \ldots$,

$$[P] \quad u_{n+1}^{(0)} = u_n^{(1)} + \frac{h}{2}\left[3f_n^{(0)} - f_{n-1}^{(0)}\right],$$

$$[E] \quad f_{n+1}^{(0)} = f(t_{n+1}, u_{n+1}^{(0)}),$$

$$[C] \quad u_{n+1}^{(1)} = u_n^{(1)} + \frac{h}{12}\left[5f_{n+1}^{(0)} + 8f_n^{(0)} - f_{n-1}^{(0)}\right].$$

Die $PECE$-Implementation ist: berechne für gegebene $u_0^{(0)} = u_0^{(1)} = u_0$, $u_1^{(0)} = u_1^{(1)} = u_1$ und $f_0^{(1)} = f(t_0, u_0^{(1)})$, $f_1^{(1)} = f(t_1, u_1^{(1)})$, für $n = 1, 2, \ldots$,

$$[P] \quad u_{n+1}^{(0)} = u_n^{(1)} + \frac{h}{2}\left[3f_n^{(1)} - f_{n-1}^{(1)}\right],$$

$$[E] \quad f_{n+1}^{(0)} = f(t_{n+1}, u_{n+1}^{(0)}),$$

$$[C] \quad u_{n+1}^{(1)} = u_n^{(1)} + \frac{h}{12}\left[5f_{n+1}^{(0)} + 8f_n^{(1)} - f_{n-1}^{(1)}\right],$$

$$[E] \quad f_{n+1}^{(1)} = f(t_{n+1}, u_{n+1}^{(1)}).$$

Bevor wir die Konvergenz von Prädiktor-Korrektor-Verfahren studieren, führen wir eine Vereinfachung in der Notation ein. Gewöhnlich ist die Zahl der Prädiktorschritte größer als die des Korrektors, so dass wir die Anzahl der Schritte des Prädiktor-Korrektor-Paares als gleich zur Zahl der Prädiktorschritte ansehen. Diese Zahl wird fortan durch p bezeichnet. Wegen dieser Definition fordern wir nicht länger, dass die Koeffizienten des Korrektors der Beziehung $|a_p| + |b_p| \neq 0$ genügen müssen. Betrachten wir zum Beispiel das Prädiktor-Korrektor-Paar

$$[P] \quad u_{n+1}^{(0)} = u_n^{(1)} + hf(t_{n-1}, u_{n-1}^{(0)}),$$

$$[C] \quad u_{n+1}^{(1)} = u_n^{(1)} + \frac{h}{2}\left[f(t_n, u_n^{(0)}) + f(t_{n+1}, u_{n+1}^{(0)})\right],$$

für das $p = 2$ (sogar obwohl der Korrektor ein Einschrittverfahren ist) gilt. Folglich werden das erste und zweite charakteristische Polynom des Korrektors $\rho(r) = r^2 - r$ und $\sigma(r) = (r^2 + r)/2$ sein, anstelle von $\rho(r) = r - 1$ und $\sigma(r) = (r + 1)/2$.

Bei jedem Prädiktor-Korrektor-Verfahren verbindet sich der Abbruchfehler des *Prädiktors* mit dem des *Korrektors* zu einem neu erzeugten Abbruchfehlers, denn wir nun untersuchen werden. Seien $\tilde{q}$ bzw. q die Ordnungen des Prädiktors und des Korrektors und nehmen wir an, dass $y \in C^{\tilde{q}+1}$, mit $\widehat{q} = \max(\tilde{q}, q)$ gilt. Dann haben wir

$$
\begin{aligned}
y(t_{n+1}) \quad &- \quad \sum_{j=0}^{p} \tilde{a}_j y(t_{n-j}) - h \sum_{j=0}^{p} \tilde{b}_j f(t_{n-j}, y_{n-j}) \\
&= \quad \tilde{C}_{\tilde{q}+1} h^{\tilde{q}+1} y^{(\tilde{q}+1)}(t_n) + \mathcal{O}(h^{\tilde{q}+2}),
\end{aligned}
$$

$$
\begin{aligned}
y(t_{n+1}) \quad &- \quad \sum_{j=0}^{p} a_j y(t_{n-j}) - h \sum_{j=-1}^{p} b_j f(t_{n-j}, y_{n-j}) \\
&= \quad C_{q+1} h^{q+1} y^{(q+1)}(t_n) + \mathcal{O}(h^{q+2}),
\end{aligned}
$$

wobei $\tilde{C}_{\tilde{q}+1}, C_{q+1}$ die Fehlerkonstanten des Prädiktor- bzw. Korrektor-Verfahrens sind. Es gilt das folgende Resultat.

Eigenschaft 11.3 *Mögen das Prädiktor-Verfahren die Ordnung $\tilde{q}$ und das Korrektor-Verfahren die Ordnung q haben. Dann folgt:*

Ist $\tilde{q} \geq q$ (oder $\tilde{q} < q$ mit $m > q - \tilde{q}$), so hat das Prädiktor-Korrektor-Verfahren die gleiche Ordnung und die gleiche PLTE wie der Korrektor.

Ist $\tilde{q} < q$ und $m = q - \tilde{q}$, so hat das Prädiktor-Korrektor-Verfahren die gleiche Ordnung wie der Korrektor, aber eine verschiedene PLTE.

Ist $\tilde{q} < q$ und $m \leq q - \tilde{q} - 1$, so hat das Prädiktor-Korrektor-Verfahren die Ordnung $\tilde{q} + m$ (und damit kleiner als q).

Insbesondere bemerken wir, dass wenn der Prädiktor die Ordnung $q-1$ und der Korrektor die Ordnung q haben, die PEC ausreicht, um ein Verfahren der Ordnung q zu bekommen. Darüber hinaus haben die $P(EC)^m E$- und die $P(EC)^m$-Schemen immer die gleiche Ordnung und die gleiche PLTE.

Kombinieren wir das Adams-Bashforth-Verfahren der Ordnung q mit dem entsprechenden Adams-Moulton-Verfahren, erhalten wir das sogenannte ABM-Verfahren der Ordnung q. Es ist möglich seine PLTE als

$$
\frac{C_{q+1}}{C_{q+1}^* - C_{q+1}} \left(u_{n+1}^{(m)} - u_{n+1}^{(0)} \right),
$$

abzuschätzen, wobei C_{q+1} und C_{q+1}^* die in Tabelle 11.1 angegebenen Fehlerkonstanten sind. Demnach kann die Schrittweite h verringert werden, wenn die Schätzung der PLTE eine gegebene Toleranz übertrifft und andernfalls steigen. (Zur Adaptivität der Schrittweite bei Prädiktor-Korrektor-Verfahren siehe [Lam91], S.128–147).

Das Programm 93 gibt eine Implementation der $P(EC)^m E$-Verfahren. Die Eingabeparameter `at`, `bt`, `a`, `b` enthalten die Koeffizienten $\tilde{a}_j, \tilde{b}_j$ ($j =$

$0,\ldots,\tilde{p})$ des Prädiktors und die Koeffizienten a_j $(j = 0,\ldots,p)$, b_j $(j = -1,\ldots,p)$ des Korrektors. Darüber hinaus sind f eine Zeichenkette, die den Ausdruck von $f(t,y)$ enthält, h ist die Schrittweite, t0 und tf sind die Endpunkte des zeitlichen Integrationsintervalls, u0 ist der Vektor der Anfangsdaten, m ist die Anzahl der inneren Iterationen des Korrektors. Die Eingabevariable pece muss auf 'y' gesetzt werden, wenn $P(EC)^m E$ ausgewählt wurde, im umgekehrten Fall wird das $P(EC)^m$-Verfahren gewählt.

Program 93 - predcor : Prädiktor-Korrektor-Verfahren

```
function [u,t]=predcor(a,b,at,bt,h,f,t0,u0,tf,pece,m)
p  = max(length(a),length(b)-1); pt = max(length(at),length(bt));
q  = max(p,pt); if length(u0) < q, break, end;
t  = [t0:h:t0+(q-1)*h]; u = u0; y = u0; fe = eval(f);
k  = q;
for t = t0+q*h:h:tf
   ut = sum(at.*u(k:-1:k-pt+1))+h*sum(bt.*fe(k:-1:k-pt+1));
   y  = ut; foy = eval(f);
   uv = sum(a.*u(k:-1:k-p+1))+h*sum(b(2:p+1).*fe(k:-1:k-p+1));
   k = k+1;
   for j = 1:m
      fy = foy; up = uv + h*b(1)*fy; y  = up; foy = eval(f);
   end
   if (pece=='y'|pece=='Y')
     fe = [fe, foy];
   else
     fe = [fe, fy];
   end
   u = [u, up];
end
t = [t0:h:tf];
```

Beispiel 11.9 Wir wollen die Leistungsfähigkeit des $P(EC)^m E$-Verfahrens am Cauchy Problem $y'(t) = e^{-y(t)}$ für $t \in [0,1]$ mit $y(0) = 1$ testen. Die exakte Lösung ist $y(t) = \log(1+t)$. In allen numerischen Tests wurde als Korrektor das Adams-Moulton-Verfahren dritter Ordnung (AM3) verwendet, während als Prädiktor das explizite Euler-Verfahren (AB1) und das Adams-Bashforth-Verfahren zweiter Ordnung (AB2) benutzt wurden. Abbildung 11.8 zeigt, dass das Paar AB2-AM3 ($m = 1$) Konvergenzraten dritter Ordnung liefert, hingegen AB1-AM3 ($m = 1$) nur von erster Ordnung genau ist. Wenn wir $m = 2$ nehmen, können wir die Konvergenzrate dritter Ordnung des Korrektors zurückgewinnen.

•

Was die absolute Stabilität anbetrifft lautet das charakteristische Polynom der $P(EC)^m$-Verfahren

$$\Pi_{P(EC)^m}(r) = b_{-1} r^p \left(\widehat{\rho}(r) - h\lambda\widehat{\sigma}(r)\right) + \frac{H^m(1-H)}{1-H^m} \left(\tilde{\rho}(r)\widehat{\sigma}(r) - \widehat{\rho}(r)\tilde{\sigma}(r)\right)$$

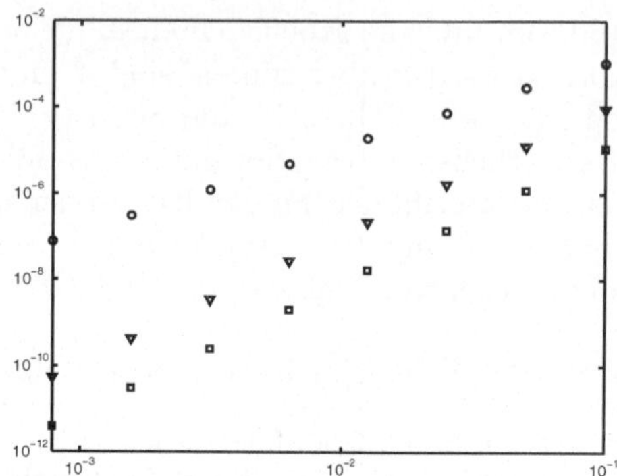

Abbildung 11.8. Konvergenzrate für $P(EC)^m E$-Verfahren als Funktion von $\log(h)$. Das Symbol ∇ bezieht sich auf das AB2-AM3-Verfahren ($m = 1$), $\circ$ auf AB1-AM3 ($m = 1$) und $\square$ auf AB1-AM3 mit $m = 2$.

während wir für die $P(EC)^m E$-Verfahren

$$\Pi_{P(EC)^m E}(r) = \widehat{\rho}(r) - h\lambda\widehat{\sigma}(r) + \frac{H^m(1 - H)}{1 - H^m}\left(\tilde{\rho}(r) - h\lambda\tilde{\sigma}(r)\right)$$

bekommen. Dabei haben wir $H = h\lambda b_{-1}$ gesetzt und durch $\tilde{\rho}$ und $\tilde{\sigma}$ das erste bzw. zweite charakteristische Polynom des *Prädiktor*-Verfahrens bezeichnet. Die Polynome $\widehat{\rho}$ und $\widehat{\sigma}$ beziehen sich auf die ersten und zweiten charakteristischen Polynome des Korrektors, wie zuvor nach Beispiel 11.8 erklärt wurde. Beachte, dass in beiden Fällen das charakteristische Polynom gegen das entsprechende Polynom des *Korrektor*-Verfahrens strebt, denn die Funktion $H^m(1 - H)/(1 - H^m)$ strebt gegen Null, wenn m gegen Unendlich geht.

Beispiel 11.10 Wenn wir die ABM-Verfahren mit p Schritten betrachten, sind die charakteristischen Polynome $\widehat{\rho}(r) = \tilde{\rho}(r) = r(r^{p-1} - r^{p-2})$, $\widehat{\sigma}(r) = r\sigma(r)$, wobei $\sigma(r)$ das zweite charakteristische Polynom des Korrektors ist. In Abbildung 11.9 (rechts) sind die Stabilitätsgebiete der ABM-Verfahren der Ordnung 2 dargestellt. Im Fall der ABM-Verfahren der Ordnung 2,3 und 4 können die entsprechenden Stabilitätsgebiete der Größe nach geordnet werden, nämlich vom größten zum kleinsten. Die Bereiche der $PECE$, $P(EC)^2E$, des Prädiktor und PEC-Verfahrens sind in Abbildung 11.9 (links) dargestellt. Das einschrittige ABM-Verfahren ist eine Ausnahme der Regel und der größte Bereich ist der dem Prädiktor-Verfahren entsprechende (siehe Abbildung 11.9, links).   •

11.8   Runge-Kutta (RK)-Verfahren

Wenn wir ausgehend vom Euler-Vorwärtsverfahren (11.7) zu höheren Methoden übergehen wollen, verfolgen lineare Mehrschrittverfahren (MS) und Runge-Kutta-Verfahren (RK) zwei gegensätzliche Strategien.

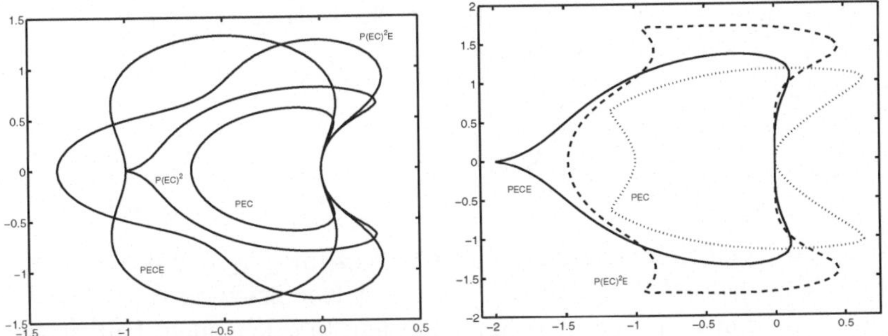

Abbildung 11.9. Stabilitätbereiche der ABM-Verfahren der Ordnung 1 (links) und 2 (rechts).

Wie das Euler-Verfahren sind MS-Schemen linear sowohl in u_n als auch in $f_n = f(t_n, u_n)$, erfordern nur eine Funktionsauswertung in jedem Zeitschritt und ihre Genauigkeit kann auf Kosten einer vergrößerten Zahl an Schritten erhöht werden. Auf der anderen Seite bewahren RK-Verfahren die Struktur von Einschrittverfahren und erhöhen ihre Genauigkeit zum Preis einer wachsenden Zahl von Funktionsauswertungen auf jeder Zeitschicht, und opfern so die Linearität.

Infolge dessen gelingt es RK-Verfahren besser als MS-Verfahren die Schrittweite anzupassen, allerdings ist die Abschätzung des lokalen Fehlers für RK-Verfahren schwieriger als die im Fall von MS-Verfahren.

In allgemeinster Form kann ein RK-Verfahren als

$$u_{n+1} = u_n + hF(t_n, u_n, h; f), \qquad n \geq 0 \tag{11.70}$$

geschrieben werden, wobei F die Zuwachsfunktion bezeichnet, die wie folgt definiert ist:

$$F(t_n, u_n, h; f) = \sum_{i=1}^{s} b_i K_i,$$

$$K_i = f(t_n + c_i h, u_n + h \sum_{j=1}^{s} a_{ij} K_j), \quad i = 1, 2, \ldots, s. \tag{11.71}$$

Hier bezeichnet s die Zahl der *Stufen* der Methode. Die Koeffizienten $\{a_{ij}\}$, $\{c_i\}$ und $\{b_i\}$ charakterisieren vollständig ein RK-Verfahren und werden üblicherweise im sogenannten *Butcher-Schema*

$$
\begin{array}{c|cccc}
c_1 & a_{11} & a_{12} & \cdots & a_{1s} \\
c_2 & a_{21} & a_{22} & & a_{2s} \\
\vdots & \vdots & \vdots & \ddots & \vdots \\
c_s & a_{s1} & a_{s2} & \cdots & a_{ss} \\
\hline
& b_1 & b_2 & \cdots & b_s
\end{array}
\qquad \text{oder} \qquad
\begin{array}{c|c}
\mathbf{c} & A \\
\hline
& \mathbf{b}^T
\end{array}
$$

zusammengefasst, wobei $A = (a_{ij}) \in \mathbb{R}^{s \times s}$, $\mathbf{b} = (b_1, \ldots, b_s)^T \in \mathbb{R}^s$ und $\mathbf{c} = (c_1, \ldots, c_s)^T \in \mathbb{R}^s$. Wir werden von nun an annehmen, dass die folgende Bedingung gilt

$$c_i = \sum_{j=1}^{s} a_{ij} \quad i = 1, \ldots, s. \tag{11.72}$$

Sind die Koeffizienten a_{ij} in A gleich Null für $j \geq i$, mit $i = 1, 2, \ldots, s$, dann kann jedes K_i explizit aus den $i - 1$ Koeffizienten $K_1, \ldots, K_{i-1}$, die schon bestimmt wurden, berechnet werden. In solch einem Fall ist das RK-Verfahren *explizit*. Andernfalls ist es *implizit* und die Lösung eines nichtlinearen Systems der Größe s ist für die Berechnung des Koeffizienten K_i erforderlich.

Das Anwachsen des numerischen Aufwandes für implizite Schemen macht ihren Gebrauch ziemlich teuer; ein akzeptabler Kompromiss ist durch *semi-implizite* RK-Verfahren gegeben, bei denen $a_{ij} = 0$ für $j > i$ ist, so dass jedes K_i die Lösung der nichtlinearen Gleichung

$$K_i = f\left(t_n + c_i h, u_n + h a_{ii}\boxed{K_i} + h\sum_{j=1}^{i-1} a_{ij} K_j\right)$$

ist. Bei einem semi-impliziten Schema sind daher s nichtlineare Gleichungen zu lösen.

Der lokale Abbruchfehler $\tau_{n+1}(h)$ im Knoten t_{n+1} des RK-Verfahrens (11.70) ist definiert durch die Residuengleichung

$$h\tau_{n+1}(h) = y_{n+1} - y_n - hF(t_n, y_n, h; f),$$

in der $y(t)$ die exakte Lösung des Cauchy Problems (11.1) bezeichnet. Die Methode (11.70) ist *konsistent*, wenn $\tau(h) = \max_n |\tau_n(h)| \to 0$ für $h \to 0$. Es kann gezeigt werden (siehe [Lam91]), dass dies genau dann der Fall ist, wenn

$$\sum_{i=1}^{s} b_i = 1.$$

Wie üblich sagen wir, dass (11.70) eine Methode der Ordnung p (≥ 1) in Bezug auf h ist, wenn $\tau(h) = \mathcal{O}(h^p)$ für $h \to 0$.

Was die *Konvergenz* anbetrifft, schliesst Stabilität (RK-Verfahren sind Einschrittverfahren) Konsistenz, und folglich auch Konvergenz ein. Wie im Fall von MS-Verfahren lassen sich Abschätzungen von $\tau(h)$ herleiten; jedoch sind diese Abschätzungen oft zu kompliziert, um sie vorteilhaft ausnutzen zu können. Wir erwähnen nur, dass wie für MS-Verfahren aus dem lokalen Abbruchfehler der Ordnung $\tau_n(h) = \mathcal{O}(h^p)$, für jedes n, eines RK-Verfahrens auch die Konvergenz der Ordnung p folgt.

Das folgende Ergebnis stellt einen Zusammenhang zwischen der Ordnung und der Stufenzahl expliziter RK-Verfahren her.

Eigenschaft 11.4 *Die Ordnung eines s-stufigen expliziten RK-Verfahrens kann nicht größer als s sein. Ferner gibt es kein s-stufiges explizites RK-Verfahren der Ordnung s, wenn $s \geq 5$.*

Wir verweisen den Leser auf [But87] für die Beweise dieses und weiter unten gegebener Ergebnisse. Insbesondere ist für Ordnungen zwischen 1 und 10 die minimal erforderliche Zahl an Stufen s_{min}, um eine Methode entsprechender Ordnung zu bekommen, die nachfolgend angegebene

Ordnung	1	2	3	4	**5**	6	7	8
s_{min}	1	2	3	4	**6**	7	9	11

Beachte, dass 4 die maximale Zahl an Stufen ist, für die die Ordnung der Methode nicht kleiner als die Zahl der Stufen selbst ist. Ein Beispiel eines RK-Verfahrens vierter Ordnung ist das folgende explizite 4-stufige Verfahren

$$u_{n+1} = u_n + \frac{h}{6}(K_1 + 2K_2 + 2K_3 + K_4)$$

$$
\begin{aligned}
K_1 &= f_n, \\
K_2 &= f(t_n + \tfrac{h}{2}, u_n + \tfrac{h}{2}K_1), \\
K_3 &= f(t_n + \tfrac{h}{2}, u_n + \tfrac{h}{2}K_2), \\
K_4 &= f(t_{n+1}, u_n + hK_3).
\end{aligned}
\tag{11.73}
$$

Was die impliziten Schemen anbelangt, ist die maximal erreichbare Ordnung eines s-stufigen Verfahrens $2s$.

Bemerkung 11.4 (Der Fall von Systemen von ODEs) Ein RK-Verfahren kann selbstverständlich auf Systeme von ODEs erweitert werden. Jedoch stimmt die Ordnung eines RK-Verfahrens im skalaren Fall nicht notwendig mit der im vektoriellen Fall überein. Insbesondere behält eine Methode, die im Fall eines autonomen Systems $\mathbf{y}' = \mathbf{f}(\mathbf{y})$, mit $\mathbf{f} : \mathbb{R}^m \to \mathbb{R}^n$ die Ordnung p, $p \geq 4$, besitzt, auch die Ordnung p bei, selbst wenn sie auf eine autonome skalare Gleichung angewendet wird. Jedoch ist die Umkehrung nicht wahr. Was diesen Gegenstand anbetrifft, siehe [Lam91], Abschnitt 5.8. ∎

11.8.1 Herleitung expliziter RK-Verfahren

Die übliche Technik zur Herleitung eines expliziten RK-Verfahrens besteht darin, die höchstmögliche Zahl an Termen in der Taylorentwicklung der exakten Lösung y_{n+1} um t_n mit denen der approximierten Lösung u_{n+1} gleichzusetzen. Dabei wird angenommen, das wir einen Schritt des RK-Verfahrens beginnend mit der exakten Lösung y_n ausführen. Wir geben ein Beispiel dieser Technik im Fall eines expliziten 2-stufigen RK-Verfahrens.

Wir betrachten ein 2-stufiges explizites RK-Verfahren und nehmen an, es für den n-ten Schritt der exakten Lösung y_n aufzustellen. Dann gilt

$$u_{n+1} = y_n + hF(t_n, y_n, h; f) = y_n + h(b_1 K_1 + b_2 K_2),$$

$$K_1 = f_n, \qquad K_2 = f(t_n + hc_2, y_n + hc_2 K_1),$$

wobei angenommen wurde, dass (11.72) gilt. Entwickeln wir K_2 in eine Taylorreihe in einer Umgebung von t_n und brechen die Entwicklung mit den Gliedern zweiter Ordnung ab, bekommen wir

$$K_2 = f_n + hc_2(f_{n,t} + K_1 f_{n,y}) + \mathcal{O}(h^2).$$

Wir haben durch $f_{n,z}$ (für $z = t$ oder $z = y$) die partielle Ableitung von f in Bezug auf z ausgewertet im Punkt (t_n, y_n) bezeichnet. Dann folgt

$$u_{n+1} = y_n + hf_n(b_1 + b_2) + h^2 c_2 b_2(f_{n,t} + f_n f_{n,y}) + \mathcal{O}(h^3).$$

Führen wir die gleiche Entwicklung mit der exakten Lösung aus, ergibt sich

$$y_{n+1} = y_n + hy_n' + \frac{h^2}{2}y_n'' + \mathcal{O}(h^3) = y_n + hf_n + \frac{h^2}{2}(f_{n,t} + f_n f_{n,y}) + \mathcal{O}(h^3).$$

Die Forderung des Übereinstimmens der Koeffizienten in beiden Entwicklungen bis auf Terme höherer Ordnung, liefert für die Koeffizienten des RK-Verfahrens $b_1 + b_2 = 1$, $c_2 b_2 = \frac{1}{2}$.

Damit gibt es unendlich viele 2-stufige explizite RK-Verfahren von zweiter Genauigkeitsordnung. Zwei Beispiele sind das Heun-Verfahren (11.10) und das modifizierte Euler-Verfahren (11.91). Natürlich kann man mit ähnlichen (und mühseligen) Berechnungen im Fall von höher-stufigen Verfahren und der Berücksichtigung einer höheren Zahl an Termen in der Taylorentwicklung RK-Verfahren höherer Ordnung erzeugen. Zum Beispiel bekommen wir das Schema (11.73), wenn alle Terme bis zur fünften Ordnung berücksichtigt werden.

11.8.2 Schrittweitensteuerung für RK-Verfahren

Als Einschrittmethoden sind RK-Verfahren gut für eine adaptive Steuerung der Schrittweite h geeignet, vorausgesetzt ein effizienter Schätzer des lokalen Fehlers ist verfügbar. Üblicherweise ist ein derartiges Werkzeug ein *a posteriori* Fehlerschätzer, denn die lokalen *a priori* Fehlerschätzer sind zu kompliziert, um in der Praxis angewandt zu werden. Der Fehlerschätzer kann auf zwei Wegen konstruiert werden:

- unter Verwendung des gleichen RK-Verfahrens, aber mit zwei verschiedenen Schrittweiten (typischerweise $2h$ und h);
- unter Verwendung zweier RK-Verfahren unterschiedlicher Ordnung aber mit der gleichen Stufenzahl s.

Wenn ein RK-Verfahren der Ordnung p verwendet wird, tut man im ersten Fall so, als ob beginnend mit einem exakten Datum $u_n = y_n$ (welches für $n \geq 1$ nicht verfügbar wäre), der lokale Fehler in t_{n+1} kleiner als eine fixierte Toleranz ist. Dann gilt die folgende Beziehung

$$y_{n+1} - u_{n+1} = \Phi(y_n)h^{p+1} + \mathcal{O}(h^{p+2}), \tag{11.74}$$

wobei Φ eine unbekannte in y_n ausgewertete Funktion y_n ist. (Beachte, dass in diesem speziellen Fall $y_{n+1} - u_{n+1} = h\tau_{n+1}(h)$).

Führen wir die gleiche Berechnung mit der Schrittweite $2h$ beginnend bei t_{n-1} durch und bezeichnen durch $\widehat{u}_{n+1}$ die berechnete Lösung, so folgt

$$\begin{aligned}
y_{n+1} - \widehat{u}_{n+1} &= \Phi(y_{n-1})(2h)^{p+1} + \mathcal{O}(h^{p+2}) \\
&= \Phi(y_n)(2h)^{p+1} + \mathcal{O}(h^{p+2}),
\end{aligned} \tag{11.75}$$

wobei auch y_{n-1} bezüglich t_n entwickelt wurde. Ziehen wir (11.74) von (11.75) ab, erhalten wir

$$(2^{p+1} - 1)h^{p+1}\Phi(y_n) = u_{n+1} - \widehat{u}_{n+1} + \mathcal{O}(h^{p+2}),$$

woraus

$$y_{n+1} - u_{n+1} \simeq \frac{u_{n+1} - \widehat{u}_{n+1}}{(2^{p+1} - 1)} = \mathcal{E}$$

folgt. Wenn $|\mathcal{E}|$ kleiner als eine fest vorgegebene Toleranz ε ist, geht das Schema zum nächsten Zeitschritt über, andernfalls wird die Abschätzung mit der halben Schrittweite wiederholt. Im Allgemeinen wird die Schrittweite verdoppelt, wenn $|\mathcal{E}|$ kleiner als $\varepsilon/2^{p+1}$ ist.

Dieser Zugang ist, wegen der $s - 1$ zusätzlichen Funktionsauswertungen, die zur Erzeugung des Wertes $\widehat{u}_{n+1}$ erforderlich sind, mit einem beträchtlichen Anwachsen des numerischen Aufwandes verbunden. Wenn man darüber hinaus die Schrittweite halbieren muss, ist auch der Wert u_n neu zu berechnen.

Eine Alternative, die auf zusätzliche Funktionsauswertungen verzichtet, besteht darin, gleichzeitig zwei RK-Verfahren mit s Stufen, der Ordnung p bzw. $p + 1$ zu verwenden, die die gleiche Menge von Werten K_i haben. Diese Methoden sind durch das modifizierte Butcher-Schema

$$\begin{array}{c|c}
\mathbf{c} & \mathbf{A} \\
\hline
 & \mathbf{b}^T \\
 & \widehat{\mathbf{b}}^T \\
\hline
 & \mathbf{E}^T
\end{array} \tag{11.76}$$

darstellbar, wobei die Methode der Ordnung p durch die Koeffizienten $\mathbf{c}$, $\mathbf{A}$ und $\mathbf{b}$ beschrieben wird, wogegen die der Ordnung $p+1$ durch $\mathbf{c}$, $\mathbf{A}$ und $\widehat{\mathbf{b}}$, und wobei $\mathbf{E} = \mathbf{b} - \widehat{\mathbf{b}}$ ist.

Die Differenz zwischen den von den beiden Methoden erzielten Näherungslösungen in t_{n+1} liefert eine Abschätzung des lokalen Abbruchfehlers für das Schema niederer Ordnung. Da andererseits die Koeffizienten K_i übereinstimmen, ist diese Differenz durch $h \sum_{i=1}^{s} E_i K_i$ gegeben und erfordert keine zusätzlichen Funktionsauswertungen.

Beachte, dass wenn die durch das Schema der Ordnung p berechnete Lösung u_{n+1} zur Initialisierung des Schemas im Zeitschritt $n+2$ verwendet wird, die Methode als Ganzes die Ordnung p haben wird. Wenn umgekehrt die durch das Schema der Ordnung $p+1$ berechnete Lösung verwendet wird, würde das resultierende Schema noch die Ordnung $p+1$ haben (genau wie es bei Prädiktor-Korrektor-Verfahren der Fall ist).

Das Runge-Kutta-Fehlberg-Verfahren ist eins der populärsten Schemen der Form (11.76) und besteht aus einem RK-Verfahren vierter Ordnung gekoppelt mit einem RK-Verfahren fünfter Ordnung (aus diesem Grunde ist es auch als RK45-Verfahren bekannt).

Das modifizierte Butcher-Schema für dieses Verfahren ist nachfolgend dargestellt

$$
\begin{array}{c|cccccc}
0 & 0 & 0 & 0 & 0 & 0 & 0 \\
\frac{1}{4} & \frac{1}{4} & 0 & 0 & 0 & 0 & 0 \\
\frac{3}{8} & \frac{3}{32} & \frac{9}{32} & 0 & 0 & 0 & 0 \\
\frac{12}{13} & \frac{1932}{2197} & -\frac{7200}{2197} & \frac{7296}{2197} & 0 & 0 & 0 \\
1 & \frac{439}{216} & -8 & \frac{3680}{513} & -\frac{845}{4104} & 0 & 0 \\
\frac{1}{2} & -\frac{8}{27} & 2 & -\frac{3544}{2565} & \frac{1859}{4104} & -\frac{11}{40} & 0 \\
\hline
 & \frac{25}{216} & 0 & \frac{1408}{2565} & \frac{2197}{4104} & -\frac{1}{5} & 0 \\
 & \frac{16}{135} & 0 & \frac{6656}{12825} & \frac{28561}{56430} & -\frac{9}{50} & \frac{2}{55} \\
\hline
 & \frac{1}{360} & 0 & -\frac{128}{4275} & -\frac{2197}{75240} & \frac{1}{50} & \frac{2}{55}
\end{array}
$$

Diese Methode tendiert dazu den Fehler zu unterschätzen. Sie ist daher nicht vollkommen verlässlich, wenn die Schrittweite h groß ist.

Bemerkung 11.5 MATLAB liefert ein Werkzeugpaket `funfun`, das neben den beiden klassischen Runge-Kutta-Fehlberg-Verfahren, RK23 (Paar zweiter und dritter Ordnung) und RK45 (Paar vierter und fünfter Ordnung) auch andere Methoden implementiert, die zur Lösung *steifer* Probleme geeignet sind. Diese Verfahren sind von BDF-Verfahren abgeleitet (siehe [SR97]) und im MATLAB Programm `ode15s` enthalten.   ∎

11.8.3 Implizite RK-Verfahren

Implizite RK-Verfahren können aus der Integralformulierung des Cauchy Problems (11.2) abgeleitet werden. Wenn eine Quadraturformel mit s Knoten in (t_n, t_{n+1}) verwendet wird, um das Integral über f (der Einfachheit halber nehmen wir an, dass f nur von t abhängt) zu approximieren, bekommen wir

$$\int_{t_n}^{t_{n+1}} f(\tau)\, d\tau \simeq h \sum_{j=1}^{s} b_j f(t_n + c_j h),$$

wobei die Gewichte durch b_j und die Quadraturknoten durch $t_n + c_j h$ bezeichnet wurden. Es kann bewiesen werden (siehe [But64]), dass für jede RK-Formel (11.70)-(11.71) eine Entsprechung zwischen den Koeffizienten b_j, c_j der Formel und den Gewichten und Knoten einer Gauß-Quadratur existiert.

Insbesondere sind die Koeffizienten $c_1, \ldots, c_s$ die Wurzeln des Legendre-Polynoms L_s in der Variablen $x = 2c - 1$, so dass $x \in [-1, 1]$. Wenn die s Koeffizienten c_j gefunden sind, können wir RK-Verfahren der Ordnung $2s$ konstruieren, in dem die Koeffizienten a_{ij} und b_j als Lösungen der linearen Systeme

$$\sum_{j=1}^{s} c_j^{k-1} a_{ij} = (1/k) c_i^k, \quad k = 1, 2, \ldots, s, \quad i = 1, \ldots, s$$

$$\sum_{j=1}^{s} c_j^{k-1} b_j = 1/k, \qquad k = 1, 2, \ldots, s.$$

bestimmt werden. Folgende Familien können abgeleitet werden:

1. *Gauß-Legendre-RK-Verfahren*, wenn Gauß-Legendre-Quadraturknoten verwendet werden. Diese Methoden erreichen bei einer festen Stufenzahl s die maximal mögliche Ordnung $2s$. Bemerkenswerte Beispiele sind die Einschrittverfahren (*implizites Mittelpunkt-Verfahren*) der Ordnung 2

$$u_{n+1} = u_n + hf\left(t_n + \tfrac{1}{2}h, \tfrac{1}{2}(u_n + u_{n+1})\right), \qquad \begin{array}{c|c} \frac{1}{2} & \frac{1}{2} \\ \hline & 1 \end{array}$$

und das 2-stufige Verfahren der Ordnung 4, das durch das folgende Butcher-Schema

$$\begin{array}{c|cc} \frac{3-\sqrt{3}}{6} & \frac{1}{4} & \frac{3-2\sqrt{3}}{12} \\ \frac{3+\sqrt{3}}{6} & \frac{3+2\sqrt{3}}{12} & \frac{1}{4} \\ \hline & \frac{1}{2} & \frac{1}{2} \end{array}$$

beschrieben ist.

2. *Gauß-Radau-Verfahren*, die durch den Fakt charakterisiert werden, dass die Quadraturknoten einen der beiden Endknoten des Intervalls (t_n, t_{n+1}) enthalten. Die maximal durch diese Verfahren erreichbare Ordnung ist $2s - 1$, wenn s Stufen verwendet werden. Elementare Beispiele entsprechen den Butcher-Schemen

$$
\begin{array}{c|c}
0 & 1 \\\hline
& 1
\end{array}, \qquad
\begin{array}{c|c}
1 & 1 \\\hline
& 1
\end{array}, \qquad
\begin{array}{c|cc}
\frac{1}{3} & \frac{5}{12} & -\frac{1}{12} \\
1 & \frac{3}{4} & \frac{1}{4} \\\hline
& \frac{3}{4} & \frac{1}{4}
\end{array}
$$

und haben die Ordnung 1, 1 bzw. 3. Das Butcher-Schema in der Mitte stellt das Euler-Rückwärtsverfahren dar.

3. *Gauß-Lobatto-Verfahren*, bei denen beide Endpunkte t_n und t_{n+1} Quadraturknoten sind. Die maximale durch s Stufen erreichbare Ordnung ist $2s - 2$. Wir erinnern an die Methoden der Familie, die den folgenden Butcher-Schemen

$$
\begin{array}{c|cc}
0 & 0 & 0 \\
1 & \frac{1}{2} & \frac{1}{2} \\\hline
& \frac{1}{2} & \frac{1}{2}
\end{array}, \qquad
\begin{array}{c|cc}
0 & \frac{1}{2} & 0 \\
1 & \frac{1}{2} & 0 \\\hline
& \frac{1}{2} & \frac{1}{2}
\end{array}, \qquad
\begin{array}{c|ccc}
0 & \frac{1}{6} & -\frac{1}{3} & \frac{1}{6} \\
\frac{1}{2} & \frac{1}{6} & \frac{5}{12} & -\frac{1}{12} \\
1 & \frac{1}{6} & \frac{2}{3} & \frac{1}{6} \\\hline
& \frac{1}{6} & \frac{2}{3} & \frac{1}{6}
\end{array}
$$

entspricht und die die Ordnung 2, 2 bzw. 3 haben. Das erste Schema stellt das Crank-Nicolson-Verfahren dar.

Wie im Fall semi-impliziter RK-Verfahren beschränken wir uns darauf, den Fall von DIRK-Verfahren (*diagonal implizite RK*) zu erwähnen, die für $s = 3$ durch das folgende Butcher-Schema dargestellt werden

$$
\begin{array}{c|ccc}
\frac{1+\mu}{2} & \frac{1+\mu}{2} & 0 & 0 \\
\frac{1}{2} & -\frac{\mu}{2} & \frac{1+\mu}{2} & 0 \\
\frac{1-\mu}{2} & 1+\mu & -1-2\mu & \frac{1+\mu}{2} \\\hline
& \frac{1}{6\mu^2} & 1 - \frac{1}{3\mu^2} & \frac{1}{6\mu^2}
\end{array}
$$

Der Parameter μ ist eine der drei Wurzeln von $3\mu^3 - 3\mu - 1 = 0$ (d.h. $(2/\sqrt{3})\cos(10^o)$, $-(2/\sqrt{3})\cos(50^o)$, $-(2/\sqrt{3})\cos(70^o)$). Die maximale Ordnung, die in der Literatur für diese Methoden bestimmt wurde, ist 4.

11.8.4 Bereiche absoluter Stabilität für RK-Verfahren

Wenden wir ein s-stufiges RK-Verfahren auf das Modellproblem (11.24) an, erhalten wir

$$K_i = \lambda \left(u_n + h \sum_{j=1}^{s} a_{ij} K_j \right), \quad u_{n+1} = u_n + h \sum_{i=1}^{s} b_i K_i, \qquad (11.77)$$

d.h. eine Differenzengleichung erster Ordnung. Wenn $\mathbf{K}$ und $\mathbf{1}$ die Vektoren der Komponenten $(K_1, \ldots, K_s)^T$ bzw. $(1, \ldots, 1)^T$ sind, dann wird (11.77)

$$\mathbf{K} = \lambda \left(u_n \mathbf{1} + h \mathbf{A} \mathbf{K} \right), \quad u_{n+1} = u_n + h \mathbf{b}^T \mathbf{K},$$

woraus $\mathbf{K} = (\mathrm{I} - h\lambda \mathbf{A})^{-1} \mathbf{1} u_n$ und somit

$$u_{n+1} = \left[1 + h\lambda \mathbf{b}^T (\mathrm{I} - h\lambda \mathbf{A})^{-1} \mathbf{1} \right] u_n = R(h\lambda) u_n$$

folgen, und $R(h\lambda)$ die sogenannte *Stabilitätsfunktion* bezeichnet.

Das RK-Verfahren ist genau dann absolut stabil, d.h. die Folge $\{u_n\}$ genügt (11.25), wenn $|R(h\lambda)| < 1$. Der Bereich absoluter Stabilität ist durch

$$\mathcal{A} = \{ z = h\lambda \in \mathbb{C} \text{ so dass } |R(h\lambda)| < 1 \}$$

gegeben. Ist die Methode explizit, so ist A eine strenge untere Dreiecksmatrix und die Funktion R kann in der folgenden Form geschrieben werden (siehe [DV84])

$$R(h\lambda) = \frac{\det(\mathrm{I} - h\lambda \mathbf{A} + h\lambda \mathbf{1} \mathbf{b}^T)}{\det(\mathrm{I} - h\lambda \mathbf{A})}.$$

Da $\det(\mathrm{I} - h\lambda \mathbf{A}) = 1$, ist $R(h\lambda)$ eine polynomiale Funktion in der Veränderlichen $h\lambda$, und $|R(h\lambda)|$ kann niemals für alle Werte von $h\lambda$ kleiner als 1 sein. Folglich kann $\mathcal{A}$ nie unbeschränkt für ein explizites RK-Verfahren sein.

Im Spezialfall eines expliziten RK-Verfahrens der Ordnung $s = 1, \ldots, 4$ erhält man (siehe [Lam91])

$$R(h\lambda) = \sum_{k=0}^{s} \frac{1}{k!} (h\lambda)^k.$$

Die entsprechenden Bereiche absoluter Stabilität sind in Abbildung 11.10 gezeigt. Beachte, dass im Unterschied zu MS-Verfahren die Bereiche absoluter Stabilität von RK-Verfahren mit steigender Ordnung größer werden.

Wir bemerken abschliessend, dass die Bereiche absoluter Stabilität für explizite RK-Verfahren nicht zusammenhängend sein müssen; ein Beispiel dafür ist in Übung 14 gegeben.

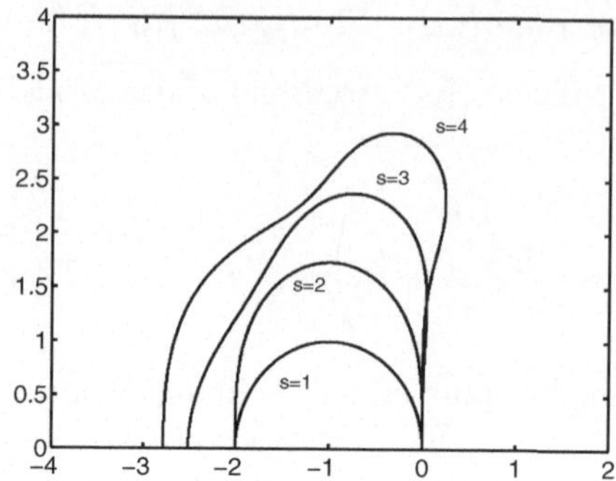

Abbildung 11.10. Bereiche absoluter Stabilität für s-stufige explizite RK-Verfahren, mit $s = 1, \ldots, 4$. Es wird nur der Teil $\mathrm{Im}(h\lambda) \geq 0$ dargestellt, da die Bereiche symmetrisch bezüglich der reellen Achse sind.

11.9   Systeme von ODEs

Betrachten wir das System von ODEs erster Ordnung

$$\mathbf{y}' = \mathbf{F}(t, \mathbf{y}), \tag{11.78}$$

wobei $\mathbf{F} : \mathbb{R} \times \mathbb{R}^n \to \mathbb{R}^n$ eine gegebene Vektorfunktion und $\mathbf{y} \in \mathbb{R}^n$ der Lösungsvektor sind, der von n beliebigen durch die Anfangsbedingungen

$$\mathbf{y}(t_0) = \mathbf{y}_0 \tag{11.79}$$

festzulegenden Konstanten abhängt. Wir erinnern an die folgende Eigenschaft (siehe [PS91], S. 209).

Eigenschaft 11.5 *Sei* $\mathbf{F} : \mathbb{R} \times \mathbb{R}^n \to \mathbb{R}^n$ *eine stetige Funktion auf* $D = [t_0, T] \times \mathbb{R}^n$, *mit* t_0 *und* T *endlich. Wenn es eine positive Konstante* L *derart gibt, dass*

$$\|\mathbf{F}(t, \mathbf{y}) - \mathbf{F}(t, \bar{\mathbf{y}})\| \leq L \|\mathbf{y} - \bar{\mathbf{y}}\| \tag{11.80}$$

für jedes $(t, \mathbf{y})$ *und* $(t, \bar{\mathbf{y}}) \in D$, *dann existiert zu jedem* $\mathbf{y}_0 \in \mathbb{R}^n$ *ein eindeutiges* $\mathbf{y}$, *stetig und differenzierbar in Bezug auf* t *für jedes* $(t, \mathbf{y}) \in D$, *das eine Lösung des Cauchy Problems (11.78)-(11.79) ist.*

Die Bedingung (11.80) besagt, dass $\mathbf{F}$ *Lipschitzstetig* in Bezug auf das zweite Argument ist.

Es ist nur selten möglich, die Lösung des Systems (11.78) in geschlossener Form aufzuschreiben. Ein Spezialfall ist der, bei dem das System die Form

$$\mathbf{y}'(t) = \mathrm{A}\mathbf{y}(t), \tag{11.81}$$

mit $A \in \mathbb{R}^{n \times n}$ annimmt. Unter der Voraussetzung, dass A n verschiedene Eigenwerte λ_j, $j = 1, \ldots, n$ besitzt, kann die Lösung $\mathbf{y}$ in der Form

$$\mathbf{y}(t) = \sum_{j=1}^{n} C_j e^{\lambda_j t} \mathbf{v}_j \qquad (11.82)$$

geschrieben werden. Dabei sind $C_1, \ldots, C_n$ gewisse Konstanten und $\{\mathbf{v}_j\}$ eine von den Eigenvektoren von A gebildete Basis, die zu den Eigenwerten λ_j für $j = 1, \ldots, n$, gehört. Die Lösung ist durch das Stellen von n Anfangsbedingungen bestimmt.

Vom numerischen Standpunkt aus können die im skalaren Fall eingeführten Methoden auf Systeme erweitert werden. Eine delikate Angelegenheit ist jedoch die Verallgemeinerung der Theorie, die über die absolute Stabilität entwickelt wurde.

Unter diesem Aspekt betrachten wir das System (11.81). Wie zuvor gesehen, betrifft die absolute Stabilität das Verhalten der numerischen Lösung wenn t nach Unendlich geht in dem Fall, wenn die Lösung des Problems (11.78)

$$\|\mathbf{y}(t)\| \to 0 \quad \text{für } t \to \infty \qquad (11.83)$$

genügt. Die Bedingung (11.83) ist erfüllt, wenn alle Realteile der Eigenwerte von A negativ sind, denn dies garantiert

$$e^{\lambda_j t} = e^{\mathrm{Re}\lambda_j t}(\cos(\mathrm{Im}\lambda_j) + i\sin(\mathrm{Im}\lambda_i)) \to 0, \quad \text{wenn } t \to \infty, \qquad (11.84)$$

woraus (11.83) unter Berücksichtigung von (11.82) folgt. Da A n verschiedene Eigenwerte besitzt, existiert eine nichtsinguläre Matrix Q, so dass $\Lambda = Q^{-1}AQ$ gilt und Λ die Diagonalmatrix mit den Einträgen der Eigenwerte von A ist (siehe Abschnitt 1.8, Band 1).

Führen wir die Hilfsvariable $\mathbf{z} = Q^{-1}\mathbf{y}$ ein, kann das ursprüngliche System in

$$\mathbf{z}' = \Lambda\mathbf{z} \qquad (11.85)$$

transformiert werden. Da Λ eine Diagonalmatrix ist, sind die im skalaren Fall geltenden Ergebnisse sofort auch im Vektorfall gültig, vorausgesetzt dass die Analysis auf alle (skalaren) Gleichungen des Systems (11.85) wiederholt wird.

11.10 Steife Probleme

Betrachten wir ein inhomogenes lineares System von ODEs mit konstanten Koeffizienten

$$\mathbf{y}'(t) = A\mathbf{y}(t) + \boldsymbol{\varphi}(t), \qquad \text{mit } A \in \mathbb{R}^{n \times n}, \quad \boldsymbol{\varphi}(t) \in \mathbb{R}^n,$$

und nehmen an, dass A n verschiedene Eigenwerte λ_j, $j = 1, \ldots, n$, habe. Dann gilt

$$\mathbf{y}(t) = \sum_{j=1}^{n} C_j e^{\lambda_j t} \mathbf{v}_j + \boldsymbol{\psi}(t) = \mathbf{y}_{hom}(t) + \boldsymbol{\psi}(t)$$

wobei $C_1, \ldots, C_n$, Konstanten sind, $\{\mathbf{v}_j\}$ eine von den Eigenvektoren von A gebildete Basis ist und $\boldsymbol{\psi}(t)$ eine partikuläre Lösung der vorliegenden ODE ist. In diesem Abschnitt werden wir generell $\mathrm{Re}\lambda_j < 0$ für alle j annehmen.

Für $t \to \infty$ strebt die Lösung $\mathbf{y}$ gegen die partikuläre Lösung $\boldsymbol{\psi}$. Wir können daher $\boldsymbol{\psi}$ als die *Gleichgewichtslösung* (d.h. nach unendlicher Zeit) und $\mathbf{y}_{hom}$ als die *transiente Lösung* (d.h. für endliche t) intepretieren. Nehmen wir an, wir sind nur an der Gleichgewichtslösung interessiert. Verwenden wir ein numerisches Schema mit einem beschränkten Gebiet absoluter Stabilität, so ist die Schrittweite einer Bedingung unterworfen, die vom betragsmäßig größten Eigenwert von A abhängt. Je größer dieser Betrag ist, um so kürzer ist andererseits das Zeitintervall, in dem die entsprechende Lösungskomponente bedeutsam ist. Wir sind also mit einem gewissem Paradoxon konfrontiert: das Schema wird gezwungen kleine Integrationsschrittweiten zu verwenden, um Lösungskomponenten zu verfolgen, die praktisch für große Werte von t flach sind.

Präziser formuliert, wenn wir annehmen, dass

$$\sigma \le \mathrm{Re}\lambda_j \le \tau < 0, \qquad \forall j = 1, \ldots, n \tag{11.86}$$

und den *Steifheitsquotienten* $r_s = \sigma/\tau$ einführen, so sagen wir, dass das lineare System von ODEs mit konstanten Koeffizienten *steif* ist, wenn die Eigenwerte der Matrix A sämtlich negativen Realteil haben und $r_s \gg 1$ ist. Sich jedoch nur auf das Spektrum von A zu beziehen, um die *Steifheit* eines Problems zu charakterisieren, kann mit Nachteilen verbunden sein. Wenn zum Beispiel $\tau \simeq 0$, kann der *Steifheitsquotient* sehr groß sein, während das System nur "wirklich" *steif* zu sein scheint, wenn $|\sigma|$ sehr groß ist. Darüber hinaus kann das Aufprägen geeigneter Anfangsbedingungen die *Steifheit* des Problems beeinflussen (zum Beispiel die Auswahl solcher Daten die die Konstanten, mit denen die *"steifen"* Komponenten der Lösung multipliziert werden, zum Verschwinden bringen).

Aus diesen Gründen finden verschiedene Autoren die vorangegangene Definition eines *steifen* Problems ungeeignet und stimmen aber andererseits der Tatsache zu, dass es nicht möglich ist, exakt zu beschreiben, was mit einem *steifen* Problem gemeint ist. Wir beschränken uns hier auf das Zitieren einer weiteren Definition, die von gewissem Interesse ist, da sie darauf abhebt, was in der Praxis als ein *steifes* Problem beobachtet wird.

Definition 11.14 (aus [Lam91], S. 220) Ein System von ODEs ist *steif*, wenn bei der Approximation durch ein numerisches Schema, das durch

einen endlichen Bereich absoluter Stabilität charakterisiert ist, die Methode
für irgendeine Anfangsbedingung, für die das Problem eine Lösung besitzt,
gezwungen wird eine extrem kleine Schrittweite bezogen auf die Glattheit
der exakten Lösung zu verwenden.

Von dieser Definition ausgehend ist klar, dass eine bedingt absolutstabile
Methode zur Approximation eines *steifen* Problems ungeeignet ist. Dies legt
nahe zu impliziten MS- oder RK-Verfahren zu greifen, die zwar teurer als
explizite Schemen sind, aber Bereiche absoluter Stabilität von unendlicher
Größe besitzen. Jedoch sollte auch daran erinnert werden, dass für nichtlineare Probleme implizite Methoden zu nichtlinearen Gleichungen führen,
für die es entscheidend ist, iterative numerische Verfahren zu verwenden,
die in ihren Konvergenzverhalten frei von Beschränkungen bezüglich h sind.

Im Fall von MS-Verfahren haben wir beispielsweise gesehen, dass die
Verwendung von Fixpunktiterationen zu der Nebenbedingung (11.68) an h
in Bezug auf die Lipschitzkonstante L von f führt. Im Fall eines linearen
Systems lautet diese Nebenbedingung

$$L \geq \max_{i=1,\dots,n} |\lambda_i|,$$

so dass (11.68) eine starke Einschränkung beinhalten würde (die sogar ein-
schränkender als die durch die Forderung der Stabilität des expliziten Schemas sein kann). Ein Weg zur Überwindung diesen Nachteils besteht darin,
zum Newton-Verfahren und seiner Varianten zu greifen. Das Vorhandensein
der Dahlquist-Schranken stellt eine starke Einschränkung für die Verwendung von MS-Verfahren dar, die einzige Ausnahme sind BDF-Verfahren,
die wie wir gesehen haben für $p \leq 5$ θ-stabil sind (für eine größere Zahl
von Schritten sind sie sogar nicht nullstabil). Die Situation verbessert sich
sichtlich, wenn implizite RK-Verfahren betrachtet werden, wie am Ende
von Abschnitt 11.8.4 beobachtet wurde.

Die bislang entwickelte Theorie gilt rigoros, wenn das System linear ist.
Im nichtlinearen Fall wollen wir das Cauchy Problem (11.78) betrachten,
wobei die Funktion $\mathbf{F} : \mathbb{R} \times \mathbb{R}^n \to \mathbb{R}^n$ als differenzierbar vorausgesetzt
wird. Eine mögliche Strategie zum Studium der Stabilität besteht in der
Linearisierung des Systems

$$\mathbf{y}'(t) = \mathbf{F}(\tau, \mathbf{y}(\tau)) + \mathrm{J}_{\mathbf{F}}(\tau, \mathbf{y}(\tau)) \left[\mathbf{y}(t) - \mathbf{y}(\tau)\right],$$

in einer Umgebung $(\tau, \mathbf{y}(\tau))$, wobei τ ein beliebig gewählter Wert von t
innerhalb des Zeitintegrationsintervalls ist.

Die obige Technik kann problematisch sein, weil die Eigenwerte von $\mathrm{J}_{\mathbf{F}}$
im Allgemeinen nicht ausreichend das Verhalten der exakten Lösung des
Orginalproblems beschreiben. In der Tat können einige Gegenbeispiele gefunden werden, bei denen:

1. $J_\mathbf{F}$ konjugiert komplexe Eigenwerte besitzt, während die Lösung von (11.78) kein oszillatorisches Verhalten zeigt;

2. $J_\mathbf{F}$ reelle nichtnegative Eigenwerte besitzt, während die Lösung von (11.78) nicht monoton in t wächst;

3. $J_\mathbf{F}$ Eigenwerte mit negativen Realteil hat, aber die Lösung von (11.78) nicht monoton in t fällt.

Als ein Beispiel für den den im Punkt 3 besprochenen Fall betrachten wir das System von ODEs

$$\mathbf{y}' = \begin{bmatrix} -\dfrac{1}{2t} & \dfrac{2}{t^3} \\[2mm] -\dfrac{t}{2} & -\dfrac{1}{2t} \end{bmatrix} \mathbf{y} \quad = \quad \mathrm{A}(t)\mathbf{y}.$$

Für $t \geq 1$ ist seine Lösung

$$\mathbf{y}(t) = C_1 \begin{bmatrix} t^{-3/2} \\[1mm] -\frac{1}{2}t^{1/2} \end{bmatrix} + C_2 \begin{bmatrix} 2t^{-3/2}\log t \\[1mm] t^{1/2}(1-\log t) \end{bmatrix}$$

deren Euklidische Norm für $t > (12)^{1/4} \simeq 1.86$ monoton divergiert wenn $C_1 = 1$, $C_2 = 0$, während die Eigenwerte von $\mathrm{A}(t)$, die gleich $(-1 \pm 2i)/(2t)$ sind, negative Realteile haben.

Der nichtlineare Fall muss deshalb mit *ad hoc* Techniken, durch geeignete Umformulierung des Stabilitätskonszeptes selbst, angegangen werden (siehe [Lam91], Kapitel 7).

11.11   Anwendungen

Wir betrachten zwei Beispiele dynamischer Systeme, die sich gut zur Überprüfung der Leistungsfähigkeit verschiedener in den vorangegangenen Abschnitten eingeführten numerischer Methoden eignen.

11.11.1   *Analysis der Bewegung eines reibungsfreien Pendels*

Wir wollen ein reibungsfreies Pendel in Abbildung 11.11 (links) betrachten, dessen Bewegung durch das folgende System von ODEs

$$\begin{cases} y_1' = & y_2, \\[2mm] y_2' = & -K\sin(y_1), \end{cases} \tag{11.87}$$

für $t > 0$ bestimmt wird. Hierbei stellen $y_1(t)$ und $y_2(t)$ die Lage bzw. die Winkelgeschwindigkeit des Pendels zur Zeit t dar, während K eine positive Konstante, die von den geometrisch-mechanischen Parameters des Pendels abhängt, ist. Wir betrachten die Anfangsbedingungen: $y_1(0) = \theta_0$, $y_2(0) = 0$.

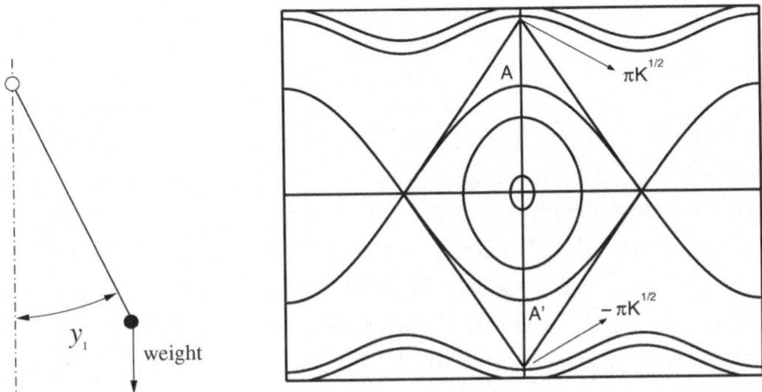

Abbildung 11.11. Links: reibungsfreies Pendel; rechts: Bahnen des Systems (11.87) im Phasenraum.

Durch $\mathbf{y} = (y_1, y_2)^T$ werde die Lösung des Systems (11.87) bezeichnet. Das System besitzt unendlich viele Gleichgewichtsbedingungen der Form $\mathbf{y} = (n\pi, 0)^T$ für $n \in \mathbb{Z}$, die Situationen entsprechen, bei denen das Pendel vertikal in Ruhe ist. Für gerades n, ist das Gleichgewicht stabil, für ungerades instabil. Diese Folgerungen können aus der Analyse des linearisierten Systems

$$\mathbf{y}' = A_e \mathbf{y} = \begin{bmatrix} 0 & 1 \\ -K & 0 \end{bmatrix} \mathbf{y}, \qquad \mathbf{y}' = A_o \mathbf{y} = \begin{bmatrix} 0 & 1 \\ K & 0 \end{bmatrix} \mathbf{y}$$

gezogen werden. Ist n gerade, hat die Matrix A_e konjugiert komplexe Eigenwerte $\lambda_{1,2} = \pm i\sqrt{K}$ und die zugehörigen Eigenvektoren $\mathbf{y}_{1,2} = (\mp i/\sqrt{K}, 1)^T$, wohingegen für n ungerade A_o reelle und entgegengesetzte Eigenwerte $\lambda_{1,2} = \pm\sqrt{K}$ und die Eigenvektoren $\mathbf{y}_{1,2} = (1/\sqrt{K}, \mp 1)^T$ hat.

Wir betrachten zwei verschiedene Mengen von Anfangsdaten: $\mathbf{y}^{(0)} = (\theta_0, 0)^T$ und $\mathbf{y}^{(0)} = (\pi + \theta_0, 0)^T$, wobei $|\theta_0| \ll 1$. Die Lösungen der entsprechenden linearisierten Systeme sind

$$\begin{cases} y_1(t) = & \theta_0 \cos(\sqrt{K}t) \\ y_2(t) = & -\sqrt{K}\theta_0 \sin(\sqrt{K}t) \end{cases}, \quad \begin{cases} y_1(t) = & (\pi + \theta_0)\cosh(\sqrt{K}t) \\ y_2(t) = & \sqrt{K}(\pi + \theta_0)\sinh(\sqrt{K}t), \end{cases}$$

und werden im Folgenden als "stabil" bzw. "instabil" aus Gründen die später klar werden bezeichnet. Zu diesen Lösungen gehören in der Ebene (y_1, y_2), dem *Phasenraum*, die folgenden Bahnen (d.h. die Graphen, die durch Zeichnen der Kurve $(y_1(t), y_2(t))$ im Phasenraum entstehen).

$$\left(\frac{y_1}{\theta_0}\right)^2 + \left(\frac{y_2}{\sqrt{K}\theta_0}\right)^2 = 1, \qquad \text{(stabiler Fall)}$$

$$\left(\frac{y_1}{\pi + \theta_0}\right)^2 - \left(\frac{y_2}{\sqrt{K}(\pi + \theta_0)}\right)^2 = 1, \quad \text{(instabiler Fall)}.$$

Im stabilen Fall sind die Bahnen Ellipsen mit der Periode $2\pi/\sqrt{K}$ und in $(0,0)^T$ zentriert, während sie im instabilen Fall hyperbolisch zentriert in $(0,0)^T$ und asymptotisch zu den Geraden $y_2 = \pm\sqrt{K}y_1$ sind.

Das komplette Bild der Bewegung des Pendels im Phasenraum ist in Abbildung 11.11 (rechts) gezeigt. Beachte, dass für $v = |y_2|$ und fixierter Anfangsposition $y_1(0) = 0$ ein Grenzwert $v_L = 2\sqrt{K}$ existiert, der im Bild den Punkten A und A' entspricht. Für $v(0) < v_L$ sind die Bahnen geschlossen, wohingegen sie für $v(0) > v_L$ offen sind, entsprechend einem kontinuierlichem Umlauf des Pendels mit unendlich vielen Durchgängen (mit periodischer und von Null verschiedener Geschwindigkeit) durch die beiden Gleichgewichtspositionen $y_1 = 0$ und $y_1 = \pi$. Der Grenzfall $v(0) = v_L$ liefert eine Lösung, so dass wegen des Prinzips der Erhaltung der Gesamtenergie $y_2 = 0$ wenn $y_1 = \pi$ gilt. In der Tat werden diese beiden Werte nur für $t \to \infty$ erreicht.

Das nichtlineare Differentialgleichungssystem erster Ordnung (11.87) wurde numerisch unter Verwendung des Euler-Vorwärtsverfahren (FE), des Mittelpunktverfahrens (MP) und der Adams-Bashforth-Schemas zweiter Ordnung (AB) gelöst. In Abbildung 11.12 zeigen wir die Bahnen im Phasenraum, die durch die durch die beiden Methoden im Phasenraum auf dem Zeitintervall $(0,30)$ für $K = 1$ und $h = 0.1$ berechnet wurden. Die Kreuze bezeichnen die Anfangsbedingungen.

Wie zu sehen ist, schliessen sich die durch das FE-Verfahren erzeugten Bahnen nicht. Diese Art der Instabilität ist darauf zurückzuführen, dass der Bereich der absoluten Stabilität des FE-Verfahrens vollständig die imaginäre Achse ausschliesst. Im Gegensatz dazu beschreibt das MP-Verfahren das System der geschlossenen Bahnen exakt aufgrund der Tatsache, dass sein Bereich asymptotischer Stabilität (siehe Abschnitt 11.6.4) rein imaginäre Eigenwerte in der Umgebung des Ursprunges der komplexen Ebene enthält. Es muss auch erwähnt werden, das das MP-Verfahren zu oszillierenden Lösungen neigt, wenn v_0 größer wird. Das AB-Verfahren zweiter Ordnung hingegen beschreibt korrekt alle Bahnen

11.11.2 Nachgiebigkeit artieller Wände

Eine arterielle Wand kann unter dem Einfluß einer Blutströmung durch einen nachgiebigen kreisförmigen Zylinder der Länge L und dem Radius R_0 mit Wänden, die aus einem inkompressiblen, homogenen, isotropen,

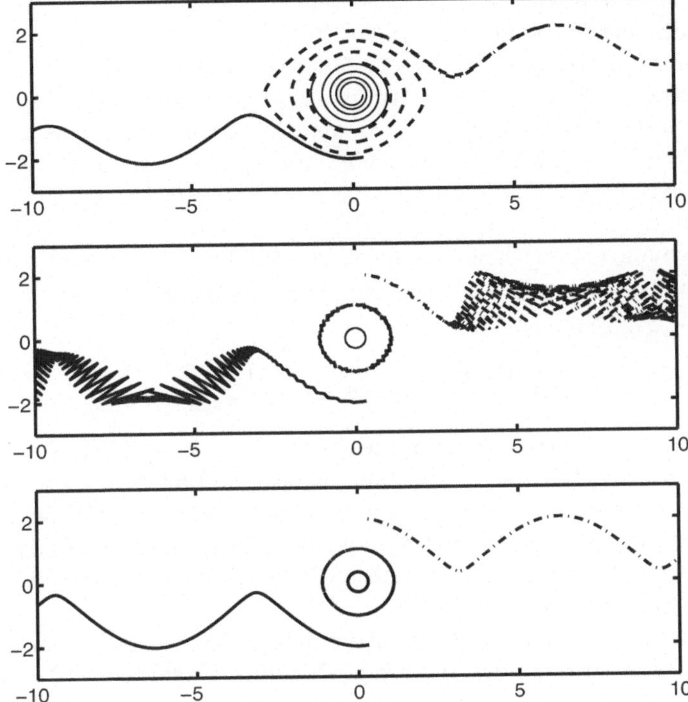

Abbildung 11.12. Bahnen des Systems (11.87) im Fall $K = 1$ und $h = 0.1$, berechnet unter Verwendung des FE-Verfahrens (obere Abbildung), des MP-Verfahrens (mittlere Abbildung) bzw. des AB-Verfahrens (untere Abbildung). Die Anfangsbedingungen sind $\theta_0 = \pi/10$ und $v_0 = 0$ (dünne durchgezogene Kurve), $v_0 = 1$ (gestrichelte Kurve), $v_0 = 2$ (gestrichelt-punktierte Kurve) und $v_0 = -2$ (dicke durchgezogene Kurve).

elastischen Gewebe der Dicke H gemacht sind, modelliert werden. Ein einfaches Modell zur Beschreibung des mechanischen Verhaltens der Wände, die mit der Blutströmung interagieren, ist das sogenannte "unabhängige Ringmodell", nach dem die Gefäßwand als ein Zusammenschluss von Ringen angesehen werden kann, die nicht miteinander wechselwirken.

Dies läuft auf die Vernachlässigung der longitudinalen (oder axialen) Wirkungen des Gefäßes und der Annahme hinaus, dass sich die Wände nur in axialer Richtung deformieren können. Folglich ist der Gefäßradius R durch $R(t) = R_0 + y(t)$ gegeben, wobei y die radiale Deformation des Ringes in Bezug auf den Referenzradius R_0 und t die Zeitvariable sind. Die Anwendung des Newtonschen Gesetzes auf das unabhängige Ringsystem liefert die folgende Gleichung, die das mechanische Verhalten der Wand modelliert

$$y''(t) + \beta y'(t) + \alpha y(t) = \gamma(p(t) - p_0), \qquad (11.88)$$

wobei $\alpha = E/(\rho_w R_0^2)$, $\gamma = 1/(\rho_w H)$ und β ein positiver Parameter sind. Die physikalischen Parameter ρ_w und E bezeichnen die Dichte der Gefäßwand bzw. den Elastizitätsmodul des Gefäßgewebes. Die Funktion $p - p_0$ ist die treibende Kraft, die auf die Wand aufgrund des Druckgefälles zwischen dem inneren Teil des Gefässes (wo das Blut strömt) und dem äußeren Teil (umgebende Organe) wirkt. In Ruhe, wenn $p = p_0$, stimmt die Gefäßkonfiguration mit dem undeformierten Kreiszylinder mit dem Radius R_0 ($y = 0$) überein.

Gleichung (11.88) kann in der Form $\mathbf{y}'(t) = \mathbf{A}\mathbf{y}(t) + \mathbf{b}(t)$ formuliert werden, wobei $\mathbf{y} = (y, y')^T$, $\mathbf{b} = (0, -\gamma(p - p_0))^T$ und

$$A = \begin{pmatrix} 0 & 1 \\ -\alpha & -\beta \end{pmatrix} \tag{11.89}$$

sind. Die Eigenwerte von A sind $\lambda_\pm = (-\beta \pm \sqrt{\beta^2 - 4\alpha})/2$; daher sind für $\beta \geq 2\sqrt{\alpha}$ beide Eigenwerte reell und negativ und das System asymptotisch stabil mit $\mathbf{y}(t)$ exponentiell auf Null fallend sobald $t \to \infty$. Wenn umgekehrt $0 < \beta < 2\sqrt{\alpha}$ gilt, sind die Eigenwerte konjugiert komplex und gedämpfte Oszillationen erscheinen in der Lösung, die wieder exponentiell für $t \to \infty$ auf Null fallen.

Numerische Approximationen wurden unter Verwendung des Euler-Rückwärtsverfahrens (BE) und des Crank-Nicolson-Verfahrens (CN) berechnet. Wir haben $\mathbf{y}(t) = \mathbf{0}$ gesetzt und die folgenden (physiologischen) Werte der physikalischen Parameter verwendet: $L = 5 \cdot 10^{-2}[m]$, $R_0 = 5 \cdot 10^{-3}[m]$, $\rho_w = 10^3[Kg\,m^{-3}]$, $H = 3 \cdot 10^{-4}[m]$ und $E = 9 \cdot 10^5[Nm^{-2}]$, woraus $\gamma \simeq 3.3[Kg^{-1}m^{-2}]$ und $\alpha = 36 \cdot 10^6[s^{-2}]$. Eine sinusförmige Funktion $p - p_0 = x\Delta p(a + b\cos(\omega_0 t))$ wurde verwendet, um die Druckvariation entlang der Gefäßrichtung x und der Zeit zu modellieren, wobei $\Delta p = 0.25 \cdot 133.32\ [Nm^{-2}]$, $a = 10 \cdot 133.32\ [Nm^{-2}]$, $b = 133.32\ [Nm^{-2}]$ und die Schwingung $\omega_0 = 2\pi/0.8\ [rad\,s^{-1}]$ dem Herzschlag entspricht.

Die unten dargestellten Resultate beziehen sich auf die Ringkoordinate $x = L/2$. Die beiden (sehr verschiedenen Fälle) (1) $\beta = \sqrt{\alpha}\,[s^{-1}]$ und (2) $\beta = \alpha\,[s^{-1}]$ wurden analysiert; es ist leicht zu sehen, dass im Fall (2) der *Steifheitsqotient* (siehe Abschnitt 11.10) fast gleich α ist, das Problem also extrem steif ist. Wir bemerken auch, dass in beiden Fällen die Realteile der Eigenwerte von A sehr groß sind, so dass ein geeignet kleiner Zeitschritt genommen werden sollte, um den schnellen Übergang des Systems zu beschreiben.

Im Fall (1) ist das Differentialgleichungssystem auf dem Zeitintervall $[0, 2.5 \cdot 10^{-3}]$ bei einem Zeitschritt von $h = 10^{-4}$ studiert worden. Wir bemerken, dass die beiden Eigenwerte von A den gleichen Betrag 6000 haben, folglich unsere Wahl von h mit der Verwendung einer expliziten Methode ebenso vereinbar ist.

Abbildung 11.13 (links) zeigt die numerischen Lösungen als Funktion der Zeit. Die durchgezogene (dünne) Kurve ist die exakte Lösung, die dicke gestrichelte und die durchgezogene Kurve sind die Lösungen, die das CN-Verfahren bzw. das BE-Verfahren lieferten. Eine weitaus bessere Genauigkeit des CN-Verfahrens gegenüber dem BE-Verfahren ist klar ersichtlich; dies wird durch das Bild in Abbildung 11.13 (rechts) bestätigt, das die Trajektorien im Phasenraum zeigt. In diesem Fall wurde das System auf dem Zeitintervall $[0, 0.25]$ bei einem Zeitschritt von $h = 2.5 \cdot 10^{-4}$ integriert. Die gestrichelte Kurve ist die Trajektorie des CN-Verfahrens, während die durchgezogene Kurve die durch das BE-Verfahren berechnete ist. Eine starke Dissipation wird vom BE-Verfahren verglichen mit dem CN-Verfahren eingeführt; das Bild zeigt auch, dass beide Lösungen gegen einen Grenzzyklus konvergieren, der der Kosinuskomponente der treibenden Kraft entspricht.

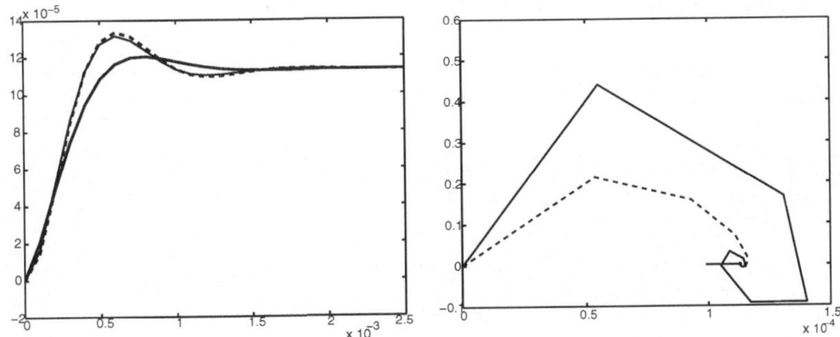

Abbildung 11.13. Transiente Simulation (links) und Phasenraumtrajektorien (rechts).

Im zweiten Fall (2) ist das Differentialgleichungssystem auf dem Zeitintervall $[0, 10]$ bei einem Zeitschritt von $h = 0.1$ integriert worden. Die Steifheit des Problems wird durch das in Abbildung 11.14 (links) gezeigte Bild der Deformationsgeschwindigkeiten z demonstriert. Die durchgezogene Kurve ist die durch das BE-Verfahren berechnete Lösung, während die gestrichelte Kurve die entsprechende des CN-Verfahrens ist; aus Gründen der grafischen Klarheit wurden nur ein Drittel der Knotenwerte für das CN-Verfahren dargestellt. Starke Oszillationen erscheinen, da die Eigenwerte der Matrix A $\lambda_1 = -1$, $\lambda_2 = -36 \cdot 10^6$ sind, so dass das CN-Verfahren die erste Komponente y der Lösung $\mathbf{y}$ als

$$y_k^{CN} = \left(\frac{1 + (h\lambda_1)/2}{1 - (h\lambda_1)/2} \right)^k \simeq (0.9048)^k, \qquad k \geq 0,$$

approximiert, die offensichtlich stabil ist. Die approximierende der zweiten Komponente $z(= y')$ ist

$$z_k^{CN} = \left(\frac{1 + (h\lambda_2)/2}{1 - (h\lambda_2)/2} \right)^k \simeq (-0.9999)^k, \qquad k \geq 0,$$

also offensichtlich oszillierend. Im Gegensatz dazu liefert das BE-Verfahren

$$y_k^{BE} = \left(\frac{1}{1 - h\lambda_1}\right)^k \simeq (0.9090)^k, \qquad k \geq 0,$$

und

$$z_k^{CN} = \left(\frac{1}{1 - h\lambda_2}\right)^k \simeq (0.2777)^k, \qquad k \geq 0$$

welche beide stabil für jedes $h > 0$ sind. Dementsprechend wird die erste Komponente y der vektoriellen Lösung $\mathbf{y}$ durch beide Methoden korrekt approximiert, wie in Abbildung 11.14 (rechts) ersichtlich, wo die durchgezogene Kurve sich auf das BE-Verfahren bezieht und die gestrichelte Kurve die vom CN-Verfahren berechnete ist.

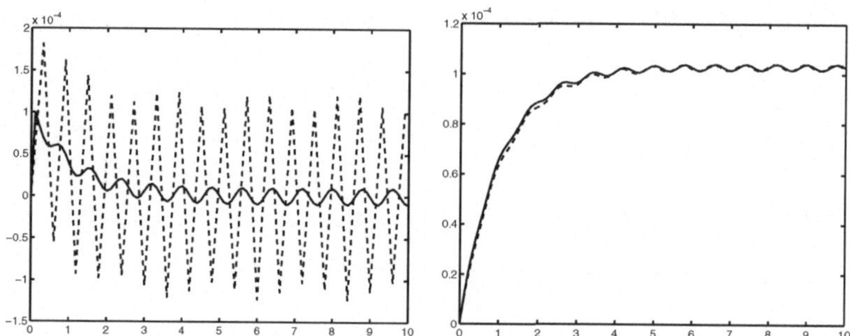

Abbildung 11.14. Langzeitverhalten der Lösung: Geschwindigkeiten (links) und Verschiebungen (rechts).

11.12 Übungen

1. Beweise, dass das Heun-Verfahren die Ordnung 2 bezüglich h hat.

   [*Hinweis* : Beachte, dass $h\tau_{n+1} = y_{n+1} - y_n - h\Phi(t_n, y_n; h) = E_1 + E_2$, mit $E_1 = \left\{\int_{t_n}^{t_{n+1}} f(s, y(s))ds - \frac{h}{2}[f(t_n, y_n) + f(t_{n+1}, y_{n+1})]\right\}$ und $E_2 = \frac{h}{2}\{[f(t_{n+1}, y_{n+1}) - f(t_{n+1}, y_n + hf(t_n, y_n))]\}$. Hierbei ist E_1 der Fehler aufgrund der numerische Integration mittels Trapez-Verfahren und E_2 kann durch den Fehler aufgrund des verwendeten Euler-Vorwärtsverfahrens beschränkt werden.]

2. Beweise, dass das Crank-Nicoloson-Verfahren bezüglich h die Ordnung 2 hat.

   [*Lösung* : Mit (9.12) bekommen wir für ein geeignetes ξ_n in (t_n, t_{n+1})

$$y_{n+1} = y_n + \frac{h}{2}[f(t_n, y_n) + f(t_{n+1}, y_{n+1})] - \frac{h^3}{12}f''(\xi_n, y(\xi_n))$$

oder, äquivalent

$$\frac{y_{n+1} - y_n}{h} = \frac{1}{2}\left[f(t_n, y_n) + f(t_{n+1}, y_{n+1})\right] - \frac{h^2}{12}f''(\xi_n, y(\xi_n)). \quad (11.90)$$

Daher stimmt die Beziehung (11.9) mit (11.90) bis auf eine Größe der Ordnung 2 bezüglich h überein, vorausgesetzt $f \in C^2(I)$.]

3. Löse die Differentialgleichung $u_{n+4} - 6u_{n+3} + 14u_{n+2} - 16u_{n+1} + 8u_n = n$ unter den Anfangsbedingungen $u_0 = 1$, $u_1 = 2$, $u_2 = 3$ und $u_3 = 4$.

   [*Lösung* : $u_n = 2^n(n/4 - 1) + 2^{(n-2)/2}\sin(\pi/4) + n + 2$.]

4. Beweise, dass wenn das in (11.30) definierte charakteristische Polynom einfache Wurzeln hat, dann jede Lösung der zugehörigen Differenzengleichung in der Form (11.32) geschrieben werden kann.

   [*Hinweis* : Beachte, dass eine allgemeine Lösung u_{n+k} vollständig durch die Anfangswerte $u_0, \ldots, u_{k-1}$ bestimmt ist. Darüber hinaus gibt es im Fall sämtlich verschiedener Wurzeln r_i von Π, k eindeutig bestimmte Koeffizienten α_i, so dass $\alpha_1 r_1^j + \ldots + \alpha_k r_k^j = u_j$ with $j = 0, \ldots, k - 1 \ldots$]

5. Beweise, dass die in (11.37) definierte Matrix R im Fall einfacher Wurzeln des charakteristischen Polynoms Π nicht singulär ist.

   [*Hinweis:* Sie stimmt mit der Transponierten der Vandermondeschen Matrix, bei der x_i^j durch r_j^i ersetzt ist, überein (siehe Übung 2, Kapitel 8).]

6. Die Legendre-Polynome L_i genügen der Differenzengleichung

$$(n + 1)L_{n+1}(x) - (2n + 1)xL_n(x) + nL_{n-1}(x) = 0$$

   mit $L_0(x) = 1$ und $L_1(x) = x$ (siehe Abschnitt 10.1.2). Die erzeugende Funktion $F(z, x) = \sum_{n=0}^{\infty} P_n(x)z^n$ definierend, beweise dass $F(z, x) = (1 - 2zx + z^2)^{-1/2}$.

7. Beweise, dass die *Gamma-Funktion*

$$\Gamma(z) = \int_0^{\infty} e^{-t}t^{z-1}dt, \qquad z \in \mathbb{C}, \quad \mathrm{Re}\, z > 0$$

   die Lösung der Differenzengleichung $\Gamma(z + 1) = z\Gamma(z)$ ist.

   [*Hinweis* : Integriere partiell.]

8. Studiere als Funktion von $\alpha \in \mathbb{R}$ die Stabilität und Ordnung der Familie von Mehrschrittverfahren

$$u_{n+1} = \alpha u_n + (1 - \alpha)u_{n-1} + 2hf_n + \frac{h\alpha}{2}\left[f_{n-1} - 3f_n\right].$$

9. Betrachte die folgende Familie von Einschrittverfahren, die von dem reellen Parameter α abhängt

$$u_{n+1} = u_n + h[(1 - \frac{\alpha}{2})f(x_n, u_n) + \frac{\alpha}{2}f(x_{n+1}, u_{n+1})].$$

Studiere die Konsistenz als Funktion von α; setze danach $\alpha = 1$ und verwende die entsprechende Methode, um das Cauchy Problem

$$y'(x) = -10y(x), \quad x > 0,$$
$$y(0) = 1.$$

Bestimme die Werte von h, für die das Verfahren absolut stabil ist

[*Lösung* : Die Familie von Methoden ist konsistent für jeden Wert von α. Die Methode höchstmöglicher Ordnung (welche gleich 2 ist) wird für $\alpha = 1$ erhalten. Sie stimmt mit den Crank-Nicolson-Verfahren überein.]

10. Betrachte die Familie von Mehrschrittverfahren

$$u_{n+1} = \alpha u_n + \frac{h}{2}\left(2(1 - \alpha)f_{n+1} + 3\alpha f_n - \alpha f_{n-1}\right),$$

bei der α ein reeller Parameter ist.

(a) Analysiere Konsistenz und Ordnung der Methoden in Abhängigkeit von α, bestimme den Wert α^* für den das resultierende Verfahren maximale Ordnung hat.

(b) Untersuche die Nullstabilität der Methode bei $\alpha = \alpha^*$, stelle das charakteristische Polynom $\Pi(r; h\lambda)$ auf und zeichne mit Hilfe von MATLAB die Bereiche der absoluten Stabilität in der komplexen Ebene dar.

11. Adams-Verfahren können leicht verallgemeinert werden, in dem man zwischen t_{n-r} und t_{n+1} mit $r \geq 1$ integriert. Zeige, dass man so Methoden der Form

$$u_{n+1} = u_{n-r} + h \sum_{j=-1}^{p} b_j f_{n-j}$$

erhält und beweise, dass für $r = 1$ die in (11.43) eingeführte Mittelpunktsregel zurückgewonnen wird. (Die Methoden dieser Familie heißen *Nystron-Verfahren.*)

12. Zeige, dass das Heun-Verfahren (11.10) ein explizites Zweischritt-RK-Verfahren ist, und gebe das Butcher-Schema der Methode an. Dann mache dasselbe für das *modifizierte Euler-Verfahren*, das durch

$$u_{n+1} = u_n + hf(t_n + \frac{h}{2}, u_n + \frac{h}{2}f_n), \quad n \geq 0 \qquad (11.91)$$

gegeben ist.

[*Lösung* : Die Methoden haben die folgenden Butcher-Schemen

$$
\begin{array}{c|cc}
0 & 0 & 0 \\
1 & 1 & 0 \\
\hline
 & \frac{1}{2} & \frac{1}{2}
\end{array}
\qquad
\begin{array}{c|cc}
0 & 0 & 0 \\
\frac{1}{2} & \frac{1}{2} & 0 \\
\hline
 & 0 & 1
\end{array}
.]
$$

13. Zeige, dass das Butcher-Schema für die Methode (11.73) durch

$$
\begin{array}{c|cccc}
0 & 0 & 0 & 0 & 0 \\
\frac{1}{2} & \frac{1}{2} & 0 & 0 & 0 \\
\frac{1}{2} & 0 & \frac{1}{2} & 0 & 0 \\
1 & 0 & 0 & 1 & 0 \\
\hline
 & \frac{1}{6} & \frac{1}{3} & \frac{1}{3} & \frac{1}{6}
\end{array}
$$

gegeben ist.

14. Schreibe ein MATLAB Programm, um die Bereiche der absoluten Stabilität eines RK-Verfahrens, für das die Funktion $R(h\lambda)$ verfügbar ist, darzustellen. Überprüfe den Code am speziellen Fall

$$
R(h\lambda) = 1 + h\lambda + (h\lambda)^2/2 + (h\lambda)^3/6 + (h\lambda)^4/24 + (h\lambda)^5/120 + (h\lambda)^6/600
$$

und verifiziere, dass eine solcher Bereich nicht zusammenhängend ist.

15. Bestimme die mit dem *Merson-Verfahren*, dessen Butcher-Feld wie folgt angegeben werden kann

$$
\begin{array}{c|ccccc}
0 & 0 & 0 & 0 & 0 & 0 \\
\frac{1}{3} & \frac{1}{3} & 0 & 0 & 0 & 0 \\
\frac{1}{3} & \frac{1}{6} & \frac{1}{6} & 0 & 0 & 0 \\
\frac{1}{2} & \frac{1}{8} & 0 & \frac{3}{8} & 0 & 0 \\
1 & \frac{1}{2} & 0 & -\frac{3}{2} & 2 & 0 \\
\hline
 & \frac{1}{6} & 0 & 0 & \frac{2}{3} & \frac{1}{6}
\end{array}
$$

verbundene Funktion $R(h\lambda)$.

[*Lösung* : Man erhält $R(h\lambda) = 1 + \sum_{i=1}^{4}(h\lambda)^i/i! + (h\lambda)^5/144.$]

12
Zweipunktrandwertprobleme

Dieses Kapitel ist der Analyse von Näherungsmethoden für Zweipunkt-randwertaufgaben für Differentialgleichungen elliptischen Typs gewidmet. Wir werden finite Differenzen, finite Elemente und Spektral-Methoden betrachten. Auch die Erweiterung auf elliptische Randwertprobleme in zwei Raumdimensionen wird kurz behandelt.

12.1 Ein Modellproblem

Zu Beginn betrachten wir das Zweipunktrandwertproblem

$$-u''(x) = f(x), \quad 0 < x < 1, \tag{12.1}$$

$$u(0) = u(1) = 0. \tag{12.2}$$

Aus dem Fundamentalsatz der Differentialrechnung folgern wir, dass eine Funktion $u \in C^2([0,1])$, die der Differentialgleichung (12.1) genügt, in der Form

$$u(x) = c_1 + c_2 x - \int_0^x F(s)\, ds$$

mit beliebigen Konstanten c_1, c_2 und $F(s) = \int_0^s f(t)\, dt$ dargestellt werden kann. Durch partielle Integration haben wir

$$\int\limits_0^x F(s)\, ds = [sF(s)]_0^x - \int\limits_0^x sF'(s)\, ds = \int\limits_0^x (x - s)f(s)\, ds.$$

Die Konstanten c_1 und c_2 können durch Aufprägen der Randbedingungen bestimmt werden. Die Bedingung $u(0) = 0$ ergibt $c_1 = 0$, und $u(1) = 0$ liefert dann $c_2 = \int_0^1 (1 - s)f(s)\, ds$. Somit kann die Lösung von (12.1)-(12.2) in der Form

$$u(x) = x \int\limits_0^1 (1 - s)f(s)\, ds - \int\limits_0^x (x - s)f(s)\, ds$$

oder kompakter

$$u(x) = \int\limits_0^1 G(x, s)f(s)\, ds, \tag{12.3}$$

geschrieben werden, wobei wir für jedes feste x

$$G(x, s) = \begin{cases} s(1 - x) & \text{für } 0 \leq s \leq x, \\[2mm] x(1 - s) & \text{für } x \leq s \leq 1, \end{cases} \tag{12.4}$$

definiert haben. Die Funktion G heißt *Greensche Funktion* für das Randwertproblem (12.1)-(12.2). Sie ist eine stückweise lineare Funktion in x für festes s, und umgekehrt. Sie ist stetig, symmetrisch (d.h. $G(x, s) = G(s, x)$ für alle $x, s \in [0, 1]$), nichtnegativ, Null wenn x oder s gleich 0 oder 1 sind, und $\int_0^1 G(x, s)\, ds = \frac{1}{2}x(1 - x)$. Die Funktion ist in Abbildung 12.1 dargestellt.

Wir können daher schliessen, dass für jedes $f \in C^0([0, 1])$ eine eindeutige Lösung $u \in C^2([0, 1])$ des Randwertproblems (12.1)-(12.2) existiert, die die Darstellung (12.3) besitzt. Höhere Glattheit von u kann aus (12.1) abgeleitet werden; ist $f \in C^m([0, 1])$ für gewisses $m \geq 0$ so gilt tatsächlich $u \in C^{m+2}([0, 1])$.

Eine interessante Eigenschaft der Lösung u ist, dass aus der Nichtnegativität von $f \in C^0([0, 1])$ auch die Nichtnegativität von u folgt. Dies wird als Monotonieeigenschaft bezeichnet und folgt direkt aus (12.3), da $G(x, s) \geq 0$ für alle $x, s \in [0, 1]$. Die folgende Eigenschaft heißt *Maximumprinzip*. Für $f \in C^0(0, 1)$ gilt

$$\|u\|_\infty \leq \frac{1}{8}\|f\|_\infty \tag{12.5}$$

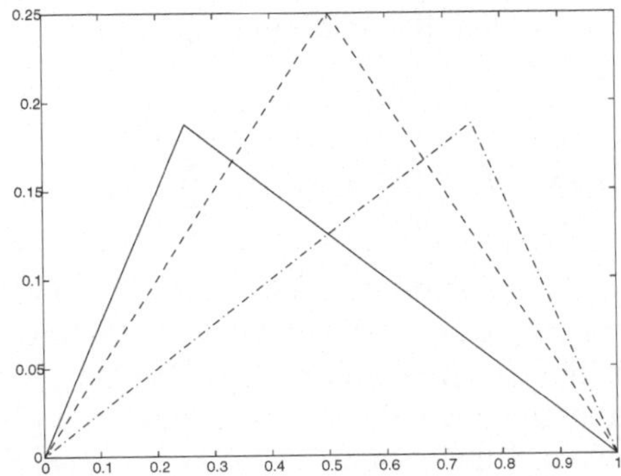

Abbildung 12.1. Greensche Funktion für drei verschiedene Werte von x: $x = 1/4$ (durchgezogene Kurve), $x = 1/2$ (gestrichelte Kurve), $x = 3/4$ (gestrichelt-punktierte Kurve).

wobei $\|u\|_\infty = \max\limits_{0 \le x \le 1} |u(x)|$ die Maximumnorm bezeichnet. Da die Greensche Funktion G nichtnegativ ist, haben wir tatsächlich

$$|u(x)| \le \int\limits_0^1 G(x,s)|f(s)| \; ds \le \|f\|_\infty \int\limits_0^1 G(x,s) \; ds = \frac{1}{2}x(1-x)\|f\|_\infty$$

woraus die Ungleichung (12.5) folgt.

12.2   Finite Differenzen Approximation

Auf $[0,1]$ führen wir die Gitterpunkte $\{x_j\}_{j=0}^n$ mit $x_j = jh$ ein, wobei $n \ge 2$ eine ganze Zahl und $h = 1/n$ die Gitterweite seien. Die Approximation der Lösung u ist eine endliche Folge $\{u_j\}_{j=0}^n$, die nur in den Gitterpunkten durch die Forderung

$$-\frac{u_{j+1} - 2u_j + u_{j-1}}{h^2} = f(x_j), \qquad \text{für } j = 1, \ldots, n-1 \qquad (12.6)$$

und $u_0 = u_n = 0$ definiert ist (wobei u_j als Approximation von $u(x_j)$ angesehen wird). Dies ist gleichbedeutend damit, $u''(x_j)$ durch die zentrale Differenz zweiter Ordnung (10.65) (siehe Abschnitt 10.10.1) zu ersetzen.

Setzen wir $\mathbf{u} = (u_1, \ldots, u_{n-1})^T$ und $\mathbf{f} = (f_1, \ldots, f_{n-1})^T$ mit $f_i = f(x_i)$, so ist einfach zu sehen, dass (12.6) in der kompakteren Form

$$A_{\text{fd}}\mathbf{u} = \mathbf{f} \qquad (12.7)$$

geschrieben werden kann, wobei A_{fd} die symmetrische $(n-1) \times (n-1)$ Matrix finiter Differenzen

$$A_{\text{fd}} = h^{-2}\text{tridiag}_{n-1}(-1, 2, -1) \qquad (12.8)$$

ist. Diese Matrix ist zeilendiagonaldominant; ferner ist sie positiv definit, denn für jeden Vektor $\mathbf{x} \in \mathbb{R}^{n-1}$ gilt

$$\mathbf{x}^T \mathbf{A}_{\mathrm{fd}} \mathbf{x} = h^{-2} \left[x_1^2 + x_{n-1}^2 + \sum_{i=2}^{n-1} (x_i - x_{i-1})^2 \right].$$

Somit besitzt (12.7) eine eindeutige Lössung. Eine andere interessante Eigenschaft ist, dass $\mathbf{A}_{\mathrm{fd}}$ eine M-Matrix (siehe Definition 1.25 in Band 1 und Übung 2) ist. Sie garantiert, dass die finite Differenzenlösung die gleiche Monotonieeigenschaft wie die exakte Lösung $u(x)$ hat, dass nämlich $\mathbf{u}$ nichtnegativ ist, wenn $\mathbf{f}$ nichtnegativ ist. Diese Eigenschaft heißt *diskretes Maximumprinzip*.

Zur Überführung von (12.6) in Operatorform sei V_h die Gesamtheit aller diskreter Funktionen, die in den Gitterpunkten x_j, $j = 0, \dots, n$, definiert sind. Ist $v_h \in V_h$, so ist $v_h(x_j)$ für alle j definiert und wir werden manchmal die Kurzschreibweise v_j anstelle von $v_h(x_j)$ verwenden. Nun sei V_h^0 die Teilmenge von V_h, die aus den diskreten Funktionen besteht, die in den Endpunkten x_0 und x_n verschwinden. Für eine beliebige Funktion w_h definieren wir den Operator L_h durch

$$(L_h w_h)(x_j) = -\frac{w_{j+1} - 2w_j + w_{j-1}}{h^2}, \qquad j = 1, \dots, n-1 \qquad (12.9)$$

und schreiben das finite Differenzenproblem (12.6) in der äquivalenten Form: finde $u_h \in V_h^0$, so dass

$$(L_h u_h)(x_j) = f(x_j) \qquad \text{für } j = 1, \dots, n-1. \qquad (12.10)$$

Beachte, dass in dieser Form die Randbedingungen durch die Forderung $u_h \in V_h^0$ berücksichtigt werden.

Finite Differenzen können auch verwendet werden, um Approximationen von Differentialoperatoren höherer Ordnung, als den in diesem Abschnitt betrachteten, zu liefern. Ein Beispiel wird in Abschnitt 4.7.2 in Band 1 gegeben, wo die zentrale finite Differenzendiskretisierung der Ableitung vierter Ordnung $-u^{(iv)}(x)$ durch zweimalige Anwendung des diskreten Operators L_h (siehe auch Übung 11) ausgeführt ist. Besondere Sorgfalt ist wieder der geeigneten Berücksichtigung der Randbedingungen zu widmen.

12.2.1 Stabilitätsanalyse durch Energiemethoden

Für zwei diskrete Funktionen $w_h, v_h \in V_h$ definieren wir das *diskrete Skalarprodukt*

$$(w_h, v_h)_h = h \sum_{k=0}^{n} c_k w_k v_k,$$

mit $c_0 = c_n = 1/2$ und $c_k = 1$ für $k = 1, \ldots, n-1$. Dies ist nichts anderes als die Anwendung der zusammengesetzten Trapezregel (9.13) zur Berechnung des Skalarproduktes $(w, v) = \int_0^1 w(x)v(x)dx$. Es ist klar, dass

$$\|v_h\|_h = (v_h, v_h)_h^{1/2}$$

eine Norm auf V_h ist.

Lemma 12.1 *Der Operator* L_h *ist symmetrisch, d.h.*

$$(L_h w_h, v_h)_h = (w_h, L_h v_h)_h \qquad \forall \, w_h, v_h \in V_h^0,$$

und positiv definit, d.h.

$$(L_h v_h, v_h)_h \geq 0 \qquad \forall v_h \in V_h^0,$$

wobei Gleichheit nur für $v_h \equiv 0$ *eintritt.*

Beweis. Aus der Identität

$$w_{j+1}v_{j+1} - w_j v_j = (w_{j+1} - w_j)v_j + (v_{j+1} - v_j)w_{j+1},$$

erhalten wir durch Summation über j von 0 bis $n-1$ die folgende Beziehung für alle $w_h, v_h \in V_h$

$$\sum_{j=0}^{n-1}(w_{j+1} - w_j)v_j = w_n v_n - w_0 v_0 - \sum_{j=0}^{n-1}(v_{j+1} - v_j)w_{j+1},$$

die als *partielle Summation* bezeichnet wird. Verwenden wir die partielle Summation zweimal, und setzen der Einfachheit halber $w_{-1} = v_{-1} = 0$, für alle $w_h, v_h \in V_h^0$, erhalten wir

$$\begin{aligned}
(L_h w_h, v_h)_h &= -h^{-1}\sum_{j=0}^{n-1}\left[(w_{j+1} - w_j) - (w_j - w_{j-1})\right]v_j \\
&= h^{-1}\sum_{j=0}^{n-1}(w_{j+1} - w_j)(v_{j+1} - v_j).
\end{aligned}$$

Aus dieser Beziehung folgern wir $(L_h w_h, v_h)_h = (w_h, L_h v_h)_h$; darüber hinaus erhalten wir für $w_h = v_h$

$$(L_h v_h, v_h)_h = h^{-1}\sum_{j=0}^{n-1}(v_{j+1} - v_j)^2. \tag{12.11}$$

Diese Größe ist immer positiv, es sei denn $v_{j+1} = v_j$ für $j = 0, \ldots, n-1$, was $v_j = 0$ für $j = 0, \ldots, n$ bedeutet, denn $v_0 = 0$. $\diamond$

Für jede Gitterfunktion $v_h \in V_h^0$ definieren wir die Norm

$$|||v_h|||_h = \left\{ h \sum_{j=0}^{n-1} \left(\frac{v_{j+1} - v_j}{h} \right)^2 \right\}^{1/2}. \tag{12.12}$$

Damit wird (12.11) äquivalent zu

$$(L_h v_h, v_h)_h = |||v_h|||_h^2 \qquad \text{für alle } v_h \in V_h^0. \tag{12.13}$$

Lemma 12.2 *Für jede Funktion $v_h \in V_h^0$ gilt die Ungleichung*

$$\|v_h\|_h \leq \frac{1}{\sqrt{2}} |||v_h|||_h. \tag{12.14}$$

Beweis. Wegen $v_0 = 0$ haben wir

$$v_j = h \sum_{k=0}^{j-1} \frac{v_{k+1} - v_k}{h} \qquad \text{für alle } j = 1, \ldots, n-1,$$

und somit

$$v_j^2 = h^2 \left[\sum_{k=0}^{j-1} \left(\frac{v_{k+1} - v_k}{h} \right) \right]^2.$$

Unter Verwendung der Minkowskischen Ungleichung

$$\left(\sum_{k=1}^{m} p_k \right)^2 \leq m \left(\sum_{k=1}^{m} p_k^2 \right), \tag{12.15}$$

die für jedes ganze $m \geq 1$ und jede Folge $\{p_1, \ldots, p_m\}$ reeller Zahlen gilt (siehe Übung 4), erhalten wir

$$\sum_{j=1}^{n-1} v_j^2 \leq h^2 \sum_{j=1}^{n-1} j \sum_{k=0}^{j-1} \left(\frac{v_{k+1} - v_k}{h} \right)^2.$$

Für jedes $v_h \in V_h^0$ bekommen wir nun

$$\|v_h\|_h^2 = h \sum_{j=1}^{n-1} v_j^2 \leq h^2 \sum_{j=1}^{n-1} jh \sum_{k=0}^{n-1} \left(\frac{v_{k+1} - v_k}{h} \right)^2 = h^2 \frac{(n-1)n}{2} |||v_h|||_h^2.$$

Ungleichung (12.14) folgt wegen $h = 1/n$. $\diamond$

Bemerkung 12.1 Für jedes $v_h \in V_h^0$ kann die Gitterfunktion $v_h^{(1)}$, deren Gitterwerte $(v_{j+1} - v_j)/h$, $j = 0, \ldots, n-1$ sind, als diskrete Ableitung von v_h angesehen werden (siehe Abschnitt 10.10.1). Die Ungleichung (12.14) kann somit auch in der Form

$$\|v_h\|_h \leq \frac{1}{\sqrt{2}} \|v_h^{(1)}\|_h \qquad \forall v_h \in V_h^0$$

geschrieben werden. Sie kann als das diskrete Gegenstück der folgenden *Poincaréschen Ungleichung* in $[0,1]$ aufgefasst werden: für jedes Intervall $[a,b]$ gibt es eine Konstante $C_P > 0$, so dass

$$\|v\|_{\mathrm{L}^2(a,b)} \le C_P \|v^{(1)}\|_{\mathrm{L}^2(a,b)} \qquad (12.16)$$

für alle $v \in C^1([a,b])$ mit $v(a) = v(b) = 0$ gilt, wobei $\|\cdot\|_{\mathrm{L}^2(a,b)}$ die Norm im $\mathrm{L}^2(a,b)$ bezeichnet (siehe (8.25)). ∎

Die Ungleichung (12.14) besitzt eine interessante Folgerung. Multiplizieren wir jede Gleichung von (12.10) mit u_j, summieren dann über j von 0 bis $n-1$, erhalten wir

$$(L_h u_h, u_h)_h = (f, u_h)_h.$$

Die Anwendung der Cauchy-Schwarzschen Ungleichung (1.14) (in Band 1) (die im endlich dimensionalen Fall gilt) auf (12.13) führt zu

$$\||u_h\||_h^2 \le \|f_h\|_h \|u_h\|_h,$$

wobei $f_h \in V_h$ die Gitterfunktion, für die $f_h(x_j) = f(x_j)$, $j = 1, \dots, n$, gilt, bezeichnet.

Wegen (12.14) schliessen wir

$$\|u_h\|_h \le \frac{1}{2} \|f_h\|_h, \qquad (12.17)$$

woraus wir folgern, dass das finite Differenzenproblem (12.6) eine eindeutige Lösung hat (oder äquivalent, dass die einzige $f_h = 0$ entsprechende Lösung $u_h = 0$ ist). Darüber hinaus ist (12.17) ein *Stabilitätsresultat*, das die Beschränktheit der finite Differenzenlösung für gegebenes Datum f_h zeigt.

Zum Beweis der Konvergenz führen wir zunächst den Begriff der Konsistenz ein. In Übereinstimmung mit unserer allgemeinen Definition (2.13) in Band 1 ist der lokale Abbruchfehler, für $f \in C^0([0,1])$ und $u \in C^2([0,1])$ die entsprechende Lösung von (12.1)-(12.2), die durch

$$\tau_h(x_j) = (L_h u)(x_j) - f(x_j), \qquad j = 1, \dots, n-1. \qquad (12.18)$$

definierte Gitterfunktion τ_h.

Mittels Taylorentwicklung und (10.66) erhält man

$$\begin{aligned}
\tau_h(x_j) &= -h^{-2}\left[u(x_{j-1}) - 2u(x_j) + u(x_{j+1})\right] - f(x_j) \\
&= -u''(x_j) - f(x_j) + \frac{h^2}{24}\left(u^{(iv)}(\xi_j) + u^{(iv)}(\eta_j)\right) \qquad (12.19) \\
&= \frac{h^2}{24}\left(u^{(iv)}(\xi_j) + u^{(iv)}(\eta_j)\right)
\end{aligned}$$

für geeignete $\xi_j \in (x_{j-1}, x_j)$ und $\eta_j \in (x_j, x_{j+1})$. Nachdem wir die *diskrete Maximumnorm* als

$$\|v_h\|_{h,\infty} = \max_{0 \leq j \leq n} |v_h(x_j)|$$

definiert haben, bekommen wir aus (12.19)

$$\|\tau_h\|_{h,\infty} \leq \frac{\|f''\|_\infty}{12} h^2, \tag{12.20}$$

vorausgesetzt, dass $f \in C^2([0,1])$. Insbesondere ist $\lim_{h \to 0} \|\tau_h\|_{h,\infty} = 0$ und daher das finite Differenzenschema mit dem Differentialgleichungsproblem (12.1)-(12.2) konsistent.

Bemerkung 12.2 Die Taylorsche Entwicklung von u um x_j kann auch in der Form

$$u(x_j \pm h) = u(x_j) \pm h u'(x_j) + \frac{h^2}{2} u''(x_j) \pm \frac{h^3}{6} u'''(x_j) + \mathcal{R}_4(x_j \pm h)$$

mit der Intergralform des Restgliedes

$$\mathcal{R}_4(x_j + h) = \int\limits_{x_j}^{x_j+h} (u'''(t) - u'''(x_j)) \frac{(x_j + h - t)^2}{2} dt,$$

$$\mathcal{R}_4(x_j - h) = - \int\limits_{x_j-h}^{x_j} (u'''(t) - u'''(x_j)) \frac{(x_j - h - t)^2}{2} dt$$

geschrieben werden. Unter Verwendung der beiden obigen Formeln und der Definition des lokalen Abbruchfehlers (12.18) kann leicht die Darstellung

$$\tau_h(x_j) = \frac{1}{h^2} \left(\mathcal{R}_4(x_j + h) + \mathcal{R}_4(x_j - h) \right) \tag{12.21}$$

gewonnen werden. Für jede ganze Zahl $m \geq 0$ bezeichnen wir mit $C^{m,1}(0,1)$ den Raum aller derjenigen Funktionen in $C^m(0,1)$, deren m-te Ableitung Lipschitzstetig, d.h.

$$\max_{x,y \in (0,1), x \neq y} \frac{|v^{(m)}(x) - v^{(m)}(y)|}{|x - y|} \leq M < \infty$$

ist. Schaut man auf (12.21), so sieht man, dass es für die Schlussfolgerung

$$\|\tau_h\|_{h,\infty} \leq M h^2$$

genügt anzunehmen, dass $u \in C^{3,1}(0,1)$. Dies zeigt, dass das finite Differenzenschema sogar unter etwas schwächeren Regularitätsbedingungen an die exakte Lösung u konsistent mit dem Differentialgleichungsproblem (12.1)-(12.2) ist.   ∎

Bemerkung 12.3 Sei $e = u - u_h$ die Gitterfunktion des *Diskretisierungs-fehlers*. Dann gilt

$$L_h e = L_h u - L_h u_h = L_h u - f_h = \tau_h. \tag{12.22}$$

Es kann gezeigt werden (siehe Übung 5), dass

$$\|\tau_h\|_h^2 \le 3 \left(\|f\|_h^2 + \|f\|_{L^2(0,1)}^2 \right) \tag{12.23}$$

gilt, woraus die Beschränktheit der Norm der diskreten Ableitungen 2.Ordnung des Diskretisierungsfehlers folgt, vorausgesetzt die Norm von f auf der rechten Seite von (12.23) ist auch beschränkt. ∎

12.2.2 Konvergenzanalyse

Die finite Differenzenlösung u_h kann durch die diskrete Greensche Funktion wie folgt charakterisiert werden. Für einen gegebenen Punkt x_k definieren wir zunächst eine Gitterfunktion $G^k \in V_h^0$ als Lösung des folgenden Problems

$$L_h G^k = e^k, \tag{12.24}$$

wobei $e^k \in V_h^0$ den Bedingungen $e^k(x_j) = \delta_{kj}, 1 \le j \le n-1$, genüge. Es ist leicht zu sehen, dass dann $G^k(x_j) = hG(x_j, x_k)$ gilt, wobei G die in (12.4) eingeführte Greensche Funktion ist (siehe Übung 6). Jeder Gitterfunktion $g \in V_h^0$ können wir die Gitterfunktion

$$w_h = T_h g, \qquad w_h = \sum_{k=1}^{n-1} g(x_k) G^k \tag{12.25}$$

zuordnen. Dann gilt

$$L_h w_h = \sum_{k=1}^{n-1} g(x_k) L_h G^k = \sum_{k=1}^{n-1} g(x_k) e^k = g.$$

Die Lösung u_h von (12.10) genügt $u_h = T_h f$, daher folgt

$$u_h = \sum_{k=1}^{n-1} f(x_k) G^k, \quad \text{und} \quad u_h(x_j) = h\sum_{k=1}^{n-1} G(x_j, x_k) f(x_k). \tag{12.26}$$

Theorem 12.1 *Sei $f \in C^2([0,1])$. Dann genügt der Knotenfehler $e(x_j) = u(x_j) - u_h(x_j)$ der Abschätzung*

$$\|u - u_h\|_{h,\infty} \le \frac{h^2}{96} \|f''\|_\infty, \tag{12.27}$$

d.h. u_h konvergiert gegen u (in der diskreten Maximumnorm) von zweiter Ordnung in h.

Beweis. Wir beginnen mit der Feststellung, dass aufgrund der Darstellung (12.25), die diskrete Version der Abschätzung (12.5)

$$\|u_h\|_{h,\infty} \le \frac{1}{8}\|f\|_{h,\infty} \tag{12.28}$$

gilt. Wir haben tatsächlich

$$
\begin{aligned}
|u_h(x_j)| \;&\le\; h\sum_{k=1}^{n-1} G(x_j,x_k)|f(x_k)| \le \|f\|_{h,\infty}\left(h\sum_{k=1}^{n-1} G(x_j,x_k)\right)\\
&= \|f\|_{h,\infty}\,\frac{1}{2}x_j(1-x_j) \le \frac{1}{8}\|f\|_{h,\infty},
\end{aligned}
$$

denn für $g = 1$, ist $T_h g$ derart, dass $T_h g(x_j) = \frac{1}{2}x_j(1-x_j)$ (siehe Übung 7).

Die Ungleichung (12.28) liefert ein Stabilitätsresultat in der diskreten Maximumnorm für die finite Differenzenlösung u_h. Nutzen wir (12.22), so erhalten wir durch das gleiche, um (12.28) zu beweisende Argument

$$\|e\|_{h,\infty} \le \frac{1}{8}\|\tau_h\|_{h,\infty}.$$

Schliesslich folgt die Behauptung (12.27) wegen (12.20). $\diamond$

Beachte, dass wir zur Herleitung des Konvergenzresultates (12.27) sowohl Stabilität als auch Konsistenz ausgenutzt haben. Insbesondere ist der Diskretisierungsfehler von der gleichen Ordnung (in Bezug auf h), wie der Konsistenzfehler τ_h.

12.2.3 Finite Differenzen für Zweipunktrandwertaufgaben mit variablen Koeffizienten

Ein Zweipunktrandwertproblem, das allgemeiner als (12.1)-(12.2) ist, ist das folgende

$$
\begin{aligned}
Lu(x) &= -(J(u)(x))' + \gamma(x)u(x) = f(x) \quad 0 < x < 1,\\
u(0) &= d_0, \quad u(1) = d_1
\end{aligned}
\tag{12.29}
$$

wobei

$$J(u)(x) = \alpha(x)u'(x), \tag{12.30}$$

d_0 und d_1 gegebene Konstanten und α, γ sowie f auf $[0,1]$ stetige gegebene Funktionen sind. Wir setzen $\gamma(x) \ge 0$ in $[0,1]$ und $\alpha(x) \ge \alpha_0 > 0$ für ein geeignetes α_0 voraus. Die Hilfsvariable $J(u)$ ist der zu u gehörende *Fluss* und besitzt sehr oft eine präzise physikalische Bedeutung.

Zur Approximation ist es zweckmässig auf $[0,1]$ ein neues Gitter einzuführen, das durch die Mittelpunkte $x_{j+1/2} = (x_j + x_{j+1})/2$ der Intervalle

$[x_j, x_{j+1}]$ für $j = 0, \ldots, n - 1$ gebildet wird. Dann lautet eine finite Differenzenapproximation von (12.29): finde $u_h \in V_h$, so dass

$$L_h u_h(x_j) = f(x_j) \quad \text{für alle } j = 1, \ldots, n - 1,$$

$$u_h(x_0) = d_0, \qquad u_h(x_n) = d_1, \tag{12.31}$$

wobei L_h für $j = 1, \ldots, n - 1$ durch

$$L_h w(x_j) = -\frac{J_{j+1/2}(w_h) - J_{j-1/2}(w_h)}{h} + \gamma_j w_j. \tag{12.32}$$

gegeben ist. Wir haben $\gamma_j = \gamma(x_j)$ gesetzt und für $j = 0, \ldots, n - 1$ den *approximativen Fluss* durch

$$J_{j+1/2}(w_h) = \alpha_{j+1/2} \frac{w_{j+1} - w_j}{h} \tag{12.33}$$

bezeichnet, mit $\alpha_{j+1/2} = \alpha(x_{j+1/2})$.
Das finite Differenzenschema (12.31)-(12.32) mit den approximativen Flüssen (12.33) kann wieder in der Form (12.7) dargestellt werden, wenn man

$$A_{\mathrm{fd}} = h^{-2} \mathrm{tridiag}_{n-1}(\mathbf{a}, \mathbf{d}, \mathbf{a}) + \mathrm{diag}_{n-1}(\mathbf{c}) \tag{12.34}$$

mit

$$\mathbf{a} = \left(\alpha_{1/2}, \alpha_{3/2}, \ldots, \alpha_{n-1/2}\right)^T \in \mathbb{R}^{n-2},$$

$$\mathbf{d} = \left(\alpha_{1/2} + \alpha_{3/2}, \ldots, \alpha_{n-3/2} + \alpha_{n-1/2}\right)^T \in \mathbb{R}^{n-1},$$

$$\mathbf{c} = \left(\gamma_1, \ldots, \gamma_{n-1}\right)^T \in \mathbb{R}^{n-1}.$$

setzt. Die Matrix (12.34) ist symmetrisch positiv definit und streng diagonaldominant, falls $\gamma > 0$.

Die Konvergenzanalyse des Schemas (12.31)-(12.32) kann durch direkte Erweiterung der in den Abschnitten 12.2.1 und 12.2.2 entwickelten Techniken durchgeführt werden.

Wir beenden diesen Abschnitt mit der Betrachtung von Randbedingungen, die allgemeiner als die in (12.29) sind. Zu diesem Zweck nehmen wir an, dass

$$u(0) = d_0, \quad J(u(1)) = g_1,$$

wobei d_0 und g_1 zwei gegebene Daten sind. Die Randbedingung bei $x = 1$ wird *Neumannsche* Bedingung genannt, während die Bedingung bei $x = 0$ (wo der Wert von u vorgegeben ist) *Dirichletsche* Randbedingung heißt.
Die finite Differenzendiskretisierung der Neumannschen Randbedingung kann unter Verwendung des *Spiegelungsprinzips* erfolgen. Für jede genügend

glatte Funktion ψ schreiben wir die abgebrochene Taylorreihe in x_n in der Form

$$\psi_n = \frac{\psi_{n-1/2} + \psi_{n+1/2}}{2} - \frac{h^2}{16}(\psi''(\eta_n) + \psi''(\xi_n))$$

für geeignete $\eta_n \in (x_{n-1/2}, x_n)$, $\xi_n \in (x_n, x_{n+1/2})$. Nehmen wir $\psi = J(u)$ und vernachlässigen den h^2 enthaltenden Term, so folgt

$$J_{n+1/2}(u_h) = 2g_1 - J_{n-1/2}(u_h). \tag{12.35}$$

Beachte, dass der Punkt $x_{n+1/2} = x_n + h/2$ und der entsprechende Fluss $J_{n+1/2}$ nicht wirklich existieren ($x_{n+1/2}$ wird auch als "fiktiver" Punkt bezeichnet), sondern durch lineare Extrapolation des Flusses in den Nachbarknoten $x_{n-1/2}$ und x_n erzeugt wird. Die finite Differenzengleichung (12.32) lautet im Knoten x_n

$$\frac{J_{n-1/2}(u_h) - J_{n+1/2}(u_h)}{h} + \gamma_n u_n = f_n.$$

Verwenden wir (12.35) zur Bestimmung von $J_{n+1/2}(u_h)$, so erhalten wir schliesslich die Approximation zweiter Ordnung

$$-\alpha_{n-1/2}\frac{u_{n-1}}{h^2} + \left(\frac{\alpha_{n-1/2}}{h^2} + \frac{\gamma_n}{2}\right) u_n = \frac{g_1}{h} + \frac{f_n}{2}.$$

Diese Formel legt eine leichte Modifikation der Einträge der Matrix und der rechten Seite im finite Differenzensystem (12.7) nahe.

Für eine weitere Verallgemeinerung der Randbedingungen in (12.29) und ihre finite Differenzendiskretisierung verweisen wir auf Übung 10, in der für u Randbedingungen der Form $\lambda u + \mu u' = g$ in beiden Endpunkten des Intervalls $(0, 1)$ betrachtet werden (*Robinsche* Randbedingungen).

Für eine vollständige Darstellung und Analyse finiter Differenzenapproximationen von Zweipunktrandwertaufgaben, siehe z.B. [Str89] und [HGR96].

12.3   Die spektrale Kollokationsmethode

Es können andere Diskretisierungsschemen mit der gleichen Struktur wie das finite Differenzenproblem (12.10) hergeleitet werden, wobei der diskrete Operator L_h auf verschiedene Weise definiert ist.

Numerische Approximationen der zweiten Ableitungen, die von der zentralen finiten Differenz verschieden sind, können – wie in Abschnitt 10.10.3 beschrieben – tatsächlich gebildet werden. Ein bemerkenswertes Beispiel ist die spektrale Kollokationsmethode. Für diesen Fall nehmen wir an, dass die Differentialgleichung (12.1) auf dem Intervall $(-1, 1)$ gestellt ist und wählen die Knoten $\{x_0, \ldots, x_n\}$ als die $n + 1$ Legendre-Gauß-Lobatto-Knoten, die in Abschnitt 10.4 eingeführt wurden. Ferner sei u_h ein Polynom vom Grade n. Für die bessere Übereinstimmung in der Bezeichnung werden wir in diesem Abschnitt durchweg den Index n anstelle von h verwenden.

Das spektrale Kollokationsproblem lautet

$$\text{finde } u_n \in \mathbb{P}_n^0 : \quad L_n u_n(x_j) = f(x_j), \quad j = 1, \ldots, n-1 \qquad (12.36)$$

wobei $\mathbb{P}_n^0$ die Menge der Polynome $p \in \mathbb{P}_n([0,1])$ bezeichnet, für die $p(0) = p(1) = 0$ gilt. Außerdem gilt $L_n v = L I_n v$ für jede stetige Funktion v, wobei durch $I_n v \in \mathbb{P}_n$ der Interpolant von v in den Knoten $\{x_0, \ldots, x_n\}$ und durch L der vorliegende Differentialoperator bezeichnet wurden. Letzterer stimmt im Fall der Gleichung (12.1) mit $-d^2/dx^2$ überein. Für $v \in \mathbb{P}_n$ ist natürlich $L_n v = Lv$.

Die algebraische Form von (12.36) wird nun

$$\mathrm{A}_{\mathrm{sp}} \mathbf{u} = \mathbf{f},$$

mit $u_j = u_n(x_j)$, $f_j = f(x_j)$ $j = 1, \ldots, n-1$. Die spektrale Kollokationsmatrix $\mathrm{A}_{\mathrm{sp}} \in \mathbb{R}^{(n-1)\times(n-1)}$ ist gleich $\tilde{D}^2$, wobei $\tilde{D}$ die Matrix ist, die aus der pseudo-spektralen Differentiationsmatrix (10.73) durch Elimination der ersten und $n+1$-ten Zeilen und Spalten erhalten wird.

Zur Analyse von (12.36) können wir das diskrete Skalarprodukt

$$(u,v)_n = \sum_{j=0}^{n} u(x_j)v(x_j)w_j \qquad (12.37)$$

einführen, wobei w_j die Gewichte der Legendre-Gauß-Lobatto-Quadraturformel sind (siehe Abschnitt 10.4). Dann ist (12.36) äquivalent zu

$$(L_n u_n, v_n)_n = (f, v_n)_n \quad \forall v_n \in \mathbb{P}_n^0. \qquad (12.38)$$

Da (12.37) für u, v mit $uv \in \mathbb{P}_{2n-1}$ exakt ist (siehe Abschnitt 10.2), gilt

$$(L_n v_n, v_n)_n = (L_n v_n, v_n) = \|v_n'\|^2_{\mathrm{L}^2(-1,1)}, \qquad \forall v_n \in \mathbb{P}_n^0.$$

Außerdem gilt die Abschätzung

$$(f, v_n)_n \le \|f\|_n \|v_n\|_n \le \sqrt{6}\|f\|_\infty \, \|v_n\|_{\mathrm{L}^2(-1,1)},$$

in der $\|f\|_\infty$ das Maximum von f auf $[-1,1]$ bezeichnet und wir die Tatsache, dass $\|f\|_n \le \sqrt{2}\|f\|_\infty$, sowie das Äquivalenzresultat

$$\|v_n\|_{\mathrm{L}^2(-1,1)} \le \|v_n\|_n \le \sqrt{3}\|v_n\|_{\mathrm{L}^2(-1,1)}, \qquad \forall v_n \in \mathbb{P}_n$$

benutzt haben (siehe [CHQZ88], S. 286).

Setzen wir in (12.38) $v_n = u_n$ und verwenden die Poincarésche Ungleichung (12.16), erhalten wir schließlich

$$\|u_n'\|_{\mathrm{L}^2(-1,1)} \le \sqrt{6}C_P\|f\|_\infty.$$

Diese Ungleichung gewährleistet, dass das Problem (12.36) eine eindeutige Lösung besitzt, die stabil ist. Hinsichtlich der Konsistenz können wir feststellen, dass

$$\tau_n(x_j) = (L_n u - f)(x_j) = (-(I_n u)'' - f)(x_j) = (u - I_n u)''(x_j)$$

und die rechte Seite für $n \to \infty$ gegen Null geht, wenn $u \in C^2([-1,1])$.

Wir wollen nun ein Konvergenzresultat der spektralen Kollokationsmethode für (12.1) beweisen. Im Folgenden sei C eine von n unabhängige Konstante, die an verschiedenen Stellen unterschiedliche Werte annehmen kann.

Wir bezeichnen ferner durch $H^s(a,b)$, $s \geq 1$, den Raum der Funktionen $f \in C^{s-1}(a,b)$, für die $f^{(s-1)}$ stetig und stückweise differenzierbar ist, so dass $f^{(s)}$ bis auf eine endliche Anzahl von Punkten existiert und in $L^2(a,b)$ liegt. Der Raum $H^s(a,b)$ ist als der *Sobolevsche* Funktionenraum der Ordnung s bekannt und mit der in (10.35) definierten Norm $\|\cdot\|_{H^s(a,b)}$ versehen.

Theorem 12.2 *Sei $f \in H^s(-1,1)$ für ein gewisses $s \geq 1$. Dann gilt*

$$\|u' - u_n'\|_{L^2(-1,1)} \leq Cn^{-s}\left(\|f\|_{H^s(-1,1)} + \|u\|_{H^{s+1}(-1,1)}\right). \qquad (12.39)$$

Beweis. Beachte, dass u_n

$$(u_n', v_n') = (f, v_n)_n$$

genügt, wobei $(u,v) = \int_{-1}^{1} uv\,dx$ das Skalarprodukt im $L^2(-1,1)$ bezeichnet. Ähnlich genügt u der Beziehung

$$(u', v') = (f, v) \qquad \forall v \in C^1([0,1]) \ \text{ mit } \ v(0) = v(1) = 0$$

(siehe (12.43) von Abschnitt 12.4). Dann haben wir

$$((u - u_n)', v_n') = (f, v_n) - (f, v_n)_n =: E(f, v_n), \qquad \forall v_n \in \mathbb{P}_n^0,$$

woraus

$$\begin{aligned}
((u - u_n)', (u - u_n)') &= ((u - u_n)', (u - I_n u)') + ((u - u_n)', (I_n u - u_n)') \\
&= ((u - u_n)', (u - I_n u)') + E(f, I_n u - u_n)
\end{aligned}$$

folgt. Wir erinnern an das folgende Ergebnis (siehe (10.36))

$$|E(f, v_n)| \leq Cn^{-s}\|f\|_{H^s(-1,1)}\|v_n\|_{L^2(-1,1)}.$$

Dann gilt

$$|E(f, I_n u - u_n)| \leq Cn^{-s}\|f\|_{H^s(-1,1)}\left(\|I_n u - u\|_{L^2(-1,1)} + \|u - u_n\|_{L^2(-1,1)}\right).$$

Unter Verwendung der Youngschen Ungleichung (siehe Übung 8)

$$ab \leq \varepsilon a^2 + \frac{1}{4\varepsilon}b^2, \qquad \forall a,b \in \mathbb{R}, \quad \forall \varepsilon > 0 \qquad (12.40)$$

erhalten wir

$$((u - u_n)', (u - I_n u)') \le \frac{1}{4}\|(u - u_n)'\|^2_{\mathrm{L}^2(-1,1)} + \|(u - I_n u)'\|^2_{\mathrm{L}^2(-1,1)},$$

und weiter (mit der Poincaréschen Ungleichung (12.16))

$$Cn^{-s}\|f\|_{\mathrm{H}^s(-1,1)}\|u - u_n\|_{\mathrm{L}^2(-1,1)} \le C\,C_P\,n^{-s}\|f\|_{\mathrm{H}^s(-1,1)}\|(u - u_n)'\|_{\mathrm{L}^2(-1,1)}$$

$$\le (CC_P)^2 n^{-2s}\|f\|^2_{\mathrm{H}^s(-1,1)} + \frac{1}{4}\|(u - u_n)'\|^2_{\mathrm{L}^2(-1,1)}.$$

Somit folgt

$$Cn^{-s}\|f\|_{\mathrm{H}^s(-1,1)}\|I_n u - u\|_{\mathrm{L}^2(-1,1)} \le \frac{1}{2}C^2 n^{-2s}\|f\|^2_{\mathrm{H}^s(-1,1)} + \frac{1}{2}\|I_n u - u\|^2_{\mathrm{L}^2(-1,1)}.$$

Nutzen wir abschliessend die Interpolationsfehlerabschätzung (10.22) für $u - I_n u$, so erhalten wir die gewünschte Fehlerabschätzung (12.39). $\diamond$

12.4   Das Galerkin-Verfahren

Wir leiten nun die Galerkin-Approximation des Problems (12.1)-(12.2) her, die den grundlegenden Bestandteil der finiten Elemente Methode und der Spektralmethode bildet und weite Anwendung bei der numerischen Approximation von Randwertproblemen findet.

12.4.1   Integrale Formulierung von Randwertproblemen

Wir betrachten ein Problem, das etwas allgemeiner als (12.1) ist, nämlich

$$-(\alpha u')'(x) + (\beta u')(x) + (\gamma u)(x) = f(x) \quad 0 < x < 1, \qquad (12.41)$$

mit $u(0) = u(1) = 0$, wobei α, β und γ stetige Funktionen auf $[0,1]$ mit $\alpha(x) \ge \alpha_0 > 0$ für jedes $x \in [0,1]$ sind. Multiplizieren wir (12.41) mit einer Funktion $v \in C^1([0,1])$, künftig "Testfunktion" genannt, und Integrieren über das Intervall $[0,1]$, so bekommen wir mit Hilfe der partiellen Integration des ersten Integrals

$$\int_0^1 \alpha u' v'\, dx + \int_0^1 \beta u' v\, dx + \int_0^1 \gamma u v\, dx = \int_0^1 f v\, dx + [\alpha u' v]_0^1.$$

Verschwindet die Funktion v in $x = 0$ und $x = 1$, erhalten wir

$$\int_0^1 \alpha u' v'\, dx + \int_0^1 \beta u' v\, dx + \int_0^1 \gamma u v\, dx = \int_0^1 f v\, dx.$$

Wir wollen durch V den Raum der Testfunktionen bezeichnen. Er besteht aus allen Funktionen v, die stetig sind, in $x = 0$ und $x = 1$ verschwinden und deren erste Ableitungen *stückweise stetig*, d.h. stetig mit Ausnahme einer endlichen Anzahl von Punkten in $[0, 1]$ sind, in denen die links- und rechtsseitigen Grenzwerte v'_- und v'_+ existieren, aber nicht notwendig übereinstimmen.

V ist ein Vektorraum, der durch $H^1_0(0, 1)$ bezeichnet wird. Genauer gesagt ist

$$H^1_0(0, 1) = \left\{ v \in L^2(0, 1) : \ v' \in L^2(0, 1), \ v(0) = v(1) = 0 \right\}, \qquad (12.42)$$

wobei v' die Ableitung im *distributiven Sinne* von v bezeichnet, deren Definition im Abschnitt 12.4.2 gegeben wird.

Wir haben somit gezeigt, dass eine Funktion $u \in C^2([0, 1])$, die (12.41) genügt, auch eine Lösung des folgenden Problems ist:

$$\text{finde } u \in V : \ a(u, v) = (f, v) \ \text{ für alle } v \in V. \qquad (12.43)$$

Hierbei bezeichnen $(f, v) = \int_0^1 fv \, dx$ das Skalarprodukt im $L^2(0, 1)$ und

$$a(u, v) = \int_0^1 \alpha u'v' \, dx + \int_0^1 \beta u'v \, dx + \int_0^1 \gamma uv \, dx \qquad (12.44)$$

eine Bilinearform, d.h. eine Form, die bezüglich beider Argumente u und v linear ist. Das Problem (12.43) heißt *schwache Formulierung* des Problems (12.1). Da (12.43) nur die erste Ableitung von u enthält, können Fälle berücksichtigt werden, bei denen eine klassische Lösung $u \in C^2([0, 1])$ von (12.41) nicht existiert, obgleich das physikalische Problem wohldefiniert ist.

Wenn beispielsweise $\alpha = 1$ und $\beta = \gamma = 0$ sind, steht die Lösung $u(x)$ für die Verschiebung einer elastischen Schnur im Punkt x unter der Last f, deren Ruheposition $u(x) = 0$ für alle $x \in [0, 1]$ ist und die an den Endpunkten $x = 0$ und $x = 1$ fest bleibt. Abbildung 12.2 (rechts) zeigt die Lösung $u(x)$, die einer unstetigen Funktion f entspricht (siehe Abbildung 12.2, links). Natürlich existiert u'' nicht in den Punkten $x = 0.4$ und $x = 0.6$, in denen f unstetig ist.

Wenn (12.41) mit inhomogenen Randbedingungen versehen ist, sagen wir $u(0) = u_0$, $u(1) = u_1$, können wir ebenfalls eine Formulierung analog zu (12.43) erhalten, wenn wir wie folgt verfahren. Sei $\bar{u}(x) = xu_1 + (1 - x)u_0$ eine Gerade, die die Daten in den Endpunkten interpoliert, und setzen wir $\overset{0}{u} = u(x) - \bar{u}(x)$. Dann genügt $\overset{0}{u} \in V$ dem folgenden Problem

$$\text{finde } \overset{0}{u} \in V : \ a(\overset{0}{u}, v) = (f, v) - a(\bar{u}, v) \ \text{ für alle } v \in V.$$

Ein ähnliche Problemstellung wird im Fall Neumannscher Randbedingungen, sagen wir $u'(0) = u'(1) = 0$, erhalten. Verfahren wir genauso wie wir

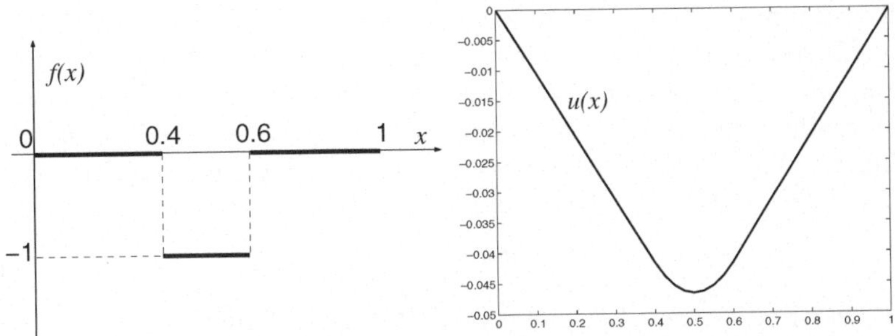

Abbildung 12.2. Elastische Schnur mit festen Enden unter dem Einfluß einer unstetigen Last f (links). Die vertikale Verschiebung ist auf der rechten Seite gezeigt.

es getan haben, um (12.43) zu erhalten, sehen wir, dass die Lösung u dieses homogenen Neumannproblems dem gleichen Problem (12.43) genügt, vorausgesetzt der Raum V ist nun der $H^1(0, 1)$. Allgemeinere Randbedingungen gemischten Typs können ebenso betrachtet werden (siehe Übung 12).

12.4.2 Eine kurze Einführung in Distributionen

Sei X ein Banach-Raum, d.h. ein normierter und vollständiger Vektorraum. Wir sagen, dass ein Funktional $T : X \to \mathbb{R}$ *stetig* ist, wenn $\lim_{x \to x_0} T(x) = T(x_0)$ für alle $x_0 \in X$, und *linear* ist, wenn $T(x + y) = T(x) + T(y)$ für jedes Paar $x, y \in X$ sowie $T(\lambda x) = \lambda T(x)$ für jedes $x \in X$ und $\lambda \in \mathbb{R}$ sind.

Üblicherweise wird ein lineares stetiges Funktional durch $\langle T, x \rangle$ bezeichnet und das Symbol $\langle \cdot, \cdot \rangle$ *Dualität* genannt. Als ein Beispiel seien $X = C^0([0, 1])$, versehen mit der Maximumnorm $\| \cdot \|_\infty$, und auf X die beiden Funktionale

$$\langle T, x \rangle = x(0), \qquad \langle S, x \rangle = \int_0^1 x(t) \sin(t) dt$$

betrachtet. Es ist einfach zu zeigen, dass sowohl T als auch S lineare und stetige Funktionale auf X sind. Die Menge aller auf X linearen und stetigen Funktionale bildet einen abstrakten Raum, der *Dualraum* von X genannt wird und durch X' bezeichnet wird.

Wir führen nun den Raum $C_0^\infty(0, 1)$ (oder $\mathcal{D}(0, 1)$) beliebig oft differenzierbarer Funktionen mit kompaktem Träger in $[0, 1]$ ein, d.h. außerhalb einer beschränkten offenen Menge $(a, b) \subset (0, 1)$, wobei $0 < a < b < 1$, verschwinden diese Funktionen. Wir sagen, dass $v_n \in \mathcal{D}(0, 1)$ gegen $v \in \mathcal{D}(0, 1)$ konvergiert, wenn es eine abgeschlossene beschränkte Menge $K \subset (0, 1)$ derart gibt, dass v_n außerhalb von K für jedes n verschwindet und für jedes $k \geq 0$ die Ableitung $v_n^{(k)}$ gleichmässig auf $(0, 1)$ gegen $v^{(k)}$ konvergiert.

Der Raum der linearen Funktionale auf $\mathcal{D}(0,1)$, die bezüglich des oben eingeführten Konvergenzbegriffes stetig sind, wird durch $\mathcal{D}'(0,1)$ (der *Dualraum* von $\mathcal{D}(0,1)$) bezeichnet. Seine Elemente heißen *Distributionen*.

Wir sind nunmehr in der Lage die *Ableitung einer Distribution* einzuführen. Sei T eine Distribution, d.h. ein Element von $\mathcal{D}'(0,1)$. Dann ist für jedes $k \geq 0$ auch $T^{(k)}$, definiert als

$$\langle T^{(k)}, \varphi \rangle = (-1)^k \langle T, \varphi^{(k)} \rangle, \qquad \forall \varphi \in \mathcal{D}(0,1), \qquad (12.45)$$

eine Distribution. Als Beispiel sei die Heaviside-Funktion

$$H(x) = \begin{cases} 1 & x \geq 0, \\ 0 & x < 0, \end{cases}$$

betrachtet. Die Ableitung von H im Sinne der Distributionen ist das *Diracmaß* δ im Ursprung, die definiert ist als

$$v \to \delta(v) = v(0), \qquad v \in \mathcal{D}(\mathbb{R}).$$

Aus der Definition (12.45) folgt, dass jede Distribution unendlich oft differenzierbar ist; darüber hinaus stimmt die Ableitung im distributiven Sinne für eine differenzierbare Funktion T mit der üblichen überein.

12.4.3 Formulierung und Eigenschaften des Galerkin-Verfahrens

Im Unterschied zur finiten Differenzenmethode, die direkt von der differentiellen (oder der *starken*) Formulierung (12.41) herrührt, basiert das Galerkin-Verfahren auf der schwachen Formulierung (12.43). Ist V_h ein endlich dimensionaler Unterraum von V, so besteht das Galerkin-Verfahren in der Approximation von (12.43) durch das Problem

$$\text{finde } u_h \in V_h : \ a(u_h, v_h) = (f, v_h) \quad \forall v_h \in V_h. \qquad (12.46)$$

Dies ist ein endlich dimensionales Problem. Bezeichne $\{\varphi_1, \ldots, \varphi_N\}$ eine Basis von V_h, d.h. eine Menge von N linear unabhängigen Funktionen aus V_h, so können wir

$$u_h(x) = \sum_{j=1}^{N} u_j \varphi_j(x)$$

schreiben. Die Zahl N bezeichnet die Dimension des Vektorraumes V_h. Setzen wir in (12.46) $v_h = \varphi_i$, so kommt heraus, dass das Galerkin-Verfahren (12.46) äquivalent zur der Bestimmung von N unbekannten Koeffizienten $\{u_1, \ldots, u_N\}$ ist, so dass

$$\sum_{j=1}^{N} u_j a(\varphi_j, \varphi_i) = (f, \varphi_i) \qquad \forall i = 1, \ldots, N, \qquad (12.47)$$

gilt. Hierbei haben wir die Linearität von $a(\cdot,\cdot)$ in Bezug auf das erste Argument, d.h.

$$a\left(\sum_{j=1}^{N} u_j\varphi_j, \varphi_i\right) = \sum_{j=1}^{N} u_j a(\varphi_j,\varphi_i),$$

ausgenutzt. Führen wir die Matrix $A_G = (a_{ij})$, $a_{ij} = a(\varphi_j,\varphi_i)$ (*Steifigkeitsmatrix* genannt), den Vektor der Unbekannten $\mathbf{u} = (u_1,\ldots,u_N)$ und den Vektor der rechten Seite $\mathbf{f}_G = (f_1,\ldots,f_N)$, mit $f_i = (f,\varphi_i)$, ein, so sehen wir, dass (12.47) dem linearen System

$$A_G\mathbf{u} = \mathbf{f}_G \tag{12.48}$$

äquivalent ist. Die Struktur von A_G, hängt ebenso wie die Genauigkeit von u_h von den Basisfunktionen $\{\varphi_i\}$ und damit von der Wahl von V_h ab.

Wir werden zwei bemerkenswerte Beispiele betrachten, die *finite Elemente Methode* und die *Spektralmethode*. Bei der finiten Elemente Methode ist der V_h ein Raum stückweiser, auf Teilintervallen von $[0,1]$ der Länge kleiner gleich h definierter Polynome, die stetig auf $[0,1]$ sind und in den Endpunkten $x = 0$ und 1 verschwinden. Bei der Spektralmethode ist V_h ein Raum algebraischer Polynome, die in den Endpunkten $x = 0,1$ verschwinden.

Bevor wir jedoch diese Fälle genauer behandeln, wollen wir einige allgemein gültige Resultate für das Galerkin-Verfahren (12.46) angeben.

12.4.4 Analyse des Galerkin-Verfahrens

Wir versehen den Raum $H_0^1(0,1)$ mit der Norm

$$|v|_{H^1(0,1)} = \left\{\int_0^1 |v'(x)|^2\, dx\right\}^{1/2}. \tag{12.49}$$

Wir werden den Spezialfall $\beta = 0$ und $\gamma(x) \geq 0$ näher beleuchten. Im Allgemeinen durch die Differentialgleichung (12.41) gegebenen Fall werden wir annehmen, dass die Koeffizienten der Bedingung

$$-\frac{1}{2}\beta' + \gamma \geq 0, \qquad \forall x \in [0,1] \tag{12.50}$$

genügen. Diese sichert, dass das Galerkin-Verfahren (12.46) eine eindeutige Lösung besitzt, die stetig von den Daten abhängt. Setzen wir in (12.46) $v_h = u_h$, erhalten wir

$$\alpha_0|u_h|_{H^1(0,1)}^2 \leq \int_0^1 \alpha u_h' u_h'\, dx + \int_0^1 \gamma u_h u_h\, dx = (f,u_h) \leq \|f\|_{L^2(0,1)}\|u_h\|_{L^2(0,1)},$$

wobei die Cauchy-Schwarzsche Ungleichung (8.29) verwendet wurde. Aufgrund der Poincaréschen Ungleichung (12.16) schliessen wir

$$|u_h|_{\mathrm{H}^1(0,1)} \le \frac{C_P}{\alpha_0}\|f\|_{\mathrm{L}^2(0,1)}. \qquad (12.51)$$

Somit bleibt die Norm der Galerkin-Lösung (gleichmässig in Bezug auf die Dimension des Teilraumes V_h) beschränkt, vorausgesetzt, dass $f \in \mathrm{L}^2(0,1)$. Die Ungleichung (12.51) stellt daher ein Stabilitätsresultat für die Lösung des Galerkin-Verfahrens dar.

Hinsichtlich der Konvergenz kann folgendes Ergebnis bewiesen werden.

Theorem 12.3 *Sei* $C = \alpha_0^{-1}(\|\alpha\|_\infty + C_P^2\|\gamma\|_\infty)$. *Dann haben wir*

$$|u - u_h|_{\mathrm{H}^1(0,1)} \le C \min_{w_h \in V_h} |u - w_h|_{\mathrm{H}^1(0,1)}. \qquad (12.52)$$

Beweis. Ziehen wir (12.46) von (12.43) ab, (wobei wir $v_h \in V_h \subset V$ verwendet haben), erhalten wir wegen der Bilinearität der Form $a(\cdot,\cdot)$

$$a(u - u_h, v_h) = 0 \qquad \forall v_h \in V_h. \qquad (12.53)$$

Nun folgt für $e(x) = u(x) - u_h(x)$

$$\alpha_0|e|_{\mathrm{H}^1(0,1)}^2 \le a(e,e) = a(e, u - w_h) + a(e, w_h - u_h) \qquad \forall w_h \in V_h.$$

Der letzte Term ist Null wegen (12.53). Andererseits liefert die Anwendung der Cauchy-Schwarzschen Ungleichung

$$\begin{aligned}
a(e, u - w_h) &= \int_0^1 \alpha e'(u - w_h)'\, dx + \int_0^1 \gamma e(u - w_h)\, dx \\
&\le \|\alpha\|_\infty |e|_{\mathrm{H}^1(0,1)}|u - w_h|_{\mathrm{H}^1(0,1)} + \|\gamma\|_\infty \|e\|_{\mathrm{L}^2(0,1)}\|u - w_h\|_{\mathrm{L}^2(0,1)}.
\end{aligned}$$

Das gewünschte Resultat (12.52) folgt nun durch erneute Anwendung der Poincaréschen Ungleichung sowohl auf $\|e\|_{\mathrm{L}^2(0,1)}$ als auch auf $\|u - w_h\|_{\mathrm{L}^2(0,1)}$. $\diamond$

Die obigen Resultate können unter allgemeineren Annahmen an die Probleme (12.43) und (12.46) erhalten werden. Genauer gesagt, können wir annehmen, dass V der mit der Norm $\|\cdot\|_V$ versehener Hilbert-Raum ist und dass die Bilinearform $a : V \times V \to \mathbb{R}$ den folgenden Eigenschaften genügt:

$$\exists \alpha_0 > 0: \ a(v,v) \ge \alpha_0\|v\|_V^2 \quad \forall v \in V \ (Koerzitivität), \qquad (12.54)$$

$$\exists M > 0: \ |a(u,v)| \le M\|u\|_V\|v\|_V \quad \forall u,v \in V \ (Stetigkeit). \qquad (12.55)$$

Darüber hinaus genüge die rechte Seite (f,v) der folgenden Ungleichung

$$|(f,v)| \le K\|v\|_V \qquad \forall v \in V.$$

Dann besitzen beide Probleme (12.43) und (12.46) eindeutige Lösungen, die den Abschätzungen

$$\|u\|_V \le \frac{K}{\alpha_0}, \quad \|u_h\|_V \le \frac{K}{\alpha_0},$$

genügen. Dies ist ein berühmtes Resultat, als Lax-Milgram-Lemma bekannt (zum Beweis siehe z.B. [QV94]). Außerdem gilt folgende Fehlerabschätzung

$$\|u - u_h\|_V \le \frac{M}{\alpha_0} \min_{w_h \in V_h} \|u - w_h\|_V. \tag{12.56}$$

Der Beweis dieser Abschätzung, als das Lemma von Céa bekannt, ähnelt dem Beweis von (12.52) und sei dem Leser überlassen

Wir wollen nun bemerken, dass unter der Annahme (12.54), die in (12.48) eingeführte Matrix positiv definit ist. Um dies zu zeigen, müssen wir nachweisen, dass $\mathbf{v}^T \mathbf{B} \mathbf{v} \ge 0 \ \forall \mathbf{v} \in \mathbb{R}^N$ und $\mathbf{v}^T \mathbf{B} \mathbf{v} = 0 \Leftrightarrow \mathbf{v} = \mathbf{0}$ (siehe Abschnitt 1.12 in Band 1).

Wir ordnen einem allgemeinen Vektor $\mathbf{v} = (v_i)$ des $\mathbb{R}^N$ die Funktion $v_h = \sum_{j=1}^N v_j \varphi_j \in V_h$ zu. Da die Form $a(\cdot, \cdot)$ bilinear und koerziv ist, bekommen wir

$$\begin{aligned}
\mathbf{v}^T \mathbf{A}_G \mathbf{v} &= \sum_{j=1}^N \sum_{i=1}^N v_i a_{ij} v_j = \sum_{j=1}^N \sum_{i=1}^N v_i a(\varphi_j, \varphi_i) v_j \\
&= \sum_{j=1}^N \sum_{i=1}^N a(v_j \varphi_j, v_i \varphi_i) = a\left(\sum_{j=1}^N v_j \varphi_j, \sum_{i=1}^N v_i \varphi_i \right) \\
&= a(v_h, v_h) \ge \alpha \|v_h\|_V^2 \ge 0.
\end{aligned}$$

Gilt darüber hinaus $\mathbf{v}^T \mathbf{A}_G \mathbf{v} = 0$, so ist auch $\|v_h\|_V^2 = 0$, was $v_h = 0$ und damit $\mathbf{v} = \mathbf{0}$ impliziert.

Es ist auch einfach nachzuweisen, dass die Matrix $\mathbf{A}_G$ genau dann symmetrisch ist, wenn die Bilinearform $a(\cdot, \cdot)$ symmetrisch ist.

Zum Beispiel ist im Falle des Problems (12.41) mit $\beta = \gamma = 0$ die Matrix $\mathbf{A}_G$ symmetrisch und positiv definit (s.p.d.) wohingegen $\mathbf{A}_G$ im Falle nichtverschwindender Funktionen β und γ positiv definit nur unter der Annahme (12.50) ist. Wenn $\mathbf{A}_G$ s.p.d. ist, kann die numerische Lösung des linearen Systems (12.48) effizient unter Verwendung direkter Methoden, wie der Cholesky-Faktorisierung (siehe Abschnitt 3.4.2 in Band 1) als auch iterativer Methoden wie der Methode der konjugierten Gradienten (siehe Abschnitt 4.3.4 in Band 1) erfolgen. Dies ist von besonderem Interesse bei der Lösung von Randwertproblemen in mehr als einer Raumdimension (siehe Abschnitt 12.6).

12.4.5 Die finite Elemente Methode

Die finite Elemente Methode (FEM) ist ein spezielles Verfahren zur Konstruktion eines Teilraumes V_h in (12.46), die auf der in Abschnitt 8.3 basierten stückweise polynomialen Approximation beruht. Zur Konstruktion eines Teilraumes führen wir zunächst eine Zerlegung $\mathcal{T}_h$ von [0,1] in n Teilintervalle $I_j = [x_j, x_{j+1}]$, $n \geq 2$, der Länge $h_j = x_{j+1} - x_j$, $j = 0, \ldots, n-1$, durch wobei

$$0 = x_0 < x_1 < \ldots < x_{n-1} < x_n = 1$$

gelte und $h = \max_{\mathcal{T}_h}(h_j)$ sei. Da Funktionen in $\mathrm{H}_0^1(0,1)$ stetig sind, macht es Sinn für $k \geq 1$ die in Abschnitt (8.22) eingeführte Familie stückweiser Polynome X_h^k zu betrachten (wobei $[a,b]$ durch $[0,1]$ zu ersetzen ist). Jede Funktion $v_h \in X_h^k$ ist ein auf $[0,1]$ stetiges, stückweise definiertes Polynom und ihre Einschränkung auf jedes Intervall $I_j \in \mathcal{T}_h$ ein Polynom vom Grade $\leq k$. Im Folgenden werden wir hauptsächlich die Fälle $k = 1$ und $k = 2$ behandeln.

Wir setzen nun

$$V_h = X_h^{k,0} = \left\{ v_h \in X_h^k : v_h(0) = v_h(1) = 0 \right\}. \tag{12.57}$$

Die Dimension N des finite Elemente Raumes V_h ist gleich $nk - 1$. Im Folgenden werden wir die Fälle $k = 1$ und $k = 2$ untersuchen.

Um die Genauigkeit der Galerkin-FEM zu bewerten, erwähnen wir, dass wir dank des Lemma von Céa (12.56) die Abschätzung

$$\min_{w_h \subset V_h} \|u - w_h\|_{\mathrm{H}_0^1(0,1)} \leq \|u - \Pi_h^k u\|_{\mathrm{H}_0^1(0,1)} \tag{12.58}$$

haben, wobei $\Pi_h^k u$ der Interpolant der exakten Lösung $u \in V$ von (12.43) (siehe Abschnitt 8.3) ist. Aus der Ungleichung (12.58) erkennen wir, dass die Abschätzung des *Approximationsfehlers* $\|u - u_h\|_{\mathrm{H}_0^1(0,1)}$ des Galerkin-Verfahrens auf die Abschätzung des *Interpolationsfehlers* $\|u - \Pi_h^k u\|_{\mathrm{H}_0^1(0,1)}$ zurückgeführt wurde. Ist $k = 1$ so erhalten wir aus (12.56) und (8.27)

$$\|u - u_h\|_{\mathrm{H}_0^1(0,1)} \leq \frac{M}{\alpha_0} Ch \|u\|_{\mathrm{H}^2(0,1)},$$

vorausgesetzt $u \in \mathrm{H}^2(0,1)$. Diese Abschätzung kann auf den Fall $k > 1$, wie im folgenden Konvergenzresultat angegeben, erweitert werden (zum Beweis verweisen wir z.B. auf [QV94], Theorem 6.2.1).

Eigenschaft 12.1 *Sei $u \in \mathrm{H}_0^1(0,1)$ die exakte Lösung von (12.43) und $u_h \in V_h$ die finite Elemente Approximation durch stetige stückweise definierte Polynome vom Grade $k \geq 1$. Angenommen werde auch, dass $u \in \mathrm{H}^s(0,1)$ für gewisses $s \geq 2$ gilt. Dann gilt die folgende Abschätzung*

$$\|u - u_h\|_{\mathrm{H}_0^1(0,1)} \leq \frac{M}{\alpha_0} Ch^l \|u\|_{\mathrm{H}^{l+1}(0,1)}, \tag{12.59}$$

wobei $l = \min(k, s-1)$. Unter den gleichen Annahmen kann man auch beweisen, dass

$$\|u - u_h\|_{L^2(0,1)} \le Ch^{l+1}\|u\|_{H^{l+1}(0,1)}.\tag{12.60}$$

Die Abschätzung (12.59) zeigt, dass das Galerkin-Verfahren *konvergiert*, d.h. der Approximationsfehler geht mit $h \to 0$ gegen Null und die Konvergenzordnung ist k. Wir sehen auch, dass es nicht zweckmässig ist, den Grad k der finiten Elemente Approximation zu erhöhen, wenn die Lösung nicht genügend glatt ist. Insofern heißt l *Regularitätsschranke*. Die naheliegende Alternative, um in einem solchen Fall Genauigkeit zu erzielen, ist die Reduktion der Schrittweite h. Spektralmethoden, die in Abschnitt 12.4.7 betrachtet werden, verfolgen hingegen die umgekehrte Strategie (d.h. erhöhen den Polynomgrad k) und sind somit ideal geeignet Probleme mit sehr glatten Lösungen zu approximieren.

Eine interessante Situation ist die, bei der die Lösung u die *minimale* Regularität ($s = 1$) hat. In diesem Fall sichert das Lemma von Céa zumindest, dass die Galerkin-FEM für $h \to 0$ noch konvergiert, denn die Familie der Teilräume V_h liegt dicht in V. Die Abschätzung (12.59) gilt jedoch nicht mehr, so dass es nicht möglich ist die Konvergenzordnung des numerischen Verfahrens zu ermitteln. In der Tabelle 12.1 sind die Konvergenzordnungen der FEM für $k = 1, \ldots, 4$ und $s = 1, \ldots, 5$ zusammengefasst.

Tabelle 12.1. Konvergenzordnungen der FEM als Funktion von k (Interpolationsgrad) und s (Sobolev-Regularität der Lösung u).

k	$s = 1$	$s = 2$	$s = 3$	$s = 4$	$s = 5$
1	nur Konvergenz	h^1	h^1	h^1	h^1
2	nur Konvergenz	h^1	h^2	h^2	h^2
3	nur Konvergenz	h^1	h^2	h^3	h^3
4	nur Konvergenz	h^1	h^2	h^3	h^4

Wir wollen uns nun darauf konzentrieren, wie eine geeignete Basis $\{\varphi_j\}$ für den finite Elemente Raum X_h^k in den Spezialfällen $k = 1$ und $k = 2$ gewonnen werden kann. Grundlegend ist die Wahl einer geeigneten Menge von *Freiheitsgraden* für jedes Element I_j der Zerlegung $\mathcal{T}_h$ (d.h. die Parameter, die es gestatten eine Funktion in X_h^k eindeutig zu identifizieren). Eine beliebige Funktion v_h aus X_h^k kann daher in der Form

$$v_h(x) = \sum_{i=0}^{nk} v_i \varphi_i(x)$$

dargestellt werden, wobei $\{v_i\}$ die Menge der Freiheitsgrade von v_h bezeichnet und angenommen wurde, dass die Basisfunktionen φ_i, (die auch *Form-*

funktionen genannt werden,) der Lagrangeschen Interpolationseigenschaft $\varphi_i(x_j) = \delta_{ij}$, $i, j = 0, \ldots, n$, genügen, wobei δ_{ij} das Kronecker Symbol bezeichnet.

Der Raum X_h^1

Dieser Raum besteht aus allen stetigen, stückweise linearen Funktionen über der Zerlegung $\mathcal{T}_h$. Da eine eindeutig bestimmte Gerade durch zwei verschiedene Knoten geht, ist die Zahl der Freiheitsgrade für v_h gleich der Anzahl $n+1$ der Knoten der Zerlegung. Folglich sind $n+1$ Formfunktionen φ_i, $i = 0, \ldots, n$, erforderlich, um den Raum X_h^1 vollständig aufzuspannen. Die natürliche Wahl für φ_i, $i = 1, \ldots, n-1$, ist

$$\varphi_i(x) = \begin{cases} \dfrac{x - x_{i-1}}{x_i - x_{i-1}} & \text{für } x_{i-1} \leq x \leq x_i, \\[2mm] \dfrac{x_{i+1} - x}{x_{i+1} - x_i} & \text{für } x_i \leq x \leq x_{i+1}, \\[2mm] 0 & \text{sonst.} \end{cases} \tag{12.61}$$

Die Formfunktion φ_i ist damit stückweise über $\mathcal{T}_h$ linear, ihr Wert ist 1 im Knoten x_i und 0 in allen anderen Knoten der Zerlegung Ihr Träger (d.h. der Abschluss der Teilmenge auf $[0, 1]$, auf der φ_i nicht verschwindet) besteht aus der Vereinigung der Intervalle I_{i-1} und I_i, wenn $1 \leq i \leq n-1$ ist, ansonsten stimmt er mit dem Intervall I_0 (bzw. I_{n-1}) für $i = 0$ (bzw. $i = n$) überein. Der Verlauf von φ_i, φ_0 und φ_n ist in Abbildung 12.3 dargestellt.

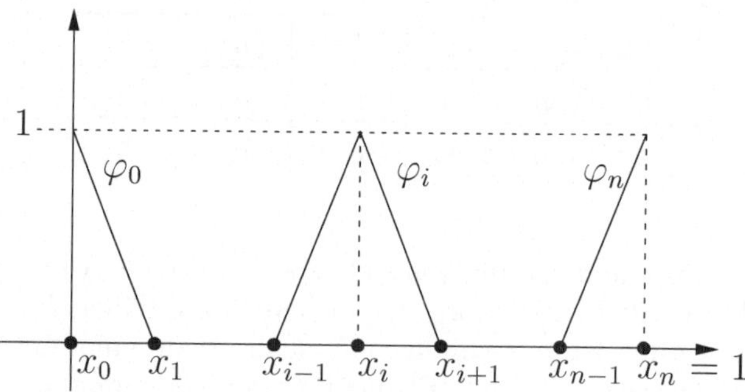

Abbildung 12.3. Formfunktionen von X_h^1, die mit inneren und Randknoten verbunden sind.

Für jedes Intervall $I_i = [x_i, x_{i+1}]$, $i = 0, \ldots, n-1$, können die beiden Basisfunktionen φ_i und φ_{i+1} als Bilder zweier "Referenzformfunktionen" $\widehat{\varphi}_0$ und $\widehat{\varphi}_1$ (die auf dem *Referenzintervall* $[0, 1]$ definiert sind) vermöge der

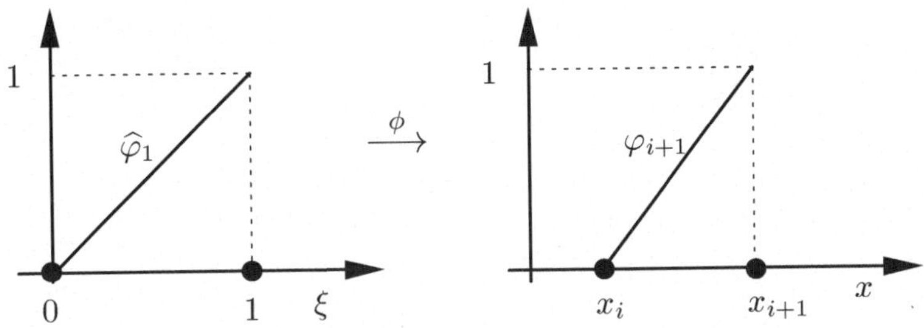

Abbildung 12.4. Lineare affine Abbildung ϕ vom Referenzintervall auf das allgemeine Intervall der Zerlegung.

linearen affinen Abbildung $\phi : [0,1] \to I_i$ mit

$$x = \phi(\xi) = x_i + \xi(x_{i+1} - x_i), \qquad i = 0, \ldots, n-1. \tag{12.62}$$

angesehen werden. Wenn wir $\widehat{\varphi}_0(\xi) = 1 - \xi$, $\widehat{\varphi}_1(\xi) = \xi$ setzen, können die beiden Formfunktionen φ_i und φ_{i+1} auf dem Intervall I_i als

$$\varphi_i(x) = \widehat{\varphi}_0(\xi(x)), \qquad \varphi_{i+1}(x) = \widehat{\varphi}_1(\xi(x))$$

definiert werden, wobei $\xi(x) = (x - x_i)/(x_{i+1} - x_i)$ (siehe Abbildung 12.4).

Der Raum X_h^2

Eine beliebige Funktion $v_h \in X_h^2$ ist stückweise polynomial vom Grade 2 auf jedem Intervall I_i. Als solche kann sie eindeutig bestimmt werden, wenn drei Werte von ihr in drei verschiedenen Punkten von I_i vorgegeben sind. Um die Stetigkeit von v_h auf $[0,1]$ zu sichern, werden die Freiheitsgrade als Funktionswerte in den Knoten x_i von $\mathcal{T}_h$, $i = 0, \ldots, n$, und in den Mittelpunkten eines jeden Intervalls I_i, $i = 0, \ldots, n-1$, gewählt, was eine Gesamtzahl von $2n + 1$ Freiheitsgraden ergibt. Es ist zweckmässig, die Freiheitsgrade und die entsprechenden Knoten in der Zerlegung beginnend mit $x_0 = 0$ bis $x_{2n} = 1$ derart zu numerieren, dass die Mittelknoten jedes Intervalls den Knoten mit ungeradem Index und die Randknoten jedes Teilintervalls den Knoten mit geradem Index entsprechen. Der explizite Ausdruck der einzelnen Formfunktion ist

$$(i \text{ gerade}) \quad \varphi_i(x) = \begin{cases} \dfrac{(x - x_{i-1})(x - x_{i-2})}{(x_i - x_{i-1})(x_i - x_{i-2})} & \text{für } x_{i-2} \le x \le x_i, \\[2mm] \dfrac{(x_{i+1} - x)(x_{i+2} - x)}{(x_{i+1} - x_i)(x_{i+2} - x_i)} & \text{für } x_i \le x \le x_{i+2}, \\[2mm] 0 & \text{sonst}, \end{cases} \tag{12.63}$$

$$(i \text{ ungerade}) \quad \varphi_i(x) = \begin{cases} \dfrac{(x_{i+1} - x)(x - x_{i-1})}{(x_{i+1} - x_i)(x_i - x_{i-1})} & \text{für } x_{i-1} \le x \le x_{i+1}, \\[2ex] 0 & \text{sonst.} \end{cases} \tag{12.64}$$

Jede Basisfunktion besitzt die Eigenschaft $\varphi_(x_j) = \delta_{ij}$, $i, j = 0, \ldots, 2n$. Die Formfunktionen für X_h^2 auf dem Referenzintervall $[0, 1]$ sind

$$\widehat{\varphi}_0(\xi) = (1 - \xi)(1 - 2\xi), \quad \widehat{\varphi}_1(\xi) = 4(1 - \xi)\xi, \quad \widehat{\varphi}_2(\xi) = \xi(2\xi - 1) \tag{12.65}$$

und in Abbildung 12.5 dargestellt. Wie im Fall stückweise linearer Elemente sind die Formfunktionen (12.63) und (12.64) die Bilder von (12.65) vermöge der affinen Abbildung (12.62). Beachte, dass der Träger der Basisfunktion φ_{2i+1}, die mit dem Mittelpunkt x_{2i+1} verbunden ist, mit dem Intervall übereinstimmt, auf dem der Mittelpunkt liegt. Aufgrund seiner Gestalt wird φ_{2i+1} als *Blasenfunktion* bezeichnet.

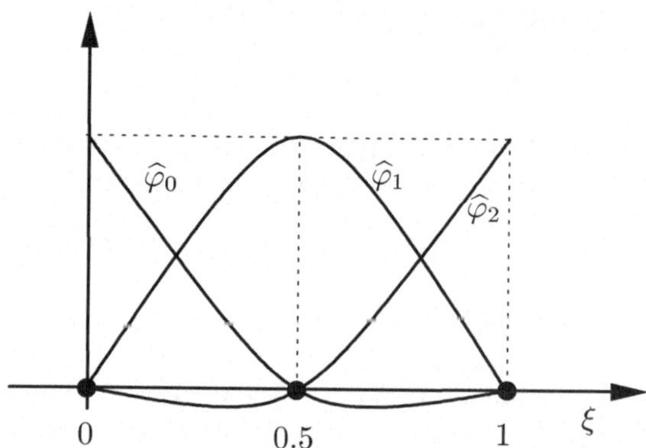

Abbildung 12.5. Basisfunktionen von X_h^2 auf dem Referenzintervall.

Bis jetzt haben wir nur Formfunktionen vom Lagrange-Type betrachtet. Wenn diese Bedingung fallen gelassen wird, können andere Basen hergeleitet werden. Ein bemerkenswertes Beispiel ist (auf dem Referenzintervall) durch

$$\widehat{\psi}_0(\xi) = 1 - \xi, \quad \widehat{\psi}_1(\xi) = (1 - \xi)\xi, \quad \widehat{\psi}_2(\xi) = \xi, \tag{12.66}$$

gegeben. Diese Basis heißt *hierarchisch*, weil sie unter Verwendung der Formfunktionen des Teilraumes, der eine unmittelbar kleinere Dimension als X_h^2 (d.h. die von X_h^1) besitzt, erzeugt wurde. Genauer gesagt, wurde die Blasenfunktion $\widehat{\psi}_1 \in X_h^2$ zu den in X_h^1 liegenden Formfunktionen $\widehat{\psi}_0$ und $\widehat{\psi}_2$ addiert. Hierarchische Basen können von Interesse bei numerischen Berechnungen sein, wenn der lokale Interpolationsgrad adaptiv vegrößert wird (Adaptivität vom *p-Typ*).

Um zu zeigen, dass (12.66) eine Basis für X_h^2 bildet, müssen wir verifizieren, dass die Funktionen linear unabhängig sind, d.h.

$$\alpha_0\widehat{\psi}_0(\xi) + \alpha_1\widehat{\psi}_1(\xi) + \alpha_2\widehat{\psi}_2(\xi) = 0, \quad \forall \xi \in [0,1] \quad \Leftrightarrow \quad \alpha_0 = \alpha_1 = \alpha_2 = 0.$$

In unserem Fall gilt dies, denn wenn

$$\sum_{i=0}^{2}\alpha_i\widehat{\psi}_i(\xi) = \alpha_0 + \xi(\alpha_1 - \alpha_0 + \alpha_2) - \alpha_1\xi^2 = 0, \qquad \forall \xi \in [0,1]$$

gilt notwendiger Weise auch $\alpha_0 = 0$, $\alpha_1 = 0$ und folglich $\alpha_2 = 0$.

Ein Verfahren, das analog zu dem in den obigen Abschnitten untersuchten ist, kann prinzipiell auch zur Konstruktion einer Basis für jeden der Teilräume X_h^k für beliebiges k, verwendet werden. Allerdings ist es wichtig, daran zu erinnern, dass ein Anwachsen des Grades k der polynomialen Approximation zu einem Anwachsen der Anzahl aller Freiheitsgrade der FEM führt, und somit auch den numerischen Aufwand für die Lösung des linearen Systems (12.48) erhöht.

Wir wollen nun die Struktur und die grundlegenden Eigenschaften der Steifigkeitsmatrix, die mit dem System (12.48) verbunden ist, im Fall der finiten Elemente Methode ($A_G = A_{fe}$) studieren.

Da die finiten Elementebasisfunktionen für X_h^k lokalen Träger haben, ist A_{fe} *schwach besetzt*. Im Fall $k = 1$, ist der Träger der Formfunktion φ_i die Vereinigung der Intervalle I_{i-1} und I_i, wenn $1 \leq i \leq n-1$ ist, und stimmt mit dem Intervall I_0 (bzw. I_{n-1}) für $i = 0$ (bzw. $i = n$) überein. Folglich haben für festes $i = 1, \ldots, n-1$ nur die Formfunktionen φ_{i-1} und φ_{i+1} einen nichtverschwindenden Durchschnitt ihrer Träger mit dem Träger von φ_i. Dies impliziert, dass A_{fe} *tridiagonal* ist, denn $a_{ij} = 0$ für $j \notin \{i-1, i, i+1\}$. Im Fall $k = 2$ folgert man mit einem analogen Argument, dass A_{fe} eine *pentadiagonale* Matrix ist.

Die *Konditionszahl* von A_{fe} ist eine Funktion der Gitterweite h; es gilt tatsächlich

$$K_2(A_{fe}) = \|A_{fe}\|_2\|A_{fe}^{-1}\|_2 = \mathcal{O}(h^{-2})$$

(zum Beweis siehe [QV94], Abschnitt 6.3.2), was zeigt, dass die Kondition des finiten Elemente Systems (12.48) für $h \to 0$ schnell wächst. Dies steht im klaren Gegensatz zur Notwendigkeit die Genauigkeit der Approximation zu erhöhen und erfordert bei mehrdimensionalen Problemen geeignete Vorkonditionierungstechniken, wenn iterative Löser verwendet werden (siehe Abschnitt 4.3.2 in Band 1).

Bemerkung 12.4 (Elliptische Probleme höherer Ordnung) Das Galerkin-Verfahren im Allgemeinen und die finite Elemente Methode im Besonderen können auch auf andere Typen elliptischer Gleichungen, zum Beispiel auf Gleichungen vierter Ordnung angewandt werden. In diesem Fall müssen die numerische Lösung (und ebenso die Testfunktionen) stetig einschliesslich ihrer ersten Ableitungen sein. Ein Beispiel wurde bereits in Abschnitt 8.8.1 illustriert. ∎

12.4.6 Implementierungsfragen

In diesem Abschnitt implementieren wir die finite Elemente (FE) Approximation mit stückweise linearen Elementen ($k = 1$) des Randwertproblems (12.41) (kurz RWP) mit inhomogenen Dirichletschen Randbedingungen. Hier ist die Liste der Eingabeparameter des Programms 94: Nx ist die Anzahl der Teilintervalle; I ist das Intervall $[a, b]$, alpha, beta, gamma und f sind Makros, die den Koeffizienten in der Gleichung entsprechen, bc=[ua,ub] ist ein Vektor, der die Dirichletschen Randbedingungen für u in $x = a$ und $x = b$ enthält und stabfun ist eine optionale Stringvariable. Sie kann verschiedene Werte annehmen, was dem Nutzer erlaubt, den gewünschten Typ der künstlichen Viskosität auszuwählen, der bei der Behandlung von Problemen in Abschnitt 12.5 erforderlich werden kann.

Program 94 - ellfem : Lineare FE für Zweipunkt-RWP

```
function [uh,x] = ellfem(Nx,I,alpha,beta,gamma,f,bc,stabfun)
a = I(1); b = I(2); h = (b-a)/Nx; x = [a+h/2:h:b-h/2];
alpha = eval(alpha); beta = eval(beta); gamma = eval(gamma);
f    = eval(f);    rhs  = 0.5*h*(f(1:Nx-1)+f(2:Nx));
if nargin == 8
  [Afe,rhsbc] = femmatr(Nx,h,alpha,beta,gamma,stabfun);
else
  [Afe,rhsbc] = femmatr(Nx,h,alpha,beta,gamma);
end
[L,U,P]  = lu(Afe);
rhs(1)    = rhs(1)-bc(1)*(-alpha(1)/h-beta(1)/2+h*gamma(1)/3+rhsbc(1));
rhs(Nx-1) = rhs(Nx-1)-bc(2)*(-alpha(Nx)/h+beta(Nx)/2+h*gamma(Nx)/3+rhsbc(2));
rhs = P*rhs'; z = L \ rhs;
w = U \ z;
uh = [bc(1), w', bc(2)]; x  = [a:h:b];
```

Das Programm 95 berechnet die Steifigkeitsmatrix A_{fe}; dabei werden die Koeffizienten α, β und γ sowie der Quellterm f durch stückweise konstante Funktionen auf jedem Teilintervall ersetzt und die verbleibenden Integrale in (12.41), die die Basisfunktionen und ihre Ableitungen enthalten, exakt ausgewertet.

Program 95 - femmatr : Konstruktion der Steifigkeitsmatrix

```
function [Afe,rhsbc] = femmatr(Nx,h,alpha,beta,gamma,stabfun)
for i=2:Nx
  dd(i-1)=(alpha(i-1)+alpha(i))/h; dc(i-1)=-(beta(i)-beta(i-1))/2;
  dr(i-1)=h*(gamma(i-1)+gamma(i))/3;
```

```
    if i > 2
      ld(i-2) = -alpha(i-1)/h; lc(i-2)=-beta(i-1)/2;
      lr(i-2) = h*gamma(i-1)/6;
    end
    if i < Nx
      ud(i-1) = -alpha(i)/h; uc(i-1)=beta(i)/2;
      ur(i-1) = h*gamma(i)/6;
    end
end
Kd=spdiags([[ld 0]',dd',[0 ud]'],-1:1,Nx-1,Nx-1);
Kc=spdiags([[lc 0]',dc',[0 uc]'],-1:1,Nx-1,Nx-1);
Kr=spdiags([[lr 0]',dr',[0 ur]'],-1:1,Nx-1,Nx-1);
Afe=Kd+Kc+Kr;
if nargin == 6
  s=['[Ks,rhsbc]=',stabfun,'(Nx,h,alpha,beta);']; eval(s)
  Afe = Afe + Ks;
else
  rhsbc = [0, 0];
end
```

Die H^1-Norm des Fehlers kann durch Aufruf des Programms 96 berechnet werden, welches die Makros u und ux verwendet, die die Ausdrücke der exakten Lösung u und von u' enthalten. Die berechnete numerische Lösung wird im Ausgabevektor uh gespeichert, der Vektor coord enthält die Gitterkoordinaten und h ist die Netzweite. Die Integrale, die bei der Berechnung der H^1-Norm des Fehlers auftreten, werden mit der zusammengesetzten Simpson-Formel (9.17) ausgewertet.

Program 96 - H1error : Berechnung der H^1-Norm des Fehlers

```
function [L2err,H1err]=H1error(coord,h,uh,u,udx)
nvert=max(size(coord)); x=[]; k=0;
for i = 1:nvert-1
   xm = (coord(i+1)+coord(i))*0.5;
   x = [x, coord(i),xm];   k = k + 2;
end
ndof = k+1; x (ndof) = coord (nvert);
uq = eval(u); uxq = eval(udx);  L2err = 0; H1err = 0;
for i=1:nvert-1
   L2err = L2err + (h/6)*((uh(i)-uq(2*i-1))^2+...
        4*(0.5*uh(i)+0.5*uh(i+1)-uq(2*i))^2+(uh(i+1)-uq(2*i+1))^2);
   H1err = H1err + (1/(6*h))*((uh(i+1)-uh(i)-h*uxq(2*i-1))^2+...
        4*(uh(i+1)-uh(i)-h*uxq(2*i))^2+(uh(i+1)-uh(i)-h*uxq(2*i+1))^2);
end
H1err = sqrt(H1err + L2err); L2err = sqrt(L2err);
```

Beispiel 12.1 Wir messen die Genauigkeit der finiten Elemente Lösung des folgenden Problems. Betrachte einen dünnen Stab der Länge L, dessen Temperatur in $x = 0$ mit t_0 fest vorgegeben ist, während der andere Endpunkt $x = L$ thermisch isoliert ist. Nehmen wir an, dass der Stab einen Querschnitt konstanter Fläche A habe und dass der Umfang von A p sei.

Die Temperatur u des Stabes im allgemeinen Punkt $x \in (0, L)$ ist durch das folgende Randwertproblem mit gemischten Dirichlet-Neumann-Bedingungen bestimmt

$$\begin{cases} -\mu A u'' + \sigma p u = 0 & x \in (0, L), \\ u(0) = u_0, & u'(L) = 0, \end{cases} \tag{12.67}$$

wobei μ die Wärmeleitfähigkeit und σ den konvektiven Transportkoeffizienten bezeichnen. Die exakte Lösung des Problems ist die (glatte) Funktion

$$u(x) = u_0 \frac{\cosh[m(L - x)]}{\cosh(mL)}$$

mit $m = \sqrt{\sigma p / \mu A}$. Wir lösen das Problem unter Verwendung linearer und quadratischer finiter Elemente ($k = 1$ und $k = 2$) auf einem uniformen Gitter. Für die numerischen Berechnungen nehmen wir an, dass die Länge des Stabes $L = 100$cm ist und dass der Stab einen kreisförmigen Querschnitt mit dem Radius 2cm hat (und somit $A = 4\pi$cm^2, $p = 4\pi$cm gelten). Wir setzen ferner $u_0 = 10°$C, $\sigma = 2$ und $\mu = 200$.

Abbildung 12.6 (links) zeigt das Verhalten des Fehlers in der L^2- und der H^1-Norm für lineare bzw. quadratische Elemente. Beachte die hervorragende Übereinstimmung zwischen den numerischen Ergebnissen und den theoretischen Abschätzungen (12.59) und (12.60), d.h. die Konvergenzordnungen in der L^2- bzw. der H^1-Norm streben gegen $k + 1$ und k, wenn finite Elemente vom Grade k verwendet werden, denn die exakte Lösung ist glatt.   ●

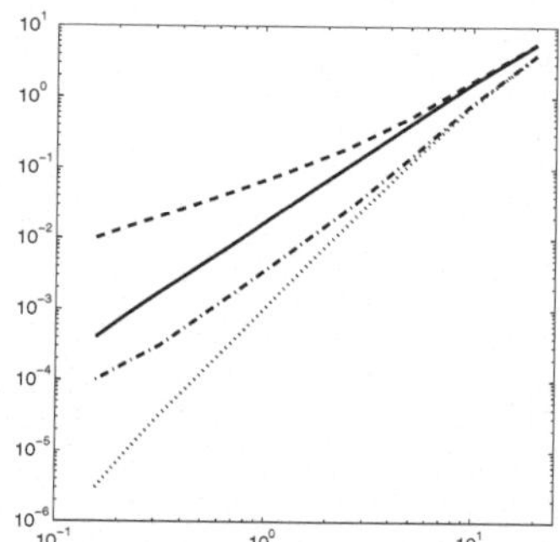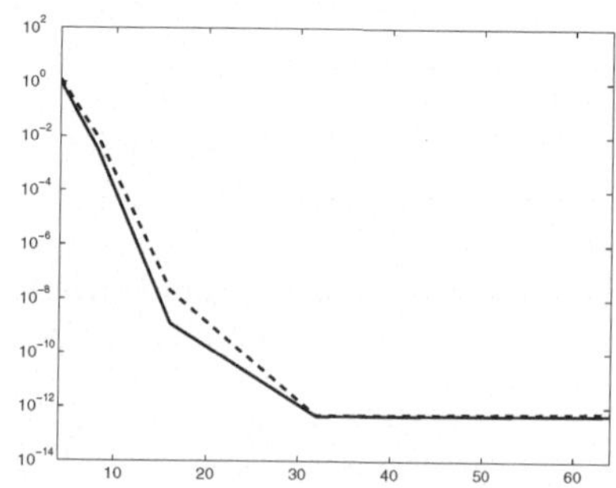

Abbildung 12.6. Links: Fehlerkurven für lineare und quadratische Elemente. Die gestrichelte und die durchgezogene Kurve bezeichnen die $H^1(0, L)$-Norm und die $L^2(0, L)$-Norm des Fehlers im Fall $k = 1$, wohingegen die gestrichelt-punktierte Kurve und die punktierte Kurve den Normen im Fall $k = 2$ entsprechen. Rechts: Fehlerkurven für die spektrale Kollokationsmethode. Die gestrichelte und durchgezogene Kurve bezeichnen die $H^1(0, L)$-Norm bzw. $L^2(0, L)$-Norm des Fehlers.

12.4.7 Spektralmethoden

Es stellt sich heraus, dass die in Abschnitt 12.3 besprochene spektrale Kollokationsmethode als Galerkin-Verfahren angesehen werden kann, wobei der Teilraum der Raum $\mathbb{P}_n^0$ ist und die Integrale durch Gauß-Lobatto-Quadraturformeln approximiert werden. Tatsächlich ist die Approximation des Problems (12.38):

$$\text{finde } u_n \in \mathbb{P}_n^0 : \ a_n(u_n, v_n) = (f, v_n)_n \ \forall v_n \in \mathbb{P}_n^0, \tag{12.68}$$

wobei a_n die Bilinearform ist, die aus der Bilinearform a durch die Ersetzung exakter Integrale durch die Gauß-Lobatto-Formel (12.37) gewonnen wird. Für das Problem (12.41) wurde die zugehörige Bilinearform a in (12.44) eingeführt. Wir würden damit

$$a_n(u_n, v_n) = (\alpha u_n', v_n')_n + (\beta u_n', v_n)_n + (\gamma u_n, v_n)_n \tag{12.69}$$

erhalten. Dies ist kein Galerkin-Verfahren mehr, sondern wird *verallgemeinerte Galerkin-Approximation* genannt. Ihre Analyse erfordert im Vergleich zum Galerkin-Verfahren mehr Sorgfalt, wie wir bereits in Abschnitt 12.3 gesehen haben und hängt vom Lemma von Strang (siehe [QV94]) ab. Dennoch kann auch in diesem Fall die gleiche Art von Fehlerabschätzung (12.39) bewiesen werden.

Eine weitere Verallgemeinerung, die den finite Elemente Zugang mit stückweise Polynomen hohen Grades und Gauß-Lobatto-Integration auf jedem Element verbindet, führt zur sogenannten *spektralen Element Methode* und zur $h-p$-Version der finiten Elemente Methode (hierbei steht p für den Polynomgrad, den wir durch n bezeichnet hatten). In diesen Fällen wird Konvergenz erreicht, indem man gleichzeitig h gegen Null und p gegen Unendlich gehen lässt. (Siehe z.B. [BM92], [SS98]).

Beispiel 12.2 Wir betrachten erneut das Zweipunktrandwertproblem (12.67) und verwenden die spektrale Kollokationsmethode zur numerischen Approximation. In Abbildung 12.6 zeigen wir (rechts) die Fehlerkurven in der $L^2(0, L)$-Norm (durchgezogene Kurve) und der $H^1(0, L)$-Norm (gestrichelte Kurve) als Funktionen des Spektralgrades n, mit $n = 4^{-k}$, $k = 1, \ldots, 5$. Beachte die hohe Genauigkeit auch für einen kleinen Wert von n, der aufgrund der Glattheit der exakten Lösung erzielt wird. Beachte auch, dass für $n \geq 32$ die Genauigkeit durch den Einfluß von Rundungsfehlern begrenzt ist. •

12.5 Advektions-Diffussions-Gleichungen

Randwertprobleme der Form (12.41) werden verwendet, um Prozesse der Diffusion, Advektion und Adsorption (oder Reaktion) einer bestimmten Größe, die mit $u(x)$ identifiziert wird zu beschreiben. Der Term $-(\alpha u')'$ ist verantwortlich für Diffusion, $\beta u'$ für die Advektion (oder Transport), γu

für die Absorption (wenn $\gamma > 0$). In diesem Abschnitt richten wir unsere Aufmerksamkeit auf den Fall, in dem α klein verglichen mit β (oder γ) ist. In diesen Fällen kann das früher eingeführte Galerkin-Verfahren ungeeignet sein, um genaue Ergebnisse zu liefern. Eine heuristische Erklärung kann aus der Ungleichung (12.56) abgeleitet werden, wenn man bedenkt, dass die Konstante M/α_0 sehr groß und damit die Fehlerabschätzung bedeutungslos werden kann, es sei denn h ist viel kleiner als $(M/\alpha_0)^{-1}$. Wenn zum Beispiel $\alpha = \varepsilon$, $\gamma = 0$ und $\beta = const \gg 1$ sind, ist $\alpha_0 = \varepsilon$ und $M = \varepsilon + C_P\beta$. Sind $\alpha = \varepsilon$, $\beta = 0$ und $\gamma = const \gg 1$, so gilt in ähnlicher Weise $\alpha_0 = \varepsilon$ und $M = \varepsilon + C_P^2\gamma$.

Um unsere Analyse auf dem einfachsten Niveau zu belassen, werden wir das elementare Zweipunktrandwertproblem

$$\begin{cases} -\varepsilon u'' + \beta u' = 0, & 0 < x < 1, \\ u(0) = 0, \quad u(1) = 1, \end{cases} \qquad (12.70)$$

betrachten, wobei ε und β zwei positive Konstanten sind, so dass $\varepsilon/\beta \ll 1$. Trotz seiner Einfachheit liefert (12.70) ein interessantes Musterbeispiel eines Advektions-Diffusions-Problems bei dem die Advektion die Diffusion dominiert.

Wir definieren die *globale Pécletzahl* als

$$\mathbb{Pe}_{gl} = \frac{|\beta|L}{2\varepsilon}, \qquad (12.71)$$

wobei L die Größe des Gebiets ist (in unserem Fall gleich 1). Die globale Pécletzahl misst die Dominanz des advektiven Terms gegenüber dem diffusiven.

Wir wollen zunächst die exakte Lösung des Problems (12.70) berechnen. Die mit der Differentialgleichung verbundene charakteristische Gleichung ist $-\varepsilon\lambda^2 + \beta\lambda = 0$ und besitzt zwei Lösungen $\lambda_1 = 0$ und $\lambda_2 = \beta/\varepsilon$. Somit gilt

$$u(x) = C_1 e^{\lambda_1 x} + C_2 e^{\lambda_2 x} = C_1 + C_2 e^{\frac{\beta}{\varepsilon}x},$$

wobei C_1 und C_2 beliebige Konstanten sind. Das Auferlegen der Randbedingungen liefert $C_1 = -1/(e^{\beta/\varepsilon} - 1) = -C_2$, daher folgt

$$u(x) = \left(\exp(\beta x/\varepsilon) - 1\right) / \left(\exp(\beta/\varepsilon) - 1\right).$$

Ist $\beta/\varepsilon \ll 1$ können wir die Exponentialfunktionen bis zur ersten Ordnung entwickeln und erhalten

$$u(x) = (1 + \frac{\beta}{\varepsilon}x + \cdots - 1)/(1 + \frac{\beta}{\varepsilon} + \cdots - 1) \simeq (\beta\, x/\varepsilon)/(\beta/\varepsilon) = x,$$

folglich ist die Lösung nahe der Lösung des Grenzproblems $-\varepsilon u'' = 0$, also die Gerade, die die Randdaten interpoliert.

Wenn jedoch $\beta/\varepsilon \gg 1$, erreichen die Exponentialausdrücke große Werte, so dass

$$u(x) \simeq \frac{\exp(\beta/\varepsilon x)}{\exp(\beta/\varepsilon)} = \exp\left[-\frac{\beta}{\varepsilon}(1-x)\right].$$

Da der Exponent groß und negativ ist, ist die Lösung fast überall gleich Null, mit Ausnahme einer kleinen Nachbarschaft des Punktes $x = 1$, wo der Term $1 - x$ sehr klein wird und die Lösung sich dem Wert 1 exponentiell nähert. Die Dicke dieser Umgebung ist von der Ordnung ε/β und damit ziemlich klein: In einem solchen Fall sagen wir, dass die Lösung eine *Grenzschicht* der Dicke $\mathcal{O}(\varepsilon/\beta)$ bei $x = 1$ aufweist.

12.5.1 *Galerkin finite Elemente Approximation*

Wir wollen das Problem (12.70) mit Hilfe der in Abschnitt 12.4.5 eingeführten Galerkin finiten Elemente Methode für $k = 1$ (stückweise lineare finite Elemente) diskretisieren. Die Approximation des Problems ist:

finde $u_h \in X_h^1$, so dass

$$\begin{cases} a(u_h, v_h) = 0 & \forall v_h \in X_h^{1,0}, \\ u_h(0) = 0, \ u_h(1) = 1. \end{cases} \tag{12.72}$$

Die finiten Elemente Räume X_h^1 und $X_h^{1,0}$ wurden in (8.22) und (12.57) eingeführt, die Bilinearform $a(\cdot, \cdot)$ ist gegeben durch

$$a(u_h, v_h) = \int_0^1 (\varepsilon u_h' v_h' + \beta u_h' v_h) \, dx. \tag{12.73}$$

Bemerkung 12.5 (Advektions-Diffusions-Probleme in konservativer Form) Manchmal wird das Advektions-Diffusions-Problem (12.70) in der folgenden *konservativen Form*

$$\begin{cases} -(J(u))' = 0, & 0 < x < 1, \\ u(0) = 0, \quad u(1) = 1, \end{cases} \tag{12.74}$$

geschrieben, wobei $J(u) = \varepsilon u' - \beta u$ der *Fluss* ist, (der bereits im Kontext finiter Differenzenmethoden im Abschnitt 12.2.3 eingeführt wurde,) ε und β gegebene Funktionen mit $\varepsilon(x) \geq \varepsilon_0 > 0$ für alle $x \in [0,1]$ sind. Die Galerkin-Approximation von (12.74) für stückweise lineare finite Elemente lautet: finde $u_h \in X_h^1$, so dass

$$b(u_h, v_h) = 0, \qquad \forall v_h \in X_h^{1,0}$$

wobei $b(u_h, v_h) = \int_0^1 (\varepsilon u_h' - \beta u_h) v_h' \, dx$. Wenn ε und β konstant sind, stimmt die Bilinearform $b(\cdot, \cdot)$ mit der entsprechenden in (12.73) überein. $\blacksquare$

Nehmen wir als Testfunktion v_h eine beliebige Basisfunktion φ_i, so folgt aus (12.72)

$$\int\limits_0^1 \varepsilon u_h' \varphi_i' \, dx + \int\limits_0^1 \beta u_h' \varphi_i \, dx = 0 \qquad i = 1, \dots, n-1.$$

Setzen wir $u_h(x) = \sum_{j=0}^n u_j \varphi_j(x)$ und verwenden $supp(\varphi_i) = [x_{i-1}, x_{i+1}]$, so reduziert sich das obige Integral für $i = 1, \dots, n-1$ auf

$$\varepsilon \left[u_{i-1} \int\limits_{x_{i-1}}^{x_i} \varphi_{i-1}' \varphi_i' \, dx + u_i \int\limits_{x_{i-1}}^{x_{i+1}} (\varphi_i')^2 \, dx + u_{i+1} \int\limits_{x_i}^{x_{i+1}} \varphi_i' \varphi_{i+1}' \, dx \right]$$

$$+ \beta \left[u_{i-1} \int\limits_{x_{i-1}}^{x_i} \varphi_{i-1}' \varphi_i \, dx + u_i \int\limits_{x_{i-1}}^{x_{i+1}} \varphi_i' \varphi_i \, dx + u_{i+1} \int\limits_{x_i}^{x_{i+1}} \varphi_{i+1}' \varphi_i \, dx \right] = 0.$$

Nehmen wir eine uniforme Zerlegung von $[0,1]$ mit $x_i = x_{i-1} + h$ für $i = 1, \dots, n$, $h = 1/n$ an und berücksichtigen, dass $\varphi_j'(x) = \frac{1}{h}$ für $x_{j-1} \le x \le x_j$ und $\varphi_j'(x) = -\frac{1}{h}$ für $x_j \le x \le x_{j+1}$ gelten, folgern wir

$$\frac{\varepsilon}{h} \left(-u_{i-1} + 2u_i - u_{i+1} \right) + \frac{1}{2} \beta \left(u_{i+1} - u_{i-1} \right) = 0, \qquad i = 1, \dots, n-1.$$

$$(12.75)$$

Multiplikation mit h/ε und Definition der *lokalen Pécletzahl* als

$$\mathbb{Pe} = \frac{|\beta| h}{2\varepsilon},$$

ergibt schliesslich

$$(\mathbb{Pe} - 1) \, u_{i+1} + 2u_i - (\mathbb{Pe} + 1) \, u_{i-1} = 0. \qquad i = 1, \dots, n-1. \qquad (12.76)$$

Dies ist eine lineare Differenzengleichung, die eine Lösung der Form $u_i = A_1 \rho_1^i + A_2 \rho_2^i$ für geeignet gewählte Konstanten A_1, A_2 (siehe Abschnitt 11.4) besitzt, wobei ρ_1 und ρ_2 die zwei Wurzeln der charakteristischen Gleichung

$$(\mathbb{Pe} - 1) \, \rho^2 + 2\rho - (\mathbb{Pe} + 1) = 0$$

sind. Folglich ist

$$\rho_{1,2} = \frac{-1 \pm \sqrt{1 + \mathbb{Pe}^2 - 1}}{\mathbb{Pe} - 1} = \begin{cases} \dfrac{1 + \mathbb{Pe}}{1 - \mathbb{Pe}}, \\ 1. \end{cases}$$

Auferlegen der Randbedingungen in $x = 0$ und $x = 1$ gibt

$$A_1 = 1/(1 - \left(\tfrac{1+\mathbb{Pe}}{1-\mathbb{Pe}} \right)^n), \quad A_2 = -A_1,$$

so dass die Lösung von (12.76)

$$u_i = \left(1 - \left(\frac{1+\mathbb{P}e}{1-\mathbb{P}e}\right)^i\right) \Big/ \left(1 - \left(\frac{1+\mathbb{P}e}{1-\mathbb{P}e}\right)^n\right) \qquad i = 0, \ldots, n,$$

wird. Wir bemerken, dass im Fall $\mathbb{P}e > 1$ eine Potenz mit negativer Basis im Zähler auftritt, die zu einer oszillierenden Lösung führt. Dies ist klar in Abbildung 12.7 erkennbar, wo die Lösung von (12.76) für verschiedene Werte der lokalen Pécletzahl mit der exakten Lösung, die einem Wert der globalen Pécletzahl von 50 entspricht, verglichen wird.

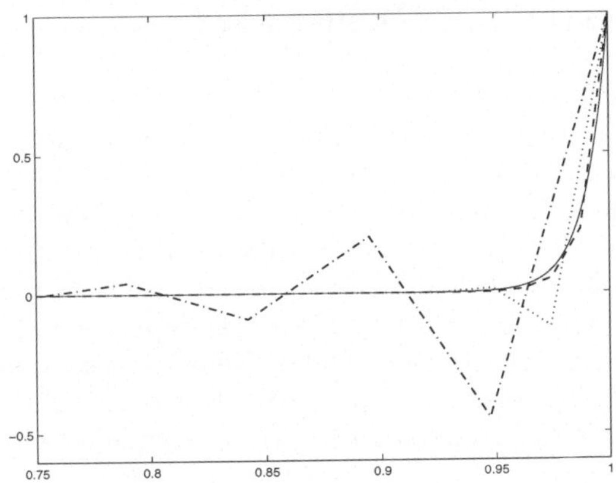

Abbildung 12.7. Finite Differenzen Lösung des Advektions-Diffusions-Problems (12.70) (mit $\mathbb{P}e_{gl} = 50$) für verschiedene Werte der lokalen Pécletzahl. Durchgezogene Kurve: exakte Lösung, punktiert-gestrichelte Kurve: $\mathbb{P}e = 2.63$, punktierte Kurve: $\mathbb{P}e = 1.28$, gestrichelte Kurve: $\mathbb{P}e = 0.63$.

Das einfachste Mittel zur Unterdrückung der Oszillationen besteht in der Wahl einer hinreichend kleinen Schrittweite h, so dass $\mathbb{P}e < 1$ gilt. Jedoch ist dieses Vorgehen oft nicht praktikabel: wenn zum Beispiel $\beta = 1$ und $\varepsilon = 5 \cdot 10^{-5}$ sind, müsste man $h < 10^{-4}$ wählen, was gleichbedeutend damit ist, das Intervall $[0, 1]$ in 10000 Teilintervalle zu zerlegen, eine Strategie, die nicht machbar wird, wenn wir es mit mehrdimensionalen Problemen zu tun haben. Wie in den nächsten Abschnitten gezeigt werden wird, können auch andere Strategien verfolgt werden.

12.5.2 Die Beziehung zwischen finiten Elementen und finiten Differenzen; die numerische Viskosität

Um das Verhalten der finiten Differenzen Methode (FD) bei der Anwendung auf die Lösung von Advektions-Diffusions-Problemen und ihre Relation zur finiten Elemente Methode (FE) zu untersuchen, betrachten wir wieder das eindimensionale Problem (12.70) auf einem uniformen Gitter der Netzweite h.

Um zu sichern, dass der lokale Diskretisierungsfehler von zweiter Ordnung ist, approximieren wir $u'(x_i)$ und $u''(x_i)$, $i = 1, \ldots, n - 1$, durch die zentralen finite Differenzen (10.61) bzw. (10.65) (siehe Abschnitt 10.10.1). Wir erhalten das FD-Problem

$$\begin{cases} -\varepsilon \dfrac{u_{i+1} - 2u_i + u_{i-1}}{h^2} + \beta \dfrac{u_{i+1} - u_{i-1}}{2h} = 0, & i = 1, \ldots, n - 1 \\ u_0 = 0, \qquad u_n = 1. \end{cases} \tag{12.77}$$

Multiplizieren wir mit h für jedes $i = 1, \ldots, n - 1$, erhalten wir genau dieselbe Gleichung (12.75), die für stückweise lineare finite Elemente erhalten wurde.

Die Äquivalenz zwischen FD und FE kann vorteilhaft ausgenutzt werden, um ein Mittel gegen die Oszillationen zu entwickeln, die in der Näherungslösung von (12.75) auftreten, wenn die lokale Pécletzahl größer als 1 wird. Die wichtige Beobachtung ist hier die, dass die Instabilität der FD-Lösung auf der Tatsache beruht, dass das Diskretisierungsschema ein *zentrales* ist. Ein möglicher Ausweg besteht in der Approximation der ersten Ableitungen durch einseitige finite Differenzen in Übereinstimmung mit der Richtung des Transportfeldes. Genauer gesagt verwenden wir die Rückwärtsdifferenz wenn der konvektive Koeffizient β positiv ist und die Vorwärtsdifferenz im anderen Fall. Das resultierende Schema ist für $\beta > 0$

$$-\varepsilon \frac{u_{i+1} - 2u_i + u_{i-1}}{h^2} + \beta \frac{u_i - u_{i-1}}{h} = 0 \qquad i = 1, \ldots, n - 1, \tag{12.78}$$

das sich im Fall $\varepsilon = 0$ auf $u_i = u_{i-1}$ reduziert und daher die gewünschte konstante Lösung des Grenzproblems $\beta u' = 0$ liefert. Diese einseitige Diskretisierung der ersten Ableitung heißt *upwind* Differenz: der für die verbesserte Stabilität zu zahlende Preis ist ein Verlust an Genauigkeit, denn die finite upwind Differenz besitzt einen lokalen Diskretisierungsfehler der Ordnung $\mathcal{O}(h)$ und nicht von der Ordnung $\mathcal{O}(h^2)$ wie es bei den zentralen Differenzen der Fall ist.
Wir bemerken, dass

$$\frac{u_i - u_{i-1}}{h} = \frac{u_{i+1} - u_{i-1}}{2h} - \frac{h}{2} \frac{u_{i+1} - 2u_i + u_{i-1}}{h^2},$$

die finite upwind Differenz als Summe einer zentralen finiten Differenz, die die erste Ableitung approximiert, und eines zur Diskretisierung einer zweiten Ableitung proportionalen Terms interpretiert werden kann. Folglich ist (12.78) zu

$$-\varepsilon_h \frac{u_{i+1} - 2u_i + u_{i-1}}{h^2} + \beta \frac{u_{i+1} - u_{i-1}}{2h} = 0 \qquad i = 1, \ldots, n - 1 \tag{12.79}$$

äquivalent, wobei $\varepsilon_h = \varepsilon(1 + \mathbb{P}e)$. Dies läuft darauf hinaus, die Differentialgleichung (12.72) durch die gestörte

$$-\varepsilon_h u'' + \beta u' = 0 \qquad (12.80)$$

zu ersetzen und danach zentrale finite Differenzen sowohl für die Approximation von u' als auch von u'' zu nutzen. Die Störung

$$-\varepsilon\, \mathbb{P}e\, u'' = -\frac{\beta h}{2}\, u'' \qquad (12.81)$$

heißt die *numerische Viskosität* (oder *künstliche Diffusion*). Ein Vergleich
zwischen zentralen und upwind Diskretisierungen des Problems (12.72)
wird in Abbildung 12.8 gezogen.

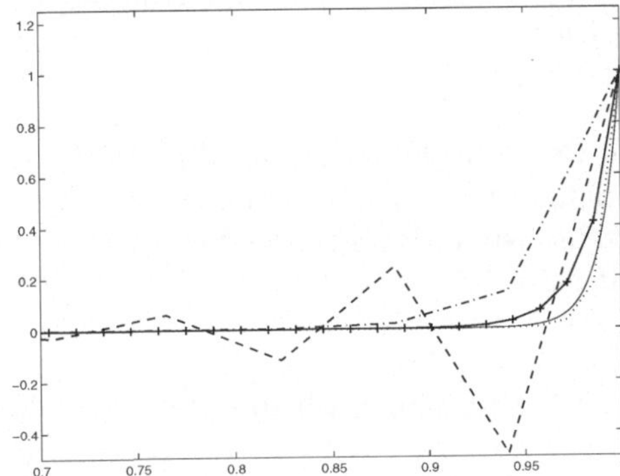

Abbildung 12.8. Finite Differenzen Lösung von (12.72) (mit $\varepsilon = 1/100$) unter
Verwendung einer zentralen Diskretisierung (gestrichelte und punktierte Kurven)
und der künstlichen Viskosität (12.81) (gestrichelt-punktierte und mit Sternen
markierte Kurven). Die durchgezogene Kurve bezeichnet die exakte Lösung. Beachte den Einfluss der Elimination der Oszillationen, wenn die lokale Pécletzahl
groß ist; umgekehrt auch den entsprechenden Genauigkeitsverlust für kleine Werte der lokalen Pécletzahl.

Allgemeiner können wir zu einem zentralen Schema der Form (12.80) mit
der folgenden Viskosität

$$\varepsilon_h = \varepsilon(1 + \phi(\mathbb{P}e)) \qquad (12.82)$$

greifen, wobei ϕ eine geeignete Funktion der lokalen Pécletzahl ist, die der
Bedingung

$$\lim_{t \to 0+} \phi(t) = 0$$

genügt. Beachte, dass man für $\phi(t) = 0$ für alle t das zentrale finite Diffe-
renzenverfahren (12.77) zurückgewinnt, während $\phi(t) = t$ das finite upwind
Differenzenschema (12.78) (oder äquivalent (12.79)) erhält. Andere Funktionen sind ebenso zulässig. Nimmt man zum Beispiel

$$\phi(t) = t - 1 + B(2t), \qquad (12.83)$$

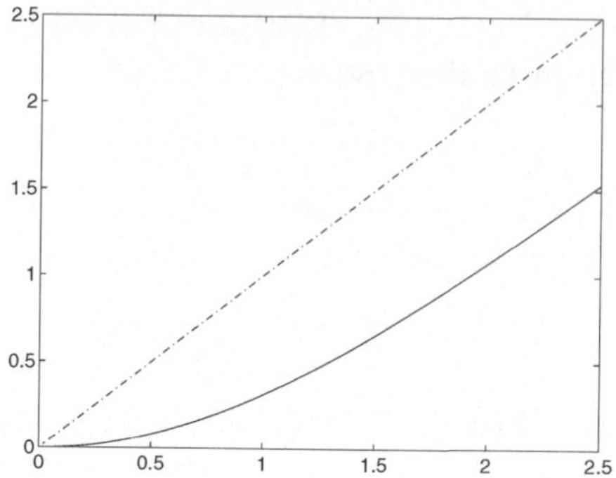

Abbildung 12.9. Die Funktionen ϕ^{UP} (gestrichelt-punktierte Kurve) und ϕ^{SG} (durchgezogene Kurve).

wobei $B(t)$ die Bernoulli-Funktion ist, die als $B(t) = t/(e^t - 1)$ für $t \neq 0$ und $B(0) = 1$ definiert ist, erhält man das sogenannte *exponentiell gefittete* finite Differenzenschema, das auch als Scharfetter-Gummel (SG) Methode [SG69] bekannt ist.

Bemerkung 12.6 Bezeichnen wir durch ϕ^C, ϕ^{UP} bzw. ϕ^{SG} die drei angegebenen Funktionen, d.h. $\phi^C = 0$, $\phi^{UP}(t) = t$ und $\phi^{SG}(t) = t - 1 + B(2t)$ (siehe Abbildung 12.9), so stellen wir fest, dass $\phi^{SG} \simeq \phi^{UP}$ für Pe $\to$ $+\infty$ sowie $\phi^{SG} = \mathcal{O}(h^2)$ und $\phi^{UP} = \mathcal{O}(h)$ für Pe $\to 0^+$. Daher ist die SG-Methode bezüglich h von zweiter Ordnung genau und von daher eine *optimale Viskositäts* Upwind Methode. Man kann wirklich zeigen (siehe [HGR96], S. 44-45), dass für stückweise konstante f das SG-Schema eine numerische Lösung u_h^{SG} liefert, die *knotenexakt* ist, d.h. $u_h^{SG}(x_i) = u(x_i)$ für jeden Knoten x_i, ungeachtet von h (und folglich von der Größe der lokalen Pécletzahl). Dies wird in Abbildung 12.10 sichtbar. ∎

Die neue, mit dem Schema (12.79)-(12.82) verbundene lokale Pécletzahl wird wie folgt definiert

$$\text{Pe}^* = \frac{|\beta|h}{2\varepsilon_h} = \frac{\text{Pe}}{(1 + \phi(\text{Pe}))}$$

Sowohl für das upwind als auch für das SG-Schema haben wir Pe$^* < 1$ für jeden Wert von h. Dies beinhaltet, dass die mit diesen Methoden verbundene Matrix eine M-Matrix für jedes h (siehe Definition 1.25 in Band 1 und Übung 13) ist, und infolge dessen die numerische Lösung u_h einem diskreten Maximumprinzip (siehe Abschnitt 12.2.2) genügt.

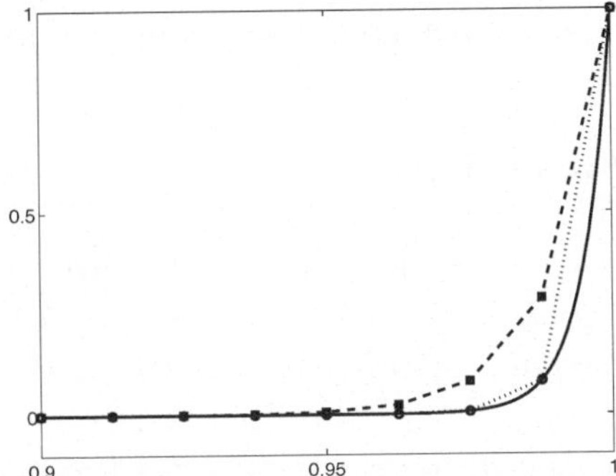

Abbildung 12.10. Vergleich zwischen den numerischen Lösungen des Problems (12.72) (mit $\varepsilon = 1/200$), die unter Verwendung der künstlichen Viskositätsmethode (12.81) (gestrichelte Kurve, bei der das Symbol ■ die Knotenwerte markiert) und der optimalen Viskositätsmethode (12.83) (punktierte Kurve, bei der das Symbol ○ die Knotenwerte markiert) für den Fall $\mathbb{P}\text{e} = 1.25$ erhalten wurden. Die durchgezogene Kurve entspricht der exakten Lösung.

12.5.3 Stabilisierte finite Elemente Methoden

In diesem Abschnitt erweitern wir die im vorangegangenen Abschnitt eingeführte Verwendung numerischer Viskosität von finiten Differenzen auf das Galerkin-Verfahren mit finiten Elementen beliebigen Grades $k \geq 1$. Dazu betrachten wir das Advektions-Diffusions-Problem (12.70), bei dem der Viskositätskoeffizient ε durch (12.82) ersetzt wird. Dies liefert folgende Modifikation des ursprünglichen Galerkin-Verfahrens (12.72):

finde $\overset{0}{u}_h \in X_h^{k,0} = \{ v_h \in X_h^k : v_h(0) = v_h(1) = 0 \}$, so dass

$$a_h(\overset{0}{u}_h, v_h) = -\int\limits_0^1 \beta v_h \, dx \qquad \forall v_h \in X_h^{k,0}, \tag{12.84}$$

wobei

$$a_h(u, v) = a(u, v) + b(u, v),$$

und

$$b(u, v) = \varepsilon \, \phi(\mathbb{P}\text{e}) \int\limits_0^1 u'v' \, dx$$

stabilisierender Term genannt wird. Da $a_h(v, v) = \varepsilon_h |v|_1^2$ für alle $v \in H_0^1(0, 1)$ und $\varepsilon_h/\varepsilon = (1 + \phi(\mathbb{P}\text{e})) \geq 1$, hat das modifizierte Problem (12.84) bessere Monotonieeigenschaften als die entsprechende nicht stabilisierte Galerkin-Formulierung (12.75).

Um die Konvergenz zu beweisen, genügt es zu zeigen, dass $\overset{0}{u}_h$ für $h \to 0$ gegen $\overset{0}{u}$ konvergiert, wobei $\overset{0}{u}(x) = u(x) - x$. Dies wird im folgenden Theorem gezeigt, wobei wir annehmen, dass $\overset{0}{u}$ (und damit u) die erforderliche Regularität besitzt.

Theorem 12.4 *Für $k = 1$ gilt*

$$| \overset{0}{u} - \overset{0}{u_h} |_{\mathrm{H}^1(0,1)} \le Ch\, G(\overset{0}{u}), \tag{12.85}$$

wobei $C > 0$ eine geeignete von h und $\overset{0}{u}$ unabhängige Konstante und

$$G(\overset{0}{u}) = \begin{cases} | \overset{0}{u} |_{\mathrm{H}^1(0,1)} + | \overset{0}{u} |_{\mathrm{H}^2(0,1)} & \text{für das Upwind-Verfahren} \\[2ex] | \overset{0}{u} |_{\mathrm{H}^2(0,1)} & \text{für das SG-Verfahren} \end{cases}$$

sind. Ferner liefert für $k = 2$ das SG-Verfahren die verbesserte Fehlerabschätzung

$$| \overset{0}{u} - \overset{0}{u_h} |_{\mathrm{H}^1(0,1)} \le Ch^2(| \overset{0}{u} |_{\mathrm{H}^1(0,1)} + | \overset{0}{u} |_{\mathrm{H}^3(0,1)}). \tag{12.86}$$

Beweis. Ausgehend von (12.70) erhalten wir

$$a(\overset{0}{u}, v_h) = -\int\limits_0^1 \beta v_h \, dx, \qquad \forall v_h \in X_h^{k,0}.$$

Durch Vergleich mit (12.84) folgt

$$a_h(\overset{0}{u} - \overset{0}{u_h}, v_h) = b(\overset{0}{u}, v_h), \qquad \forall v_h \in X_h^{k,0}. \tag{12.87}$$

Wir bezeichnen den Diskretisierungsfehler durch $E_h = \overset{0}{u} - \overset{0}{u_h}$ und erinnern daran, dass der Raum $\mathrm{H}_0^1(0,1)$ mit der Norm (12.49) versehen ist. Dann gilt

$$\begin{aligned} \varepsilon_h |E_h|_{\mathrm{H}^1(0,1)}^2 &= a_h(E_h, E_h) = a_h(E_h, \overset{0}{u} - \Pi_h^k \overset{0}{u}) + a_h(E_h, \Pi_h^k \overset{0}{u} - \overset{0}{u_h}) \\ &= a_h(E_h, \overset{0}{u} - \Pi_h^k \overset{0}{u}) + b(\overset{0}{u}, \Pi_h^k \overset{0}{u} - \overset{0}{u_h}), \end{aligned}$$

wobei (12.87) mit $v_h = \Pi_h^k \overset{0}{u} - \overset{0}{u_h}$ verwendet wurde. Mit Hilfe der Cauchy-Schwarzschen Ungleichung erhalten wir

$$\begin{aligned} \varepsilon_h |E_h|_{\mathrm{H}^1(0,1)}^2 \le\ & M_h |E_h|_{\mathrm{H}^1(0,1)} | \overset{0}{u} - \Pi_h^k \overset{0}{u} |_{\mathrm{H}^1(0,1)} \\ & + \varepsilon\phi(\mathbb{P}\mathrm{e}) \int\limits_0^1 \overset{0}{u}{}' (\Pi_h^k \overset{0}{u} - \overset{0}{u_h})' \, dx, \end{aligned} \tag{12.88}$$

wobei $M_h = \varepsilon_h + |\beta| C_P$ die Stetigkeitskonstante der Bilinearform $a_h(\cdot, \cdot)$ und C_P die in (12.16) eingeführte Poincarésche Konstante sind.

Beachte, dass für $k = 1$ (entspricht stückweise linearen finiten Elementen) und $\phi = \phi^{SG}$ (SG optimale Viskosität) die im zweiten Integral stehende Größe identisch verschwindet, denn $\overset{0}{u}_h = \Pi_h^1 \overset{0}{u}$, wie in Bemerkung 12.6 ausgeführt wurde. Damit erhalten wir aus (12.88)

$$|E_h|_{\mathrm{H}^1(0,1)} \leq \left(1 + \frac{|\beta|C_P}{\varepsilon_h}\right) | \overset{0}{u} - \Pi_h^1 \overset{0}{u} |_{\mathrm{H}^1(0,1)}.$$

Unter Beachtung von $\varepsilon_h > \varepsilon$, (12.71) und der Interpolationsabschätzung (8.27), erhalten wir schliesslich die Fehlerschranke

$$|E_h|_{\mathrm{H}^1(0,1)} \leq C(1 + 2\mathbb{P}\mathrm{e}_{gl}C_P)h| \overset{0}{u} |_{\mathrm{H}^2(0,1)}.$$

Im allgemeinen Fall kann die Fehlerabschätzung (12.88) weiter umgeformt werden. Mit Hilfe der Cauchy-Schwarzschen und der Dreiecksungleichung erhalten wir

$$\int\limits_0^1 \overset{0}{u}{}'(\Pi_h^k \overset{0}{u} - \overset{0}{u}_h)' dx \leq | \overset{0}{u} |_{\mathrm{H}^1(0,1)}(|\Pi_h^k \overset{0}{u} - \overset{0}{u} |_{\mathrm{H}^1(0,1)} + |E_h|_{\mathrm{H}^1(0,1)})$$

woraus

$$\varepsilon_h|E_h|^2_{\mathrm{H}^1(0,1)} \quad \leq |E_h|_{\mathrm{H}^1(0,1)} \left(M_h| \overset{0}{u} - \Pi_h^k \overset{0}{u} |_{\mathrm{H}^1(0,1)} \right.$$
$$\left. + \varepsilon\phi(\mathbb{P}\mathrm{e})| \overset{0}{u} |_{\mathrm{H}^1(0,1)}\right) + \varepsilon\phi(\mathbb{P}\mathrm{e})| \overset{0}{u} |_{\mathrm{H}^1(0,1)}| \overset{0}{u} - \Pi_h^k \overset{0}{u} |_{\mathrm{H}^1(0,1)}$$

folgt. Erneute Nutzung der Interpolationsabschätzung (8.27) erbringt

$$\varepsilon_h|E_h|^2_{\mathrm{H}^1(0,1)} \quad \leq |E_h|_{\mathrm{H}^1(0,1)} \left(M_hCh^k| \overset{0}{u} |_{\mathrm{H}^{k+1}(0,1)} + \varepsilon\phi(\mathbb{P}\mathrm{e})| \overset{0}{u} |_{\mathrm{H}^1(0,1)}\right)$$
$$+ C\varepsilon\phi(\mathbb{P}\mathrm{e})| \overset{0}{u} |_{\mathrm{H}^1(0,1)}h^k| \overset{0}{u} |_{\mathrm{H}^{k+1}(0,1)}.$$

Die Anwendung der Youngschen Ungleichung (12.40) ergibt

$$\varepsilon_h|E_h|^2_{\mathrm{H}^1(0,1)} \quad \leq \frac{\varepsilon_h|E_h|^2_{\mathrm{H}^1(0,1)}}{2}$$
$$+ \frac{3}{4\varepsilon_h}\left[(M_hCh^k| \overset{0}{u} |_{\mathrm{H}^{k+1}(0,1)})^2 + (\varepsilon\phi(\mathbb{P}\mathrm{e})| \overset{0}{u} |_{\mathrm{H}^1(0,1)})^2\right]$$

woraus

$$|E_h|^2_{\mathrm{H}^1(0,1)} \quad \leq \frac{3}{2}\left(\frac{M_h}{\varepsilon_h}\right)^2 C^2h^{2k}| \overset{0}{u} |^2_{\mathrm{H}^{k+1}(0,1)} + \frac{3}{2}\left(\frac{\varepsilon}{\varepsilon_h}\right)^2 \phi(\mathbb{P}\mathrm{e})^2| \overset{0}{u} |^2_{\mathrm{H}^1(0,1)}$$
$$+ \frac{2\varepsilon}{\varepsilon_h}\phi(\mathbb{P}\mathrm{e})| \overset{0}{u} |_{\mathrm{H}^1(0,1)}Ch^k| \overset{0}{u} |_{\mathrm{H}^{k+1}(0,1)}$$

folgt. Verwenden wir wieder, dass $\varepsilon_h > \varepsilon$, und die Definition (12.71), so bekommen wir $(M_h/\varepsilon_h) \leq (1 + 2C_P\mathbb{P}\mathrm{e}_{gl})$ und damit

$$|E_h|^2_{\mathrm{H}^1(0,1)} \quad \leq \frac{3}{2}C^2(1 + 2C_P\mathbb{P}\mathrm{e}_{gl})^2h^{2k}| \overset{0}{u} |^2_{\mathrm{H}^{k+1}(0,1)}$$
$$+ 2\phi(\mathbb{P}\mathrm{e})Ch^k| \overset{0}{u} |_{\mathrm{H}^1(0,1)}| \overset{0}{u} |_{\mathrm{H}^{k+1}(0,1)} + \frac{3}{2}\phi(\mathbb{P}\mathrm{e})^2| \overset{0}{u} |^2_{\mathrm{H}^1(0,1)},$$

was weiter beschränkt werden kann durch

$$|E_h|^2_{H^1(0,1)} \;\leq\; \mathcal{M}\left[h^{2k}|\overset{0}{u}|^2_{H^{k+1}(0,1)}\right.$$
$$\left. + \;\phi(\mathbb{P}e)h^k|\overset{0}{u}|_{H^1(0,1)}|\overset{0}{u}|_{H^{k+1}(0,1)} + \phi(\mathbb{P}e)^2|\overset{0}{u}|^2_{H^1(0,1)}\right] \tag{12.89}$$

für eine geeignete positive Konstante $\mathcal{M}$.

Für $\phi^{UP} = \mathcal{C}_\varepsilon h$, wobei $\mathcal{C}_\varepsilon = \beta/\varepsilon$ gilt, erhalten wir

$$|E_h|^2_{H^1(0,1)} \;\leq Ch^2\left[h^{2k-2}|\overset{0}{u}|^2_{H^{k+1}(0,1)}\right.$$
$$\left. + h^{k-1}|\overset{0}{u}|_{H^1(0,1)}|\overset{0}{u}|_{H^{k+1}(0,1)} + |\overset{0}{u}|^2_{H^1(0,1)}\right],$$

was zeigt, dass stückweise lineare finite Elemente (d.h. $k = 1$) gepaart mit der upwind künstlichen Viskosität zu der linearen Konvergenzabschätzung (12.85) führt.

Im Fall $\phi = \phi^{SG}$ bekommen wir unter der Annahme, dass für hinreichend kleine h die Abschätzung $\phi^{SG} \leq Kh^2$ mit einer geeigneten positiven Konstanten K gilt,

$$|E_h|^2_{H^1(0,1)} \;\leq Ch^4\left[h^{2(k-2)}|\overset{0}{u}|^2_{H^{k+1}(0,1)}\right.$$
$$\left. + h^{k-2}|\overset{0}{u}|_{H^1(0,1)}|\overset{0}{u}|_{H^{k+1}(0,1)} + |\overset{0}{u}|^2_{H^1(0,1)}\right],$$

was zeigt, dass quadratische finite Elemente (d.h. $k = 2$) gepaart mit der optimalen künstlichen Viskosität zu der Konvergenzabschätzung (12.86) von zweiter Ordnung führt. $\diamond$

In den Programmen 97 und 98 ist die Berechnung der künstlichen und der optimalen künstlichen Viskositäten (12.81) bzw. (12.83) implementiert. Diese Viskositäten können vom Anwender im Programm 94 durch Setzen des Eingabeparameters `stabfun` auf `artvisc` oder `sgvisc` ausgewählt werden. Die Funktion `sgvisc` nutzt die Funktion `bern`, um die Bernoulli-Funktion in (12.83) auszuwerten.

Program 97 - artvisc : Künstliche Viskosität

```
function [Kupw,rhsbc] = artvisc(Nx, h, nu, beta)
Peclet=0.5*h*abs(beta);
for i=2:Nx,
   dd(i-1)=(Peclet(i-1)+Peclet(i))/h;
   if i > 2,  ld(i-2)=-Peclet(i-1)/h; end
   if i < Nx, ud(i-1)=-Peclet(i)/h;    end
end
Kupw=spdiags([[ld 0]',dd',[0 ud]'],-1:1,Nx-1,Nx-1);
rhsbc = - [Peclet(1)/h, Peclet(Nx)/h];
```

Program 98 - sgvisc : Optimale künstliche Viskosität

```
function [Ksg,rhsbc] = sgvisc(Nx, h, nu, beta)
Peclet=0.5*h*abs(beta)./nu;
[bp, bn]=bern(2*Peclet);
Peclet=Peclet-1+bp;
for i=2:Nx,
   dd(i-1)=(nu(i-1)*Peclet(i-1)+nu(i)*Peclet(i))/h;
   if i > 2,  ld(i-2)=-nu(i-1)*Peclet(i-1)/h; end
   if i < Nx, ud(i-1)=-nu(i)*Peclet(i)/h;    end
end
Ksg=spdiags([[ld 0]',dd',[0 ud]'],-1:1,Nx-1,Nx-1);
rhsbc = - [nu(1)*Peclet(1)/h, nu(Nx)*Peclet(Nx)/h];
```

Program 99 - bern : Auswertung der Bernoulli-Funktion

```
function [bp,bn]=bern(x)
xlim=1e-2; ax=abs(x);
if (ax == 0), bp=1.; bn=1.; return; end;
if (ax > 80),
   if (x > 0), bp=0.; bn=x;  return;
   else,      bp=-x; bn=0.; return;  end;
end;
if (ax > xlim),
   bp=x/(exp(x)-1); bn=x+bp; return;
else
   ii=1; fp=1.;fn=1.; df=1.; s=1.;
   while (abs(df) > eps),
     ii=ii+1;  s=-s; df=df*x/ii;
     fp=fp+df; fn=fn+s*df;
     bp=1./fp; bn=1./fn;
   end;
   return;
end
```

Beispiel 12.3 Wir verwenden Programm 94 gemeinsam mit den Programmen 97 und 98 für die numerische Approximation des Problems (12.70) im Fall $\varepsilon = 10^{-2}$. Abbildung 12.11 zeigt das Konvergenzverhalten des Galerkin-Verfahrens ohne (G) und mit numerischer Viskosität (upwind (UP) und die SG-Methode wurden benutzt) als Funktion von $\log(h)$. Die Abbildung zeigt in logarithmischer Darstellung die $L^2(0,1)$-Norm und die $H^1(0,1)$-Norm, wobei die durchgezogene Kurve die UP-Methode und die gestrichelte bzw. punktierte Kurve die G- und SG-Methode bezeichnen. Es ist interessant zu bemerken, dass das UP- und SG-Schema die gleiche (lineare) Konvergenzrate wie das reine Galerkin-Verfahren in der H^1-Norm besitzen, die Genauigkeit des UP-Schemas in der L^2-Norm jedoch aufgrund des Einflusses der künstlichen Viskosität, die $\mathcal{O}(h)$ beträgt, dramatisch zerstört wird. Im Gegensatz dazu konvergiert das SG-Verfahren quadratisch, denn die eingeführte numerische Viskosität ist in diesem Fall $\mathcal{O}(h^2)$ für gegen Null strebendes h.

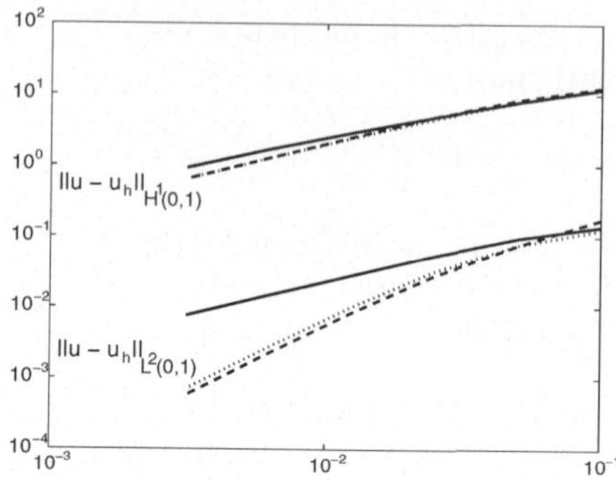

Abbildung 12.11. Konvergenzanalyse für ein Advektions-Diffusions-Problem.

12.6   Ein kurzer Blick auf den zweidimensionalen Fall

Das Spiel, welches wir spielen wollen, ist die bislang dargestellten grundlegenden Ideen (auf ein paar Seiten) auf den zweidimensionalen Fall zu erweitern. Die offensichtliche Verallgemeinerung des Problems (12.1)-(12.2) ist das bekannte *Poisson-Problem* mit homogenen Dirichletschen Randbedingungen

$$\begin{cases} -\triangle u = f & \text{in } \Omega, \\ u = 0 & \text{auf } \partial\Omega, \end{cases} \tag{12.90}$$

wobei $\triangle u = \partial^2 u/\partial x^2 + \partial^2 u/\partial y^2$ der Laplace-Operator und Ω ein zweidimensionales beschränktes Gebiet mit dem Rand $\partial\Omega$ seien. Wenn Ω das Einheitsquadrat $\Omega = (0,1)^2$ ist, lautet die finite Differenzenapproximation von (12.90), die (12.10) nachahmt,

$$\begin{cases} L_h u_h(x_{i,j}) = f(x_{i,j}) & \text{für } i,j = 1,\dots,N-1, \\ u_h(x_{i,j}) = 0 & \text{wenn } i = 0 \text{ oder } N, \quad j = 0 \text{ oder } N, \end{cases} \tag{12.91}$$

wobei $x_{i,j} = (ih, jh)$ ($h = 1/N > 0$) die Gitterpunkte und u_h eine Gitterfunktion sind. Schliesslich bezeichne L_h irgendeine konsistente Approximation des Operators $L = -\triangle$. Die klassische Wahl ist

$$L_h u_h(x_{i,j}) = \frac{1}{h^2}\left(4u_{i,j} - u_{i+1,j} - u_{i-1,j} - u_{i,j+1} - u_{i,j-1}\right), \tag{12.92}$$

mit $u_{i,j} = u_h(x_{i,j})$, was auf eine Anpassung der zentralen Diskretisierung der zweiten Ableitungen (10.65) in beiden Richtungen (x und y) von zweiter Ordnung hinausläuft (siehe Abbildung 12.12, links).

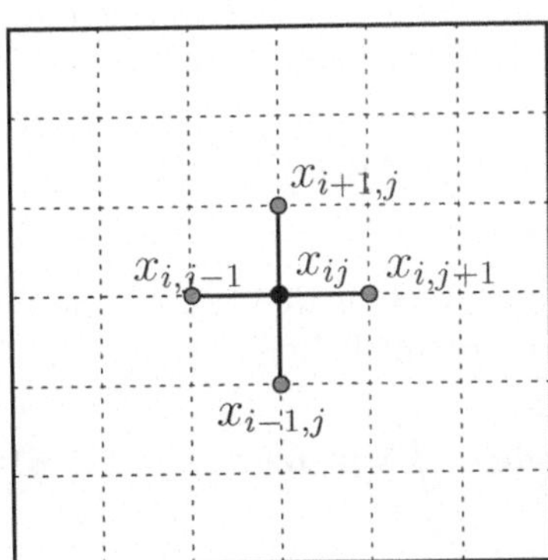
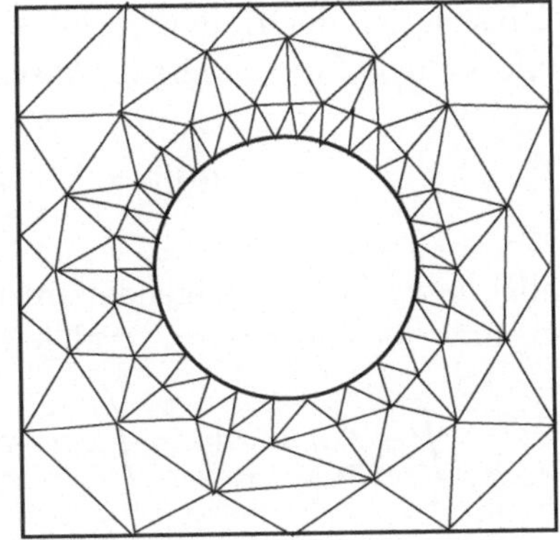

Abbildung 12.12. Links: finites Differenzengitter und Stern für ein quadratisches Gebiet. Rechts: finite Elementetriangulierung eines Bereiches um ein Loch.

Das resultierende Schema ist als *Fünfpunktediskretisierung* des Laplace-Operators bekannt. Für den Leser ist es eine einfache (und nützliche) Übung zu zeigen, dass die zugeordnete Matrix A_{fd} $(N-1)^2$ Zeilen hat und pentadiagonal ist, wobei die i-te Zeile durch

$$(a_{\mathrm{fd}})_{ij} = \frac{1}{h^2} \begin{cases} 4 & \text{wenn } j = i, \\ -1 & \text{wenn } j = i - N - 1, \, i - 1, \, i + 1, \, i + N + 1, \\ 0 & \text{sonst,} \end{cases} \qquad (12.93)$$

gegeben ist. Darüber hinaus ist A_{fd} symmetrisch, positiv definit und auch eine M-Matrix (siehe Übung 14). Wie erwartet ist der mit (12.92) verbundene Konsistenzfehler von zweiter Ordnung in h, und das gleiche gilt für den Diskretisierungsfehler $\|u - u_h\|_{h,\infty}$ der Methode. Allgemeinere als die in (12.90) betrachteten Randbedingungen können durch geeignete Erweiterung der in Abschnitt 12.2.3 und in Übung 10 beschriebenen Spiegelungstechniken auf den zweidimensionalen Fall behandelt werden (für eine vollständige Diskussion dieses Gegenstandes siehe z.B. [Smi85]).

Die Erweiterung des Galerkin-Verfahrens ist (formal gesprochen) sogar noch direkter und im Prinzip schon in (12.43) erfolgt, mit dem impliziten Verständnis, dass sowohl der Funktionenraum V_h als auch die Bilinearform $a(\cdot, \cdot)$ dem vorliegenden Problem angepasst werden. Bei der finiten Elemente Methode wird

$$V_h = \left\{ v_h \in C^0(\overline{\Omega}) \; : \; v_{h|_T} \in \mathbb{P}_k(T) \; \forall T \in \mathcal{T}_h, \; v_{h|_{\partial\Omega}} = 0 \right\}, \qquad (12.94)$$

gesetzt, wobei $\mathcal{T}_h$ eine Zerlegung des Gebietes $\overline{\Omega}$, wie in Abschnitt 8.5.2 eingeführt, und $\mathbb{P}_k$ $(k \geq 1)$ den in (8.35) definierten Raum der stückweisen Polynome bezeichnen. Beachte, dass Ω kein Rechteckgebiet sein muss (siehe Abbildung 12.12, rechts).

Hinsichtlich der Bilinearform $a(\cdot,\cdot)$ führen die gleichen mathematischen Umformungen, die bereits in Abschnitt 12.4.1 ausgeführt wurden, auf

$$a(u_h, v_h) = \int_\Omega \nabla u_h \cdot \nabla v_h \, dxdy.$$

Dabei haben wir die folgende Greensche Formel verwendet, die die Formel der partiellen Integration verallgemeinert, nämlich

$$\int_\Omega - \triangle u \, v \, dxdy = \int_\Omega \nabla u \cdot \nabla v \, dxdy - \int_{\partial\Omega} \nabla u \cdot \mathbf{n} \, v \, d\gamma, \qquad (12.95)$$

für jedes genügend glatte u, v und in der $\mathbf{n}$ den äußeren Normaleneinheitsvektor auf $\partial\Omega$ bezeichnet (siehe Übung 15).

Die Analyse des Fehlers für die zweidimensionale finite Elemente Approximation von (12.90) kann durch Kombination des Lemmas von Ceà und Interpolationsfehlerabschätzungen genauso wie im Abschnitt 12.4.5 erfolgen. Sie ist in dem folgenden Resultat zusammengefasst, das das zweidimensionale Gegenstück der Eigenschaft 12.1 darstellt (für den Beweis verweisen wir zum Beispiel auf [QV94], Theorem 6.2.1).

Eigenschaft 12.2 *Seien $u \in \mathrm{H}_0^1(\Omega)$ die exakte Lösung von (12.90) und $u_h \in V_h$ ihre finite Elemente Approximation unter Verwendung stetiger stückweiser Polynome vom Grade $k \geq 1$. Sei ferner vorausgesetzt, dass $u \in \mathrm{H}^s(\Omega)$ für gewisses $s \geq 2$. Dann gilt die Fehlerabschätzung*

$$\|u - u_h\|_{\mathrm{H}_0^1(\Omega)} \leq \frac{M}{\alpha_0} C h^l \|u\|_{\mathrm{H}^{l+1}(\Omega)}, \qquad (12.96)$$

wobei $l = \min(k, s-1)$. Unter den gleichen Annahmen kann man auch beweisen, dass

$$\|u - u_h\|_{\mathrm{L}^2(\Omega)} \leq C h^{l+1} \|u\|_{\mathrm{H}^{l+1}(\Omega)}. \qquad (12.97)$$

Wir bemerken, dass für jedes ganze $s \geq 0$ der oben eingehende Sobolevraum $\mathrm{H}^s(\Omega)$ als der Raum der Funktionen mit ersten s partiellen Ableitungen (im distributiven Sinne), die zu $\mathrm{L}^2(\Omega)$ gehören, definiert wurde. Darüber hinaus ist $\mathrm{H}_0^1(\Omega)$ der Raum von Funktionen aus $\mathrm{H}^1(\Omega)$, so dass $u = 0$ auf $\partial\Omega$ gilt. Die präzise mathematische Bedeutung der letzten Aussage muss sorgfältig ausgeführt werden, da beispielsweise eine zu $\mathrm{H}_0^1(\Omega)$ gehörende Funktion nicht notwendig überall stetig ist. Für eine ausführliche Darstellung und Analyse von Sobolevräumen verweisen wir auf [Ada75] und [LM68].

Folgen wir dem gleichen Verfahren wie in Abschnitt 12.4.3, so können wir die finite Elemente Lösung u_h in der Form

$$u_h(x, y) = \sum_{j=1}^{N} u_j \varphi_j(x, y)$$

schreiben, wobei $\{\varphi_j\}_{j=1}^{N}$ eine Basis für V_h ist. Ein Beispiel einer solchen Basis im Fall $k = 1$ ist durch die in Abschnitt 8.5.2 eingeführten *Hutfunktionen* gegeben (siehe Abbildung 8.7, rechts). Die Galerkin finite Elemente Methode führt auf die Lösung des linearen Systems $\mathbf{A}_{\mathrm{fe}}\mathbf{u} = \mathbf{f}$, wobei $(a_{\mathrm{fe}})_{ij} = a(\varphi_j, \varphi_i)$.

Genau wie im eindimensionalen Fall ist die Matrix $\mathbf{A}_{\mathrm{fe}}$ symmetrisch, positiv definit und – im Allgemeinen – schwach besetzt. Das Besetztheitsmuster hängt stark von der Topologie von $\mathcal{T}_h$ und der Numerierung seiner Knoten ab. Darüber hinaus ist die Konditionszahl von $\mathbf{A}_{\mathrm{fe}}$ $\mathcal{O}(h^{-2})$, was bedeutet, dass die iterative Lösung der linearen Systeme die Verwendung geeigneter Vorkonditionierer erfordert (siehe Abschnitt 4.3.2 in Band 1). Wenn stattdessen ein direkter Löser verwendet wird, sollte man, wie in Abschnitt 3.9 in Band 1 erklärt, zu einem geeigneten Umnumerierungsverfahren greifen.

12.7 Anwendungen

In diesem Abschnitt verwenden wir die finite Elemente Methode zur numerischen Approximation zweier Probleme, die in der Fluidmechanik und bei der Simulation biologischer Systeme auftreten.

12.7.1 *Schmierung eines Schiebers*

Wir wollen einen starren Schieber betrachten, der sich in x-Richtung auf einem Träger bewegt, von dem er durch einen dünnen Film einer viskosen Flüssigkeit (dem Schmiermittel) getrennt ist. Angenommen, der Schieber der Länge L bewege sich mit einer Geschwindigkeit U relativ zur Trägerebene, die als unendlich ausgedeht betrachtet wird. Die dem Träger zugewandte Oberfläche des Schiebers wird durch die Funktion s (siehe Abbildung 12.13, links) beschrieben.

Wenn μ die Viskosität des Schmiermittels bezeichnet, kann der Druck p, der auf den Schieber wirkt, durch das Dirichlet-Problem

$$\begin{cases} -\left(\dfrac{s^3}{6\mu}p'\right)' = -(Us)' & x \in (0, L), \\[2mm] p(0) = 0, \qquad p(L) = 0 \end{cases}$$

modelliert werden. In den numerischen Experimenten nehmen wir an, dass wir es mit einem konvergent-divergenten Schieber der Länge Eins zu tun haben, dessen Oberfläche durch $s(x) = 1 - 3/2x + 9/8x^2$ gegeben ist und verwenden $\mu = 1$.

Abbildung 12.13 (rechts) zeigt die unter Verwendung linearer und quadratischer finiter Elemente erhaltene Lösung auf einem uniformen Gitter der Netzweite $h = 0.2$. Das lineare System wurde mit der nicht vorkonditionierten Methode der konjugierten Gradienten gelöst. Zur Reduktion des

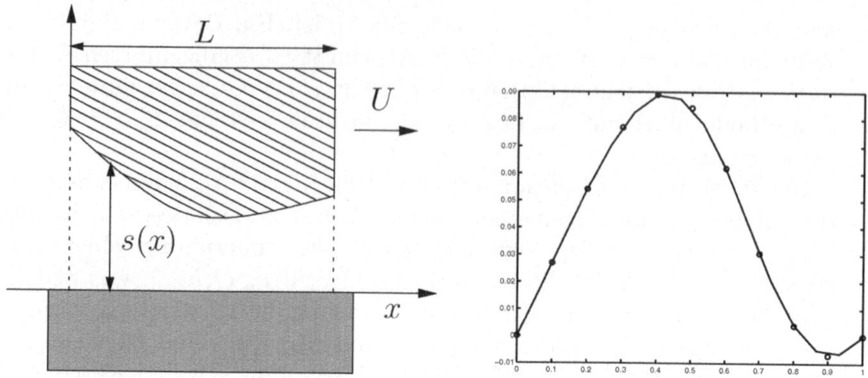

Abbildung 12.13. Links: geometrische Parameter des in Abschnitt 12.7.1 betrachteten Schiebers; rechts: Druck auf einen konvergierenden-divergierenden Schieber. Die durchgezogene Kurve stellt die mit linearen finiten Elementen berechnete Lösung dar (wobei die Symbole ∘ die Knotenwerte markieren) und die gestrichelte Kurve die mit quadratischen finiten Elementen.

euklidischen Residuum unter 10^{-10} waren 4 Iterationen im Fall linearer finiter Elemente und 9 für quadratische finite Elemente erforderlich.

Die Tabelle 12.2 zeigt die numerisch ermittelte Konditionszahl $K_2(\mathrm{A_{fe}})$ als Funktion von h. Im Fall linearer finiter Elemente haben wir die Matrix durch $\mathrm{A_1}$ bezeichnet, $\mathrm{A_2}$ ist die entsprechende Matrix für quadratische Elemente. Wir nehmen an, dass sich die Konditionszahl wie h^{-p} verhält, wenn h gegen Null geht; die Zahlen p_i sind die numerisch geschätzten Werte von p. Wie wir sehen, wächst in beiden Fällen die Konditionszahl wie h^{-2}, jedoch ist für jedes feste h die Konditionszahl $K_2(\mathrm{A_2})$ viel größer als $K_2(\mathrm{A_1})$.

Tabelle 12.2. Konditionszahl der Steifigkeitsmatrix für lineare und quadratische Elemente.

h	$K_2(\mathrm{A_1})$	p_1	$K_2(\mathrm{A_2})$	p_2
0.10000	63.951	–	455.24	
0.05000	348.21	2.444	2225.7	2.28
0.02500	1703.7	2.290	10173.3	2.19
0.01250	7744.6	2.184	44329.6	2.12
0.00625	33579	2.116	187195.2	2.07

12.7.2 Vertikale Verteilung der Sporenkonzentration über große Bereiche

In diesem Abschnitt beschäftigen wir uns mit Diffusions- und Transportprozessen von Sporen in der Luft, wie die Endosporen von Bakterien und die Pollen blühender Pflanzen. Insbesondere studieren wir die vertikale Konzentrationsverteilung von Sporen und Getreidepollen über weite Bereiche. Diese Sporen diffundieren neben ihrem Absinken aufgrund der Schwerkraft passiv in die Atmospäre.

Das Grundmodell nimmt die *Diffusivität* ν und die *Sinkgeschwindigkeit* β als gegebene Konstanten und die Mittelungsprozesse einschliesslich verschiedener physikalischer Prozesse, wie kleinskalige Konvektion und horizontale Advektion-Diffusion, als vernachlässigbar über einen weiten horizontalen Bereich an. Bezeichnen wir durch $x \geq 0$ die vertikale Richtung, so ist die stationäre Verteilung $u(x)$ der Sporenkonzentration die Lösung von

$$\begin{cases} -\nu u'' + \beta u' = 0 & 0 < x < H, \\ u(0) = u_0, & -\nu u'(H) + \beta u(H) = 0, \end{cases} \tag{12.98}$$

wobei H eine feste Höhe ist, in der wir eine verschwindende Neumannbedingung für den *advektiven-diffusiven Fluss* $-\nu u' + \beta u$ (siehe Abschnitt 12.4.1) annehmen. Realistische Werte der Koeffizienten sind $\nu = 10 \text{ m}^2\text{s}^{-1}$ und $\beta = -0.03 \text{ ms}^{-1}$; was u_0 anbetrifft, wurde eine Referenzkonzentration von 1 Pollen Getreide pro m^3 in den numerischen Experimenten verwendet, und die Höhe H wurde auf 10 km festgesetzt. Die globale Péclet Zahl ist deshalb $\mathbb{P}\text{e}_{gl} = 15$.

Die Galerkin finite Elemente Methode mit stückweise linearen finiten Elementen wurde zur Approximation von (12.98) verwendet. Abbildung 12.14 (links) zeigt die mit dem Programm 94 auf einem uniformen Gitter mit der Schrittweite $h = H/10$ berechnete Lösung. Die unter Verwendung der (nicht stabilisierten) Galerkin-Formulierung (G) erhaltene Lösung ist als duchgezogenen Kurve dargestellt, wohingegen die gestrichelt-punktierte und die gestrichelte Kurve sich auf das Scharfetter-Gummel (SG) Schema und die upwind (UP) Methoden beziehen. Unphysikalische Oszillationen können in der G-Lösung beobachtet werden, während die mit der UP berechneten Lösungen eindeutig überdiffusiv im Vergleich zur knotenexakten SG-Lösung sind. Die lokale Péclet Zahl ist 1.5 in diesem Fall. Nehmen wir $h = H/100$, so liefert das reine Galerkin-Schema ein stabiles Ergebnis, wie in Abbildung 12.14 (rechts) ersichtlich, in der die durch G (durchgezogene Kurve) und UP (gestrichelte Kurve) berechneten Lösungen verglichen werden.

12.8 Übungen

1. Betrachte das Randwertproblem (12.1)-(12.2) mit $f(x) = 1/x$. Unter Verwendung von (12.3) beweise, dass $u(x) = -x \log(x)$. Dies zeigt, dass $u \in C^2(0,1)$ jedoch $u(0)$ nicht definiert ist und u', u'' nicht in $x = 0$ existieren ($\Rightarrow$: ist $f \in C^0(0,1)$, aber gilt $f \in C^0([0,1])$ nicht, so muss u nicht zu $C^0([0,1])$ gehören).

2. Beweise, dass die in (12.8) eingeführte Matrix A_{fd} eine M-Matrix ist.

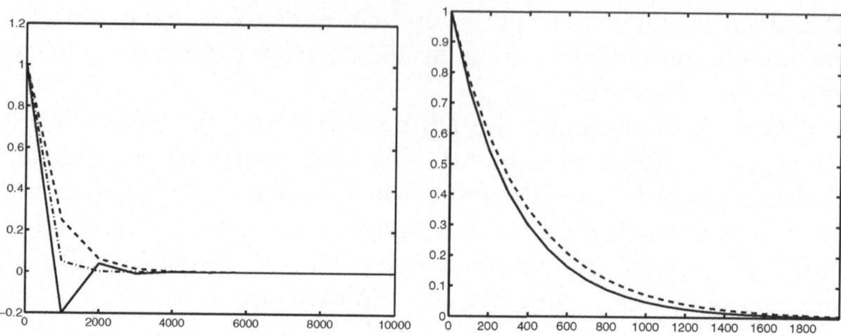

Abbildung 12.14. Vertikale Konzentration der Sporen: G, SG und UP Lösungen mit $h = H/10$ (links) und $h = H/100$ (rechts, wobei nur der Abschnitt $[0, 2000]$ gezeigt ist). Die x-Achse stellt die vertikale Koordinate dar.

[*Hinweis*: Zeige, dass $A_{fd}\mathbf{x} \geq 0 \Rightarrow \mathbf{x} \geq 0$. Dafür setze $A_{fd,\alpha} = A_{fd} + \alpha I_{n-1}$ für jedes $\alpha > 0$. Berechne dann $\mathbf{w} = A_{fd,\alpha}\mathbf{x}$ und beweise, dass $\min_{1 \leq i \leq (n-1)} w_i \geq 0$. Da die Matrix $A_{fd,\alpha}$ invertierbar ist, sie ist symmetrisch und positiv definit, und die Einträge von $A_{fd,\alpha}^{-1}$ stetige Funktionen von $\alpha \geq 0$ sind, kann man schliesslich folgern, dass $A_{fd,\alpha}^{-1}$ eine nichtnegative Matrix für $\alpha \to 0$ ist.]

3. Beweise, dass (12.13) eine Norm auf V_h^0 definiert.

4. Beweise (12.15) durch Induktion nach m.

5. Beweise die Abschätzung (12.23).

   [*Hinweis*: Für jeden inneren Knoten x_j, $j = 1, \ldots, n-1$, integriere (12.21) partiell, um

$$\tau_h(x_j)$$

$$= -u''(x_j) - \frac{1}{h^2}\left[\int_{x_j-h}^{x_j} u''(t)(x_j - h - t)^2 \, dt - \int_{x_j}^{x_j+h} u''(t)(x_j + h - t)^2 \, dt \right]$$

zu erhalten. Dann gehe zum Quadrat über und summiere $\tau_h(x_j)^2$ für $j = 1, \ldots, n-1$ auf. Berücksichtige, dass $(a+b+c)^2 \leq 3(a^2+b^2+c^2)$ für beliebige reelle Zahlen a, b, c gilt, und wende die Cauchy-Schwarzsche Ungleichung an, was das gewünschte Resultat liefert.]

6. Beweise, dass $G^k(x_j) = hG(x_j, x_k)$, wobei G die in (12.4) eingeführte Greensche Funktion und G^k ihr entsprechendes diskretes Analogon ist.

   [*Lösung*: Wir beweisen das Ergebnis durch Verifikation von $L_h G = he^k$. Für ein festes x_k ist die Funktion $G(x_k, s)$ eine Gerade auf den Intervallen $[0, x_k]$ und $[x_k, 1]$, so dass $L_h G = 0$ in jedem Knoten x_l mit $l = 0, \ldots, k-1$ und $l = k+1, \ldots, n+1$. Schliesslich zeigt eine direkte Berechnung, dass $(L_h G)(x_k) = 1/h$, was den Beweis abschliesst.]

7. Setze $g = 1$ und beweise, dass $T_h g(x_j) = \frac{1}{2}x_j(1 - x_j)$.

   [*Lösung*: Verwende die Definition (12.25) mit $g(x_k) = 1$, $k = 1, \ldots, n-1$ und nutze die Eigenschaft $G^k(x_j) = hG(x_j, x_k)$ aus der obigen Übung.

Dann gilt

$$T_h g(x_j) = h \left[\sum_{k=1}^{j} x_k (1 - x_j) + \sum_{k=j+1}^{n-1} x_j (1 - x_k) \right],$$

woraus durch direkte Umformungen das gewünschte Resultat folgt.]

8. Beweise die Youngsche Ungleichung (12.40).

9. Zeige, dass $\|v_h\|_h \leq \|v_h\|_{h,\infty} \ \forall v_h \in V_h$.

10. Betrachte das Zweipunktrandwertproblem (12.29) mit den folgenden Randbedingungen

$$\lambda_0 u(0) + \mu_0 u(0) = g_0, \qquad \lambda_1 u(1) + \mu_1 u(1) = g_1,$$

wobei λ_j, μ_j und g_j gegebene Daten $(j = 0, 1)$ sind. Unter Verwendung der in Abschnitt 12.2.3 beschriebenen Spiegelungstechnik schreibe man die finite Differenzendiskretisierung der Gleichungen in den Knoten x_0 und x_n auf.

[*Lösung*:

$$\text{Knoten } x_0 : \ \left(\frac{\alpha_{1/2}}{h^2} + \frac{\gamma_0}{2} + \frac{\alpha_0 \lambda_0}{\mu_0 h} \right) u_0 - \alpha_{1/2} \frac{u_1}{h^2} = \frac{\alpha_0 g_0}{\mu_0 h} + \frac{f_0}{2},$$

$$\text{Knoten } x_n : \ \left(\frac{\alpha_{n-1/2}}{h^2} + \frac{\gamma_n}{2} + \frac{\alpha_n \lambda_1}{\mu_1 h} \right) u_n - \alpha_{n-1/2} \frac{u_{n-1}}{h^2} = \frac{\alpha_n g_1}{\mu_1 h} + \frac{f_n}{2}.]$$

11. Diskretisiere den Differentialoperator vierter Ordnung $Lu(x) = -u^{(iv)}(x)$ unter Verwendung zentraler Differenzen.

    [*Lösung* : Wende zweimal den in (12.9) definierten zentralen finite Differenzenoperator zweiter Ordnung L_h an.]

12. Betrachte das Problem (12.41) mit inhomogenen Neumannschen Randbedingungen $\alpha u'(0) = w_0$, $\alpha u'(1) = w_1$. Zeige, dass die Lösung dem Problem (12.43) genügt, wobei $V = H^1(0,1)$ und die rechte Seite durch $(f,v) + w_1 v(1) - w_0 v(0)$ ersetzt wird. Leite die Formulierung im Fall gemischter Randbedingungen $\alpha u'(0) = w_0$, $u(1) = u_1$ her.

13. Beweise unter Verwendung der Eigenschaft 1.19 in Band 1, dass die Matrizen, die der stabilisierten finiten Elemente Methode (12.79) entsprechenden Matrizen für die upwind und SG künstliche Viskositäten ϕ^{UP} und ϕ^{SG} (siehe Abschnitt 12.5.2), M-Matrizen unabhängig von h sind.

    [*Hinweis*: Wir bezeichnen durch A^{UP} und A^{SG} die beiden Steifigkeitsmatrizen, die ϕ^{UP} bzw. ϕ^{SG} entsprechen. Nimm $v(x) = 1 + x$ und setze $v_i = 1 + x_i$, $i = 0, \ldots, n$, mit $x_i = ih$, $h = 1/n$. Zeige dann durch direktes Ausrechnen, dass $(A^{UP} \mathbf{v})_i \geq \beta > 0$. Was die Matrix A^{SG} angeht, kann das gleiche Resultat unter Beachtung von $B(-t) = t + B(t)$ für jedes $t \in \mathbb{R}$ bewiesen werden.]

14. Beweise, dass die Matrix A_{fd} mit den durch (12.93) gegebenen Einträgen symmetrisch, positiv definit und auch eine M-Matrix ist.

    [*Lösung*: Um zu zeigen, dass A_{fd} positiv definit ist, verfahre wie im entsprechenden Beweis in Abschnitt 12.2. Verfahre dann wie in Übung 2.]

15. Beweise die Greensche Formel (12.95).

[*Lösung*: Beachte zunächst, dass für beliebige, hinreichend glatte Funktionen u, v die Beziehung $\operatorname{div}(v \nabla u) = v \triangle u + \nabla u \cdot \nabla v$ gilt. Integriere über Ω und verwende den Divergenzsatz $\displaystyle\int_{\Omega} \operatorname{div}(v \nabla u)\, dx dy = \int_{\partial\Omega} \frac{\partial u}{\partial n} v\, d\gamma.$]

13

Parabolische und hyperbolische Probleme

Das letzte Kapitel dieses Buches ist der Approximation zeitabhängiger partieller Differentialgleichungen gewidmet. Parabolische und hyperbolische Anfangsrandwertprobleme werden besprochen, und finite Differenzen und finite Elemente werden zu ihrer Diskretisierung betrachtet.

13.1 Die Wärmeleitungsgleichung

Das von uns betrachtete Problem ist, eine Funktion $u = u(x,t)$ für $x \in [0,1]$ und $t > 0$ zu finden, die der partiellen Differentialgleichung

$$\frac{\partial u}{\partial t} + Lu = f \quad 0 < x < 1,\ t > 0 \tag{13.1}$$

genügt und den Randbedingungen

$$u(0,t) = u(1,t) = 0, \qquad t > 0 \tag{13.2}$$

sowie der Anfangsbedingung

$$u(x,0) = u_0(x) \qquad 0 \le x \le 1 \tag{13.3}$$

unterworfen ist. Der Differentialoperator L ist durch

$$Lu = -\nu \frac{\partial^2 u}{\partial x^2} \tag{13.4}$$

definiert. Die Gleichung (13.1) heißt Wärmeleitungsgleichung. Tatsächlich beschreibt $u(x,t)$ die Temperatur eines metallischen Stabes der Länge Eins, der sich im Intervall $[0,1]$ befindet im Punkt x zur Zeit t unter den folgenden Bedingungen. Die thermische Leitfähigkeit des Stabes ist konstant gleich $\nu > 0$, seine Enden werden auf einer konstanten Temperatur von Null Grad gehalten, zur Zeit $t = 0$ wird die Temperatur des Stabes im Punkt x durch $u_0(x)$ beschrieben, und $f(x,t)$ stellt die Wärmeproduktion pro Einheitslänge im Punkt x zur Zeit t dar. Hier nehmen wir an, dass die Dichte ρ und die spezifische Wärme pro Einheitsmasse c_p konstant und gleich Eins sind. Ist das nicht der Fall ist die Zeitableitung $\partial u/\partial t$ in (13.1) mit dem Produkt ρc_p zu multiplizieren.

Eine Lösung des Problems (13.1)-(13.3) wird durch eine *Fourierreihe* gegeben. Wenn zum Beispiel $\nu = 1$ und $f \equiv 0$ sind, ist sie gegeben durch

$$u(x,t) = \sum_{n=1}^{\infty} c_n e^{-(n\pi)^2 t} \sin(n\pi x) \tag{13.5}$$

wobei die Koeffizienten c_n die Fourier-Sinus-Koeffizienten des Anfangsdatums $u_0(x)$ sind, d.h.

$$c_n = 2 \int_0^1 u_0(x) \sin(n\pi x)\, dx, \quad n = 1, 2 \ldots$$

Wenn wir anstelle von (13.2) *Neumann-Bedingungen*

$$u_x(0,t) = u_x(1,t) = 0, \qquad t > 0, \tag{13.6}$$

betrachten, würde die entsprechende Lösung (im Fall $f \equiv 0$ und $\nu = 1$)

$$u(x,t) = \frac{d_0}{2} + \sum_{n=1}^{\infty} d_n e^{-(n\pi)^2 t} \cos(n\pi x)$$

sein, wobei die Koeffizienten d_n die Fourier-Kosinus-Koeffizienten von $u_0(x)$ sind, d.h.

$$d_n = 2 \int_0^1 u_0(x) \cos(n\pi x)\, dx, \quad n = 1, 2 \ldots$$

Diese Ausdrücke zeigen, dass die Lösung exponentiell in der Zeit fällt. Ein allgemeineres Resultat kann in Bezug auf das Verhalten der *Energie*

$$E(t) = \int_0^1 u^2(x,t)\, dx$$

bezüglich der Zeit getroffen werden. Multiplizieren wir (13.1) mit u und integrieren bezüglich x über das Intervall $[0, 1]$, so erhalten wir

$$\int_0^1 \frac{\partial u}{\partial t}(x,t)u(x,t)\ dx \quad - \quad \nu \int_0^1 \frac{\partial^2 u}{\partial x^2}(x,t)u(x,t)\ dx = \frac{1}{2}\int_0^1 \frac{\partial u^2}{\partial t}(x,t)\ dx$$

$$+ \quad \nu \int_0^1 \left(\frac{\partial u}{\partial x}\right)^2 (x,t)\ dx - \nu \left[\frac{\partial u}{\partial x}(x,t)u(x,t)\right]_{x=0}^{x=1}$$

$$= \quad \frac{1}{2}E'(t) + \nu \int_0^1 \left(\frac{\partial u}{\partial x}(x,t)\right)^2\ dx,$$

wobei wir die partielle Integration, die Randbedingungen (13.2) oder (13.6) verwendet und Differentiation und Integration vertauscht haben.
Die Cauchy-Schwarz-Ungleichung (8.29) ergibt

$$\int_0^1 f(x,t)u(x,t)\ dx \le (F(t))^{1/2}(E(t))^{1/2},$$

wobei $F(t) = \int_0^1 f^2(x,t)\ dx$. Dann gilt

$$E'(t) + 2\nu \int_0^1 \left(\frac{\partial u}{\partial x}(x,t)\right)^2\ dx \le 2(F(t))^{1/2}(E(t))^{1/2}.$$

Infolge der Poincaré-Ungleichung (12.16) mit $(a,b) = (0,1)$ erhalten wir

$$E'(t) + 2\frac{\nu}{(C_P)^2}E(t) \le 2(F(t))^{1/2}(E(t))^{1/2}.$$

Mit der Young-Ungleichung (12.40) haben wir

$$2(F(t))^{1/2}(E(t))^{1/2} \le \gamma E(t) + \frac{1}{\gamma}F(t),$$

wobei $\gamma = \nu/C_P^2$ gesetzt wurde. Daher ist $E'(t) + \gamma E(t) \le \frac{1}{\gamma}F(t)$ oder äquivalent $(e^{\gamma t}E(t))' \le \frac{1}{\gamma}e^{\gamma t}F(t)$. Integrieren wir dann von 0 bis t erhalten wir

$$E(t) \le e^{-\gamma t}E(0) + \frac{1}{\gamma}\int_0^t e^{\gamma(s-t)}F(s)ds. \qquad (13.7)$$

Ist $f \equiv 0$, so zeigt (13.7) insbesondere, dass die Energie $E(t)$ exponentiell schnell in der Zeit fällt.

13.2 Finite Differenzen Approximation der Wärmeleitungsgleichung

Um die Wärmeleitungsgleichung numerisch zu lösen, müssen wir sowohl die x- als auch die t-Variable diskretisieren. Wir können mit der x-Variablen beginnen und folgen dem gleichen Ansatz wie in Abschnitt 12.2. Wir bezeichnen durch $u_i(t)$ eine Approximation von $u(x_i, t)$, $i = 0, \ldots, n$ und approximieren das Dirichletproblem (13.1)-(13.3) durch das Schema

$$\dot{u}_i\,(t) - \frac{\nu}{h^2}\left(u_{i-1}(t) - 2u_i(t) + u_{i+1}(t)\right) = f_i(t), \quad i = 1, \ldots, n-1, \forall t > 0,$$

$$u_0(t) = u_n(t) = 0, \qquad\qquad\qquad \forall t > 0,$$

$$u_i(0) = u_0(x_i), \qquad\qquad\qquad i = 0, \ldots, n,$$

wobei der Punkt die Ableitung bezüglich der Zeit bezeichnet und $f_i(t) = f(x_i, t)$ ist. Dies ist in Wirklichkeit eine *Semidiskretisierung* des Problems (13.1)-(13.3), und ein System gewöhnlicher Differentialgleichungen der Form

$$\begin{cases} \dot{\mathbf{u}}(t) = -\nu A_{\mathrm{fd}}\mathbf{u}(t) + \mathbf{f}(t), \quad \forall t > 0, \\[2mm] \mathbf{u}(0) = \mathbf{u}_0 \end{cases} \tag{13.8}$$

wobei $\mathbf{u}(t) = (u_1(t), \ldots, u_{n-1}(t))^T$ der Vektor der Unbekannten, $\mathbf{f}(t) = (f_1(t), \ldots, f_{n-1}(t))^T$, $\mathbf{u}_0 = (u_0(x_1), \ldots, u_0(x_{n-1}))^T$ und A_{fd} die in (12.8) eingeführte Tridiagonalmatrix sind. Beachte, dass wir für die Herleitung von (13.8) angenommen haben, dass $u_0(x_0) = u_0(x_n) = 0$ gilt, was mit der Randbedingung (13.2) zusammenhängt.

Ein populäres Schema für die Integration von (13.8) in Bezug auf die Zeit ist die sogenannte θ-*Methode*. Zur Konstruktion des Schemas bezeichnen wir durch v^k den Wert der Variablen v zur Zeit $t^k = k\Delta t$, für $\Delta t > 0$; die θ-Methode zur Zeitintegration von (13.8) lautet dann

$$\begin{cases} \dfrac{\mathbf{u}^{k+1} - \mathbf{u}^k}{\Delta t} = -\nu A_{\mathrm{fd}}(\theta\mathbf{u}^{k+1} + (1-\theta)\mathbf{u}^k) + \theta\mathbf{f}^{k+1} + (1-\theta)\mathbf{f}^k, \\[4mm] \qquad\qquad\qquad\qquad\qquad\qquad\qquad\qquad k = 0, 1, \ldots \\[2mm] \mathbf{u}^0 = \mathbf{u}_0 \end{cases} \tag{13.9}$$

oder äquivalent

$$(I + \nu\theta\Delta t A_{\mathrm{fd}})\,\mathbf{u}^{k+1} = (I - \nu\Delta t(1-\theta)A_{\mathrm{fd}})\,\mathbf{u}^k + \mathbf{g}^{k+1}, \tag{13.10}$$

wobei $\mathbf{g}^{k+1} = \Delta t(\theta\mathbf{f}^{k+1} + (1-\theta)\mathbf{f}^k)$ und I die Einheitsmatrix der Ordnung $n-1$ sind.

Für ausgewählte Werte des Parameters θ, erhalten wir aus (13.10) einige bekannte Methoden, die bereits in Kapitel 11 eingeführt wurden. Wenn zum Beispiel $\theta = 0$ gesetzt wird, stimmt die Methode (13.10) mit dem expliziten Euler-Verfahren überein und wir erhalten $\mathbf{u}^{k+1}$ explizit; andernfalls muss ein lineares System (mit konstanter Matrix $\mathrm{I} + \nu\theta\Delta t \mathrm{A_{fd}}$) in jedem Zeitschritt gelöst werden.

In Bezug auf die Stabilität nehmen wir an, dass $f \equiv 0$ (und folglich $\mathbf{g}^k = \mathbf{0} \ \forall k > 0$) ist, so dass wegen (13.5) die exakte Lösung $u(x,t)$ für $t \to \infty$ für jedes x gegen Null strebt. Wir erwarten dann von der diskreten Lösung das gleiche Verhalten. In diesem Fall würden wir unser Schema (13.10) *asymptotisch stabil* nennen, was in Übereinstimmung mit den in Kapitel 11, Abschnitt 11.1 für gewöhnliche Differentialgleichungen verwendeten Notationen ist.

Ist $\theta = 0$, so folgt aus (13.10)

$$\mathbf{u}^k = (\mathrm{I} - \nu\Delta t \mathrm{A_{fd}})^k \mathbf{u}^0, \quad k = 1, 2, \ldots$$

Aus der Theorie konvergenter Matrizen (siehe Abschnitt 1.11.2 in Teil 1) schliessen wir, dass $\mathbf{u}^k \to \mathbf{0}$ für $k \to \infty$ genau dann gilt, wenn

$$\rho(\mathrm{I} - \nu\Delta t \mathrm{A_{fd}}) < 1 \tag{13.11}$$

ist. Nun sind die Eigenwerte von $\mathrm{A_{fd}}$ durch

$$\mu_i = \frac{4}{h^2} \sin^2(i\pi h/2), \qquad i = 1, \ldots, n-1,$$

gegeben. Dann ist (13.11) genau dann erfüllt, wenn

$$\Delta t < \frac{1}{2\nu} h^2.$$

Wie erwartet, ist das explizite Euler-Verfahren bedingt stabil und der Zeitschritt Δt sollte mit dem Quadrat der Ortsschrittweite h fallen.

Im Fall des impliziten Euler-Verfahrens ($\theta = 1$), bekommen wir aus (13.10)

$$\mathbf{u}^k = \left[(\mathrm{I} + \nu\Delta t \mathrm{A_{fd}})^{-1}\right]^k \mathbf{u}^0, \qquad k = 1, 2, \ldots$$

Da alle Eigenwerte der Matrix $(\mathrm{I} + \nu\Delta t \mathrm{A_{fd}})^{-1}$ reell, positiv und strikt kleiner als 1 für jeden Wert von Δt sind, ist dieses Schema unbedingt stabil. Im allgemeinen Fall ergibt sich, dass das θ-Schema für die Werte $1/2 \leq \theta \leq 1$ unbedingt stabil ist und bedingt stabil ist, wenn $0 \leq \theta < 1/2$ (siehe Abschnitt 13.3.1).

Was die Genauigkeit der θ-Methode anbetrifft, ist ihr lokaler Abbruchfehler von der Ordnung $\Delta t + h^2$, wenn $\theta \neq \frac{1}{2}$ gilt, und für $\theta = \frac{1}{2}$ von der Ordnung $\Delta t^2 + h^2$. Die Methode, die dem Fall $\theta = 1/2$ entspricht wird häufig *Crank-Nicolson-Schema* genannt. Sie ist unbedingt stabil und von zweiter Ordnung genau, sowohl in Bezug auf Δt als auch auf h.

13.3 Finite Elemente Approximation der Wärmeleitungsgleichung

Eine räumliche Diskretisierung von (13.1) kann auch unter Verwendung der Galerkin finiten Elementemethode erreicht werden, indem wir analog zum im Kapitel 12 behandelten elliptischen Fall vorgehen.

Zuerst multiplizieren wir für alle $t > 0$ (13.1) mit einer Testfunktion $v = v(x)$ und integrieren über $(0,1)$. Wir setzen dann $V = H_0^1(0,1)$ und suchen $\forall t > 0$ eine Funktion $t \to u(x,t) \in V$ (kurz $u(t) \in V$), so dass

$$\int_0^1 \frac{\partial u(t)}{\partial t} v dx + a(u(t), v) = F(v) \qquad \forall v \in V, \tag{13.12}$$

mit $u(0) = u_0$. Dabei sind $a(u(t), v) = \int_0^1 \nu (\partial u(t)/\partial x)(\partial v/\partial x)\, dx$ und $F(v) = \int_0^1 f(t) v dx$ die mit dem elliptischen Operator L und der rechten Seite f verbundenen Bilinear- bzw. Linearformen. Beachte, dass $a(\cdot, \cdot)$ ein Spezialfall von (12.44) ist, und dass die Abhängigkeit von u und f von der Ortsvariablen x fortan stillschweigend angenommen wird.

Sei V_h ein geeigneter endlich dimensionaler Teilraum von V. Wir betrachten die Galerkin Formulierung: $\forall t > 0$, finde $u_h(t) \in V_h$, so dass

$$\int_0^1 \frac{\partial u_h(t)}{\partial t} v_h dx + a(u_h(t), v_h) = F(v_h) \quad \forall v_h \in V_h \tag{13.13}$$

wobei $u_h(0) = u_{0h}$ und $u_{0h} \in V_h$ eine passende Approximation von u_0 ist. Das Problem (13.13) wird als *Semidiskretisierung* von (13.12) angesehen, da es nur eine Ortsdiskretisierung der Wärmeleitungsgleichung ist.

Gehen wir in ähnlicher Weise wie bei der Ableitung der Energieabschätzung (13.7) vor, so erhalten wir die folgende *a-priori* Abschätzung der diskreten Lösung $u_h(t)$ von (13.13)

$$E_h(t) \le e^{-\gamma t} E_h(0) + \frac{1}{\gamma} \int_0^t e^{\gamma(s-t)} F(s) ds,$$

wobei $E_h(t) = \int_0^1 u_h^2(x,t)\, dx$ gilt.

Was die finite Elemente Diskretisierung von (13.13) anbetrifft, führen wir den in (12.57) definierten finiten Elementeraum V_h, und folglich eine Basis $\{\varphi_j\}$ für V_h ein, wie es bereits in Abschnitt 12.4.5 gemacht wurde. Dann kann die Lösung u_h von (13.13) in der Form

$$u_h(t) = \sum_{j=1}^{N_h} u_j(t) \varphi_j$$

gesucht werden, wobei $\{u_j(t)\}$ die unbekannten Koeffizienten und N_h die Dimension von V_h sind. Aus (13.13) erhalten wir

$$\int_0^1 \sum_{j=1}^{N_h} \dot{u}_j(t)\varphi_j\varphi_i dx + a\left(\sum_{j=1}^{N_h} u_j(t)\varphi_j, \varphi_i\right) = F(\varphi_i), \qquad i = 1, \ldots, N_h$$

d.h.

$$\sum_{j=1}^{N_h} \dot{u}_j(t) \int_0^1 \varphi_j\varphi_i dx + \sum_{j=1}^{N_h} u_j(t)a(\varphi_j, \varphi_i) = F(\varphi_i), \qquad i = 1, \ldots, N_h.$$

Mit den gleichen Bezeichnungen wie in (13.8) erhalten wir

$$M\dot{\mathbf{u}}(t) + A_{\text{fe}}\mathbf{u}(t) = \mathbf{f}_{\text{fe}}(t), \tag{13.14}$$

wobei $A_{\text{fe}} = (a(\varphi_j, \varphi_i))$, $\mathbf{f}_{\text{fe}}(t) = (F(\varphi_i))$ und $M = (m_{ij}) = (\int_0^1 \varphi_j\varphi_i dx)$ für $i, j = 1, \ldots, N_h$. M heißt *Massematrix*. Da sie nicht singulär ist, kann das System der gewöhnlichen Differentialgleichungen (13.14) in Normalform

$$\dot{\mathbf{u}}(t) = -M^{-1}A_{\text{fe}}\mathbf{u}(t) + M^{-1}\mathbf{f}_{\text{fe}}(t) \tag{13.15}$$

geschrieben werden. Um (13.15) näherungsweise zu lösen, können wir wieder die θ-Methode anwenden und erhalten

$$M\frac{\mathbf{u}^{k+1} - \mathbf{u}^k}{\Delta t} + A_{\text{fe}}\left[\theta\mathbf{u}^{k+1} + (1-\theta)\mathbf{u}^k\right] = \theta\mathbf{f}_{\text{fe}}^{k+1} + (1-\theta)\mathbf{f}_{\text{fe}}^k. \tag{13.16}$$

Wie üblich bedeutet der obere Index k, dass die entsprechende Größe zur Zeit t^k berechnet wurde. Wie im Fall finiter Differenzen erhalten wir für $\theta = 0, 1$ bzw. $1/2$ das explizite Euler-, das implizite Euler- und das Crank-Nicolson-Verfahren, wobei das Crank-Nicolson-Verfahren, das einzige ist, das von zweiter Ordnung genau in Bezug auf Δt ist.

Für jedes k ist (13.16) ein lineares System, dessen Matrix

$$K = \frac{1}{\Delta t}M + \theta A_{\text{fe}}$$

ist. Da M und A_{fe} symmetrisch und positiv definit sind, ist die Matrix K auch symmetrisch und positiv definit. Somit kann ihre Cholesky-Faktorisierung $K = H^T H$, mit der oberen Dreiecksmatrix H (siehe Abschnitt 3.4.2 in Band 1), zum Zeitpunkt $t = 0$ ausgeführt werden. Folglich müssen in jedem Zeitschritt die folgenden beiden linearen Dreieckssysteme, jedes von der Größe N_h, mit einem numerischen Aufwand von $N_h^2/2$ flops gelöst werden.

$$\begin{cases} H^T\mathbf{y} = \left[\frac{1}{\Delta t}M - (1-\theta)A_{\text{fe}}\right]\mathbf{u}^k + \theta\mathbf{f}_{\text{fe}}^{k+1} + (1-\theta)\mathbf{f}_{\text{fe}}^k, \\ H\mathbf{u}^{k+1} = \mathbf{y}. \end{cases}$$

Wenn $\theta = 0$ ist, würde eine geeignete Diagonalisierung von M die Entkopplung des Gleichungssystems (13.16) erlauben. Dieses Verfahren wird durch die sogenannte *Massekonzentration* (engl. mass-lumping) bei der wir M durch eine nicht singuläre Diagonalmatrix $\widetilde{\text{M}}$ approximieren, ausgeführt.

Im Fall stückweise linearer finiter Elemente kann $\widetilde{\text{M}}$ durch Anwendung der zusammengesetzten Trapezregel über die Knoten $\{x_i\}$ für die Auswertung der Integrale $\int_0^1 \varphi_j\varphi_i \, dx$ gewonnen werden. Man erhält $\tilde{m}_{ij} = h\delta_{ij}$, $i, j = 1, \ldots, N_h$ (siehe Übung 2).

13.3.1 *Stabilitätsanalyse der θ-Methode*

Die Anwendung der θ-Methode auf das Galerkin-Problem (13.13) ergibt

$$
\left(\frac{u_h^{k+1} - u_h^k}{\Delta t}, v_h\right) \;+\; a\left(\theta u_h^{k+1} + (1-\theta)u_h^k, v_h\right)
$$
$$
=\; \theta F^{k+1}(v_h) + (1-\theta)F^k(v_h) \qquad \forall v_h \in V_h \tag{13.17}
$$

für $k \geq 0$ und mit $u_h^0 = u_{0h}$, $F^k(v_h) = \int_0^1 f(t^k)v_h(x)dx$. Da wir an einer Stabilitätsanalyse interessiert sind, betrachten wir den Spezialfall $F = 0$; darüber hinaus konzentrieren wir uns vorläufig auf den Fall $\theta = 1$ (implizites Euler-Verfahren), d.h.

$$
\left(\frac{u_h^{k+1} - u_h^k}{\Delta t}, v_h\right) + a\left(u_h^{k+1}, v_h\right) = 0 \qquad \forall v_h \in V_h.
$$

Setzen wir $v_h = u_h^{k+1}$, so folgt

$$
\left(\frac{u_h^{k+1} - u_h^k}{\Delta t}, u_h^{k+1}\right) + a(u_h^{k+1}, u_h^{k+1}) = 0.
$$

Aus der Definition von $a(\cdot, \cdot)$ ergibt sich

$$
a\left(u_h^{k+1}, u_h^{k+1}\right) = \nu \left\|\frac{\partial u_h^{k+1}}{\partial x}\right\|_{L^2(0,1)}^2 . \tag{13.18}
$$

Ferner bemerken wir, dass (siehe Übung 3 für einen Beweis dieses Resultats)

$$
\|u_h^{k+1}\|_{L^2(0,1)}^2 + 2\nu\Delta t \left\|\frac{\partial u_h^{k+1}}{\partial x}\right\|_{L^2(0,1)}^2 \leq \|u_h^k\|_{L^2(0,1)}^2 . \tag{13.19}
$$

Es folgt, dass $\forall n \geq 1$

$$
\sum_{k=0}^{n-1}\|u_h^{k+1}\|_{L^2(0,1)}^2 + 2\nu\Delta t\sum_{k=0}^{n-1}\left\|\frac{\partial u_h^{k+1}}{\partial x}\right\|_{L^2(0,1)}^2 \leq \sum_{k=0}^{n-1}\|u_h^k\|_{L^2(0,1)}^2 .
$$

Da die Summen zusammenschiebbar sind, erhalten wir

$$\|u_h^n\|_{L^2(0,1)}^2 + 2\nu\Delta t \sum_{k=0}^{n-1} \left\|\frac{\partial u_h^{k+1}}{\partial x}\right\|_{L^2(0,1)}^2 \leq \|u_{0h}\|_{L^2(0,1)}^2, \qquad (13.20)$$

was zeigt, dass das Schema unbedingt stabil ist. Gehen wir analog im Fall $f \neq 0$ vor, so kann gezeigt werden, dass

$$\begin{aligned}
\|u_h^n\|_{L^2(0,1)}^2 \quad &+ \quad 2\nu\Delta t \sum_{k=0}^{n-1} \left\|\frac{\partial u_h^{k+1}}{\partial x}\right\|_{L^2(0,1)}^2 \\
&\leq \quad C(n)\left(\|u_{0h}\|_{L^2(0,1)}^2 + \sum_{k=1}^{n}\Delta t\|f^k\|_{L^2(0,1)}^2\right),
\end{aligned} \qquad (13.21)$$

wobei $C(n)$ eine Konstante unabhängig von h und Δt ist.

Bemerkung 13.1 Die gleichen Stabilitätsungleichungen (13.20) und (13.21) können erhalten werden, wenn $a(\cdot,\cdot)$ eine allgemeinere, stetige und koerzitive Bilinearform ist (siehe Übung 4). ∎

Um eine Stabilitätsanalyse der θ-Methode für jedes $\theta \in [0,1]$ auszuführen, ist es zweckmäßig zunächst die *Eigenwerte* und *Eigenvektoren* einer Bilinearform zu definieren.

Definition 13.1 Wir sagen, dass λ ein Eigenwert und $w \in V$ ein dazugehöriger Eigenvektor der Bilinearform $a(\cdot,\cdot) : V \times V \mapsto \mathbb{R}$ sind, wenn

$$a(w,v) = \lambda(w,v) \qquad \forall v \in V,$$

wobei $(\cdot,\cdot)$ das übliche Skalarprodukt in $L^2(0,1)$ bezeichnet. ∎

Ist die Bilinearform $a(\cdot,\cdot)$ symmetrisch und koerzitiv, so hat sie unendlich viele reelle positive Eigenwerte, die eine unbeschränkte Folge bilden; darüber hinaus bilden ihre Eigenvektoren (auch *Eigenfunktionen* genannt) eine Basis im Raum V.

Im diskreten Fall genügt das entsprechende Paar $\lambda_h \in \mathbb{R}$, $w_h \in V_h$ der Beziehung

$$a(w_h,v_h) = \lambda_h(w_h,v_h) \quad \forall v_h \in V_h. \qquad (13.22)$$

Vom algebraischen Standpunkt aus kann das Problem (13.22) als

$$A_{fe}\mathbf{w} = \lambda_h M\mathbf{w}$$

formuliert (wobei $\mathbf{w}$ der Vektor der Gitterwerte von w_h ist) und damit als ein *verallgemeinertes Eigenwertproblem* (siehe Abschnitt 5.9 in Band 1) angesehen werden. Alle Eigenwerte $\lambda_h^1, \ldots, \lambda_h^{N_h}$ sind positiv. Die entsprechenden Eigenvektoren $w_h^1, \ldots, w_h^{N_h}$ bilden eine Basis für den Teilraum V_h und können auf solche Weise gewählt werden, dass sie *orthonormal* sind, d.h. dass $(w_h^i, w_h^j) = \delta_{ij}$, $\forall i, j = 1, \ldots, N_h$ gilt. Insbesondere kann jede Funktion $v_h \in V_h$ in der Form

$$v_h(x) = \sum_{j=1}^{N_h} v_j w_h^j(x)$$

dargestellt werden.

Wir wollen nun annehmen, dass $\theta \in [0, 1]$ und beschränken uns auf den Fall einer symmetrischen Bilinearform $a(\cdot, \cdot)$. Obgleich das resultierende Stabilitätsergebnis auch im unsymmetrischen Fall gilt, kann der folgende Beweis nicht in diesem allgemeineren Fall verwendet werden, denn die Eigenvektoren würden nicht mehr eine Basis im V_h bilden. Seien $\{w_h^i\}$ die Eigenvektoren von $a(\cdot, \cdot)$, deren lineare Hülle eine orthonormale Basis in V_h bildet. Da in jedem Zeitschritt $u_h^k \in V_h$ ist, können wir u_h^k in der Form

$$u_h^k(x) = \sum_{j=1}^{N_h} u_j^k w_h^j(x)$$

ausdrücken. Setzen wir in (13.17) $F = 0$ und nehmen wir $v_h = w_h^i$, so finden wir

$$\frac{1}{\Delta t} \sum_{j=1}^{N_h} \left[u_j^{k+1} - u_j^k\right] \left(w_h^j, w_h^i\right)$$
$$+ \sum_{j=1}^{N_h} \left[\theta u_j^{k+1} + (1 - \theta)u_j^k\right] a(w_h^j, w_h^i) = 0, \qquad i = 1, \ldots, N_h.$$

Da w_h^j Eigenfunktionen von $a(\cdot, \cdot)$ sind, erhalten wir

$$a(w_h^j, w_h^i) = \lambda_h^j(w_h^j, w_h^i) = \lambda_h^j \delta_{ij} = \lambda_h^i,$$

so dass

$$\frac{u_i^{k+1} - u_i^k}{\Delta t} + \left[\theta u_i^{k+1} + (1 - \theta)u_i^k\right] \lambda_h^i = 0.$$

Die Auflösung dieser Gleichungen nach u_i^{k+1} ergibt

$$u_i^{k+1} = u_i^k \frac{\left[1 - (1 - \theta)\lambda_h^i \Delta t\right]}{\left[1 + \theta \lambda_h^i \Delta t\right]}.$$

Damit die Methode unbedingt stabil ist, müssen wir

$$\left| \frac{1 - (1 - \theta)\lambda_h^i \Delta t}{1 + \theta \lambda_h^i \Delta t} \right| < 1$$

haben (siehe Kapitel 11), d.h.

$$2\theta - 1 > -\frac{2}{\lambda_h^i \Delta t}.$$

Im Fall $\theta \geq 1/2$ ist diese Ungleichung für jeden Wert von Δt erfüllt. Gilt umgekehrt jedoch $\theta < 1/2$, so müssen wir

$$\Delta t < \frac{2}{(1 - 2\theta)\lambda_h^i}$$

fordern. Da diese Beziehung für alle Eigenwerte λ_h^i der Bilinearform gelten muss, genügt es zu fordern, dass sie für den größten Eigenwert, welcher $\lambda_h^{N_h}$ sei, gilt.

Wir schliessen daher, dass die θ-Methode für $\theta \geq 1/2$ unbedingt stabil ist (d.h. sie ist stabil für alle Δt), wohingegen im Fall $0 \leq \theta < 1/2$ die θ-Methode nur unter der Bedingung

$$\Delta t \leq \frac{2}{(1 - 2\theta)\lambda_h^{N_h}}$$

stabil ist. Es kann gezeigt werden, dass zwei positive Konstanten c_1 und c_2, unabhängig von h, derart existieren, dass

$$c_1 h^{-2} \leq \lambda_h^{N_h} = c_2 h^{-2}$$

(zum Beweis siehe [QV94], Abschnitt 6.3.2). Ziehen wir dies in Betracht, so sehen wir, dass im Fall $0 \leq \theta < 1/2$ die Methode nur dann stabil ist, wenn

$$\Delta t \leq C_1(\theta)h^2 \tag{13.23}$$

für eine geeignete Konstante $C_1(\theta)$ unabhängig von h und Δt, gilt.

Mit einem analogen Beweis kann gezeigt werden, dass für eine pseudo-spektrale Galerkin Approximation des Problems (13.12) das $\theta-$Verfahren unbedingt stabil ist, falls $\theta \geq \frac{1}{2}$ gilt, und die Stabilität für $0 \leq \theta < \frac{1}{2}$ nur gilt, wenn

$$\Delta t \leq C_2(\theta)N^{-4} \tag{13.24}$$

mit einer geeigneten Konstanten $C_2(\theta)$ unabhängig von N und Δt. Der Unterschied zwischen (13.23) und (13.24) gründet sich auf den Fakt, dass der größte Eigenwert der spektralen Steifigkeitsmatrix wie $\mathcal{O}(N^4)$ in Bezug auf den Grad des approximierenden Polynoms wächst.

Vergleichen wir die Lösung des global diskretisierten Problems (13.17) mit der des semidiskreten Problems (13.13), so können wir unter Verwendung des Stabilitätsresultates (13.21) und des Abbruchfehlers der Zeitdiskretisierung folgendes *Konvergenzresult* beweisen

$$\|u(t^k) - u_h^k\|_{\mathrm{L}^2(0,1)} \leq C(u_0, f, u)(\Delta t^{p(\theta)} + h^{r+1}), \qquad \forall k \geq 1,$$

wobei r den Grad der in V_h verwendeten stückweisen Polynome bezeichnet, $p(\theta) = 1$ für $\theta \neq 1/2$, $p(1/2) = 2$ und C eine Konstante ist, die von ihren Argumenten (die als hinreichend glatt angenommen werden), aber nicht von h und Δt abhängt. Insbesondere kann man für $f \equiv 0$ die verbesserten Abschätzungen

$$\|u(t^k) - u_h^k\|_{L^2(0,1)} \leq C \left[\left(\frac{h}{\sqrt{t^k}}\right)^{r+1} + \left(\frac{\Delta t}{t^k}\right)^{p(\theta)} \right] \|u_0\|_{L^2(0,1)},$$

für $k \geq 1$, $\theta = 1$ oder $\theta = 1/2$ erhalten. (Für den Beweis dieser Ergebnisse siehe [QV94], S. 394-395).

Das Programm 100 zeigt eine Implementation der θ-Methode für die Lösung der Wärmeleitungsgleichung auf dem Raum-Zeit-Gebiet $(a, b) \times (t_0, T)$. Die Diskretisierung im Raum basiert auf stückweise linearen Elementen. Die Eingabeparameter sind: der Spaltenvektor I, der die Endpunkte des räumlichen Intervalls $(a = \text{I}(1), b = \text{I}(2))$ und des Zeitintervalls $(t_0 = \text{I}(3), T = \text{I}(4))$ enthält; der Spaltenvektor n, der die Zahl der Schritte in Raum und Zeit enthält; die Makros u0 und f, die die Funktionen u_{0h} und f enthalten, die konstante Viskosität nu, die Dirichlet-Randbedingungen bc(1) und bc(2), und der Wert des Parameters theta.

Program 100 - thetameth : θ-Methode für die Wärmeleitungsgleichung

```
function [u,x] = thetameth(I,n,u0,f,bc,nu,theta)
nx = n(1); h = (I(2)-I(1))/nx;
x = [I(1):h:I(2)]; t = I(3);   uold = (eval(u0))';
nt = n(2); k = (I(4)-I(3))/nt; e = ones(nx+1,1);
K = spdiags([(h/(6*k)-nu*theta/h)*e, (2*h/(3*k)+2*nu*theta/h)*e, ...
    (h/(6*k)-nu*theta/h)*e],-1:1,nx+1,nx+1);
B = spdiags([(h/(6*k)+nu*(1-theta)/h)*e, (2*h/(3*k)-nu*2*(1-theta)/h)*e, ...
    (h/(6*k)+nu*(1-theta)/h)*e],-1:1,nx+1,nx+1);
K(1,1)      = 1; K(1,2)      = 0; B(1,1)      = 0; B(1,2)      = 0;
K(nx+1,nx+1) = 1; K(nx+1,nx) = 0; B(nx+1,nx+1) = 0; B(nx+1,nx) = 0;
[L,U]=lu(K);
t = I(3); x=[I(1)+h:h:I(2)-h]; fold = (eval(f))';
fold = h*fold;
fold = [bc(1); fold; bc(2)];
for time = I(3)+k:k:I(4)
    t = time;    fnew = (eval(f))';
    fnew = h*fnew;
    fnew = [bc(1); fnew; bc(2)];
    b = theta*fnew+(1-theta)*fold + B*uold;
    y = L \ b;  u = U \ y;
    uold = u;
end
x = [I(1):h:I(2)];
```

Beispiel 13.1 Wir wollen die Genauigkeit der θ-Methode bezüglich der Zeitdiskretisierung bei der Lösung der Wärmeleitungsgleichung (13.1) auf dem Raum-Zeit-Gebiet $(0,1) \times (0,1)$ beurteilen, wobei f derart gewählt wurde, dass $u = \sin(2\pi x)\cos(2\pi t)$ die exakte Lösung ist. Eine feste Ortsschrittweite $h = 1/500$ wurde verwendet, während die Zeitschrittweite Δt gleich $(10k)^{-1}$, $k = 1, \ldots, 4$, gewählt wurde. Für die räumliche Diskretisierung wurden stückweise finite Elemente verwendet. Abbildung 13.1 zeigt das Konvergenzverhalten für Δt gegen Null in der $L^2(0,1)$-Norm (ausgewertet zur Zeit $t = 1$), und zwar für das implizite Euler-Verfahren (BE) ($\theta = 1$, durchgezogene Kurve) und für das Crank-Nicolson-Verfahren (CN) ($\theta = 1/2$, gestrichelte Kurve). Wie erwartet ist das CN-Verfahren weit genauer als das BE-Verfahren. •

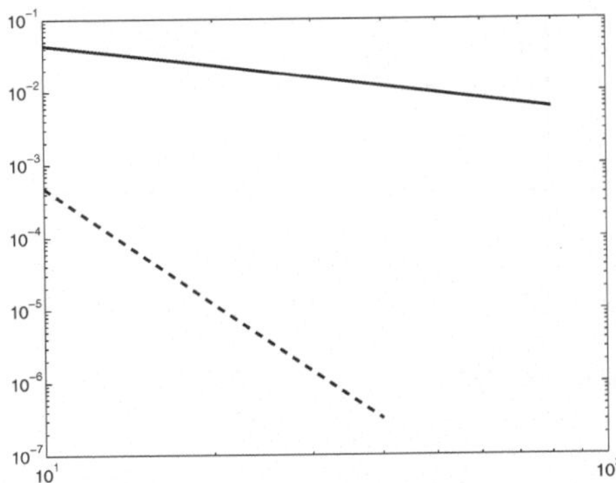

Abbildung 13.1. Konvergenzanalyse der θ-Methode als eine Funktion der Anzahl $1/\Delta t$ von Zeitschritten (auf der x-Achse dargestellt): $\theta = 1$ (durchgezogene Kurve) und $\theta = 0.5$ (gestrichelte Kurve).

13.4 Raum-Zeit Finite Elemente Methoden für die Wärmeleitungsgleichung

Ein alternativer Ansatz für die Zeitdiskretisierung basiert auf der Verwendung einer Galerkin-Methode, um sowohl Orts- als auch Zeitvariable zu diskretisieren.

Nehmen wir an, dass wir die Wärmeleitungsgleichung für $x \in [0,1]$ und $t \in [0,T]$ lösen wollen. Wir bezeichnen durch $I_k = [t^{k-1}, t^k]$ das k-te Zeitintervall für $k = 1, \ldots, n$ mit $\Delta t^k = t^k - t^{k-1}$; darüber hinaus sei $\Delta t = \max_k \Delta t^k$; das Rechteck $S_k = [0,1] \times I_k$ ist die sogenannte *Raum-Zeit-Schicht*. Zu jedem Zeitpunkt t^k betrachten wir eine Zerlegung $\mathcal{T}_{h_k}$ von $(0,1)$ in m^k Teilintervalle $K_j^k = [x_j^k, x_{j+1}^k]$, $j = 0, \ldots, m^k - 1$. Seien $h_j^k = x_{j+1}^k - x_j^k$, $h_k = \max_j h_j^k$ und $h = \max_k h_k$.

Mit S_k verbinden wir nun eine Raum-Zeit-Zerlegung $S_k = \cup_{j=1}^{m_k} R_j^k$, wobei $R_j^k = K_j^k \times I_k$ und $K_j^k \in \mathcal{T}_{h_k}$ sind. Die Raum-Zeit-Schicht S_k ist somit in Rechtecke R_j^k zerlegt (siehe Abbildung 13.2).

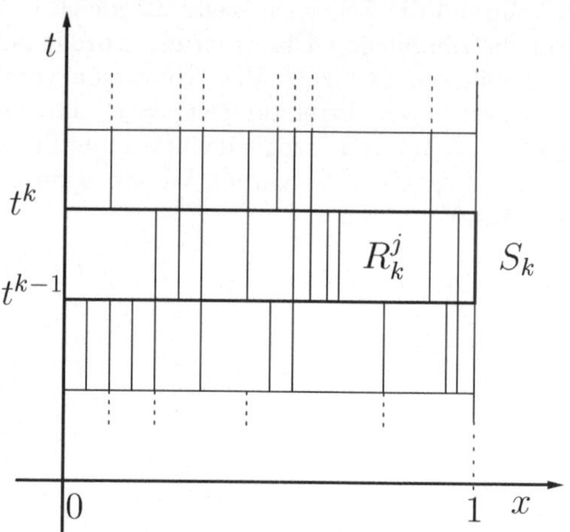

Abbildung 13.2. Raum-Zeit Finite Elemente Diskretisierung.

Für jede Zeitschicht S_k führen wir den Raum-Zeit finiten Elementeraum

$$\mathbb{Q}_q(S_k) = \left\{ v \in C^0(S_k),\ v_{|R_j^k} \in \mathbb{P}_1(K_j^k) \times \mathbb{P}_q(I_k),\ j = 0, \dots, m^k - 1 \right\}$$

ein, wobei üblicherweise $q = 0$ oder $q = 1$ gilt. Der Raum-Zeit finite Elementeraum über $[0,1] \times [0,T]$ ist dann wie folgt definiert

$$V_{h,\Delta t} = \left\{ v : [0,1] \times [0,T] \to \mathbb{R} :\ v_{|S_k} \in Y_{h,k},\ k = 1, \dots, n \right\},$$

wobei

$$Y_{h,k} = \left\{ v \in \mathbb{Q}_q(S_k) :\ v(0,t) = v(1,t) = 0\ \forall t \in I_k \right\}.$$

Die Zahl der Freiheitsgrade von $V_{h,\Delta t}$ ist gleich $(q+1)(m^k - 1)$. Die Funktionen in $V_{h,\Delta t}$ sind linear und stetig im Ort und stückweise polynomial vom Grade q in der Zeit. Sie sind im Allgemeinen über die Zeitniveaus t^k hinweg unstetig. Die Zerlegungen $\mathcal{T}_h^k$ passen an der Grenzfläche zweier aufeinander folgender Zeitniveaus nicht zusammen (siehe Abbildung 13.2). Aus diesem Grund führen wir fortan die folgende Notation ein

$$v_{\pm}^k = \lim_{\tau \to 0} v(t^k \pm \tau), \quad [v^k] = v_+^k - v_-^k.$$

Die Diskretisierung des Problems (13.12) mittels stetiger finiter Elemente im Ort vom Grade 1 und unstetiger finiter Elemente vom Grade q in der

Zeit (abgekürzt durch cG(1)dG(q)-Methode) lautet: finde $U \in V_{h,\Delta t}$, so dass

$$\sum_{k=1}^{n} \int_{I_k} \left[\left(\frac{\partial U}{\partial t}, V \right) + a(U, V) \right] dt + \sum_{k=1}^{n-1} ([U^k], V_+^k)$$

$$+ (U_+^0, V_+^0) = \int_0^T (f, V)\, dt, \qquad \forall V \in \overset{0}{V}_{h,\Delta t},$$

wobei

$$\overset{0}{V}_{h,\Delta t} = \{ v \in V_{h,\Delta t} : \; v(0, t) = v(1, t) = 0 \; \forall t \in [0, T] \},$$

$U_-^0 = u_{0h}$, $U^k = U(x, t^k)$ und $(u, v) = \int_0^1 uv\, dx$ das Skalarprodukt in $L^2(0, 1)$ bezeichnet. Die Stetigkeit von U in jedem Punkt t^k ist somit nur im schwachen Sinne auferlegt.

Um die algebraischen Gleichungen für die Unbekannte U aufzustellen, müssen wir sie nach einer Basis in Zeit und Raum entwickeln. Die einzelne Raum-Zeit-Basisfunktion $\varphi_{jl}^k(x, t)$ kann in der Form $\varphi_{jl}^k(x, t) = \varphi_j^k(x)\psi_l(t)$, $j = 1, \ldots, m^k - 1$, $l = 0, \ldots, q$, geschrieben werden, wobei φ_j^k die übliche stückweise lineare Basisfunktion und ψ_l die l-te Basisfunktion in $\mathbb{P}_q(I_k)$ sind.

Ist $q = 0$, so ist die Lösung U in der Zeit stückweise konstant. In diesem Fall gilt

$$U^k(x, t) = \sum_{j=1}^{N_h^k} U_j^k \varphi_j^k(x), \; x \in [0, 1], \; t \in I_k,$$

wobei $U_j^k = U^k(x_j, t) \; \forall t \in I_k$. Mögen

$$A_k = (a_{ij}) = (a(\varphi_j^k, \varphi_i^k)), \qquad M_k = (m_{ij}) = ((\varphi_j^k, \varphi_i^k)),$$

$$\mathbf{f}_k = (f_i) = \left(\int_{S_k} f(x, t)\varphi_i^k(x)dx\, dt \right), \quad B_{k,k-1} = (b_{ij}) = ((\varphi_j^k, \varphi_i^{k-1})),$$

die Steifigkeitsmatrix, die Massematrix, den Datenvektor und die Projektionsmatrix zwischen V_h^{k-1} und V_h^k zum Zeitpunkt t^k bezeichnen.
Sei ferner $\mathbf{U}^k = (U_j^k)$. Dann erfordert die cG(1)dG(0)-Methode in jedem k-ten Zeitschritt die Lösung folgenden linearen Systems

$$\left(M_k + \Delta t^k A_k \right) \mathbf{U}^k = B_{k,k-1} \mathbf{U}^{k-1} + \mathbf{f}_k,$$

was nichts anderes bedeutet als das implizite Euler-Verfahren mit modifizierter rechter Seite.

Ist $q = 1$, so ist die Lösung stückweise linear in der Zeit. Zur Vereinfachung der Schreibweise setzen wir $U^k(x) = U_-(x, t^k)$ und $U^{k-1}(x) = U_+(x, t^{k-1})$. Darüber hinaus nehmen wir an, dass sich die räumliche Zerlegung $\mathcal{T}_{h_k}$ mit der Zeit nicht ändert und dass $m^k = m$ für jedes $k = 0, \dots, n$. Dann können wir schreiben

$$U_{|S_k} = U^{k-1}(x)\frac{t^k - t}{\Delta t^k} + U^k(x)\frac{t - t^{k-1}}{\Delta t^k}.$$

Folglich führt die cG(1)dG(1)-Methode auf die Lösung des folgenden 2×2 Block-Systems in den Unbekannten $\mathbf{U}^k = (U_i^k)$ und $\mathbf{U}^{k-1} = (U_i^{k-1})$, $i = 1, \dots, m - 1$

$$\begin{cases} \left(-\frac{1}{2}\mathrm{M}_k + \frac{\Delta t^k}{3}\mathrm{A}_k\right)\mathbf{U}^{k-1} + \left(\frac{1}{2}\mathrm{M}_k + \frac{\Delta t^k}{6}\mathrm{A}_k\right)\mathbf{U}^k = \mathbf{f}_{k-1} + \mathrm{B}_{k,k-1}\mathbf{U}_-^{k-1}, \\[2mm] \left(\frac{1}{2}\mathrm{M}_k + \frac{\Delta t^k}{6}\mathrm{A}_k\right)\mathbf{U}^{k-1} + \left(\frac{1}{2}\mathrm{M}_k + \frac{\Delta t^k}{3}\mathrm{A}_k\right)\mathbf{U}^k = \mathbf{f}_k \end{cases}$$

wobei

$$\mathbf{f}_{k-1} = \int_{S_k} f(x,t)\varphi_i^k(x)\psi_1^k(t)dx\,dt, \quad \mathbf{f}_k = \int_{S_k} f(x,t)\varphi_i^k(x)\psi_2^k(t)dx\,dt$$

und $\psi_1^k(t) = (t^k - t)/\Delta t^k$, $\psi_2^k(t)(t - t^{k-1})/\Delta t^k$ zwei Basisfunktionen von $\mathbb{P}_1(I_k)$ sind.

Unter der Annahme, dass $V_{h,k-1} \not\subset V_{h,k}$, ist es möglich, die Abschätzung

$$\|u(t^n) - U^n\|_{\mathrm{L}^2(0,1)} \leq C(u_{0h}, f, u, n)(\Delta t^2 + h^2) \tag{13.25}$$

zu beweisen (zum Beweis siehe [EEHJ96]), wobei C eine Konstante ist, die von ihren Argumenten (die hinreichend glatt angenommen werden) aber nicht von h und Δt abhängt.

Ein Vorteil der Verwendung von Raum-Zeit-Elementen ist die Möglichkeit, eine Raum-Zeit-Gitteradaptivität auf jeder Zeitschicht mittels a-posteriori Fehlerschätzern zu realisieren (wir verweisen den interessierten Leser auf [EEHJ96], wo die Analyse dieser Methode im Detail ausgeführt wurde).

Das Programm 101 zeigt eine Implementation der dG(1)cG(1)-Methode für die Lösung der Wärmeleitungsgleichung auf dem Raum-Zeit-Gebiet $(a, b) \times (t_0, T)$. Die Eingabeparameter sind die gleichen wie die im Programm 100.

Program 101 - pardg1cg1 : dG(1)cG(1)-Methode für die Wärmeleitungsgleichung

```
function [u,x]=pardg1cg1(I,n,u0,f,nu,bc)
nx = n(1);        h = (I(2)-I(1))/nx;
```

```
x  = [l(1):h:l(2)]; t = l(3);   um = (eval(u0))';
nt = n(2);         k = (l(4)-l(3))/nt;
e = ones(nx+1,1);
Add = spdiags([(h/12-k*nu/(3*h))*e, (h/3+2*k*nu/(3*h))*e, ...
    (h/12-k*nu/(3*h))*e],-1:1,nx+1,nx+1);
Aud = spdiags([(h/12-k*nu/(6*h))*e, (h/3+k*nu/(3*h))*e, ...
    (h/12-k*nu/(6*h))*e],-1:1,nx+1,nx+1);
Ald = spdiags([(-h/12-k*nu/(6*h))*e, (-h/3+k*nu/(3*h))*e, ...
    (-h/12-k*nu/(6*h))*e],-1:1,nx+1,nx+1);
B = spdiags([h*e/6, 2*h*e/3, h*e/6],-1:1,nx+1,nx+1);
Add(1,1) = 1; Add(1,2) = 0; B(1,1)  = 0; B(1,2)  = 0;
Aud(1,1) = 0; Aud(1,2) = 0; Ald(1,1) = 0; Ald(1,2) = 0;
Add(nx+1,nx+1)=1; Add(nx+1,nx)=0;
B(nx+1,nx+1)=0; B(nx+1,nx) = 0;
Ald(nx+1,nx+1)=0; Ald(nx+1,nx)=0;
Aud(nx+1,nx+1)=0; Aud(nx+1,nx)=0;
[L,U]=lu([Add Aud; Ald Add]);
x = [l(1)+h:h:l(2)-h]; xx=[l(1),x,l(2)];
for time = l(3)+k:k:l(4)
  t = time;     fq1 = 0.5*k*h*eval(f);
  t = time-k;   fq0 = 0.5*k*h*eval(f);
  rhs0 = [bc(1), fq0, bc(2)];   rhs1 = [bc(1), fq1, bc(2)];
  b = [rhs0'; rhs1'] + [B*um; zeros(nx+1,1)];
  y = L \ b;   u = U \ y;   um = u(nx+2:2*nx+2,1);
end
x = [l(1):h:l(2)]; u = um;
```

Beispiel 13.2 Wir beurteilen die Genauigkeit der dG(1)cG(1)-Methode am gleichen Testproblem, das in Beispiel 13.1 betrachtet wurde. Um sowohl die räumlichen als auch die zeitlichen Beiträge in der Fehlerabschätzung (13.25) sorgfältig zu identifizieren, haben wir die numerischen Berechnungen mit dem Programm 101 durchgeführt, wobei entweder der Zeitschritt oder der Ortsschritt separat variiert wurden. In jedem Fall wurde die Schrittweite der anderen Variablen hinreichend klein gewählt, so dass der resultierende Fehler vernachlässigt werden kann. Das Konvergenzverhalten ist in Abbildung 13.3 dargestellt und zeigt perfekte Übereinstimmung mit den theoretischen Ergebnissen (konvergent von zweiter Ordnung in Ort und Zeit).   •

13.5 Hyperbolische Gleichungen: Ein skalares Transportproblem

Wir wollen das skalare hyperbolische Problem

$$\begin{cases} \dfrac{\partial u}{\partial t} + a\dfrac{\partial u}{\partial x} = 0 & x \in \mathbb{R},\ t > 0, \\[2mm] u(x,0) = u_0(x) & x \in \mathbb{R}, \end{cases} \tag{13.26}$$

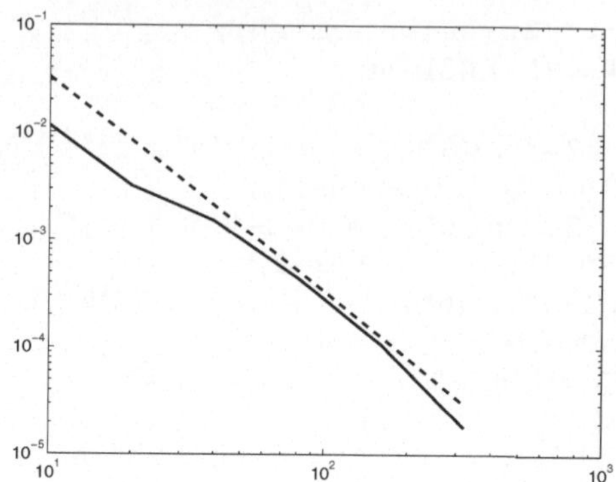

Abbildung 13.3. Konvergenanalyse der dG(1)cG(1)-Methode. Die durchgezogene
Linie ist der Diskretisierungsfehler in der Zeit, die gestrichelte Linie der im Ort.
Im ersten Fall bezeichnet die x-Achse die Zahl der Zeitschritte, im zweiten die
Anzahl der Teilintervalle.

betrachten, wobei a eine positive reelle Zahl ist. Die Lösung ist durch

$$u(x,t) = u_0(x - at) \quad t \geq 0$$

gegeben und stellt eine mit der Geschwindigkeit a wandernde Welle dar.
Die Kurven $(x(t),t)$ in der (x,t)-Ebene, die der skalaren gewöhnlichen Differentialgleichung

$$\begin{cases} \dfrac{dx(t)}{dt} = a \quad t > 0 \\ x(0) = x_0, \end{cases} \tag{13.27}$$

genügen, heißen *charakteristische Kurven*. Sie sind Geraden $x(t) = x_0 +
at$, $t > 0$. Die Lösung von (13.26) ist entlang charakteristischer Kurven
konstant, denn

$$\frac{du}{dt} = \frac{\partial u}{\partial t} + \frac{\partial u}{\partial x}\frac{dx}{dt} = 0 \qquad \text{auf } (x(t),t).$$

Für das allgemeinere Problem

$$\begin{cases} \dfrac{\partial u}{\partial t} + a\dfrac{\partial u}{\partial x} + a_0 u = f \quad x \in \mathbb{R},\, t > 0, \\ u(x,0) = u_0(x) \qquad\qquad x \in \mathbb{R}, \end{cases} \tag{13.28}$$

bei dem a, a_0 und f gegebene Funktionen der Veränderlichen (x,t) sind,
sind die charakteristischen Kurven ebenso wie in (13.27) definiert. In diesem Fall genügen die Lösungen von (13.28) entlang der Charakteristik der
Differentialgleichung

$$\frac{du}{dt} = f - a_0 u \quad \text{auf } (x(t),t).$$

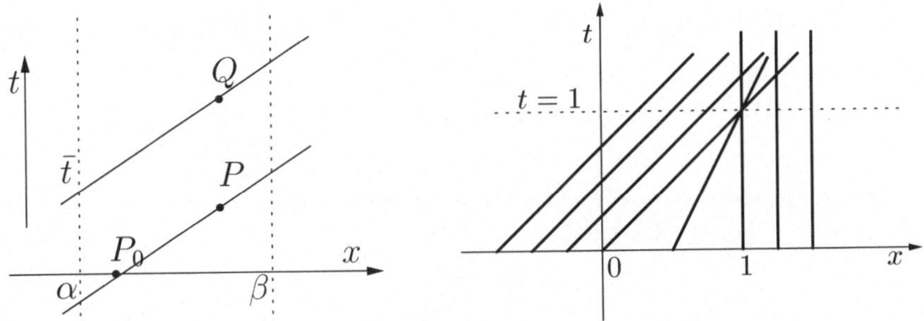

Abbildung 13.4. Links: Beispiele von geradlinigen Charakteristiken die durch die Punkte P und Q verlaufen. Rechts: Charakteristische Geraden für die Burgers Gleichung.

Wir wollen nun das Problem (13.26) auf einem beschränkten Intervall betrachten. Nehmen wir zum Beispiel an, dass $x \in [\alpha, \beta]$ und $a > 0$ sind. Da u entlang der Charakteristik konstant ist, schliessen wir aus Abbildung 13.4 (links), dass der Wert der Lösung im Punkt P den Wert von u_0 in P_0, dem Fußpunkt der durch P verlaufenden Charakteristik annimmt. Andererseits schneidet die durch Q verlaufende Charakteristik die Gerade $x(t) = \alpha$ zu einer bestimmten Zeit $t = \bar{t} > 0$. Somit ist der Punkt $x = \alpha$ ein *Einströmpunkt*, und es ist erforderlich einen Randwert für u in $x = \alpha$ für jeden Wert $t > 0$ festzusetzen. Beachte, dass im Fall $a < 0$ der Einströmpunkt $x = \beta$ ist.

Bezogen auf das Problem (13.26) sollte vermerkt werden, dass im Fall eines im Punkt x_0 unstetigen Anfangswertes u_0 sich die Unstetigkeit entlang der Charakteristik ausbreitet, die durch den Punkt x_0 verläuft. Dieser Prozess kann durch Einführung des Konzeptes der *schwachen Lösungen* hyperbolischer Probleme formalisiert werden, siehe z.B. [GR96]. Ein anderer Grund für die Einführung schwacher Lösungen resultiert daraus, dass sich die charakteristischen Linien im Fall nichtlinearer hyperbolischer Probleme schneiden können: in diesem Fall kann die Lösung nicht stetig sein, und es existiert keine klassische Lösung.

Beispiel 13.3 (Burgers-Gleichung) Betrachten wir die Burgers-Gleichung

$$\frac{\partial u}{\partial t} + u\frac{\partial u}{\partial x} = 0 \qquad x \in \mathbb{R} \tag{13.29}$$

die vielleicht das einfachste nichttriviale Beispiel einer nichtlinearen hyperbolischen Gleichung ist. Wenn wir als Anfangsbedingung

$$u(x,0) = u_0(x) = \begin{cases} 1 & x \leq 0, \\ 1-x & 0 \leq x \leq 1, \\ 0 & x \geq 1, \end{cases}$$

nehmen, sind die durch den Punkt $(x_0, 0)$ verlaufenden Charakteristiken durch

$$x(t) = x_0 + tu_0(x_0) = \begin{cases} x_0 + t & x_0 \leq 0, \\ x_0 + t(1 - x_0) & 0 \leq x_0 \leq 1, \\ x_0 & x_0 \geq 1 \end{cases}$$

gegeben. Beachte, dass die charakteristischen Linien sich nur für $t < 1$ nicht schneiden (siehe Abbildung 13.4, rechts).

13.6   Systeme linearer hyperbolischer Gleichungen

Wir betrachten das lineare hyperbolische System der Form

$$\frac{\partial \mathbf{u}}{\partial t} + A\frac{\partial \mathbf{u}}{\partial x} = \mathbf{0} \quad x \in \mathbb{R}, \ t > 0, \tag{13.30}$$

wobei $\mathbf{u} : \mathbb{R} \times [0, \infty) \to \mathbb{R}^p$ und $A \in \mathbb{R}^{p \times p}$ eine Matrix mit konstanten Koeffizienten ist.

Dieses System heißt *hyperbolisch*, wenn A diagonalisierbar ist und reelle Eigenwerte hat, d.h. wenn eine nichtsinguläre Matrix $T \in \mathbb{R}^{p \times p}$ existiert, so dass

$$A = T\Lambda T^{-1}$$

gilt, wobei $\Lambda = \text{diag}(\lambda_1, ..., \lambda_p)$ die Diagonalmatrix der reellen Eigenwerte von A ist und $T = (\boldsymbol{\omega}^1, \boldsymbol{\omega}^2, \ldots, \boldsymbol{\omega}^p)$ die Matrix bezeichnet, deren Spalten die Rechtseigenvektoren von A (siehe Abschnitt 1.7 in Band 1) sind. Das System heißt *streng hyperbolisch*, wenn es hyperbolisch mit verschiedenen Eigenwerten ist. Folglich gilt

$$A\boldsymbol{\omega}^k = \lambda_k \boldsymbol{\omega}^k, \quad k = 1, \ldots, p.$$

Die Einführung von *charakteristischen Variablen* $\mathbf{w} = T^{-1}\mathbf{u}$ überführt das System (13.30) in

$$\frac{\partial \mathbf{w}}{\partial t} + \Lambda\frac{\partial \mathbf{w}}{\partial x} = \mathbf{0}.$$

Dies ist ein System von p unabhängigen skalaren Gleichungen der Form

$$\frac{\partial w_k}{\partial t} + \lambda_k \frac{\partial w_k}{\partial x} = 0, \quad k = 1, \ldots, p.$$

Gehen wir wie im Abschnitt 13.5 vor, so erhalten wir $w_k(x, t) = w_k(x - \lambda_k t, 0)$, und die Lösung $\mathbf{u} = T\mathbf{w}$ des Problems (13.30) kann folglich in der Form

$$\mathbf{u}(x, t) = \sum_{k=1}^{p} w_k(x - \lambda_k t, 0)\boldsymbol{\omega}^k$$

geschrieben werden. Die Kurve $(x_k(t), t)$ in der Ebene (x, t), die $x_k'(t) = \lambda_k$ genügt, ist die k-te charakteristische Kurve und w_k ist konstant entlang dieser. Ein streng hyperbolisches System besitzt die Eigenschaft, dass p verschiedene charakteristische Kurven durch jeden Punkt der (x, t)-Ebene verlaufen, für jedes feste $\overline{x}$ und $\overline{t}$. Dann hängt $u(\overline{x}, \overline{t})$ nur vom Anfangsdatum in den Punkten $\overline{x} - \lambda_k \overline{t}$ ab. Aus diesem Grund heißt die Menge

$$D(\overline{t}, \overline{x}) = \left\{ x \in \mathbb{R} \; : \; x = \overline{x} - \lambda_k \overline{t} \; , \; k = 1, ..., p \right\}, \tag{13.31}$$

der p Punkte, die die Fußpunkte der durch $(\overline{x}, \overline{t})$ verlaufenden Charakteristiken bilden, *Abhängigkeitsgebiet* der Lösung $\mathbf{u}(\overline{x}, \overline{t})$.

Wird die Aufgabe (13.30) auf einem beschränkten Intervall (α, β) anstatt auf der gesamten reellen Achse gefordert, so ist der Einströmpunkt für jede charakteristische Variable w_k durch das Vorzeichen von λ_k bestimmt. Dementsprechend bestimmt die Anzahl der positiven Eigenwerte die Zahl der Randbedingungen, die bei $x = \alpha$ gestellt werden können, wohingegen es bei $x = \beta$ zulässig ist, soviel Bedingungen zu stellen, wie es negative Eigenwerte gibt. Ein Beispiel wird in Abschnitt 13.6.1 diskutiert.

Bemerkung 13.2 (Der nichtlineare Fall) Betrachten wir das nichtlineare System von Gleichungen erster Ordnung

$$\frac{\partial \mathbf{u}}{\partial t} + \frac{\partial}{\partial x} \mathbf{g}(\mathbf{u}) = \mathbf{0}, \tag{13.32}$$

wobei $\mathbf{g} = (g_1, \ldots, g_p)^T$ *Flussfunktion* genannt wird. Das System ist hyperbolisch, wenn die Jacobi-Matrix $A(\mathbf{u})$, deren Elemente $a_{ij} = \partial g_i(\mathbf{u})/\partial u_j$, $i, j = 1, \ldots, p$, sind, diagonalisierbar ist und p reelle Eigenwerte besitzt. ∎

13.6.1 Die Wellengleichung

Betrachten wir die hyperbolische Gleichung zweiter Ordnung

$$\frac{\partial^2 u}{\partial t^2} - \gamma^2 \frac{\partial^2 u}{\partial x^2} = f \quad x \in (\alpha, \beta), \quad t > 0, \tag{13.33}$$

mit den Anfangsdaten

$$u(x, 0) = u_0(x) \quad \text{und} \quad \frac{\partial u}{\partial t}(x, 0) = v_0(x), \quad x \in (\alpha, \beta),$$

und den Randdaten

$$u(\alpha, t) = 0 \quad \text{und} \quad u(\beta, t) = 0, \quad t > 0. \tag{13.34}$$

In diesem Fall, könnte u die transversalen Auslenkungen einer elastisch schwingenden Saite der Länge $\beta - \alpha$ darstellen, die an den Endpunkten fest eingespannt ist. Der Koeffizient γ hängt von der spezifischen Masse der Saite und ihrer Spannung ab. Die Saite ist einer vertikalen Kraft der Dichte f unterworfen.

Die Funktionen $u_0(x)$ bzw. $v_0(x)$ bezeichnen die Anfangsverschiebung und die Anfangsgeschwindigkeit der Saite.
Der Variablenwechsel

$$\omega_1 = \frac{\partial u}{\partial x}, \quad \omega_2 = \frac{\partial u}{\partial t},$$

transformiert (13.33) in das System erster Ordnung

$$\frac{\partial \boldsymbol{\omega}}{\partial t} + A \frac{\partial \boldsymbol{\omega}}{\partial x} = \mathbf{f} \quad x \in (\alpha, \beta), \quad t > 0, \tag{13.35}$$

wobei

$$\boldsymbol{\omega} = \begin{bmatrix} \omega_1 \\ \omega_2 \end{bmatrix}, \quad A = \begin{bmatrix} 0 & -1 \\ -\gamma^2 & 0 \end{bmatrix}, \quad \mathbf{f} = \begin{bmatrix} 0 \\ f \end{bmatrix},$$

und die Anfangsbedingungen $\omega_1(x, 0) = u_0'(x)$ und $\omega_2(x, 0) = v_0(x)$ sind.

Da die Eigenwerte von A die zwei verschiedenen reellen Zahlen $\pm\gamma$ sind, (die die Ausbreitungsgeschwindigkeiten der Welle repräsentieren,) folgern wir, dass das System (13.35) hyperbolisch ist. Darüber hinaus ist eine Randbedingung in jedem Endpunkt, wie in (13.34) vorzuschreiben. Beachte, dass auch in diesem Fall glatte Lösungen glatten Anfangsdaten entsprechen, während jede in den Anfangsdaten vorhandene Unstetigkeit sich entlang der Charakteristiken ausbreitet.

Bemerkung 13.3 Beachte, dass bei Ersetzung von $\frac{\partial^2 u}{\partial t^2}$ durch t^2, $\frac{\partial^2 u}{\partial x^2}$ durch x^2 und f durch 1 die Wellengleichung die Form

$$t^2 - \gamma^2 x^2 = 1$$

annimmt, die eine Hyperbel in der (x, t)-Ebene darstellt. Gehen wir analog im Fall der Wärmeleitungsgleichung (13.1) vor, gelangen wir zu

$$t - \nu x^2 = 1$$

wodurch eine Parabel in der (x, t)-Ebene beschrieben wird. Indem wir im Fall der Poisson-Gleichung (12.90) schließlich $\frac{\partial^2 u}{\partial x^2}$ durch x^2, $\frac{\partial^2 u}{\partial y^2}$ durch y^2 und f durch 1 ersetzen, erhalten wir

$$x^2 + y^2 = 1,$$

was eine Ellipse in der (x, y)-Ebene darstellt.

Aufgrund der obigen geometrischen Interpretation werden die entsprechenden Differentialoperatoren als hyperbolisch, parabolisch und elliptisch klassifiziert.   ∎

13.7 Finite Differenzen Methode für hyperbolische Gleichungen

Wir diskretisieren das hyperbolische Problem (13.26) durch finite Differenzen in Raum und Zeit. Die Halbebene $\{(x,t) : -\infty < x < \infty,\ t > 0\}$ wird dazu durch Wahl einer räumlichen Gitterweite Δx, eines Zeitschrittes Δt und der Gitterpunkte (x_j, t^n)

$$x_j = j\Delta x, \quad j \in \mathbb{Z}, \quad t^n = n\Delta t, \quad n \in \mathbb{N}$$

wie folgt diskretisiert. Wir setzen

$$\lambda = \Delta t / \Delta x,$$

und definieren $x_{j+1/2} = x_j + \Delta x/2$. Wir suchen diskrete Lösungen u_j^n, die die Werte $u(x_j, t^n)$ der exakten Lösung für jedes j, n approximieren.

Ziemlich oft werden explizite Methoden für das zeitliche Vorrücken bei hyperbolischen Anfangswertproblemen verwendet, obwohl sie Einschränkungen an den Wert von λ erfordern, was typischerweise bei impliziten Methoden nicht eintritt.

Wir wollen unsere Aufmerksamkeit auf das Problem (13.26) richten. Jede explizite finite Differenzenmethode kann in der Form

$$u_j^{n+1} = u_j^n - \lambda(h_{j+1/2}^n - h_{j-1/2}^n) \tag{13.36}$$

geschrieben werden, wobei $h_{j+1/2}^n = h(u_j^n, u_{j+1}^n)$ für jedes j und $h(\cdot, \cdot)$ eine spezielle Funktion ist, die *numerische Flussfunktion* genannt wird.

13.7.1 Diskretisierung der skalaren Gleichung

Wir geben nun verschiedene Beispiele expliziter Methoden und ihre zugehörigen numerischen Flussfunktionen an.

1. *Euler-vorwärts/zentral*

$$u_j^{n+1} = u_j^n - \frac{\lambda}{2}a(u_{j+1}^n - u_{j-1}^n) \tag{13.37}$$

die in der Form (13.36) geschrieben werden kann, indem man setzt

$$h_{j+1/2}^n = \frac{1}{2}a(u_{j+1}^n + u_j^n). \tag{13.38}$$

2. *Lax-Friedrichs*

$$u_j^{n+1} = \frac{1}{2}(u_{j+1}^n + u_{j-1}^n) - \frac{\lambda}{2}a(u_{j+1}^n - u_{j-1}^n), \tag{13.39}$$

die von der Form (13.36) ist, mit

$$h_{j+1/2}^n = \frac{1}{2}[a(u_{j+1}^n + u_j^n) - \lambda^{-1}(u_{j+1}^n - u_j^n)].$$

3. *Lax-Wendroff*

$$u_j^{n+1} = u_j^n - \frac{\lambda}{2}a(u_{j+1}^n - u_{j-1}^n) + \frac{\lambda^2}{2}a^2(u_{j+1}^n - 2u_j^n + u_{j-1}^n), \quad (13.40)$$

die in der Form (13.36) geschrieben werden kann, vorausgesetzt, dass

$$h_{j+1/2}^n = \frac{1}{2}[a(u_{j+1}^n + u_j^n) - \lambda a^2(u_{j+1}^n - u_j^n)].$$

4. *Upwind (oder Euler-vorwärts/nichtzentral)*

$$u_j^{n+1} = u_j^n - \frac{\lambda}{2}a(u_{j+1}^n - u_{j-1}^n) + \frac{\lambda}{2}|a|(u_{j+1}^n - 2u_j^n + u_{j-1}^n), \quad (13.41)$$

die in die Form (13.36) passt, wenn der numerische Fluss definiert ist durch

$$h_{j+1/2}^n = \frac{1}{2}[a(u_{j+1}^n + u_j^n) - |a|(u_{j+1}^n - u_j^n)].$$

Die letzten drei Methoden können aus dem Euler-vorwärts/zentral Verfahren durch Addition eines Terms, der proportional zur numerischen Diffusion ist, erhalten werden, so dass sie in der äquivalenten Form

$$u_j^{n+1} = u_j^n - \frac{\lambda}{2}a(u_{j+1}^n - u_{j-1}^n) + \frac{1}{2}k\frac{u_{j+1}^n - 2u_j^n + u_{j-1}^n}{(\Delta x)^2} \quad (13.42)$$

darstellbar sind. Die künstliche Viskosität k ist in den drei Fällen in Tabelle 13.1 angegeben.

Tabelle 13.1. Künstliche Viskosität, künstlicher Fluss und Abbruchfehler für die Lax-Friedrichs-, die Lax-Wendroff- und die Upwind-Methode.

Methoden	k	$h_{j+1/2}^{diff}$	$\tau(\Delta t, \Delta x)$
Lax-Friedrichs	Δx^2	$-\dfrac{1}{2\lambda}(u_{j+1} - u_j)$	$\mathcal{O}\left(\dfrac{\Delta x^2}{\Delta t} + \Delta t + \Delta x\right)$
Lax-Wendroff	$a^2\Delta t^2$	$-\dfrac{\lambda a^2}{2}(u_{j+1} - u_j)$	$\mathcal{O}\left(\Delta t^2 + \Delta x^2\right)$
Upwind	$|a|\Delta x\Delta t$	$-\dfrac{|a|}{2}(u_{j+1} - u_j)$	$\mathcal{O}(\Delta t + \Delta x)$

Folglich kann der numerische Fluss für jedes Schema äquivalent als

$$h_{j+1/2} = h_{j+1/2}^{FE} + h_{j+1/2}^{diff}$$

geschrieben werden, wobei $h_{j+1/2}^{FE}$ der numerische Fluss des in (13.38) gegebenen Euler-vorwärts/zentralen Schemas ist und der *künstliche diffusive Fluss* $h_{j+1/2}^{diff}$ in den drei Fällen in Tabelle 13.1 angegeben wurde.

Ein Beispiel einer impliziten Methode ist das *Euler-rückwärts/zentral* Verfahren

$$u_j^{n+1} + \frac{\lambda}{2} a(u_{j+1}^{n+1} - u_{j-1}^{n+1}) = u_j^n. \tag{13.43}$$

Es kann ebenfalls in der Form (13.36) geschrieben werden, vorausgesetzt, dass h^n durch h^{n+1} ersetzt wird. In dem vorliegenden Fall, ist der numerische Fluß der gleiche, wie beim Euler-vorwärts/zentralen Verfahren, und dasselbe gilt für die künstliche Viskosität.

Abschliessend geben wir die folgenden Schemen zur Approximation der Wellengleichung zweiter Ordnung (13.33) an:

1. *Leap-Frog*

$$u_j^{n+1} - 2u_j^n + u_j^{n-1} = (\gamma\lambda)^2 (u_{j+1}^n - 2u_j^n + u_{j-1}^n) \tag{13.44}$$

2. *Newmark*

$$u_j^{n+1} - u_j^n = \Delta t v_j^n + (\gamma\lambda)^2 \left[\beta w_j^{n+1} + \left(\tfrac{1}{2} - \beta \right) w_j^n \right],$$

$$v_j^{n+1} - v_j^n = \frac{(\gamma\lambda)^2}{\Delta t} \left[\theta w_j^{n+1} + (1-\theta)w_j^n \right] \tag{13.45}$$

mit $w_j = u_{j+1} - 2u_j + u_{j-1}$ und bei dem die Parameter β und θ den Ungleichungen $0 \le \beta \le \tfrac{1}{2}$, $0 \le \theta \le 1$ genügen.

13.8   Analyse von Finite Differenzen Methoden

Wir wollen die Eigenschaften der Konsistenz, Stabilität und Konvergenz, wie auch der Dissipation und Dispersion für die oben eingeführten finite Differenzen Methoden analysieren.

13.8.1   Konsistenz

Wie bereits im Abschnitt 11.3 illustriert, ist der lokale Abbruchfehler eines numerischen Schemas das Residuum, das erzeugt wird wenn man so tut als genüge die exakte Lösung der numerischen Methode selbst.

Bezeichnen wir durch u die Lösung des exakten Problems (13.26), so ist im Fall der Methode (13.37) der *lokale Abbruchfehler* in (x_j, t^n) wie folgt definiert

$$\tau_j^n = \frac{u(x_j, t^{n+1}) - u(x_j, t^n)}{\Delta t} - a \frac{u(x_{j+1}, t^n) - u(x_{j-1}, t^n)}{2\Delta x}.$$

Der *Abbruchfehler* ist

$$\tau(\Delta t, \Delta x) = \max_{j,n}|\tau_j^n|.$$

Geht $\tau(\Delta t, \Delta x)$ gegen Null für unabhängig gegen Null gehendes Δt und Δx, so heißt das numerische Schema *konsistent*.

Darüber hinaus sagen wir, dass das Schema von der *Ordnung p* in der Zeit und von der *Ordnung q* im Ort (für geeignete natürliche Zahlen p und q) ist, wenn wir für eine hinreichend glatte Lösung des exakten Problems

$$\tau(\Delta t, \Delta x) = \mathcal{O}(\Delta t^p + \Delta x^q)$$

haben. Unter Verwendung der Taylorentwicklung können wir leicht den Abbruchfehler der zuvor eingeführten Methoden wie in Tabelle 13.1 gezeigt, charakterisieren. Das Leap-frog- und das Newmark-Verfahren sind beide von zweiter Ordnung genau, wenn $\Delta t = \Delta x$, wohingegen für das Euler-vorwärts/zentrale oder Euler-rückwärts/zentrale Verfahren $\mathcal{O}(\Delta t + \Delta x^2)$ gilt.

Schliesslich sagen wir, dass ein numerisches Schema *konvergiert*, wenn

$$\lim_{\Delta t, \Delta x \to 0} \max_{j,n}|u(x_j, t^n) - u_j^n| = 0.$$

13.8.2   Stabilität

Eine numerische Methode für ein (lineares oder nichtlineares) hyperbolisches Problem heißt *stabil*, wenn es für jede Zeit T zwei Konstanten $C_T > 0$ (möglicherweise abhängig von T) und $\delta_0 > 0$ gibt, so dass

$$\|\mathbf{u}^n\|_\Delta \leq C_T\|\mathbf{u}^0\|_\Delta, \tag{13.46}$$

für jedes n mit $n\Delta t \leq T$ und für alle Δt, Δx mit $0 < \Delta t \leq \delta_0$, $0 < \Delta x \leq \delta_0$ gilt. Mit $\|\cdot\|_\Delta$ haben wir eine geeignete diskrete Norm bezeichnet, beispielsweise eine der folgenden

$$\|\mathbf{v}\|_{\Delta,p} = \left(\Delta x \sum_{j=-\infty}^{\infty} |v_j|^p\right)^{\frac{1}{p}} \quad p = 1, 2, \quad \|\mathbf{v}\|_{\Delta,\infty} = \sup_j|v_j|. \tag{13.47}$$

Beachte, dass $\|\cdot\|_{\Delta,p}$ eine Approximation der Norm im $L^p(\mathbb{R})$ ist. Beispielsweise ist das implizite Euler-rückwärts/zentrale Schema (13.43) unbedingt stabil in Bezug auf die Norm $\|\cdot\|_{\Delta,2}$ (siehe Übung 7).

13.8.3   Die CFL Bedingung

Courant, Friedrichs und Lewy [CFL28] haben gezeigt, dass eine notwendige und hinreichende Bedingung für die Stabilität irgendeines expliziten Schemas der Form (13.36) ist, dass die Zeit- und Ortsschrittweiten der folgenden

Bedingung genügen müssen

$$|a\lambda| = \left| a\frac{\Delta t}{\Delta x} \right| \leq 1 \qquad (13.48)$$

Sie ist als *CFL-Bedingung* bekannt. Die Zahl $a\lambda$, die eine dimensionslose Zahl ist, weil a eine Geschwindigkeit ist, wird üblicherweise als *CFL-Zahl* bezeichnet. Ist a nicht konstant, so wird die CFL-Bedingung

$$\Delta t \leq \frac{\Delta x}{\sup_{x\in\mathbb{R},\, t>0} |a(x,t)|},$$

wohingegen im Fall des hyperbolischen Systems (13.30) die Stabilitätsbedingung

$$\left| \lambda_k \frac{\Delta t}{\Delta x} \right| \leq 1 \quad k = 1,\dots,p,$$

lautet, wobei $\{\lambda_k : k = 1\dots,p\}$ die Eigenwerte von A bezeichnen.

Die CFL-Stabilitätsbedingung hat folgende geometrische Interpretation In einem finiten Differenzenschema hängt der Wert u_j^{n+1} im Allgemeinen von den Werten von u^n in den drei Punkten x_{j+i}, $i = -1, 0, 1$ ab. Somit wird die Lösung u_j^{n+1} zur Zeit $t = 0$ nur von den Anfangsdaten in den Punkten x_{j+i}, für $i = -(n+1),\dots,(n+1)$ abhängen (siehe Abbildung 13.5).

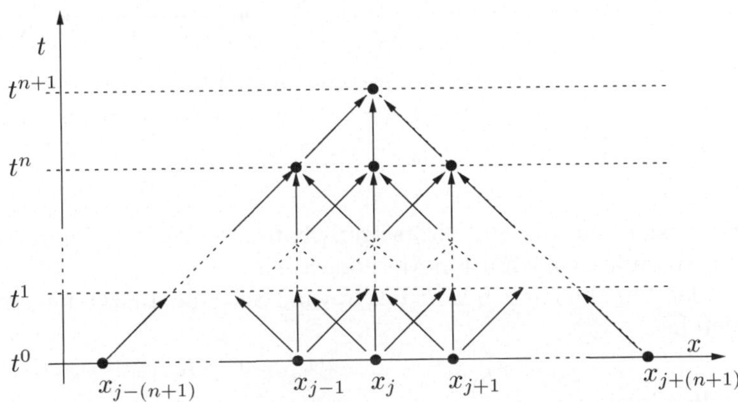

Abbildung 13.5. Das numerische Abhängigkeitsgebiet $D_{\Delta t}(x_j, t^{n+1})$.

Wir definieren das *numerische Abhängigkeitsgebiet* $D_{\Delta t}(x_j, t^n)$ als die Menge von Werten zur Zeit $t = 0$, von denen die numerische Lösung u_j^n abhängt, d.h.

$$D_{\Delta t}(x_j, t^n) \subset \left\{ x \in \mathbb{R} : |x - x_j| \leq n\Delta x = \frac{t^n}{\lambda} \right\}.$$

Folglich haben wir für jeden festen Punkt $(\overline{x}, \overline{t})$

$$D_{\Delta t}(\overline{x}, \overline{t}) \subset \left\{ x \in \mathbb{R} : |x - \overline{x}| \leq \frac{\overline{t}}{\lambda} \right\}.$$

Nehmen wir insbesondere den Grenzwert $\Delta t \to 0$ bei festem λ, so wird das numerische Abhängigkeitsgebiet

$$D_0(\overline{x}, \overline{t}) = \left\{ x \in \mathbb{R} : |x - \overline{x}| \leq \frac{\overline{t}}{\lambda} \right\}.$$

Die Bedingung (13.48) ist somit äquivalent zur Inklusion

$$D(\overline{x}, \overline{t}) \subset D_0(\overline{x}, \overline{t}), \tag{13.49}$$

wobei $D(\overline{x}, \overline{t})$ das in (13.31) definierte Abhängigkeitsgebiet ist.

Im Fall eines hyperbolischen Systems können wir dank (13.49) schlussfolgern, dass die CFL-Bedingung fordert, dass jede Gerade $x = \overline{x} - \lambda_k(\overline{t} - t)$, $k = 1, \ldots, p$, die Zeitgerade $t = \overline{t} - \Delta t$ in einem gewissen Punkt x, der zum Abhängigkeitsgebiet gehört, schneiden muss (siehe Abbildung 13.6).

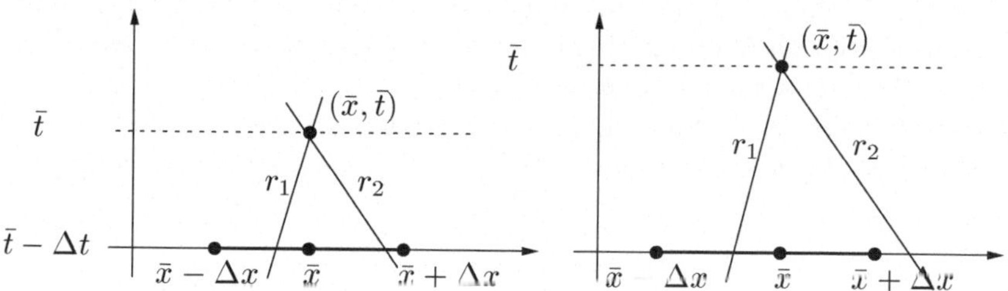

Abbildung 13.6. Geometrische Interpretation der CFL-Bedingung für ein System mit $p = 2$, wobei $r_i = \overline{x} - \lambda_i(t - \overline{t})$ $i = 1, 2$. Die CFL-Bedingung ist links erfüllt, rechts jedoch verletzt.

Wir wollen nun die Stabilitätseigenschaften einiger der im vorangegangenen Abschnitt eingeführten Methoden analysieren.
Unter der Annahme $a > 0$ kann das upwind Schema (13.41) umgeschrieben werden in

$$u_j^{n+1} = u_j^n - \lambda a(u_j^n - u_{j-1}^n). \tag{13.50}$$

Deshalb gilt

$$\|\mathbf{u}^{n+1}\|_{\Delta,1} \leq \Delta x \sum_j |(1 - \lambda a)u_j^n| + \Delta x \sum_j |\lambda a u_{j-1}^n|.$$

Sowohl λa als auch $1 - \lambda a$ sind negativ, wenn (13.48) gilt. Folglich ist

$$\|\mathbf{u}^{n+1}\|_{\Delta,1} \leq \Delta x(1 - \lambda a) \sum_j |u_j^n| + \Delta x \lambda a \sum_j |u_{j-1}^n| = \|\mathbf{u}^n\|_{\Delta,1}.$$

Die Ungleichung (13.46) ist deshalb mit $C_T = 1$ und $\|\cdot\|_\Delta = \|\cdot\|_{\Delta,1}$ erfüllt.

Das Lax-Friedrichs Schema ist ebenfalls stabil, falls (13.48) angenommen wird. Tatsächlich erhalten wir aus (13.39)

$$u_j^{n+1} = \frac{1}{2}(1 - \lambda a)u_{j+1}^n + \frac{1}{2}(1 + \lambda a)u_{j-1}^n.$$

Somit folgt

$$
\begin{aligned}
\|\mathbf{u}^{n+1}\|_{\Delta,1} &\leq \frac{1}{2}\Delta x \left[\left|\sum_j (1 - \lambda a)u_{j+1}^n\right| + \left|\sum_j (1 + \lambda a)u_{j-1}^n\right|\right] \\
&\leq \frac{1}{2}(1 - \lambda a)\|\mathbf{u}^n\|_{\Delta,1} + \frac{1}{2}(1 + \lambda a)\|\mathbf{u}^n\|_{\Delta,1} = \|\mathbf{u}^n\|_{\Delta,1}.
\end{aligned}
$$

Auch das Lax-Wendroff-Schema ist unter der üblichen Annahme (13.48) an Δt stabil (zum Beweis siehe z.B. [QV94] Kapitel 14).

13.8.4   *Von Neumann Stabilitätsanalyse*

Wir wollen nun zeigen, dass die Bedingung (13.48) nicht hinreichend ist, um die Stabilität des Euler-vorwärts/zentralen Schemas (13.37) zu garantieren. Zu diesem Zweck nehmen wir an, dass die Funktion $u_0(x)$ 2π-periodisch ist. Sie kann als Fourierreihe

$$u_0(x) = \sum_{k=-\infty}^{\infty} \alpha_k e^{ikx} \tag{13.51}$$

dargestellt werden, wobei

$$\alpha_k = \frac{1}{2\pi} \int_0^{2\pi} u_0(x)\, e^{-ikx}\, dx$$

der k-te Fourierkoeffizient von u_0 ist (siehe Abschnitt 10.9). Daher gilt

$$u_j^0 = u_0(x_j) = \sum_{k=-\infty}^{\infty} \alpha_k e^{ikjh} \quad j = 0, \pm1, \pm2, \cdots$$

wobei wir $h = \Delta x$ zur Vereinfachung der Schreibweise gesetzt haben. Wenden wir (13.37) für $n = 0$ an, so erhalten wir

$$
\begin{aligned}
u_j^1 &= \sum_{k=-\infty}^{\infty} \alpha_k e^{ikjh} \left(1 - \frac{a\Delta t}{2h}(e^{ikh} - e^{-ikh})\right) \\
&= \sum_{k=-\infty}^{\infty} \alpha_k e^{ikjh} \left(1 - \frac{a\Delta t}{h} i \sin(kh)\right).
\end{aligned}
$$

Setzen wir

$$\gamma_k = 1 - \frac{a\Delta t}{h}\, i \sin(kh),$$

und fahren rekursiv bezüglich n fort, so ergibt dies

$$u_j^n = \sum_{k=-\infty}^{\infty} \alpha_k e^{ikjh}\gamma_k^n \quad j = 0, \pm 1, \pm 2, \ldots, \quad n \ge 1. \qquad (13.52)$$

Die Zahl $\gamma_k \in \mathbb{C}$ heißt *Verstärkungsfaktor* der k-ten Frequenz (oder Harmonischen) in jedem Zeitschritt. Da

$$|\gamma_k| = \left\{ 1 + \left(\frac{a\Delta t}{h} \sin(kh) \right)^2 \right\}^{\frac{1}{2}},$$

folgern wir, dass

$$|\gamma_k| > 1 \quad \text{für} \quad a \ne 0 \quad \text{und} \quad k \ne \frac{m\pi}{h}, \quad m = 0, \pm 1, \pm 2, \ldots$$

Dementsprechend beginnen die Knotenwerte $|u_j^n|$ für $n \to \infty$ zu wachsen und die numerische Lösung "explodiert", wohingegen die exakte Lösung der Abschätzung

$$|u(x,t)| = |u_0(x - at)| \le \max_{s \in \mathbb{R}} |u_0(s)| \quad \forall x \in \mathbb{R}, \quad \forall t > 0$$

genügt. Die zentrale Diskretisierung (13.37) ist somit *unbedingt instabil*, d.h. sie ist instabil für jede Wahl der Parameter Δt und Δx.

Die gerade durchgeführte Analyse basierte auf der Entwicklung in Fourierreihen und wird *von Neumann Analyse* genannt. Sie kann angewandt werden, um die Stabilität irgend eines numerischen Schemas bezüglich der Norm $\| \cdot \|_{\Delta,2}$ zu studieren und um die Dissipation und Dispersion einer Methode nachzuweisen.

Jedes explizite finite Differenzenschema für das Problem (13.26) genügt einer zu (13.52) analogen rekursiven Beziehung, wobei γ_k *a priori* von Δt und h abhängt und *k-ter Verstärkungsfaktor* des betrachteten numerischen Schemas genannt wird.

Theorem 13.1 *Angenommen, für eine geeignete Wahl von Δt und h gelte $|\gamma_k| \le 1\, \forall k$; dann ist das numerische Schema in Bezug auf die $\|\cdot\|_{\Delta,2}$-Norm stabil.*

Beweis. Nehmen wir ein Anfangsdatum mit einer endlichen Fourierentwicklung

$$u_0(x) = \sum_{k=-\frac{N}{2}}^{\frac{N}{2}-1} \alpha_k e^{ikx},$$

wobei N eine positive ganze Zahl bezeichnet. Ohne Einschränkung der Allgemeinheit können wir annehmen, dass das Problem (13.26) wohlgestellt auf $[0, 2\pi]$ ist, da u_0 eine 2π-periodische Funktion ist. Nehmen wir in diesem Intervall N gleichverteilte Knoten

$$x_j = jh \quad j = 0, \ldots, N-1, \quad \text{mit} \quad h = \frac{2\pi}{N},$$

in denen das numerische Schema (13.36) angewandt wird. Wir erhalten

$$u_j^0 = u_0(x_j) = \sum_{k=-\frac{N}{2}}^{\frac{N}{2}-1} \alpha_k e^{ikjh}, \quad u_j^n = \sum_{k=-\frac{N}{2}}^{\frac{N}{2}-1} \alpha_k \gamma_k^n e^{ikjh}.$$

Beachte, dass

$$\|\mathbf{u}^n\|_{\Delta,2}^2 = h \sum_{j=0}^{N-1} \sum_{k,m=-\frac{N}{2}}^{\frac{N}{2}-1} \alpha_k \overline{\alpha}_m (\gamma_k \overline{\gamma}_m)^n e^{i(k-m)jh}.$$

Mit Lemma 10.1 haben wir

$$h \sum_{j=0}^{N-1} e^{i(k-m)jh} = 2\pi \delta_{km}, \quad -\frac{N}{2} \leq k, m \leq \frac{N}{2} - 1,$$

was

$$\|\mathbf{u}^n\|_{\Delta,2}^2 = 2\pi \sum_{k=-\frac{N}{2}}^{\frac{N}{2}-1} |\alpha_k|^2 |\gamma_k|^{2n}$$

erbringt. Folglich erhält man, dass wegen $|\gamma_k| \leq 1 \ \forall k$

$$\|\mathbf{u}^n\|_{\Delta,2}^2 \leq 2\pi \sum_{k=-\frac{N}{2}}^{\frac{N}{2}-1} |\alpha_k|^2 = \|\mathbf{u}^0\|_{\Delta,2}^2, \quad \forall n \geq 0$$

gilt, was zeigt, dass das Schema in Bezug auf die $\|\cdot\|_{\Delta,2}$-Norm stabil ist. $\diamond$

Vorgehend wie im Fall des zentralen Schemas finden wir für das upwind Schema (13.41) die folgenden Verstärkungsfaktoren (siehe Übung 6)

$$\gamma_k = \begin{cases} 1 - a\dfrac{\Delta t}{h}(1 - e^{-ikh}) & \text{if } a > 0, \\[2ex] 1 - a\dfrac{\Delta t}{h}(e^{-ikh} - 1) & \text{if } a < 0. \end{cases}$$

Daher gilt

$$\forall k, \ |\gamma_k| \leq 1 \ \text{wenn} \ \Delta t \leq \frac{h}{|a|},$$

was nichts anderes als die CFL-Bedingung ist.

Gemäß Theorem 13.1 ist das upwind Schema unter der Voraussetzung der CFL-Bedingung stabil in Bezug auf die $\|\cdot\|_{\Delta,2}$-Norm.

Wir schliessen mit der Bemerkung ab, dass das upwind Schema (13.50) der Beziehung

$$u_j^{n+1} = (1 - \lambda a)u_j^n + \lambda a u_{j-1}^n$$

genügt. Wegen (13.48) sind entweder λa oder $1 - \lambda a$ nichtnegativ, somit gilt

$$\min(u_j^n, u_{j-1}^n) \le u_j^{n+1} \le \max(u_j^n, u_{j-1}^n).$$

Es folgt, dass

$$\inf_{l \in \mathbb{Z}} \left\{u_l^0\right\} \le u_j^n \le \sup_{l \in \mathbb{Z}} \left\{u_l^0\right\} \quad \forall j \in \mathbb{Z}, \ \forall n \ge 0,$$

das heißt es gilt

$$\|\mathbf{u}^n\|_{\Delta,\infty} \le \|\mathbf{u}^0\|_{\Delta,\infty} \quad \forall n \ge 0, \tag{13.53}$$

was zeigt, dass unter der Bedingung (13.48) das upwind Schema in der Norm $\|\cdot\|_{\Delta,\infty}$ stabil ist. Die Beziehung (13.53) heißt *diskretes Maximumprinzip* (siehe auch Abschnitt 12.2.2).

Bemerkung 13.4 Für die Approximation der Wellengleichung (13.33) ist die Leap-Frog-Methode (13.44) stabil unter der CFL-Restriktion $\Delta t \le \Delta x / |\gamma|$, während das Newmark-Verfahren (13.45) unbedingt stabil ist, wenn $2\beta \ge \theta \ge \frac{1}{2}$ ist (siehe [Joh90]). ∎

13.9 Dissipation und Dispersion

Die von Neumann Analyse der Verstärkungsfaktoren erhellt das Studium der Stabilität und der *Dissipation* eines numerischen Schemas.

Betrachten wir die exakte Lösung des Problems (13.26), so gilt die folgende Relation

$$u(x, t^n) = u_0(x - an\Delta t), \quad \forall n \ge 0, \quad \forall x \in \mathbb{R}.$$

Insbesondere folgt aus der Anwendung von (13.51), dass

$$u(x_j, t^n) = \sum_{k=-\infty}^{\infty} \alpha_k e^{ikjh} g_k^n, \quad \text{wobei} \quad g_k = e^{-iak\Delta t}. \tag{13.54}$$

Mit

$$\varphi_k = k\Delta x,$$

haben wir $k\Delta t = \lambda \varphi_k$ und somit

$$g_k = e^{-ia\lambda\varphi_k}. \tag{13.55}$$

Die reelle Zahl φ_k, hier im Bogen ausgedrückt, heißt *Phasenwinkel* der k-ten Harmonischen. (13.54) mit (13.52) vergleichend, können wir sehen, dass γ_k das Gegenstück zu g_k ist, was durch die speziell verwendete numerische Methode erzeugt wird. Darüber hinaus ist, um Stabilität zu sichern $|g_k| = 1$ im Gegensatz zu $|\gamma_k| \leq 1$.

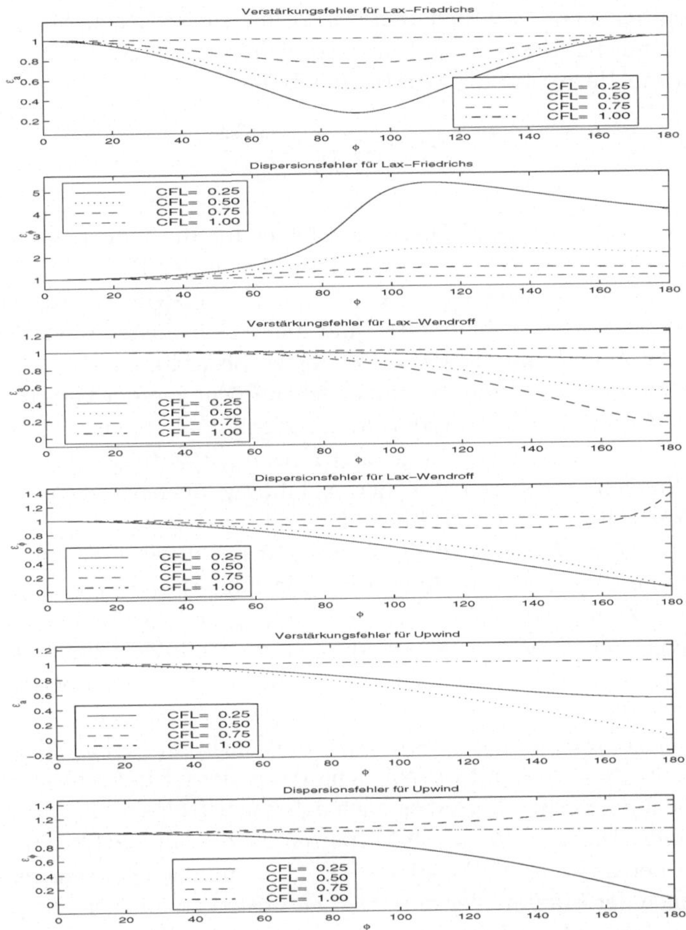

Abbildung 13.7. Verstärkungs- und Dispersionsfehler für verschiedene numerische Verfahren.

Somit ist γ_k ein Disssipationskoeffizient; je kleiner $|\gamma_k|$, um so höher ist die Reduktion der Amplitude α_k, und um so höher auch die numerische Dissipation.

Das Verhältnis $\epsilon_a(k) = \frac{|\gamma_k|}{|g_k|}$ heißt *Verstärkungsfehler* der k-ten Harmonischen, der mit dem numerischen Schema verbunden ist (in unserem Fall stimmt er mit dem Verstärkungsfaktor überein). Indem wir andererseits

$$\gamma_k = |\gamma_k| e^{-i\omega\Delta t} = |\gamma_k| e^{-i\frac{\omega}{k}\lambda\varphi_k},$$

schreiben und diese Beziehung mit (13.55) vergleichen, können wir die *Ausbreitungsgeschwindigkeit* der numerischen Lösung in Bezug auf ihre k-te Harmonische als $\frac{\omega}{k}$ identifizieren. Das Verhältnis zwischen dieser Geschwindigkeit und der Geschwindigkeit a der exakten Lösung heißt *Dispersionsfehler* ϵ_d in Bezug auf die k-te Harmonische

$$\epsilon_d(k) = \frac{\omega}{ka} = \frac{\omega\Delta x}{\varphi_k a}.$$

Die Verstärkungs- und Dispersionsfehler für die numerischen Schemen, die bisher untersucht wurden, sind Funktionen des Phasenwinkels φ_k und der CFL-Zahl $a\lambda$. Dies ist in Abbildung 13.7 ersichtlich, wo wir nur das Intervall $0 \leq \varphi_k \leq \pi$ betrachtet und das Grad- anstelle des Bogenmaßes verwendet haben, um die Werte von φ_k zu bezeichnen.

In Abbildung 13.8 sind die numerischen Lösungen der Gleichung (13.26) mit $a = 1$ und dem Anfangsdatum u_0, gegeben als Paket zweier Sinuswellen gleicher Wellenlänge l und im Ursprung $x = 0$ gelegen, gezeigt. Die Darstellungen im oberen Teil der Abbildung beziehen sich auf den Fall $l = 10\Delta x$, die im unteren Teil auf $l = 4\Delta x$. Da $k = (2\pi)/l$ bekommen wir $\varphi_k = ((2\pi)/l)\Delta x$, so dass $\varphi_k = \pi/10$ im oberen Teil und $\varphi_k = \pi/4$ im unteren Teil der Abbildung gilt. Alle numerischen Lösungen sind für eine CFL-Zahl gleich 0.75 unter Verwendung der oben eingeführten Schemen berechnet. Beachte, dass der dissipative Einfluß bei hohen Frequenzen ($\varphi_k = \pi/4$) ziemlich bedeutsam ist, besonders für Methoden erster Ordnung (wie das upwind- und das Lax-Friedrichs-Verfahren).

Um die Auswirkung der Dispersion zu beleuchten, sind die gleichen Rechnungen für $\varphi_k = \pi/3$ und verschiedene Werte der CFL-Zahl wiederholt worden. Die numerischen Lösungen nach 5 Zeitschritten sind in Abbildung 13.9 dargestellt. Das Lax-Wendroff-Verfahren ist das am wenigsten dissipative für alle betrachteten CFL-Zahlen. Darüber hinaus zeigt ein Vergleich der Positionen der Maxima der numerischen Lösungen mit den entsprechenden Maxima der exakten Lösungen, dass das Lax-Friedrichs-Verfahren von einem positiven Dispersionsfehler beeinflußt ist, denn die "numerische" Welle schreitet schneller als die exakte Welle fort. Auch das upwind Schema weist einen geringfügigen Dispersionsfehler bei einer CFL-Zahl von 0.75 auf, der für eine CFL-Zahl von 0.5 verschwindet. Die Positionen der Maxima sind gut mit denen der numerischen Lösung ausgerichtet, obgleich sie in ihrer Amplitude aufgrund der numerischen Dissipation reduziert worden sind. Schließlich zeigt das Lax-Wendroff-Verfahren einen kleinen negativen Dispersionsfehler; die numerische Lösung ist geringfügig gegenüber der exakten verzögert.

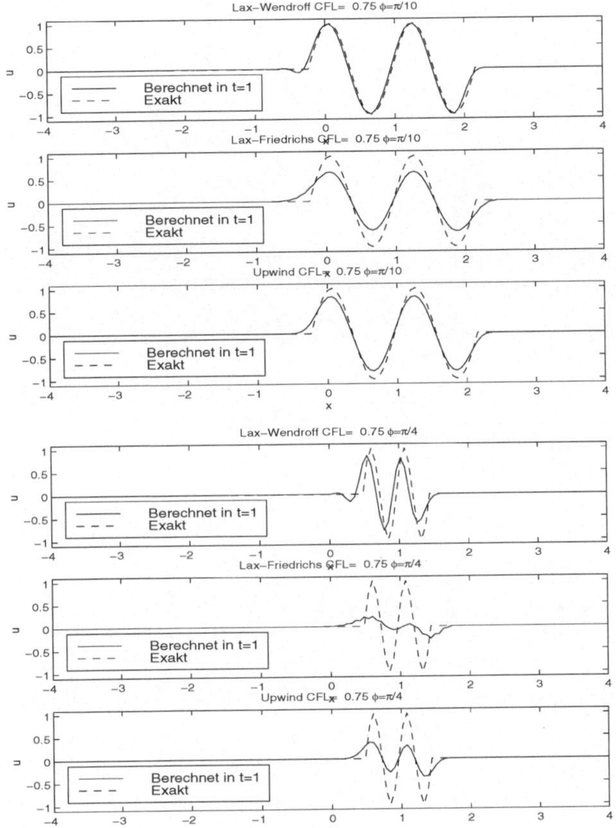

Abbildung 13.8. Numerische Lösungen die dem Transport eines sinusförmigen Wellenpaketes mit unterschiedlichen Wellenlängen entsprechen.

13.9.1 Äquivalente Gleichungen

Unter Verwendung der Taylorentwicklung bis zur dritten Ordnung für die Darstellung des Abbruchfehlers ist es möglich, jedem bislang eingeführten numerischen Schema eine äquivalente Differentialgleichung der Form

$$v_t + av_x = \mu v_{xx} + \nu v_{xxx} \tag{13.56}$$

zuzuordnen, wobei die Terme μv_{xx} und νv_{xxx} die Dissipation bzw. die Dispersion darstellen. Tabelle 13.2 zeigt die Werte von μ und ν für die verschiedenen Methoden.

Wir wollen einen Beweis für diese Prozedur im Fall des upwind Schemas geben.

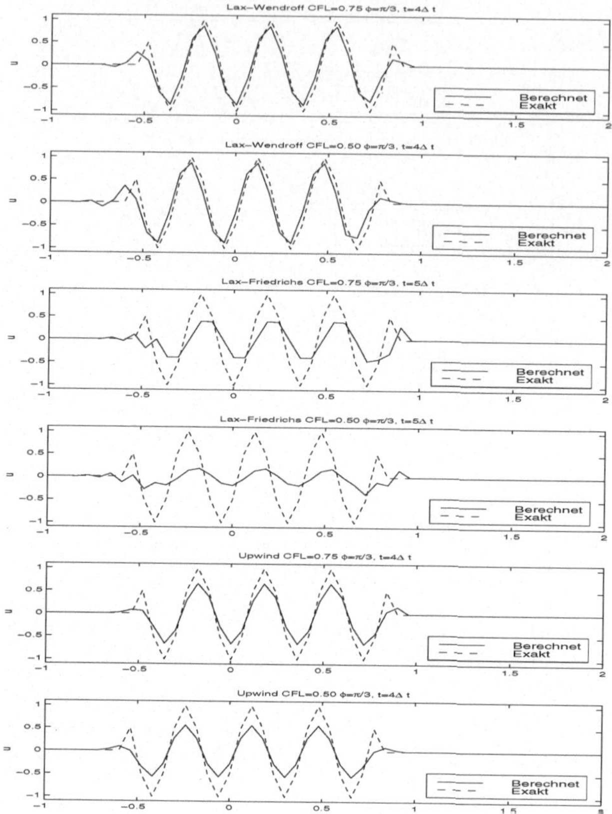

Abbildung 13.9. Numerische Lösungen, die dem Transport eines sinusförmigen Wellenpaketes für verschiedene CFL-Zahlen entsprechen.

Sei $v(x,t)$ eine glatte Funktion, die der Differenzengleichung (13.41) genügt. Dann haben wir unter der Annahme $a > 0$

$$\frac{v(x, t + \Delta t) - v(x,t)}{\Delta t} + a\frac{v(x,t) - v(x - \Delta x, t)}{\Delta x} = 0.$$

Brechen wir die Taylorentwicklungen von v um (x,t) bei erster bzw. zweiter Ordnung ab, erhalten wir

$$v_t + O(\Delta t) + av_x + \mathcal{O}(\Delta x) = 0 \tag{13.57}$$

und

$$v_t + \frac{\Delta t}{2}v_{tt} + \mathcal{O}(\Delta t^2) + a\left(v_x + \frac{\Delta x}{2}v_{xx} + \mathcal{O}(\Delta x^2)\right) = 0, \tag{13.58}$$

wobei $v_t = \frac{\partial v}{\partial t}$ und $v_x = \frac{\partial v}{\partial x}$ bezeichnen möge.

Tabelle 13.2. Werte der Dissipations- und Dispersionskoeffizienten für verschiedene numerische Methoden.

Methode	μ	ν
Upwind	$\dfrac{a\Delta x}{2} - \dfrac{a^2\Delta t}{2}$	$-\dfrac{a}{6}\left(\Delta x^2 - 3a\Delta x\Delta t + 2a^2\Delta t^2\right)$
Lax-Friedrichs	$\dfrac{\Delta x^2}{2\Delta t}\left(1 - (a\lambda)^2\right)$	$\dfrac{a\Delta x^2}{3}\left(1 - (a\lambda)^2\right)$
Lax-Wendroff	0	$\dfrac{a\Delta x^2}{6}\left((a\lambda)^2 - 1\right)$

Differenzieren wir (13.57) bezüglich t und dann bezüglich x, so bekommen wir

$$v_{tt} + av_{xt} = \mathcal{O}(\Delta x + \Delta t),$$

und

$$v_{tx} + av_{xx} = \mathcal{O}(\Delta x + \Delta t).$$

Somit folgt

$$v_{tt} = a^2 v_{xx} + \mathcal{O}(\Delta x + \Delta t),$$

was nach Substitution in (13.58), auf die Gleichung

$$v_t + av_x = \mu v_{xx} \tag{13.59}$$

mit

$$\mu = \frac{a\Delta x}{2} - \frac{a^2\Delta t}{2}$$

bei Vernachlässigung des Ausdruckes $\mathcal{O}(\Delta x^2 + \Delta t^2)$ führt. Die Beziehung (13.59) stellt die *äquivalente Differentialgleichung* des upwind Schemas bis auf Glieder zweiter Ordnung dar.

Folgen wir dem gleichen Procedere und brechen die Taylorentwicklungen mit den Gliedern dritter Ordnung ab, erhalten wir

$$v_t + av_x = \mu v_{xx} + \nu v_{xxx} \tag{13.60}$$

mit

$$\nu = \frac{a}{6}\left(a^2\Delta t^2 - \Delta x^2\right).$$

Wir können eine heuristische Erklärung der Bedeutung der dissipativen und dispersiven Terme in der äquivalenten Gleichung (13.56) durch das Studium des folgenden Problems geben

$$\begin{cases} v_t + av_x = \mu v_{xx} + \nu v_{xxx} & x \in \mathbb{R},\ t > 0 \\ v(x,0) = e^{ikx}, & (k \in \mathbb{Z}) \end{cases} \tag{13.61}$$

Die Anwendung der Fouriertransformation ergibt für $\mu = \nu = 0$

$$v(x,t) = e^{ik(x-at)}, \tag{13.62}$$

und wenn μ und ν beliebige reelle Zahlen (mit $\mu > 0$) sind, erhalten wir

$$v(x,t) = e^{-\mu k^2 t} e^{ik[x-(a+\nu k^2)t]}. \tag{13.63}$$

Durch Vergleich von (13.62) und (13.63) können wir sehen, dass der Betrag der Lösung sich mit wachsendem μ verringert und dies sich mit zunehmender Frequenz k verstärkt. Daher hat in (13.61) der Term μv_{xx} einen dissipativen Einfluß auf die Lösung. Ein weiterer Vergleich von (13.62) und (13.63) zeigt, dass das Vorkommen des Terms ν die Ausbreitungsgeschwindigkeit der Lösung modifiziert; Die Geschwindigkeit wächst wenn $\nu > 0$ ist und verringert sich für $\nu < 0$. Auch diese Erscheinung wird bei hohen Frequenzen verstärkt. Deshalb führt der differenzielle Term dritter Ordnung νv_{xxx} zu einem *dispersiven* Effekt.

Allgemeiner gesagt, stellen Ableitungen gerader Ordnung in der äquivalenten Differentialgleichung diffusive Terme dar, während Ableitungen ungerader Ordnung dispersive Einflüsse bedeuten. Im Fall von Schemata erster Ordnung (wie dem upwind Verfahren) ist der dispersive Einfluß oft nur wenig sichtbar, da er vom dissipativen überdeckt wird. Tatsächlich haben wir für Δt und Δx von gleicher Größenordnung $\nu \ll \mu$ wenn $\Delta x \to 0$, denn es gilt $\nu = O(\Delta x^2)$ und $\mu = O(\Delta x)$. Insbesondere weist die äquivalente Gleichung des upwind Verfahrens, abgebrochen bei zweiter Ordnung, bei einer CFL-Zahl von $\frac{1}{2}$ in Übereinstimmung mit den Ergebnissen des vorangegangenen Abschnittes keine Dispersion auf.

Andererseits ist der dispersive Einfluß auffallend sichtbar beim Lax-Friedrichs-Schema und beim Lax-Wendroff-Schema. Das letztere ist von zweiter Ordnung genau, weist keinen dissipativen Term der Form μv_{xx} auf. Jedoch sollte es dissipativ sein, um stabil zu sein. Tatsächlich lautet die zum Lax-Wendroff-Schema äquivalente Gleichung (bei vierter Ordnung abgebrochen)

$$v_t + a v_x = \frac{a\Delta x^2}{6}[(a\lambda)^2 - 1]v_{xxx} - \frac{a\Delta x^3}{6}a\lambda[1 - (a\lambda)^2]v_{xxxx}$$

wobei der letzte Term dissipativ für $|a\lambda| < 1$ ist. Wir gewinnen somit die CFL-Bedingung für das Lax-Wendroff-Verfahren zurück.

13.10   Finite Elemente Approximation hyperbolischer Gleichungen

Wir betrachten das folgende lineare, skalare hyperbolische Problem erster Ordnung im Intervall $\Omega = (\alpha, \beta) \subset \mathbb{R}$

$$\begin{cases} \dfrac{\partial u}{\partial t} + a\dfrac{\partial u}{\partial x} + a_0 u = f & \text{in } Q_T = \Omega \times (0,T) \\[2mm] u(\alpha, t) = \varphi(t) & t \in (0,T) \\[2mm] u(x,0) = u_0(x) & x \in \Omega, \end{cases} \tag{13.64}$$

wobei $a = a(x)$, $a_0 = a_0(x,t)$, $f = f(x,t)$, $\varphi = \varphi(t)$ und $u_0 = u_0(x)$ gegebene Funktionen sind.

Wir nehmen an, dass $a(x) > 0 \ \forall x \in [\alpha, \beta]$. Dies beinhaltet insbesondere, dass der Punkt $x = \alpha$ der *Einströmrand* ist, und der Randwert dort spezifiziert werden muss.

13.10.1   Raumdiskretisierung mit stetigen und unstetigen finiten Elementen

Eine semi-diskrete Approximation des Problems (13.64) kann mit Hilfe der Galerkin-Methode gewonnen werden (siehe Abschnitt 12.4). Wir definieren die Räume

$$V_h = X_h^r = \left\{ v_h \in C^0(\overline{\Omega}) : \ v_{h|I_j} \in \mathbb{P}_r(I_j), \ \forall \ I_j \in \mathcal{T}_h \right\}$$

und

$$V_h^{in} = \{ v_h \in V_h : \ v_h(\alpha) = 0 \},$$

wobei $\mathcal{T}_h$ eine Zerlegung von Ω in $n \geq 2$ Teilintervalle $I_j = [x_j, x_{j+1}]$, für $j = 0, \ldots, n-1$ ist (siehe Abschnitt 12.4.5).

Sei $u_{0,h}$ eine geeignete finite Elemente Approximation von u_0. Wir betrachten das Problem: für jedes $t \in (0,T)$ finde $u_h(t) \in V_h$, so dass

$$\begin{cases} \displaystyle\int_\alpha^\beta \dfrac{\partial u_h(t)}{\partial t} v_h \, dx \ + \ \int_\alpha^\beta \left(a\dfrac{\partial u_h(t)}{\partial x} + a_0(t)u_h(t) \right) v_h \, dx \\[4mm] \qquad\qquad = \displaystyle\int_\alpha^\beta f(t)v_h \, dx \qquad \forall \ v_h \in V_h^{in} \\[4mm] u_h(t) = \varphi_h(t) \quad \text{bei} \quad x = \alpha, \end{cases} \tag{13.65}$$

mit $u_h(0) = u_{0,h} \in V_h$.

Wenn φ gleich Null ist, ist $u_h(t) \in V_h^{in}$, und wir dürfen $v_h = u_h(t)$ nehmen und bekommen die Ungleichung

$$\|u_h(t)\|_{L^2(\alpha,\beta)}^2 \quad + \quad \int_0^t \mu_0 \|u_h(\tau)\|_{L^2(\alpha,\beta)}^2 \, d\tau + a(\beta) \int_0^t u_h^2(\tau,\beta) \, d\tau$$

$$\leq \quad \|u_{0,h}\|_{L^2(\alpha,\beta)}^2 + \int_0^t \frac{1}{\mu_0} \|f(\tau)\|_{L^2(\alpha,\beta)}^2 d\tau \, ,$$

für jedes $t \in [0,T]$, wobei wir angenommen haben, dass

$$0 < \mu_0 \leq a_0(x,t) - \frac{1}{2}a'(x) \tag{13.66}$$

gilt. Beachte, dass wir im Spezialfall, in dem sowohl f als auch a_0 identisch Null sind,

$$\|u_h(t)\|_{L^2(\alpha,\beta)} \leq \|u_{0,h}\|_{L^2(\alpha,\beta)}$$

bekommen, was die Energieerhaltung des Systems ausdrückt. Wenn (13.66) nicht erfüllt ist, (z.B. wenn a ein konstanter konvektiver Term und $a_0 = 0$ sind) liefert eine Anwendung des Gronwall-Lemmas 11.1

$$\|u_h(t)\|_{L^2(\alpha,\beta)}^2 + a(\beta) \int_0^t u_h^2(\tau,\beta) \, d\tau$$

$$\leq \left(\|u_{0,h}\|_{L^2(\alpha,\beta)}^2 + \int_0^t \|f(\tau)\|_{L^2(\alpha,\beta)}^2 \, d\tau \right) \exp \int_0^t [1 + 2\mu^*(\tau)] \, d\tau, \tag{13.67}$$

mit $\mu^*(t) = \max_{[\alpha,\beta]}|\mu(x,t)|$.

Ein alternativer Zugang zur semi-diskreten Approximation des Problems (13.64) basiert auf der Verwendung *unstetiger* finiter Elemente. Diese Wahl wird durch die Tatsache motiviert, dass wie bereits ausgeführt die Lösungen hyperbolischer Probleme (auch im linearen Fall) Unstetigkeiten aufweisen können.

Der finite Elementeraum kann wie folgt definiert werden

$$W_h = Y_h^r = \left\{ v_h \in L^2(\alpha,\beta) : \ v_{h|I_j} \in \mathbb{P}_r(I_j), \ \forall \, I_j \in \mathcal{T}_h \right\},$$

d.h. es ist der Raum stückweiser Polynome vom Grade kleiner oder gleich r, die nicht notwendig stetig in den finite Elementeknoten sind.

Dann lautet die unstetige Galerkin finite Elementediskretisierung: für jedes $t \in (0,T)$ finde $u_h(t) \in W_h$, so dass

$$
\begin{cases}
\displaystyle\int_\alpha^\beta \frac{\partial u_h(t)}{\partial t} v_h \, dx + \sum_{i=0}^{n-1} \left\{ \int_{x_i}^{x_{i+1}} \left(a\frac{\partial u_h(t)}{\partial x} + a_0(x)u_h(t) \right) v_h \, dx \right. \\[2mm]
\left. + a(u_h^+ - U_h^-)(x_i,t)v_h^+(x_i) \right\} = \displaystyle\int_\alpha^\beta f(t)v_h \, dx \quad \forall v_h \in W_h,
\end{cases}
\tag{13.68}
$$

wobei $\{x_i\}$ die Knoten von $\mathcal{T}_h$ mit $x_0 = \alpha$ sind, und für jeden Knoten x_i, $v_h^+(x_i)$ den rechtsseitigen bzw. $v_h^-(x_i)$ den linksseitigen Wert von v_h in x_i bezeichnen. Schliesslich setzen wir $U_h^-(x_i,t) = u_h^-(x_i,t)$ für $i = 1,\ldots,n-1$ und $U_h^-(x_0,t) = \varphi(t) \; \forall t > 0$.

Ist a positiv, so ist x_j der *Einströmrand* von I_j für jedes j und wir setzen

$$
[u]_j = u^+(x_j) - u^-(x_j), \quad u^\pm(x_j) = \lim_{s \to 0^\pm} u(x_j + sa), \quad j = 1,\ldots,n-1.
$$

Dann lautet die Stabilitätsabschätzung für das Problem (13.68) für jedes $t \in [0,T]$

$$
\begin{aligned}
\|u_h(t)\|_{L^2(\alpha,\beta)}^2 &+ \int_0^t \left(\|u_h(\tau)\|_{L^2(\alpha,\beta)}^2 + \sum_{j=0}^{n-1} a(x_j)[u_h(\tau)]_j^2 \right) d\tau \\
&\leq C \left[\|u_{0,h}\|_{L^2(\alpha,\beta)}^2 + \int_0^t \left(\|f(\tau)\|_{L^2(\alpha,\beta)}^2 + a\varphi^2(\tau) \right) d\tau \right].
\end{aligned}
\tag{13.69}
$$

Was die Konvergenzanalysis anbetrifft, kann folgende Fehlerabschätzung für stetige finite Elemente vom Grade r, $r \geq 1$, bewiesen werden (siehe [QV94], Abschnitt 14.3.1)

$$
\max_{t\in[0,T]} \|u(t) - u_h(t)\|_{L^2(\alpha,\beta)} + \left(\int_0^t a|u(\alpha,\tau) - u_h(\alpha,\tau)|^2 \, d\tau \right)^{1/2}
$$
$$
= \mathcal{O}(\|u_0 - u_{0,h}\|_{L^2(\alpha,\beta)} + h^r).
$$

Wenn stattdessen unstetige finite Elemente vom Grade r, $r \geq 0$, verwendet werden, lautet die Konvergenzabschätzung (siehe [QV94], Abschnitt 14.3.3 und die dort angegebene Literatur)

$$
\max_{t\in[0,T]} \|u(t) - u_h(t)\|_{L^2(\alpha,\beta)} + \left(\int_0^T \|u(t) - u_h(t)\|_{L^2(\alpha,\beta)}^2 \, dt \right.
$$
$$
\left. + \int_0^T \sum_{j=0}^{n-1} a(x_j)[u(t) - u_h(t)]_j^2 \, dt \right)^{1/2} = \mathcal{O}(\|u_0 - u_{0,h}\|_{L^2(\alpha,\beta)} + h^{r+1/2}).
$$

13.10.2 Zeitdiskretisierung

Die Zeitdiskretisierung des im vorigen Abschnittes eingeführten finite Elementschemata kann mittels finiter Differenzen oder finiter Elemente erfolgen. Wenn ein implizites Differenzenschema verwendet wird, sind beide Methoden (13.65) und (13.68) unbedingt stabil.

Als Beispiel verwenden wir das Euler-rückwärts-Verfahren zur Zeitdiskretisierung des Problems (13.65). Wir erhalten für jedes $n \geq 0$: Finde $u_h^{n+1} \in V_h$, so dass

$$\frac{1}{\Delta t} \int\limits_\alpha^\beta (u_h^{n+1} - u_h^n) v_h \ dx + \int\limits_\alpha^\beta a \frac{\partial u_h^{n+1}}{\partial x} v_h \ dx$$

$$+ \int\limits_\alpha^\beta a_0^{n+1} u_h^{n+1} v_h \ dx = \int\limits_\alpha^\beta f^{n+1} v_h \ dx \qquad \forall v_h \in V_h^{in} \tag{13.70}$$

mit $u_h^{n+1}(\alpha) = \varphi^{n+1}$ und $u_h^0 = u_{0h}$. Sind $f \equiv 0$ und $\varphi \equiv 0$, so erhalten wir mit $v_h = u_h^{n+1}$ aus (13.70)

$$\frac{1}{2\Delta t} \left(\|u_h^{n+1}\|_{L^2(\alpha,\beta)}^2 - \|u_h^n\|_{L^2(\alpha,\beta)}^2 \right) + a(\beta)(u_h^{n+1}(\beta))^2 + \mu_0 \|u_h^{n+1}\|_{L^2(\alpha,\beta)}^2 \leq 0$$

$\forall n \geq 0$. Die Summation über n von 0 bis $m - 1$ ergibt für $m \geq 1$

$$\|u_h^m\|_{L^2(\alpha,\beta)}^2 + 2\Delta t \left(\sum_{j=1}^m \|u_h^j\|_{L^2(\alpha,\beta)}^2 + \sum_{j=1}^m a(\beta)(u_h^{j+1}(\beta))^2 \right) \leq \|u_h^0\|_{L^2(\alpha,\beta)}^2 .$$

Insbesondere schliessen wir, dass

$$\|u_h^m\|_{L^2(\alpha,\beta)} \leq \|u_h^0\|_{L^2(\alpha,\beta)} \quad \forall m \geq 0.$$

Andererseits sind explizite Schemen für hyperbolische Gleichungen einer Stabilitätsbedingung unterworfen. Beispielsweise ist die Stabilitätsbedingung im Fall des Euler-vorwärts-Verfahrens $\Delta t = \mathcal{O}(\Delta x)$. In der Praxis ist diese Einschränkung nicht so schwerwiegend wie die im Fall parabolischer Gleichungen auftretende. Aus diesem Grund werden häufig explizite Schemen bei der Approximation hyperbolischer Gleichungen verwendet.

Die Programme 102 und 103 zeigen eine Implementation der unstetigen Galerkin-finiten Elementemethode vom Grade 0 (dG(0)) und 1 (dG(1)) im Raum, gekoppelt mit dem Euler-rückwärts-Verfahren in der Zeit zur Lösung von (13.26) auf dem Raum-Zeit-Gebiet $(\alpha, \beta) \times (t_0, T)$.

Program 102 - **ipeidg0** : dG(0) implizites Euler-Verfahren

```
function [u,x]=ipeidg0(l,n,a,u0,bc)
nx = n(1); h = (l(2)-l(1))/nx;
x = [l(1)+h/2:h:l(2)]; t = l(3); u = (eval(u0))';
nt = n(2); k = (l(4)-l(3))/nt;
lambda = k/h; e = ones(nx,1);
A=spdiags([-a*lambda*e, (1+a*lambda)*e],-1:0,nx,nx);
[L,U]=lu(A);
for t = l(3)+k:k:l(4)
  f = u;
  if a > 0
    f(1) = a*bc(1)+f(1);
  elseif a <= 0
    f(nx) = a*bc(2)+f(nx);
  end
  y = L \ f; u = U \ y;
end
```

Program 103 - **ipeidg1** : dG(1) implizites Euler-Verfahren

```
function [u,x]=ipeidg1(l,n,a,u0,bc)
nx = n(1); h = (l(2)-l(1))/nx;
x = [l(1):h:l(2)]; t = l(3); um = (eval(u0))';
u = []; xx=[];
for i = 1:nx+1
  u = [u, um(i), um(i)];   xx = [xx, x(i), x(i)];
end
u = u'; nt = n(2); k = (l(4)-l(3))/nt;
lambda = k/h; e = ones(2*nx+2,1);
B = spdiags([1/6*e,1/3*e,1/6*e],-1:1,2*nx+2,2*nx+2);
dd = 1/3+0.5*a*lambda; du = 1/6+0.5*a*lambda;
dl = 1/6-0.5*a*lambda; A=sparse([]);
A(1,1) = dd; A(1,2) = du; A(2,1) = dl; A(2,2) = dd;
for i=3:2:2*nx+2
  A(i,i-1)   =-a*lambda;
  A(i,i)    = dd;  A(i,i+1)  = du;
  A(i+1,i)  = dl;  A(i+1,i+1) = A(i,i);
end
[L,U]=lu(A);
for t = l(3)+k:k:l(4)
  f = B*u;
  if a > 0
    f(1) = a*bc(1)+f(1);
  elseif a <= 0
    f(nx) = a*bc(2)+f(nx);
  end
  y = L \ f;
```

```
  u = U \ y;
end
x = xx;
```

13.11 Anwendungen

13.11.1 Wärmeleitung in einem Stab

Wir betrachten einen homogenen Stab von Einheitslänge mit der thermischen Leitfähigkeit ν, der an seinen Enden mit äusseren Wärmequellen fester Temperatur, sagen wir $u = 0$, verbunden ist. Sei $u_0(x)$ die Temperaturverteilung im Stab zur Zeit $t = 0$ und $f = f(x, t)$ eine gegebene Wärmequelle. Dann liefert das Anfangsrandwertproblem (13.1)-(13.4) ein Modell für die zeitliche Entwicklung der Temperatur $u = u(x, t)$ im Stab. Im Folgenden studieren wir den Fall $f \equiv 0$ und die Temperatur des Stabes wird plötzlich in den Punkten in Umgebung von 1/2 angehoben. Ein grobes mathematisches Modell für diese Situation ist zum Beispiel dadurch gegeben, dass man $u_0 = K$ in einem bestimmten Teilintervall $[a, b] \subseteq [0, 1]$ und gleich 0 außerhalb nimmt, wobei K eine positive Konstante ist. Die Anfangsfunktion ist somit eine unstetige Funktion.

Wir haben das θ-Verfahren mit $\theta = 0.5$ (Crank-Nicolson-Verfahren, CN) und $\theta = 1$ (Rückwärtiges Euler Verfahren, BE) verwendet. Das Programm 100 wurde mit $h = 1/20$, $\Delta t = 1/40$ ausgeführt, und die erzielten Lösungen zum Zeitpunkt $t = 2$ sind in Abbildung 13.10 gezeigt. Die Ergebnisse zeigen, dass das CN-Verfahren eine deutliche Instabilität zulässt, die auf die geringe Glattheit des Anfangsdatums zurückgeht (zu diesem Punkt siehe auch [QV94], Kapitel 11). Im Gegensatz dazu liefert das BE-Verfahren eine stabile Lösung, die korrekt gegen Null mit wachsendem t geht, da der Quellterm f Null ist.

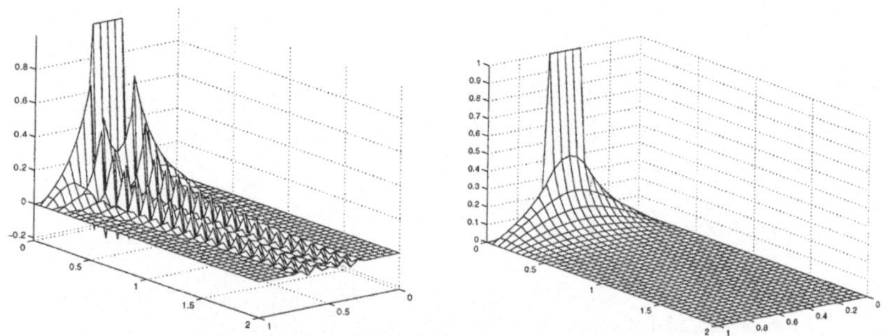

Abbildung 13.10. Lösungen für ein parabolisches Problem mit unstetigem Anfangsdatum: CN-Verfahren (links) und BE-Verfahren (rechts).

13.11.2 Ein hyperbolisches Modell für die Wechselwirkung von Blutströmung und arteriellen Wänden

Wir wollen erneut das in Abschnitt 11.11.2 betrachtete Problem der Wechselwirkung von Flüssigkeit und Struktur in einer zylindrischen Arterie betrachten, wobei ein einfaches unabhängiges Ringmodell (11.88) genommen wurde.

Wenn die axiale Wirkung aufgrund der Spannung zwischen den verschiedenen Ringen nicht mehr vernachlässigt werden kann und die longitudinale Koordinate mit z bezeichnet wird, ändert sich die Gleichung (11.88) auf

$$\rho_w H \frac{\partial^2 \eta}{\partial t^2} - \sigma_z \frac{\partial^2 \eta}{\partial z^2} + \frac{HE}{R_0^2}\eta = P - P_0, \quad t > 0, \quad 0 < z < L \qquad (13.71)$$

wobei σ_z die radiale Komponente der axialen Belastung und L die Länge des betrachteten zylindrischen arteriellen Abschnittes ist. Vernachlässigen wir insbesondere den dritten Term auf der linken Seite und setzen $\gamma^2 = \sigma_z/(\rho_w H)$, $f = (P - P_0)/(\rho_w H)$, gelangen wir zur Wellengleichung (13.33).

Wir haben zwei Reihen numerischer Experimente unter Verwendung des Leap-Frog-Verfahrens (LF) und des Newmark-Verfahrens (NW) durchgeführt. Im ersten Beispiel ist das Raum-Zeit-Gebiet der Integration der Zylinder $(0, 1) \times (0, 1)$ und der Quellterm ist $f = (1 + \pi^2\gamma^2)e^{-t}\sin(\pi x)$, so dass die exakte Lösung $u(x, t) = e^{-t}\sin(\pi x)$ ist. Tabelle 13.3 zeigt die abgeschätzten Konvergenzordnungen beider Methoden, durch p_{LF} bzw. p_{NW} gekennzeichnet.

Um diese Grössen zu berechnen haben wir zuerst die Wellengleichung auf vier Gittern der Gitterweiten $\Delta x = \Delta t = 1/(2^k \cdot 10)$, $k = 0, \dots, 3$, gelöst. Bezeichne $u_h^{(k)}$ die numerische Lösung, die dem Raum-Zeit-Gitter der k-ten Verfeinerungsstufe entspricht. Darüber hinaus seien für $j = 1, \dots, 10$, $t_j^{(0)} = j/10$ die Zeitdiskretisierungsknoten auf dem gröbsten Gitterniveau $k = 0$. Für jedes Niveau k wurden dann die maximalen Knotenfehler e_j^k auf dem k-ten Raumgitter in jedem Zeitpunkt $t_j^{(0)}$ ausgewertet, so dass die Konvergenzordnung $p_j^{(k)}$ durch

$$p_j^{(k)} = \frac{\log(e_j^0/e_j^k)}{\log(2^k)}, \qquad k = 1, 2, 3,$$

abgeschätzt werden kann. Die Ergebnisse zeigen eindeutig die Konvergenz von zweiter Ordnung für beide Methoden, wie theoretisch erwartet wurde.

Im zweiten Beispiel haben wir folgende Ausdrücke für den Koeffizienten und den Quellterm genommen: $\gamma^2 = \sigma_z/(\rho_w H)$, mit $\sigma_z = 1\ [Kgs^{-2}]$, $f = (x\Delta p \cdot \sin(\omega_0 t))/(\rho_w H)$. Die Parameter ρ_w, H und die Länge L des Gefässes sind wie im Abschnitt 11.11.2 beschrieben. Das Raum-Zeit-Rechengebiet ist $(0, L) \times (0, T)$, mit $T = 1\ [s]$.

Tabelle 13.3. Geschätzte Konvergenzordnungen für das Leap-Frog-Verfahren (LF) und das Newmark-Verfahren (NW).

$t_j^{(0)}$	$p_{LF}^{(1)}$	$p_{LF}^{(2)}$	$p_{LF}^{(3)}$
0.1	2.0344	2.0215	2.0151
0.2	2.0223	2.0139	2.0097
0.3	2.0170	2.0106	2.0074
0.4	2.0139	2.0087	2.0061
0.5	2.0117	2.0073	2.0051
0.6	2.0101	2.0063	2.0044
0.7	2.0086	2.0054	2.0038
0.8	2.0073	2.0046	2.0032
0.9	2.0059	2.0037	2.0026
1.0	2.0044	2.0028	2.0019

$t_j^{(0)}$	$p_{NW}^{(1)}$	$p_{NW}^{(2)}$	$p_{NW}^{(3)}$
0.1	1.9549	1.9718	1.9803
0.2	1.9701	1.9813	1.9869
0.3	1.9754	1.9846	1.9892
0.4	1.9791	1.9869	1.9909
0.5	1.9827	1.9892	1.9924
0.6	1.9865	1.9916	1.9941
0.7	1.9910	1.9944	1.9961
0.8	1.9965	1.9979	1.9985
0.9	2.0034	2.0022	2.0015
1.0	2.0125	2.0079	2.0055

Das Newmark-Verfahren wurde zuerst verwendet mit $\Delta x = L/10$ und $\Delta t = T/100$; der entsprechende Wert von $\gamma\lambda$ ist 3.6515, wobei $\lambda = \Delta t/\Delta x$. Da das Newmark-Verfahren unbedingt stabil ist, erscheinen keine unberechtigten Oszillationen wie Abbildung 13.11, links, bestätigt. Beachte das korrekte periodische Verhalten der Lösung mit einer Periode, die dem Herzschlag entspricht. Beachte auch, dass mit den gegebenen Werten von Δt und Δx das Leap-Frog-Verfahren nicht verwendet werden kann, da die CFL-Bedingung nicht erfüllt ist. Um dieses Problem zu überwinden, haben wir deshalb einen viel kleineren Zeitschritt $\Delta t = T/400$ gewählt, so dass $\gamma\lambda \simeq 0.9129$ und das Leap-Frog-Verfahren angewandt werden kann. Die erzielten Ergebnisse sind in Abbildung 13.11, rechts, dargestellt; eine ähnliche Lösung wurde unter Verwendung des Newmark-Verfahrens mit den gleichen Werten der Diskretisierungsparameter berechnet.

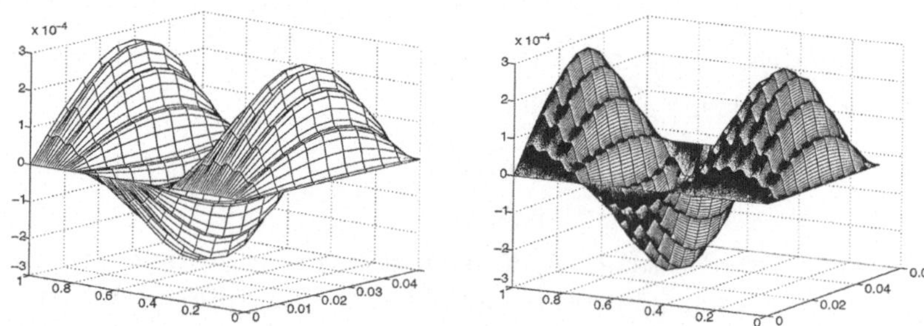

Abbildung 13.11. Berechnete Lösungen unter Verwendung des NM-Verfahrens auf einem Raum-Zeit-Gitter mit $\Delta t = T/100$ und $\Delta x = L/10$ (links) und des LF-Verfahrens auf einem Raum-Zeit-Gitter mit dem gleichen Wert für Δx aber mit $\Delta t = T/400$ (rechts).

13.12 Übungen

1. Wende die θ-Methode (13.9) auf die approximative Lösung des skalaren Cauchy-Problems (11.1) an und verwende die Analyse von Abschnitt 11.3 um zu zeigen, dass der lokale Abbruchfehler von der Ordnung $\Delta t + h^2$ ist, wenn $\theta \neq \frac{1}{2}$, wohingegen er für $\theta = \frac{1}{2}$ von der Ordnung $\Delta t^2 + h^2$ ist.

2. Beweise, dass im Fall von stückweise linearen finiten Elementen, das in Abschnitt 13.3 beschriebene massekonzentrierende Verfahren (engl. mass-lumping) äquivalent zur Berechnung der Integrale $m_{ij} = \int_0^1 \varphi_j \varphi_i \, dx$ mit Hilfe der Trapezregel (9.11) ist. Dies zeigt insbesondere, dass die Diagonalmatrix $\widetilde{M}$ nicht singulär ist.

   [*Hinweis*: Verifiziere zuerst, dass die exakte Integration

   $$m_{ij} = \frac{h}{6} \left\{ \begin{array}{ll} \dfrac{1}{2} & i \neq j, \\[2mm] 1 & i = j, \end{array} \right.$$

   ergibt. Wende dann die Trapezregel zur Berechnung von m_{ij} an und nutze, dass $\varphi_i(x_j) = \delta_{ij}$.]

3. Beweise die Ungleichung (13.19).

   [*Hinweis*: Unter Verwendung der Cauchy-Schwarz- und der Young-Ungleichung beweise zunächst

   $$\int_0^1 (u - v)u \, dx \geq \frac{1}{2} \left(\|u\|_{L^2(0,1)}^2 - \|v\|_{L^2(0,1)}^2 \right), \qquad \forall \, u, v \in L^2(0,1).$$

   Nutze dann (13.18).]

4. Angenommen, dass die Bilinearform $a(\cdot, \cdot)$ im Problem (13.12) stetig und koerzitiv auf dem Funktionenraum V (siehe (12.54)-(12.55)) mit der Stetigkeits- und Koerzitivitätskonstanten M bzw. α ist. Beweise dann, dass die Stabilitätsungleichungen (13.20) und (13.21) noch gelten, vorausgesetzt, dass ν durch α ersetzt wird.

5. Zeige, dass die Verfahren (13.39), (13.40) und (13.41) in der Form (13.42) geschrieben werden können. Zeige dann, dass die entsprechenden Ausdrücke der künstlichen Viskosität K und des künstlichen diffusiven Flusses $h^{diff}_{j+1/2}$ die in Tabelle (13.1) angegebenen sind.

6. Bestimme die CFL-Bedingung für das upwind Schema.

7. Zeige, dass für das Schema (13.43) $\|\mathbf{u}^{n+1}\|_{\Delta,2} \leq \|\mathbf{u}^n\|_{\Delta,2}$ für alle $n \geq 0$ gilt.

   [*Hinweis*: Multipliziere Gleichung (13.43) mit u_j^{n+1} und beachte, dass

   $$(u_j^{n+1} - u_j^n)u_j^{n+1} \geq \frac{1}{2} \left(|u_j^{n+1}|^2 - |u_j^n|^2 \right).$$

   Summiere dann über j die erhaltenen Ungleichungen und nutze, dass

   $$\frac{\lambda a}{2} \sum_{j=-\infty}^{\infty} \left(u_{j+1}^{n+1} - u_{j-1}^{n+1} \right) u_j^{n+1} = 0$$

da diese Summe zusammenschiebbar ist.]

8. Zeige, wie die Werte μ und ν in Tabelle 13.2 für das Lax-Friedrichs- und das Lax-Wendroff-Verfahren gefunden werden.

9. Beweise (13.67).

10. Beweise (13.69) wenn $f = 0$.

   [*Hinweis*: Nimm $\forall t > 0$, $v_h = u_h(t)$ in (13.68).]

Literatur

[Ada75]   Adams D. (1975) *Sobolev Spaces.* Academic Press, New York.

[AF83]   Alonso M. and Finn E. (1983) *Fundamental University Physics*, volume 3. Addison-Wesley, Reading, Massachusetts.

[Arn73]   Arnold V. I. (1973) *Ordinary Differential Equations.* The MIT Press, Cambridge, Massachusetts.

[Atk89]   Atkinson K. E. (1989) *An Introduction to Numerical Analysis.* John Wiley, New York.

[BD74]   Björck A. and Dahlquist G. (1974) *Numerical Methods.* Prentice-Hall, Englewood Cliffs, N.J.

[BM92]   Bernardi C. and Maday Y. (1992) *Approximations Spectrales des Problémes aux Limites Elliptiques.* Springer-Verlag, Paris.

[BO78]   Bender C. M. and Orszag S. A. (1978) *Advanced Mathematical Methods for Scientists and Engineers.* McGraw-Hill, New York.

[Boe80]   Boehm W. (1980) Inserting New Knots into B-spline Curves. *Computer Aided Design* 12: 199–201.

[Bri74]   Brigham E. O. (1974) *The Fast Fourier Transform.* Prentice-Hall, Englewood Cliffs, New York.

[But64]   Butcher J. C. (1964) Implicit Runge-Kutta Processes. *Math. Comp.* 18: 233–244.

[But66]   Butcher J. C. (1966) On the Convergence of Numerical Solutions to Ordinary Differential Equations. *Math. Comp.* 20: 1–10.

[But87]   Butcher J. (1987) *The Numerical Analysis of Ordinary Differential Equations: Runge-Kutta and General Linear Methods.* Wiley, Chichester.

[CFL28]   Courant R., Friedrichs K., and Lewy H. (1928) Über die partiellen differenzengleichungen der mathematischen physik. *Math. Ann.* 100: 32–74.

[CHQZ88]   Canuto C., Hussaini M. Y., Quarteroni A., and Zang T. A. (1988) *Spectral Methods in Fluid Dynamics.* Springer, New York.

[CL91]   Ciarlet P. G. and Lions J. L. (1991) *Handbook of Numerical Analysis: Finite Element Methods (Part 1).* North-Holland, Amsterdam.

[Com95]   Comincioli V. (1995) *Analisi Numerica Metodi Modelli Applicazioni.* McGraw-Hill Libri Italia, Milano.

[Cox72]   Cox M. (1972) The Numerical Evaluation of B-splines. *Journal of the Inst. of Mathematics and its Applications* 10: 134–149.

[Cry73]   Cryer C. W. (1973) On the Instability of High Order Backward-Difference Multistep Methods. *BIT* 13: 153–159.

[CT65]   Cooley J. and Tukey J. (1965) An Algorithm for the Machine Calculation of Complex Fourier Series. *Math. Comp.* 19: 297–301.

[Dah56]   Dahlquist G. (1956) Convergence and Stability in the Numerical Integration of Ordinary Differential Equations. *Math. Scand.* 4: 33–53.

[Dah63]   Dahlquist G. (1963) A Special Stability Problem for Linear Multistep Methods. *BIT* 3: 27–43.

[Dau88]   Daubechies I. (1988) Orthonormal bases of compactly supported wavelets. *Commun. on Pure and Appl. Math.* XLI.

[Dav63]   Davis P. (1963) *Interpolation and Approximation.* Blaisdell Pub., New York.

[dB72]   de Boor C. (1972) On Calculating with B-splines. *Journal of Approximation Theory* 6: 50–62.

[dB83]   de Boor C. (1983) A Practical Guide to Splines. In *Applied Mathematical Sciences*. (27), Springer-Verlag, New York.

[dB90]   de Boor C. (1990) *SPLINE TOOLBOX for use with MAT-LAB*. The Math Works, Inc., South Natick.

[Die87a]   Dierckx P. (1987) *FITPACK User Guide part 1: Curve Fitting Routines*. TW Report, Dept. of Computer Science, Katholieke Universiteit, Leuven, Belgium.

[Die87b]   Dierckx P. (1987) *FITPACK User Guide part 2: Surface Fitting Routines*. TW Report, Dept. of Computer Science, Katholieke Universiteit, Leuven, Belgium.

[Die93]   Dierckx P. (1993) *Curve and Surface Fitting with Splines*. Claredon Press, New York.

[DL92]   DeVore R. and Lucier J. (1992) Wavelets. *Acta Numerica* pages 1–56.

[DR75]   Davis P. and Rabinowitz P. (1975) *Methods of Numerical Integration*. Academic Press, New York.

[Dun85]   Dunavant D. (1985) High Degree Efficient Symmetrical Gaussian Quadrature Rules for the Triangle. *Internat. J. Numer. Meth. Engrg.* 21: 1129–1148.

[Dun86]   Dunavant D. (1986) Efficient Symmetrical Cubature Rules for Complete Polynomials of High Degree over the Unit Cube. *Internat. J. Numer. Meth. Engrg.* 23: 397–407.

[DV84]   Dekker K. and Verwer J. (1984) *Stability of Runge-Kutta Methods for Stiff Nonlinear Differential Equations*. North-Holland, Amsterdam.

[EEHJ96]   Eriksson K., Estep D., Hansbo P., and Johnson C. (1996) *Computational Differential Equations*. Cambridge Univ. Press, Cambridge.

[Erd61]   Erdös P. (1961) Problems and Results on the Theory of Interpolation. *Acta Math. Acad. Sci. Hungar.* 44: 235–244.

[Fab14]   Faber G. (1914) Über die interpolatorische Darstellung stetiger Funktionem. *Jber. Deutsch. Math. Verein.* 23: 192–210.

[FRL55]   F. Richtmyer E. K. and Lauritsen T. (1955) *Introduction to Modern Physics*. McGraw-Hill, New York.

[Gau94]   Gautschi W. (1994) Algorithm 726: ORTHPOL - A Package of Routines for Generating Orthogonal Polynomials and Gauss-type Quadrature Rules. *ACM Trans. Math. Software* 20: 21–62.

[Gau96]   Gautschi W. (1996) Orthogonal Polynomials: Applications and Computation. *Acta Numerica* pages 45–119.

[Gau97]   Gautschi W. (1997) *Numerical Analysis. An Introduction.* Birkhäuser, Berlin.

[GR96]   Godlewski E. and Raviart P. (1996) *Numerical Approximation of Hyperbolic System of Conservation Laws*, volume 118 of *Applied Mathematical Sciences*. Springer-Verlag, New York.

[Hah67]   Hahn W. (1967) *Stability of Motion.* Springer-Verlag, Berlin.

[Hen62]   Henrici P. (1962) *Discrete Variable Methods in Ordinary Differential Equations.* Wiley, New York.

[HGR96]   H-G. Roos M. Stynes L. T. (1996) *Numerical Methods for Singularly Perturbed Differential Equations.* Springer-Verlag, Berlin Heidelberg.

[IK66]   Isaacson E. and Keller H. (1966) *Analysis of Numerical Methods.* Wiley, New York.

[Jac26]   Jacobi C. (1826) Uber Gauβ neue Methode, die Werthe der Integrale näherungsweise zu finden. *J. Reine Angew. Math.* 30: 127–156.

[Joh90]   Johnson C. (1990) *Numerical Solution of Partial Differential Equations by the Finite Element Method.* Cambridge Univ. Press.

[Kea86]   Keast P. (1986) Moderate-Degree Tetrahedral Quadrature Formulas. *Comp. Meth. Appl. Mech. Engrg.* 55: 339–348.

[Lam91]   Lambert J. (1991) *Numerical Methods for Ordinary Differential Systems.* John Wiley and Sons, Chichester.

[Lel92]   Lele S. (1992) Compact Finite Difference Schemes with Spectral-like Resolution. *Journ. of Comp. Physics* 103(1): 16–42.

[LM68]   Lions J. L. and Magenes E. (1968) *Problemes aux limitès non-homogènes et applications.* Dunod, Paris.

[MMG87]   Martinet R., Morlet J., and Grossmann A. (1987) Analysis of sound patterns through wavelet transforms. *Int. J. of Pattern Recogn. and Artificial Intellig.* 1(2): 273–302.

[MNS74]   Mäkela M., Nevanlinna O., and Sipilä A. (1974) On the Concept of Convergence, Consistency and Stability in Connection with Some Numerical Methods. *Numer. Math.* 22: 261–274.

[NAG95]   NAG (1995) *NAG Fortran Library Manual - Mark 17.* NAG Ltd., Oxford.

[Nat65]   Natanson I. (1965) *Constructive Function Theory*, volume III. Ungar, New York.

[Pap62]   Papoulis A. (1962) *The Fourier Integral and its Application.* McGraw-Hill, New York.

[Pap87]   Papoulis A. (1987) *Probability, Random Variables, and Stochastic Processes.* McGraw-Hill, New York.

[PdKÜK83] Piessens R., deDoncker Kapenga E., Überhuber C. W., and Kahaner D. K. (1983) *QUADPACK: A Subroutine Package for Automatic Integration.* Springer-Verlag, Berlin and Heidelberg.

[Pou96]   Poularikas A. (1996) *The Transforms and Applications Handbook.* CRC Press, Inc., Boca Raton, Florida.

[PS91]   Pagani C. and Salsa S. (1991) *Analisi Matematica*, volume II. Masson, Milano.

[QV94]   Quarteroni A. and Valli A. (1994) *Numerical Approximation of Partial Differential Equations.* Springer, Berlin and Heidelberg.

[Ral65]   Ralston A. (1965) *A First Course in Numerical Analysis.* McGraw-Hill, New York.

[Red86]   Reddy B. D. (1986) *Applied Functional Analysis and Variational Methods in Engineering.* McGraw-Hill, New York.

[Riv74]   Rivlin T. (1974) *The Chebyshev Polynomials.* John Wiley and Sons, New York.

[Rud83]   Rudin W. (1983) *Real and Complex Analysis.* Tata McGraw-Hill, New Delhi.

[Sch67]   Schoenberg I. (1967) On Spline functions. In Shisha O. (ed) *Inequalities*, pages 255–291. Academic Press, New York.

[Sch81]   Schumaker L. (1981) *Splines Functions: Basic Theory.* Wiley, New York.

[SG69]   Scharfetter D. and Gummel H. (1969) Large-signal analysis of a silicon Read diode oscillator. *IEEE Trans. on Electr. Dev.* 16: 64–77.

[SL89]   Su B. and Liu D. (1989) *Computational Geometry: Curve and Surface Modeling.* Academic Press, New York.

[Smi85]   Smith G. (1985) *Numerical Solution of Partial Differential Equations: Finite Difference Methods.* Oxford University Press, Oxford.

[SR97]   Shampine L. F. and Reichelt M. W. (1997) The MATLAB ODE Suite. *SIAM J. Sci. Comput.* 18: 1–22.

[SS98]   Schwab C. and Schötzau D. (1998) Mixed hp-FEM on Anisotropic Meshes. *Mat. Models Methods Appl. Sci.* 8(5): 787–820.

[Ste71]   Stetter H. (1971) Stability of discretization on infinite intervals. In Morris J. (ed) *Conf. on Applications of Numerical Analysis*, pages 207–222. Springer-Verlag, Berlin.

[Str89]   Strikwerda J. (1989) *Finite Difference Schemes and Partial Differential Equations.* Wadsworth and Brooks/Cole, Pacific Grove.

[Sze67]   Szegö G. (1967) *Orthogonal Polynomials.* AMS, Providence, R.I.

[Tit37]   Titchmarsh E. (1937) *Introduction to the Theory of Fourier Integrals.* Oxford.

[Wal91]   Walker J. (1991) *Fast Fourier Transforms.* CRC Press, Boca Raton.

[Wen66]   Wendroff B. (1966) *Theoretical Numerical Analysis.* Academic Press, New York.

[Wid67]   Widlund O. (1967) A Note on Unconditionally Stable Linear Multistep Methods. *BIT* 7: 65–70.

Index der MATLAB Programme

Index